MySQL 5.7

从零开始学 视频教学版

王英英 李小威 编著

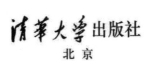

清华大学出版社

北 京

内 容 简 介

本书注重实战操作，重点介绍 MySQL 安装与配置、数据类型和运算符以及数据表的操作，帮助读者循序渐进地掌握 MySQL 中的各项技术。本书配套 357 个实例、14 个综合案例、经典习题等材料，以及 20 小时培训班形式的视频教学录像，方便读者快速掌握 MySQL 数据库技术。

本书共分 17 章，内容主要包括 MySQL 5.7 的安装与配置、数据库的创建、数据表的创建、数据类型和运算符、MySQL 函数、查询数据、数据表的操作（插入、更新与删除数据）、索引、存储过程和函数、视图、触发器、用户管理、数据备份与还原、日志、性能优化，以及新闻发布系统数据库设计案例。

本书适合 MySQL 数据库初学者、MySQL 数据库开发人员和 MySQL 数据库管理人员，同时也可作为高等院校和培训学校相关专业师生的教学参考用书。

图书在版编目（CIP）数据

MySQL 5.7 从零开始学：视频教学版/王英英，李小威编著. —北京：清华大学出版社，2018（2022.1 重印）

ISBN 978-7-302-49812-4

I. ①M… II. ①王… ②李… III. ①SQL 语言—程序设计 IV. ①TP311.132.3

中国版本图书馆 CIP 数据核字（2018）第 037619 号

责任编辑： 夏毓彦
封面设计： 王 翔
责任校对： 闫秀华
责任印制： 沈 露

出版发行： 清华大学出版社
　　　　　网　　址：http://www.tup.com.cn，http://www.wqbook.com
　　　　　地　　址：北京清华大学学研大厦 A 座　　　　邮　　编：100084
　　　　　社 总 机：010-62770175　　　　　邮　　购：010-62786544
　　　　　投稿与读者服务：010-62776969，c-service@tup.tsinghua.edu.cn
　　　　　质量反馈：010-62772015，zhiliang@tup.tsinghua.edu.cn

印 装 者： 三河市铭诚印务有限公司
经　　销： 全国新华书店
开　　本： 190mm×260mm　　　**印　　张：** 29.75　　　**字　　数：** 762 千字
版　　次： 2018 年 4 月第 1 版　　　　　　　　　**印　　次：** 2022 年 1 月第 8 次印刷
定　　价： 79.00 元

产品编号：075822-01

前 言

本书是面向 MySQL 数据库管理系统初学者的一本高质量的书籍。目前国内 MySQL 需求旺盛，各大知名企业高薪招聘技术能力强的 MySQL 开发人员和管理人员。本书根据这样的需求，针对初学者量身订做，内容注重实战，通过实例的操作与分析，引领读者快速学习和掌握 MySQL 开发和管理技术。

本书内容

第 1 章主要介绍数据库的技术构成和什么是 MySQL，包括数据库基本概念和 MySQL 工具。

第 2 章介绍 MySQL 的安装和配置，主要包括 Windows 平台下的安装和配置、Linux 平台下的安装和配置、如何启动 MySQL 服务、如何更改 MySQL 的配置等。

第 3 章介绍 MySQL 数据库的基本操作，包括创建数据库、删除数据库和 MySQL 数据库存储引擎。

第 4 章介绍 MySQL 数据表的基本操作，主要包括创建数据表、查看数据表结构、修改数据表和删除数据表。第 5 章介绍 MySQL 中的数据类型和运算符，主要包括 MySQL 数据类型介绍、如何选择数据类型和常见运算符介绍。

第 6 章介绍 MySQL 函数，包括数学函数、字符串函数、日期和时间函数、条件判断函数、系统信息函数、加密函数和其他函数。

第 7 章介绍如何查询数据表中的数据，主要包括基本查询语句、单表查询、使用集合函数查询、连接查询、子查询、合并查询结果、为表和字段取别名以及使用正则表达式查询。

第 8 章介绍如何插入、更新与删除数据，包括插入数据、更新数据、删除数据。

第 9 章介绍 MySQL 中的索引，包括索引简介、如何创建各种类型索引和如何删除索引。

第 10 章介绍 MySQL 中的存储过程和函数，包括存储过程和函数的创建、调用、查看、修改和删除。

第 11 章介绍 MySQL 视图，主要介绍视图的概念、创建视图、查看视图、修改视图、更新视图和删除视图。

第 12 章介绍 MySQL 触发器，包括创建触发器、查看触发器、使用触发器和删除触发器。

第 13 章介绍 MySQL 用户管理，主要包括 MySQL 中的各种权限表、账户管理、权限管理和 MySQL 的访问控制机制。

14 章介绍 MySQL 数据库的备份和还原，主要包括数据备份、数据还原、数据库的迁移以及数据表的导出和导入。

第 15 章介绍 MySQL 日志，主要包括日志简介、二进制日志、错误日志、通用查询日志和慢查询日志。

第 16 章介绍如何对 MySQL 进行性能优化，包括优化简介、优化查询、优化数据库结构和优化 MySQL 服务器。

第 17 章通过一个综合项目实训—设计新闻发布系统的数据库，进一步巩固本书所学的知识。

本书特色

- 内容基础：涵盖了所有 MySQL 的基础知识点，由浅入深地介绍 MySQL 数据库开发技术。
- 图文并茂：注重操作，在介绍案例的过程中，每一个操作均有对应步骤和过程说明。这种图文结合的方式使读者在学习过程中能够更加直观、清晰地看到操作的过程以及效果，以便于读者更快地理解和掌握。
- 易学易用：颠覆传统"看"书的观念，变成一本能"操作"的图书。
- 案例丰富：把知识点融汇于系统的案例实训当中，并且结合综合案例进行讲解和拓展，进而达到"知其然，知其所以然"的效果。
- 提示技巧：本书对读者在学习过程中可能会遇到的疑难问题以"提示"和"技巧"的形式进行了说明，以免读者在学习的过程中走弯路。
- 超值资源：本书共有 357 个详细实例和 14 个综合案例源代码，能让读者在实战应用中掌握 MySQL 的每一项技能，同时提供近 20 小时培训班形式的视频教学录像，使本书真正体现"自学无忧"，令其物超所值。

示例源码、PPT 课件与教学视频下载

本书配套资源，请用微信扫描右边二维码获取，可按扫描后的页面提示，填写自己的邮箱，把链接转发到自己的邮箱中下载。如果对本书有任何疑问与建议，请联系 booksaga@163.com，邮件主题为"MySQL 5.7 从零开始学"。

读者对象

- MySQL 数据库初学者。
- 对 MySQL 数据库系统管理与开发有兴趣，希望快速掌握 MySQL 的技术人员。
- 高等院校与培训学校相关专业的师生。

作者与致谢

本书由王英英和李小威编著，参与编写的人员还有包惠利、张工厂、陈伟光、胡同夫、梁云亮、刘海松、刘玉萍、刘增产、孙若淞、王攀登、王维维、张翼、肖品和李园等，在此表示感谢。虽然本书倾注了编者的努力，但由于水平有限，难免有疏漏之处，如果遇到问题或有意见和建议，敬请与我们联系。

编　者

2018 年 1 月

目　　录

第 1 章

◀ 认识MySQL 5.7 ▶

MySQL 是一个开放源代码的数据库管理系统（DBMS），是由 MySQL AB 公司开发、发布并支持的。MySQL 是一个跨平台的开源关系型数据库管理系统，广泛地应用在 Internet 上的中小型网站开发中。本章主要介绍数据库的基础知识，通过本章的学习，读者可以了解数据库的基本概念、数据库的构成和 MySQL 的基本知识。

本章学习技能
- 了解什么是数据库
- 掌握什么是表、数据类型和主键
- 熟悉数据库的技术构成
- 熟悉什么是 MySQL
- 掌握常见的 MySQL 工具
- 了解如何学习 MySQL

1.1　数据库基础

数据库由一批数据构成有序的集合，这些数据被存放在结构化的数据表里。数据表之间相互关联，反映了客观事物间的本质联系。数据库系统提供对数据的安全控制和完整性控制。本节将介绍数据库中的一些基本概念，包括数据库的定义、数据表的定义和数据类型等。

1.1.1　什么是数据库

数据库的概念诞生于 60 年前，随着信息技术和市场的快速发展，数据库技术层出不穷，随着应用的拓展和深入，数据库的数量和规模越来越大，其诞生和发展给计算机信息管理带来了一场巨大的革命。

数据库的发展大致划分为如下几个阶段：人工管理阶段、文件系统阶段、数据库系统阶段、高级数据库阶段。其种类大概有 3 种：层次式数据库、网络式数据库和关系式数据库。不同种类的数据库按不同的数据结构来联系和组织。

对于数据库的概念，没有一个完全固定的定义。随着数据库历史的发展，定义的内容也有很大的差异，其中一种比较普遍的观点认为，数据库（DataBase，DB）是一个长期存储在计算机内的、有组织的、有共享的、统一管理的数据集合。它是一个按数据结构来存储和管理数据的计算机软件系统。数据库包含两层含义，即保管数据的"仓库"，以及数据管理的方法和技术。

数据库的特点包括实现数据共享，减少数据冗余；采用特定的数据类型；具有较高的数据独立性；具有统一的数据控制功能。

1.1.2　表

在关系数据库中，数据库表是一系列二维数组的集合，用来存储数据和操作数据的逻辑结构。它由纵向的列和横向的行组成，行被称为记录，是组织数据的单位；列被称为字段，每一列表示记录的一个属性，都有相应的描述信息，如数据类型、数据宽度等。

例如，一个有关作者信息的名为 authors 的表中，每个列包含所有作者的某个特定类型的信息，比如"姓名"，而每行则包含了某个特定作者的所有信息（编号、姓名、性别、专业），如图 1.1 所示。

图 1.1　authors 表结构与记录

1.1.3　数据类型

数据类型决定了数据在计算机中的存储格式，代表不同的信息类型。常用的数据类型有整数数据类型、浮点数数据类型、精确小数类型、二进制数据类型、日期/时间数据类型、字符串数据类型。

表中的每一个字段就是某种指定数据类型，比如图 1.1 中"编号"字段为整数数据、"性别"字段为字符型数据。

1.1.4　主键

主键（Primary Key）又称主码，用于唯一地标识表中的每一条记录。可以定义表中的一列或多列为主键，主键列上不能有两行相同的值，也不能为空值。假如，定义 authors 表，该表给每一个作者分配一个"作者编号"，该编号作为数据表的主键，如果出现相同的值，就将提示错误，系统不能确定查询的究竟是哪一条记录；如果把作者的"姓名"作为主键，就不能出现重复的名字，这与现实中的情况不相符，因此"姓名"字段不适合作为主键。

1.2　数据库技术构成

数据库系统由硬件部分和软件部分共同构成。硬件主要用于存储数据库中的数据，包括计算机、存储设备等。软件部分主要包括 DBMS、支持 DBMS 运行的操作系统，以及支持多种语言进行应用开发的访问技术等。本节将介绍数据库的技术构成。

1.2.1　数据库系统

数据库系统（DataBase System）有 3 个主要的组成部分。

- 数据库：用于存储数据的地方。
- 数据库管理系统：用于管理数据库的软件。
- 数据库应用程序：为了提高数据库系统的处理能力所使用的管理数据库的软件补充。

数据库提供了一个存储空间，用以存储各种数据。可以将数据库视为一个存储数据的容器。一个数据库可能包含许多文件，一个数据库系统中通常包含许多数据库。

数据库管理系统（DataBase Management System，DBMS）是用户创建、管理和维护数据库时所使用的软件，位于用户与操作系统之间，对数据库进行统一管理。DBMS 能定义数据存储结构，提供数据的操作机制，维护数据库的安全性、完整性和可靠性。

数据库应用程序（DataBase Application）虽然已经有了 DBMS，但是在很多情况下，DBMS 无法满足对数据管理的要求。数据库应用程序的使用可以满足对数据管理的更高要求，还可以使数据管理过程更加直观和友好。数据库应用程序负责与 DBMS 进行通信，访问和管理 DBMS 中存储的数据，允许用户插入、修改、删除 DB 中的数据。

数据库系统如图 1.2 所示。

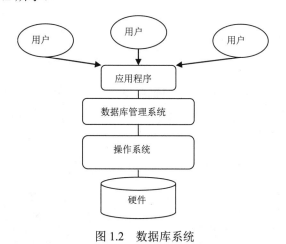

图 1.2　数据库系统

1.2.2　SQL 语言

对数据库进行查询和修改操作的语言叫做 SQL。SQL 的含义是结构化查询语言（Structured Query Language）。SQL 有许多不同的类型，有 3 个主要的标准：ANSI（美国国家标准机构）SQL，对 ANSI SQL 修改后在 1992 年采纳的标准，称为 SQL-92 或 SQL2。最近的 SQL-99 标准，从 SQL2 扩充而来，并增加了对象关系特征和许多其他新功能。其次，各大数据库厂商提供不同版本的 SQL，这些版本的 SQL 不但能包括原始的 ANSI 标准，而且在很大程度上支持 SQL-92 标准。

SQL 语言包含以下 4 个部分。

（1）数据定义语言（DDL）：DROP、CREATE、ALTER 等语句。

（2）数据操作语言（DML）：INSERT（插入）、UPDATE（修改）、DELETE（删除）语句。

（3）数据查询语言（DQL）：SELECT 语句。

（4）数据控制语言（DCL）：GRANT、REVOKE、COMMIT、ROLLBACK 等语句。

下面是一条 SQL 语句的例子，该语句声明创建一个名叫 students 的表：

```
CREATE TABLE students
(
student_id INT UNSIGNED,
name VARCHAR(30),
sex CHAR(1),
birth DATE,
PRIMARY KEY (student_id)
);
```

该表包含 4 个字段，分别为 student_id、name、sex、birth，其中 student_id 定义为表的主键。

现在只是定义了一张表格，但并没有任何数据，接下来这条 SQL 声明语句将在 students 表中插入一条数据记录：

```
INSERT INTO students (student_id, name, sex, birth)
VALUES (41048101, 'Lucy Green', '1', '1990-02-14');
```

执行完该 SQL 语句之后，students 表中就会增加一行新记录，该记录中字段 student_id 的值为 41048101，name 字段的值为 Lucy Green，sex 字段值为 1，birth 字段值为 1990-02-14。

再使用 SELECT 查询语句获取刚才插入的数据，如下：

```
SELECT name FROM students WHERE student_id = 41048101;

+---------------+
| name          |
+---------------+
| Lucy Green    |
+---------------+
```

上面简单列举了常用的数据库操作语句，在这里给读者一个直观的印象，读者可能还不能理解，接下来会在学习 MySQL 的过程中详细介绍这些知识。

1.2.3　数据库访问接口

不同的程序设计语言会有各自不同的数据库访问接口，程序语言通过这些接口，执行 SQL 语句，进行数据库管理。主要的数据库访问接口有以下几种。

1. ODBC

ODBC（Open Database Connectivity，开放数据库互连）技术为访问不同的 SQL 数据库提供了一个共同的接口。ODBC 使用 SQL 作为访问数据的标准。这一接口提供了最大限度的互操作性：一个应用程序可以通过共同的一组代码访问不同的 SQL 数据库管理系统（DBMS）。

一个基于 ODBC 的应用程序对数据库的操作不依赖任何 DBMS，不直接与 DBMS 打交道，所有的数据库操作由对应的 DBMS 的 ODBC 驱动程序完成。也就是说，不论是 Access、MySQL 还是 Oracle 数据库，均可用 ODBC API 进行访问。由此可见，ODBC 的最大优点是能以统一的方式处理所有的数据库。

2. JDBC

JDBC（Java Data Base Connectivity，Java 数据库连接）用于 Java 应用程序连接数据库的标准方法，是一种用于执行 SQL 语句的 Java API，可以为多种关系数据库提供统一访问，由一组用 Java 语言编写的类和接口组成。

3. ADO.NET

ADO.NET 是微软在.NET 框架下开发设计的一组用于和数据源进行交互的面向对象类库。ADO.NET 提供了对关系数据、XML 和应用程序数据的访问，允许和不同类型的数据源以及数据库进行交互。

4. PDO

PDO（PHP Data Object）为 PHP 访问数据库定义了一个轻量级的、一致性的接口，提供了一个数据访问抽象层，无论使用什么数据库，都可以通过一致的函数执行查询和获取数据。PDO 是 PHP 5 新加入的一个重大功能。

针对不同的程序语言，MySQL 提供了不同数据库访问连接驱动，读者可以在下载页面（http://dev.MySQL.com/downloads/）下载相关驱动。

1.3　了解 MySQL 数据库

MySQL 是一个小型关系数据库管理系统。虽然与其他大型数据库管理系统（例如 Oracle、

DB2、SQL Server 等）相比，MySQL 规模小、功能有限，但是它体积小、速度快、成本低，并且所提供的功能对稍微复杂的应用来说已经够用,所以是世界上很受欢迎的开放源代码数据库。本节将介绍 MySQL 的特点。

1.3.1　客户机-服务器软件

主从式架构（Client-server model）或客户端-服务器（Client/Server）结构（简称 C/S 结构）是一种网络架构，通常在该网络架构下将软件分为客户端（Client）和服务器（Server）。

服务器是整个应用系统资源的存储与管理中心，多个客户端各自处理相应的功能，共同实现完整的应用。在客户/服务器结构中，客户端用户的请求被传送到数据库服务器，数据库服务器进行处理后，将结果返回给用户，从而减少了网络数据传输量。

用户使用应用程序时，首先启动客户端通过有关命令告知服务器进行连接以完成各种操作，而服务器则按照此请示提供相应的服务。每一个客户端软件的实例都可以向一个服务器或应用程序服务器发出请求。

这种系统的特点就是，客户端和服务器程序不在同一台计算机上运行，这些客户端和服务器程序通常归属不同的计算机。

主从式架构通过不同的途径应用于很多不同类型的应用程序，比如，现在人们最熟悉的在因特网上使用的网页。例如，当顾客想要在当当网站上买书的时候，电脑和网页浏览器就被当作一个客户端，同时，组成当当网的电脑、数据库和应用程序就被当作服务器。当顾客的网页浏览器向当当网请求搜寻数据库相关的图书时,当当网服务器从当当网的数据库中找出所有该类型的图书信息，结合成一个网页，再发送回顾客的浏览器。服务器端一般使用高性能的计算机，并配合使用不同类型的数据库，比如 Oracle、Sybase 或者是 MySQL 等；客户端需要安装专门的软件，比如专门开发的客户端工具浏览器等。

1.3.2　MySQL 的版本

针对不同用户，MySQL 分为两个不同的版本：

- MySQL Community Server（社区版）：该版本完全免费，但是官方不提供技术支持。
- MySQL Enterprise Server（企业版）：它能够以很高性价比为企业提供数据仓库应用，支持 ACID 事物处理，提供完整的提交、回滚、崩溃恢复和行级锁定功能。但是该版本需付费使用，官方提供电话技术支持。

 MySQL Cluster 主要用于架设集群服务器，需要在社区版或企业版基础上使用。

MySQL 的命名机制由 3 个数字和 1 个后缀组成，例如：MySQL-5.7. 10.0。

（1）第 1 个数字（5）是主版本号，描述了文件格式，所有版本 5 的发行版都有相同的文件格式。

（2）第 2 个数字（7）是发行级别，主版本号和发行级别组合在一起便构成了发行序列号。

（3）第 3 个数字（10）是在此发行系列的版本号，随每次新分发版本递增。通常选择已经发行的最新版本。

在 MySQL 开发过程中，同时存在多个发布系列，每个发布处在成熟度的不同阶段。

（1）MySQL 5.7 是最新开发的稳定（GA）发布系列，是将执行新功能的系列，目前已经可以正常使用。

（2）MySQL 5.6 是比较稳定（GA）的发布系列。只针对漏洞修复重新发布，没有增加会影响稳定性的新功能。

（3）MySQL 5.1 是前一稳定（产品质量）发布系列。只针对严重漏洞修复和安全修复重新发布，没有增加会影响该系列的重要功能。

对于 MySQL 4.1、4.0 和 3.23 等低于 5.0 的老版本，官方将不再提供支持。所有发布的 MySQL（Current Generally Available Release）版本已经经过严格标准的测试，可以保证其安全可靠地使用。针对不同的操作系统，读者可以在 MySQL 官方下载页面（http://dev.MySQL.com/downloads/）下载到相应的安装文件。

1.3.3　MySQL 的优势

MySQL 的主要优势如下：

（1）速度：运行速度快。

（2）价格：MySQL 对多数个人来说是免费的。

（3）容易使用：与其他大型数据库的设置和管理相比，其复杂程度较低，易于学习。

（4）可移植性：能够工作在众多不同的系统平台上，例如：Windows、Linux、UNIX、Mac OS 等。

（5）丰富的接口：提供了用于 C、C++、Eiffel、Java、Perl、PHP、Python、Ruby 和 Tcl 等语言的 API。

（6）支持查询语言：MySQL 可以利用标准 SQL 语法和支持 ODBC（开放式数据库连接）的应用程序。

（7）安全性和连接性：十分灵活和安全的权限和密码系统，允许基于主机的验证。连接到服务器时，所有的密码传输均采用加密形式，从而保证了密码安全。由于 MySQL 是网络化的，因此可以在因特网上的任何地方访问，提高数据共享的效率。

1.4 MySQL 5.7 的新功能

和 MySQL 5.6 相比，MySQL 5.7 的新功能主要包括以下几个方面。

1. 支持 JSON

JSON（Java Script Object Notation）是一种存储信息的格式，可以很好地替代 XML。从 MySQL 5.7.8 版本开始，MySQL 将支持 JSON，在此版本之前，只能通过 strings 之类的通用形式来存储 JSON 文件。这样做的缺陷很明显，就是必须要自行确认和解析数据、解决更新中的困难或在执行插入操作时忍受较慢的速度。

2. 性能和可扩展性

改进 InnoDB 的可扩展性和临时表的性能，从而实现更快的网络和大数据加载等操作。

3. 改进复制以提高可用性的性能

包括多源复制、多从线程增强、在线 GTIDs 和增强的半同步复制。

4. 性能模式提供更好的视角

增加了许多新的监控功能，以减少空间和过载，使用新的 SYS 模式显著提高易用性。

5. 提高安全

以安全第一为宗旨，提供了很多新的功能，从而保证数据库的安全。

6. 优化

重写了大部分解析器、优化器和成本模型，提高了可维护性、可扩展性和性能。

7.GIS

MySQL 5.7 全新的功能，包括 InnoDB 空间索引，使用 Boost.Geometry，同时提高完整性和标准符合性。

1.5 学习 MySQL 的诀窍

在学习 MySQL 数据库之前，很多读者都会问如何才能学好 MySQL 5.7 的相关技能。下面就来讲述学习 MySQL 的方法。

1. 培养兴趣

兴趣是最好的老师，不论什么知识，感兴趣才能极大地提高学习效率。当然，学习 MySQL 5.7 也不例外。

2. 夯实基础

计算机领域的技术非常强调基础，刚开始学习可能还认识不到这一点，随着技术应用的深入，只有有着扎实的基础功底，才能在技术的道路上走得更快、更远。对于 MySQL 的学习来说，SQL 语句是其中最为基础的部分，很多操作都是通过 SQL 语句来实现的。所以在学习的过程中，读者要多编写 SQL 语句，对于同一个功能，使用不同的实现语句来完成，从而深刻理解其不同之处。

3. 及时学习新知识

正确、有效地利用搜索引擎，可以搜索到很多关于 MySQL 5.7 的相关知识。同时，参考别人解决问题的思路，也可以吸取别人的经验，及时获取最新的技术资料。

4. 多实践操作

数据库系统具有极强的操作性，需要多动手上机操作。在实际操作的过程中才能发现问题，并思考解决问题的方法和思路，只有这样才能提高实战的操作能力。

第 2 章

◀ MySQL的安装与配置 ▶

MySQL 支持多种平台，不同平台下的安装与配置过程也不相同。在 Windows 平台下，可以使用二进制的安装软件包或免安装版的软件包进行安装。二进制的安装包提供了图形化的安装向导过程，而免安装版直接解压缩即可使用。在 Linux 平台下，使用命令行安装 MySQL，但由于 Linux 是开源操作系统，有众多的分发版本，因此不同的 Linux 平台需要下载相应的 MySQL 安装包。本章将主要讲述 Windows 和 Linux 两个平台下 MySQL 的安装和配置过程。

本章学习技能

- 掌握如何在 Windows 平台下安装和配置 MySQL 5.7
- 掌握如何启动服务并登录 MySQL 5.7 数据库
- 掌握 MySQL 的两种配置方法
- 熟悉 MySQL 常用图形管理工具
- 掌握常见的 MySQL 工具
- 掌握如何在 Linux 平台下安装和配置 MySQL 5.7

2.1 在 Windows 平台下安装与配置 MySQL 5.7

在 Windows 平台下安装 MySQL，可以使用图形化的安装包。图形化的安装包提供了详细的安装向导，通过向导，读者可以一步一步地完成对 MySQL 的安装。本节将介绍使用图形化安装包安装 MySQL 的步骤。

2.1.1 安装 MySQL 5.7

要想在 Windows 中运行 MySQL，需要 32 位或 64 位 Windows 操作系统，例如 Windows XP、Windows Vista、Windows 7、Windows 8、Windows Server 2003、Windows Server 2008 等。Windows 可以将 MySQL 服务器作为服务来运行，通常，在安装时需要具有系统的管理员权限。

Windows 平台提供两种安装方式，即 MySQL 二进制分发版（.msi 安装文件）和免安装版（.zip 压缩文件）。一般来讲，应当使用二进制分发版，因为该版本比其他的分发版使用起来要简单，不再需要其他工具来启动就可以运行 MySQL。这里，在 Windows 7 平台上选用图形化的二进制安装方式，其他 Windows 平台上安装过程也差不多。

1. 下载 MySQL 安装文件

下载 MySQL 安装文件的具体操作步骤如下。

步骤01　打开 IE 浏览器，在地址栏中输入网址"http://dev.mysql.com/downloads/installer/"，单击【转到】按钮，打开 MySQL Community Server 5.7.18 下载页面，选择 Microsoft Windows 平台，然后根据读者的平台选择 32 位或者 64 位安装包，在这里选择 32 位，单击右侧的【Download】按钮开始下载，如图 2.1 所示。

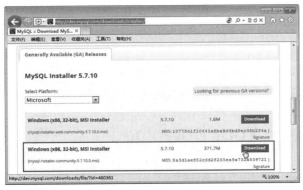

图 2.1　MySQL 下载页面

　这里 32 位的安装程序有两个版本，分别为 mysql-installer-web-community 和 mysql-installer-communityl，其中 mysql-installer-web-community 为在线安装版本，mysql-installer-communityl 为离线安装版本。

步骤02　在弹出的页面中提示开始下载，这里单击【Login】按钮，如图 2.2 所示。

图 2.2　开始下载页面

步骤 03 弹出用户登录页面，输入用户名和密码后，单击【登录】按钮，如图 2.3 所示。

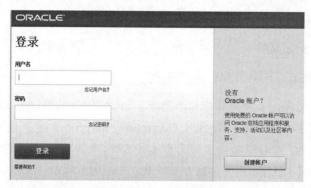

图 2.3　用户登录页面

 如果用户没有用户名和密码，可以单击【创建账户】按钮进行注册。

步骤 04 弹出开始下载页面，单击【Download Now】按钮，即可开始下载，如图 2.4 所示。

图 2.4　开始下载页面

2. 安装 MySQL 5.7

MySQL 下载完成后，找到下载文件，双击进行安装，具体操作步骤如下。

步骤 01 双击下载的 mysql-installer-community-5.7.10.0msi 文件，如图 2.5 所示。

　mysql-installer-community-5.7.10.0.msi　　　380,644 KB　Windows Installer 程序包

图 2.5　MySQL 安装文件名称

步骤 02 打开【License Agreement】（用户许可证协议）窗口，选中【I accept the license terms】（我接受许可协议）复选框，单击【Next】（下一步）按钮，如图 2.6 所示。

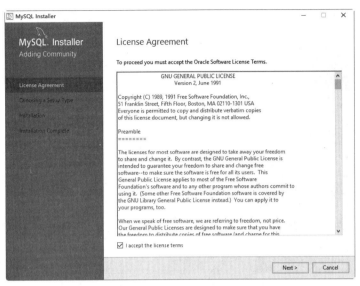

图 2.6　用户许可证协议窗口

步骤 03　打开【Choosing a Setup Type】（安装类型选择）窗口，在其中列出了 5 种安装类型，分别是 Developer Default（默认安装类型）、Server only（仅作为服务器）、Client only（仅作为客户端）、Full（完全安装）和 Custom（自定义安装类型）。这里选择【Custom】（自定义安装类型）单选按钮，单击【Next】（下一步）按钮，如图 2.7 所示。

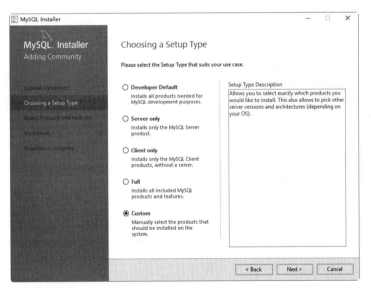

图 2.7　安装类型窗口

步骤 04　打开【Select Products and Features】（产品定制选择）窗口，选择【MySQL Server 5.7.18-x86】后，单击【添加】按钮 ➡，即可选择安装 MySQL 服务器。采用同样的方法，添加【MySQL Documentation 5.7.18-x86】和【Samples and Examples 5.7.18-x86】选项，如图 2.8 所示。

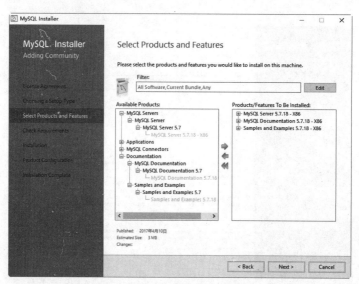

图 2.8　自定义安装组件窗口

步骤 **05**　单击【Next】（下一步）按钮，进入安装确认对话框，单击【Execute】（执行）按钮，如图 2.9 所示。

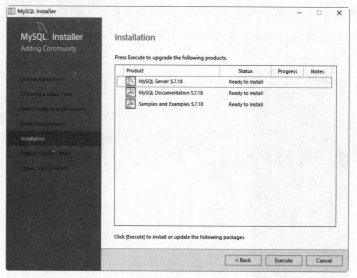

图 2.9　准备安装对话框

步骤 **06**　开始安装 MySQL 文件，安装完成后在【Status】（状态）列表下将显示 Complete（安装完成），如图 2.10 所示。

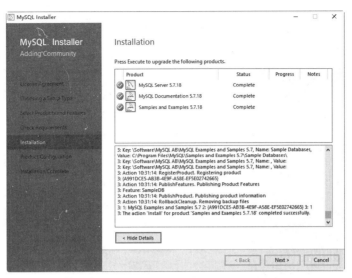

图 2.10　安装完成窗口

　如果在安装之前，系统提示需要安装 Microsoft Visual C++ 2013，用户根据提示进行安装即可。

2.1.2　配置 MySQL 5.7

MySQL 安装完毕之后，需要对服务器进行配置。具体的配置步骤如下。

步骤 **01**　在 2.1.1 节的最后一步中，单击【Next】（下一步）按钮，进入服务器配置窗口，如图 2.11 所示。选择产品，单击【Next】（下一步）按钮。

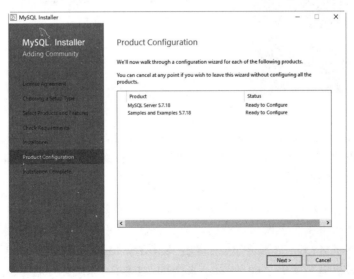

图 2.11　服务器配置窗口

步骤 02 进入 MySQL 服务器配置窗口，采用默认设置，单击【Next】（下一步）按钮，如图 2.12 所示。

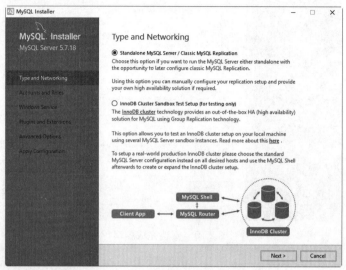

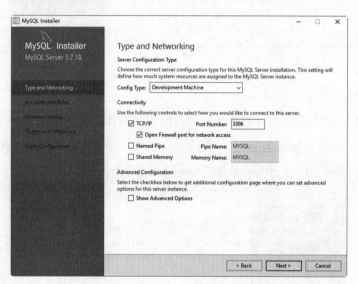

图 2.12　MySQL 服务器配置

【Config Type】选项用于设置服务器的类型。单击该选项右侧的下三角按钮，即可看到 3 个选项，如图 2.13 所示。

- Development Machine（开发者机器）：代表典型的个人桌面工作站。假定机器上运行着多个桌面应用程序，将 MySQL 服务器配置成使用最少的系统资源。
- Server Machine（服务器）：代表服务器。MySQL 服务器可以同其他应用程序一起运行，例如 FTP、Email 和 Web 服务器。MySQL 服务器配置成使用适当比例的系统资源。

- Dedicated Machine（专用服务器）：代表只运行 MySQL 服务的服务器。假定没有运行其他服务程序，MySQL 服务器配置成使用所有可用系统资源。

作为初学者，建议选择【Development Machine】（开发者机器）选项，这样占用系统的资源比较少。

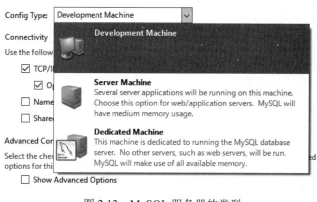

图 2.13　MySQL 服务器的类型

步骤 03　打开设置服务器的密码窗口，重复输入两次同样的登录密码后，单击【Next】（下一步）按钮，如图 2.14 所示。

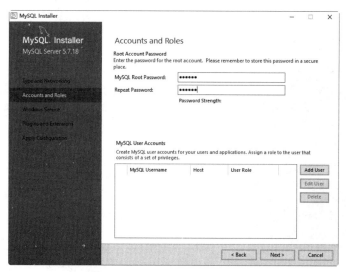

图 2.14　设置服务器的登录密码

系统默认的用户名称为 root，如果想添加新用户，可以单击【Add User】（添加用户）按钮。

步骤 04　打开设置服务器名称窗口，本案例设置服务器名称为"MySQL"，单击【Next】（下一步）按钮，如图 2.15 所示。进入 Plugins and Extensions（插件与扩展）窗口，采用默认设置，直接单击【Next】（下一步）按钮。

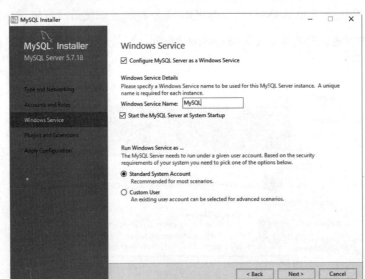

图 2.15　设置服务器的名称

步骤 05　打开确认设置服务器窗口，单击【Execute】（执行）按钮，如图 2.16 所示。

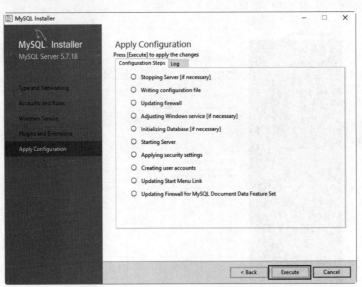

图 2.16　确认设置服务器

步骤 06　系统自动配置 MySQL 服务器。配置完成后，单击【Finish】（完成）按钮，即可完成服务器的配置，如图 2.17 所示。

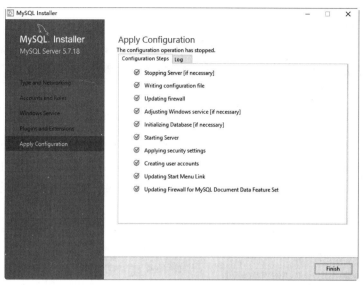

图 2.17　完成设置服务器

步骤 07 按键盘上的【Ctrl+Alt+Del】组合键，打开【任务管理器】对话框，可以看到 MySQL
服务进程 mysqld.exe 已经启动了，如图 2.18 所示。

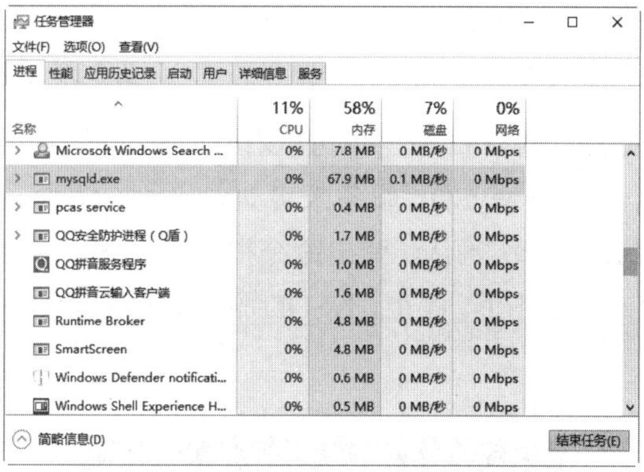

图 2.18　任务管理器窗口

至此，就完成了 MySQL 的安装操作。

2.2　启动服务并登录 MySQL 数据库

MySQL 安装完毕之后，需要启动服务器进程，不然客户端无法连接数据库，客户端通过
命令行工具登录数据库。本节将介绍如何启动 MySQL 服务器和登录 MySQL 的方法。

2.2.1　启动 MySQL 服务

在前面的配置过程中，已经将 MySQL 安装为 Windows 服务，当 Windows 启动、停止时，MySQL 也自动启动、停止。不过，用户还可以使用图形服务工具来控制 MySQL 服务器或从命令行使用 NET 命令。

可以通过 Windows 的服务管理器查看，具体的操作步骤如下。

步骤 01 打开【运行】对话框，输入"services.msc"，单击【确定】按钮，如图 2.19 所示。

步骤 02 打开 Windows 的【服务】窗口，在其中可以看到服务名为"MySQL"的服务项，其右边状态为"启动"，表明该服务已经启动。如图 2.20 所示，启动类型为"自动"，表示 MySQL 服务自动启动。

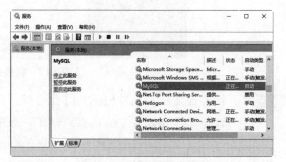

图 2.19　【运行】对话框　　　　　　　图 2.20　服务管理器窗口

由于设置了 MySQL 为自动启动，在这里可以看到，服务已经启动，而且启动类型为自动。如果没有"已启动"字样，说明 MySQL 服务未启动。启动方法为：右击【开始】菜单，在搜索框中输入"cmd"，按【Enter】键确认，弹出命令提示符界面，然后输入"net start MySQL"，按回车键，就能启动 MySQL 服务了。停止 MySQL 服务的命令为"net stop MySQL"，如图 2.21 所示。

图 2.21　在命令行中启动和停止 MySQL

输入的 MySQL 是服务的名称。如果读者的 MySQL 服务的名称是 DB 或其他名称，应该输入"net start DB"或输入其他名称。

也可以直接双击 MySQL 服务，打开【MySQL 的属性】对话框，在其中通过单击【启动】或【停止】按钮来更改服务状态，如图 2.22 所示。

图 2.22　MySQL 服务属性对话框

2.2.2　登录 MySQL 数据库

当 MySQL 服务启动完成后，便可以通过客户端来登录 MySQL 数据库。在 Windows 操作系统下，可以通过两种方式登录 MySQL 数据库。

1. 以 Windows 命令行方式登录

具体的操作步骤如下。

步骤 01　右击【开始】菜单，在搜索框中输入"cmd"，按【Enter】键确认，如图 2.23 所示。

步骤 02　打开 DOS 窗口，输入以下命令并按【Enter】键确认，如图 2.24 所示。

```
cd C:\Program Files\MySQL\MySQL Server 5.7\bin\
```

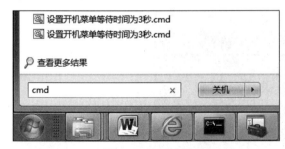

图 2.23　运行对话框

图 2.24　DOS 窗口

步骤 03　在 DOS 窗口中可以通过登录命令连接到 MySQL 数据库。连接 MySQL 的命令格式为：

```
mysql -h hostname -u username -p
```

其中，mysql 为登录命令；–h 后面的参数是服务器的主机地址，这里客户端和服务器在同一台机器上，所以输入 localhost 或者 IP 地址 127.0.0.1；-u 后面跟登录数据库的用户名称，在这里为 root；-p 后面是用户登录密码。

接下来，输入如下命令：

```
mysql -h localhost -u root -p
```

按【Enter】键，系统会提示输入密码"Enter password"，这里输入在前面配置向导中自己设置的密码，验证正确后，即可登录到 MySQL 数据库，如图 2.25 所示。

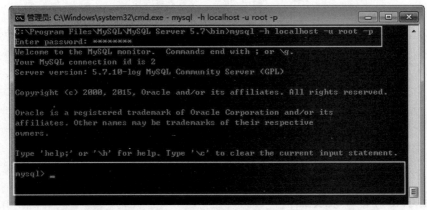

图 2.25　Windows 命令行登录窗口

 当窗口中出现如图 2.25 所示的说明信息，命令提示符变为"mysql>"时，表明已经成功登录 MySQL 服务器了，可以开始对数据库进行操作。

2. 使用 MySQL Command Line Client 登录

依次选择【开始】|【所有程序】|【MySQL】|【MySQL Server 5.7】|【MySQL 5.7 Command Line Client】菜单命令，进入密码输入窗口，如图 2.26 所示。

图 2.26　MySQL 命令行登录窗口

输入正确的密码之后，就可以登录到 MySQL 数据库了。

　　第一次使用 MySQL Command Line Client 时，窗口有可能会先闪一下，然后就消失了。处理这种情况的具体操作步骤如下。

步骤 01　依次选择【开始】|【程序】|【MySQL】|【MySQL Server 5.7】|【MySQL 5.7 Command Line Client】菜单命令并右击，在弹出的菜单中选择【属性】菜单命令，如图 2.27 所示。

图 2.27　选择 MySQL 5.7 Command Line Client 菜单的属性

步骤 02　在打开的对话框中复制【目标】文本框中的内容，如图 2.28 所示。

图 2.28　【MySQL 5.7 Command Line Client 属性】对话框

　复制的内容如下。其中，my.ini 文件是不存在的，所以弹出的窗口会闪一下就消失了。

```
    "C:\Program Files\MySQL\MySQL Server 5.7\bin\mysql.exe"
"--defaults-file=C:\ProgramData\MySQL\MySQL Server 5.7\my.ini" "-uroot" "-p"
```

步骤 03 打开路径 C:\Program Files\MySQL\MySQL Server 5.7，在打开的窗口中发现没有文件 my.ini，如图 2.29 所示。

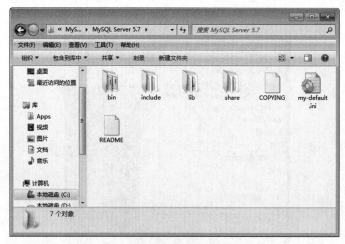

图 2.29　打开路径的窗口

步骤 04 复制文件 my-default.ini，然后将副本命名为 my.ini 即可，如图 2.30 所示。

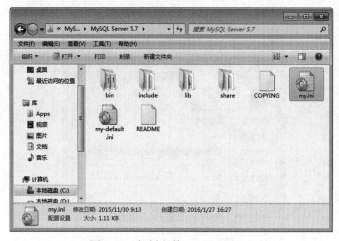

图 2.30　复制文件 my-default.ini

完成上面的操作后，即可解决窗口闪一下就消失的问题。

2.2.3　配置 Path 变量

在前面登录 MySQL 服务器的时候，不能直接输入 MySQL 登录命令，是因为没有把 MySQL 的 bin 目录添加到系统的环境变量里面，所以不能直接使用 MySQL 命令。如果每次登录都要输入"cd C:\Program Files\MySQL\MySQL Server 5.7\bin"才能使用 MySQL 等其他命令工具，会比较麻烦。

下面介绍手动配置 PATH 变量的具体操作步骤。

步骤 01　在桌面上右击【计算机】图标，在弹出的快捷菜单中选择【属性】菜单命令，如图 2.31 所示。

步骤 02　打开【系统】窗口，单击【高级系统设置】链接，如图 2.32 所示。

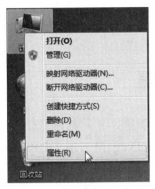

图 2.31　计算机属性菜单

图 2.32　高级系统设置

步骤 03　打开【系统属性】对话框，选择【高级】选项卡，然后单击【环境变量】按钮，如图 2.33 所示。

步骤 04　打开【环境变量】对话框，在【系统变量】列表中选择【Path】变量，如图 2.34 所示。

图 2.33　【系统属性】对话框

图 2.34　【环境变量】对话框

步骤 05　单击【编辑】按钮，在【编辑系统变量】对话框中，将 MySQL 应用程序的 bin 目录（C:\Program Files\MySQL\MySQL Server 5.7\bin）添加到变量值中，用分号将其与其他路径分隔开，如图 2.35 所示。

图 2.35　【编辑系统变量】对话框

步骤 06　添加完成之后，单击【确定】按钮，这样就完成了配置 Path 变量的操作，然后就可以直接输入 MySQL 命令来登录数据库了。

2.3　MySQL 常用图形管理工具

MySQL 图形化管理工具极大地方便了数据库的操作与管理，常用的图形化管理工具有 MySQL Workbench、phpMyAdmin、Navicat、MySQLDumper、SQLyog、MySQL ODBC Connector。其中，phpMyAdmin 和 Navicat 提供中文操作界面；MySQL Workbench、MySQL ODBC Connector、MySQLDumper 为英文界面。下面介绍几个常用的图形管理工具。

1. MySQL Workbench

MySQL 官方提供的图形化管理工具 MySQL Workbench 完全支持 MySQL 5.0 以上的版本，在 5.0 版本中，有些功能将不能使用；而在 4.X 以下的版本中，MySQL Workbench 分为社区版和商业版，社区版完全免费，而商业版则是按年收费。

下载地址：http://dev.MySQL.com/downloads/workbench/。

2. phpMyAdmin

phpMyAdmin 使用 PHP 编写，必须安装在 Web 服务器中，通过 Web 方式控制和操作 MySQL 数据库。通过 phpMyAdmin 完全可以对数据库进行操作，例如建立、复制、删除数据等。管理数据库非常方便，并且支持中文，不足之处在于对大数据库的备份和恢复不方便。

下载地址：http://www.phpmyadmin.net/。

3. Navicat

Navicat MySQL 是一个强大的 MySQL 数据库服务器管理和开发工具。它可以与任何 3.21 或以上版本的 MySQL 一起工作，支持触发器、存储过程、函数、事件、视图、管理用户等。对于新手来说也易学易用。其精心设计的图形用户界面（GUI），可以让用户用一种安全简便的方式来快速方便地创建、组织、访问和共享信息。Navicat 支持中文，有免费版本提供。

下载地址：http://www.navicat.com/。

4. MySQLDumper

MySQLDumper 使用基于 PHP 开发的 MySQL 数据库备份恢复程序，解决了使用 PHP 进行大数据库备份和恢复的问题。数百兆的数据库都可以方便地备份恢复，不用担心网速太慢而导致中断的问题，非常方便易用。

下载地址：http://www.MySQLdumper.de/en/。

5. SQLyog

SQLyog 是一款简洁高效、功能强大的图形化 MySQL 数据库管理工具。使用 SQLyog 可以快速直观地让用户从世界的任何角落通过网络来维护远端的 MySQL 数据库。

下载地址：http://www.webyog.com/en/index.php。（读者也可以搜索中文版的下载地址。）

2.4　在 Linux 平台下安装与配置 MySQL 5.7

Linux 操作系统有众多的发行版，不同的平台上需要安装不同的 MySQL 版本。MySQL 主要支持的 Linux 版本有 SUSE Linux Enterprise Server 和 Red Hat Enterprise Linux。本节将介绍 Linux 平台下 MySQL 的安装过程。

2.4.1　Linux 操作系统下的 MySQL 版本介绍

Linux 操作系统是自由软件和开放源代码发展中最著名的例子。其诞生以后，经过全世界各地计算机爱好者的共同努力，现已成为世界上使用最多的一种 UNIX 类操作系统，目前已经开发 300 多个发行版本，比较流行的版本有 Ubuntu、Debian GNU/Linux、Fedora、openSUSE 和 Red Hat。

目前 MySQL 主要支持的 Linux 版本为 SUSE 和 Red Hat，读者可以针对个人的喜好，选择使用不同的安装包，不同平台的安装过程基本相同。

Linux 操作系统中的 MySQL 安装包分为以下 3 类。

- RPM：RPM 软件包是一种在 Linux 平台下的安装文件，通过安装命令可以很方便地安装与卸载。MySQL 的 RPM 安装文件包分为两个，即服务器端和客户端，需要分别下载和安装。
- Generic Binaries：二进制软件包，经过编译生成的二进制文件软件包。
- 源码包：MySQL 数据库的源代码，需要用户自己编译成二进制文件之后才能安装。

下面简要介绍 SUSE Linux Enterprise Server 和 Red Hat Enterprise Linux 的 MySQL 安装包。

1. SUSE Linux Enterprise Server

SUSE 于 1992 年末创办，采用了很多 Red Hat Linux 的特质，2004 年 1 月被 Novell 公司收购。官方提供 SUSE Linux Enterprise Server 9 到 SUSE Linux Enterprise Server 11 的 MySQL 安装包。不同的处理器架构下 MySQL 的版本也不相同，读者可根据自己的 CPU 类型选择相

应的 RPM 安装包。

可以在下载页面 http://dev.mysql.com/downloads/mysql/选择【SUSE Linux Enterprise Server】平台，下载服务器端和客户端（如图 2.36 所示）的 RPM 包。

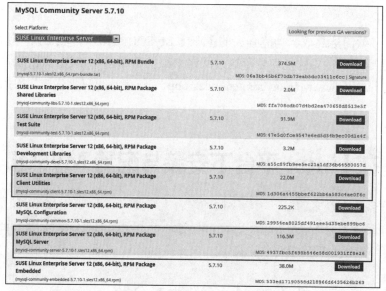

图 2.36　SUSE Linux 平台下服务器端和客户端 RPM 包

　其中，MySQL Server 代表服务器端的 RPM 包，Client Utilities 代表客户端的 RPM 包。官方同时提供二进制和源码的 MySQL 安装包。

2. Red Hat Enterprise Linux

2004 年 4 月 30 日，Red Hat 公司正式停止对 Red Hat 9.0 版本的支持，标志着 Red Hat Linux 的正式完结。Red Hat 公司不再开发桌面版的 Linux 发行包，而集中力量开发服务器版，也就是 Red Hat Enterprise Linux 版。目前在官方网站能够下载到从 Red Hat Enterprise Linux 5 到 Red Hat Enterprise Linux 7 的 5.7 版的 MySQL 安装包。

不同的处理器架构，Linux 下的 MySQL 安装包的版本也不相同，在这里选择 Red Hat Enterprise Linux 7。

读者可以在下载页面 http://dev.mysql.com/downloads/mysql/选择【Red Hat Enterprise Linux/Oracle】平台，下载服务器端和客户端（如图 2.37 所示）RPM 包。

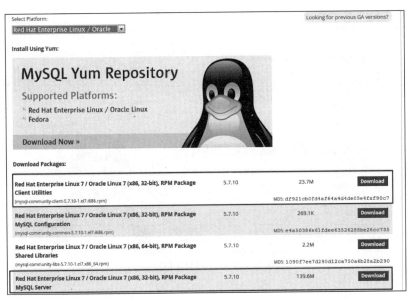

图 2.37　Red Hat Linux 平台下服务器端 RPM 包和客户端 RPM 包

2.4.2　安装和配置 MySQL 的 RPM 包

MySQL 推荐使用 RPM 包进行 Linux 平台下的安装，从官方下载的 RPM 包能够在所有支持 RPM packages、glibc2.3 的 Linux 系统下安装使用。

通过 RPM 包安装之后，MySQL 服务器目录包括以下子目录，如表 2.1 所示。

表 2.1　Linux 平台 MySQL 安装目录

文件夹	文件夹内容
/usr/bin	客户端和脚本
/usr/sbin	mysqld 服务器
/var/lib/mysql	日志文件和数据库
/usr/share/info	信息格式的手册
/usr/share/man	UNIX 帮助页
/usr/include/mysql	头文件
/usr/lib/mysql	库
/usr/share/mysql	错误消息、字符集、示例配置文件等

对于标准安装，只需要安装 MySQL-server 和 MySQL-client，下面开始通过 RPM 包进行安装。

具体的操作步骤如下。

步骤01　进入下载页面 http://dev.mysql.com/downloads/mysql/，下载 RPM 包。在平台下拉列表中选择【Red Hat Enterprise Linux /Oracle Linux】，如图 2.38 所示。

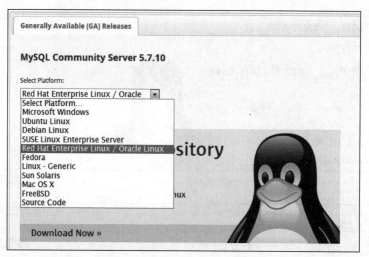

图 2.38　选择 Red Hat Linux 平台

步骤 02　从 RPM 列表中选择要下载安装的包，单击【Download】按钮，开始下载安装文件，如图 2.39 所示。

图 2.39　Red Hat Linux 平台 RPM 包下载页面

步骤 03　下载完成后，解压下载的 tar 包。

```
[root@localhost share]#tar -xvf MySQL-5.7.18-1.rhel5.i386.tar
MySQL-client-5.7.18-1.rhel5.i386.rpm
MySQL-devel-5.7.18-1.rhel5.i386.rpm
MySQL-embedded-5.7.18-1.rhel5.i386.rpm
MySQL-server-5.7.18-1.rhel5.i386.rpm
MySQL-shared-5.7.18-1.rhel5.i386.rpm
MySQL-test-5.7.18-1.rhel5.i386.rpm
```

tar 是 Linux/UNIX 系统上的一个打包工具，通过 tar –help 可以查看 tar 使用帮助。可以看到，解压出来的文件有 6 个。

- MySQL-client-5.7.18-1.rhel5.i386.rpm：客户端的安装包。
- MySQL-server-5.7.18-1.rhel5.i386.rpm：服务端的安装包。
- MySQL-devel-5.7.18-1.rhel5.i386.rpm：包含开发用的库头文件的安装包。
- MySQL-shared-5.7.18-1.rhel5.i386.rpm：包含 MySQL 的一些共享库文件的安装包。
- MySQL-test-5.7.18-1.rhel5.i386.rpm：一些测试的安装包。
- MySQL-embedded-5.7.18-1.rhel5.i386.rpm：嵌入式 MySQL 的安装包。

一般情况下，只需要安装 client 和 server 两个包，如果需要进行 C/C++MySQL 相关开发，就安装 MySQL-devel-5.7.18-1.rhel5.i386.rpm。

步骤 04 切换到 root 用户。

```
[root@localhost share]$su - root
```

 此处也可以直接输入 su -，符号"-"告诉系统在切换到 root 的用户的时候要初始化 root 的环境变量。然后按照提示输入 root 用户的密码，就可以完成切换 root 用户的操作。

步骤 05 安装 MySQL Server 5.7。

```
[root@localhost share]# rpm -ivh MySQL-server-5.7.18-1.rhel5.i386.rpm
Preparing...               ########################################### [100%]
1:MySQL-server             ########################################### [100%]
PLEASE REMEMBER TO SET A PASSWORD FOR THE MySQL root USER !
To do so, start the server, then issue the following commands:

/usr/bin/mysqladmin -u root password 'new-password'
/usr/bin/mysqladmin -u root -h localhost.localdomain password 'new-password'

Alternatively you can run:
/usr/bin/mysql_secure_installation

which will also give you the option of removing the test
databases and anonymous user created by default.  This is
strongly recommended for production servers.

See the manual for more instructions.

Please report any problems with the /usr/bin/mysqlbug script!
```

看到这些，说明 MySQL server 安装成功了。按照提示，执行/usr/bin/mysqladmin -u root password 'new-password'可以更改 root 用户密码；执行/usr/bin/mysql_secure_installation 会删除测试数据库和匿名用户；/usr/bin/mysqlbug script 报告 bug。

 安装之前要查看机器上是否已经装有旧版的 MySQL。如果有，最好先把旧版 MySQL 卸载，否则可能会产生冲突，查看旧版本 MySQL 的命令是：

```
[root@localhost share]# rpm -qa|grep -i mysql
mysql-5.0.77-4.el5_4.2
```

系统会显示机器上安装的旧版 MySQL 信息，如上面第二行所显示。
然后，卸载 mysql-5.0.77-4.el5_4.2，输入如下命令。

```
[root@localhost share]# rpm -ev mysql-version-4.el5_4.2
```

步骤 06 启动服务，输入如下命令。

```
[root@localhost share]# service mysql restart
MySQL server PID file could not be found!        [失败]
Starting MySQL...                                [确定]
服务启动成功。
```

 从 MySQL 5.0 开始，MySQL 的服务名改为 mysql，而不是 4.*的 mysqld。

MySQL 服务的操作命令是：

```
service mysql start|stop|restart|status。
```

这几个参数的意义如下：

- start: 启动服务。
- stop: 停止服务。
- restart: 重启服务。
- status: 查看服务状态。

步骤 07 安装客户端，输入如下命令。

```
[root@localhost share]# rpm -ivh MySQL-client-5.7.18-1.rhel5.i386.rpm
Preparing...          ########################################### [100%]
1:MySQL-client        ########################################### [100%]
```

步骤 08 安装成功之后，使用命令行登录。

```
[root@localhost share]# mysql -uroot -hlocalhost
Welcome to the MySQL monitor.  Commands end with ; or \g.
Your MySQL connection id is 1
Server version: 5.7.18 MySQL Community Server (GPL)

Copyright (c) 2000, 2010, Oracle and/or its affiliates. All rights reserved.

Oracle is a registered trademark of Oracle Corporation and/or its
affiliates. Other names may be trademarks of their respective
owners.

Type 'help;' or '\h' for help. Type '\c' to clear the current input statement.
```

读者看到上面的信息说明登录成功。接下来就可以对 MySQL 数据库进行操作了。

步骤 09 更改 root 密码。

```
[root@localhost share]#/usr/bin/mysqladmin -u root password '123456'
```

执行完该命令，root 的密码被改为 123456。

步骤 10 添加新的用户。

```
[root@localhost share]#mysql -u root -p123456 -hlocalhost
mysql> GRANT ALL PRIVILEGES ON *.* TO monty@localhost
       IDENTIFIED BY 'something' WITH GRANT OPTION;
```

2.4.3　安装和配置 MySQL 的源码包

进入下载页面 http://dev.mysql.com/downloads/mysql/#downloads，在安装平台下拉列表中选择【Source Code】选项，如图 2.40 所示。

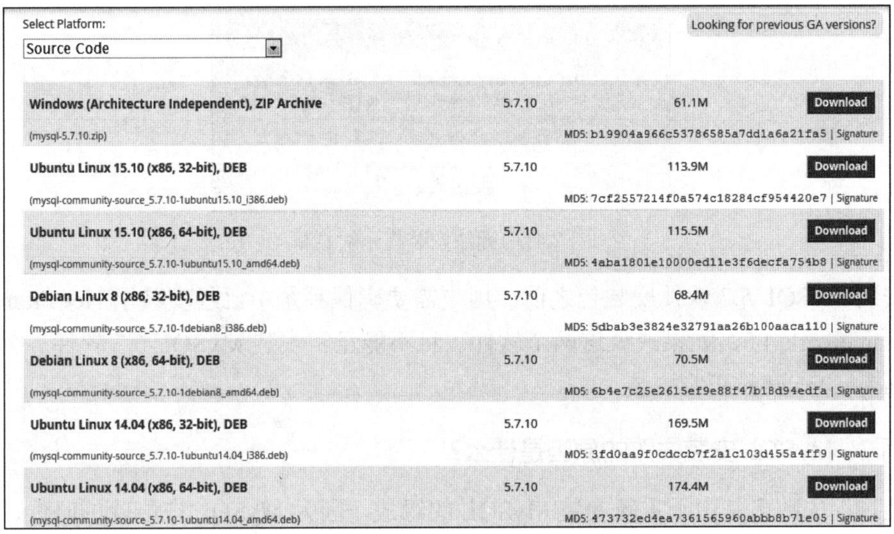

图 2.40　MySQL 源码包下载页面

源码安装需要一些开发工具，具体如下：

（1）CMakde (cross platform make)，构建程序必需的一个跨平台的构建工具。官方网址为 http://www.cmake.org/。

（2）一个好的 make 工具，MySQL 官方推荐使用 GNU make 3.75。GNU make 下载地址为 http://www.gnu.org/software/make/。

（3）ANSI c++编译器，GCC 4.2.1 及以上版本。

（4）Perl，运行 test 版本所必需的。

（5）RPM 包管理器，rpmbuild 工具。

编译安装，输入如下命令：

```
[root@localhost tmp]# rpmbuild --rebuild --clean MySQL-5.7.18-1.linux2.6.src.
rpm
```

编译完成后会形成一个 RPM 包，然后按照 RPM 包的安装方法安装就可以了。作为初级用户，不建议使用源码包进行安装。

2.5 疑难解惑

计算机技术具有很强的操作性，MySQL 的安装和配置是一件非常简单的事，但是在操作过程中也可能出现问题，读者需要多实践、多总结。

疑问 1：无法打开 MySQL 5.7 软件安装包，提示对话框如图 2.41 所示，如何解决？

图 2.41　无法安装提示对话框

在安装 MySQL 5.7 软件安装包之前，用户需要确保系统中已经安装了.Net Framework 3.5 和.Net Framework 4.0，如果缺少这两个软件，将不能正常安装 MySQL 5.7 软件。另外，还要确保 WindowsInstaller 正常安装。

疑问 2：MySQL 安装失败的原因是什么？

安装过程失败多是由于重新安装 MySQL 的缘故，因为 MySQL 在删除的时候，不能自动删除相关的信息。解决方法是把以前安装的目录删除。删除在 C 盘的 program file 文件夹里面 MySQL 的安装目录文件夹；同时删除 MySQL 的 DATA 目录，该目录一般为隐藏文件，其位置一般在 "C:\Documents and Settings\All Users\Application Data\ MySQL" 目录下，删除后重新安装即可。

2.6 上机练练手

（1）下载并安装 MySQL。

（2）使用配置向导配置 MySQL 为系统服务。在系统服务对话框中，手动启动或者关闭 MySQL 服务。

（3）使用 net 命令启动或者关闭 MySQL 服务。

（4）使用免安装的软件包安装 MySQL。

第 3 章

◀ 数据库的基本操作 ▶

MySQL 安装好以后，首先需要创建数据库，这是使用 MySQL 各种功能的前提。本章将详细介绍数据的基本操作，主要内容包括创建数据库、删除数据库、不同类型的数据存储引擎和存储引擎的选择。

本章学习技能

- 掌握如何创建数据库
- 熟悉数据库的删除操作
- 了解数据存储引擎的简介
- 熟悉常见的存储引擎工作原理
- 熟悉如何选择符合需求的存储引擎
- 掌握实战演练中数据库的创建和删除方法

3.1 创建数据库

MySQL 安装完成之后，将会在 data 目录下自动创建几个必需的数据库，可以使用 SHOW DATABASES;语句来查看当前所有存在的数据库，输入语句如下。

```
mysql> SHOW DATABASES;
+--------------------+
| Database           |
+--------------------+
| information_schema |
| mysql              |
| performance_schema |
| sakila             |
| sys                |
| test               |
| world              |
+--------------------+
```

```
7 rows in set (0.06 sec)
```

可以看到，数据库列表中包含了 6 个数据库。MySQL 是必需的，描述用户访问权限。用户经常利用 test 数据库做测试的工作。其他数据库将在后面的章节中介绍。

创建数据库是在系统磁盘上划分一块区域，用于数据的存储和管理，如果管理员在设置权限的时候为用户创建了数据库，就可以直接使用，否则，需要自己创建数据库。MySQL 中创建数据库的基本 SQL 语法格式为：

```
CREATE DATABASE database_name;
```

"database_name" 为要创建的数据库的名称，该名称不能与已经存在的数据库重名。

【例 3.1】创建测试数据库 test_db，输入如下语句。

```
CREATE DATABASE test_db;
```

数据库创建好之后，可以使用 SHOW CREATE DATABASE 声明查看数据库的定义。

【例 3.2】查看创建好的数据库 test_db 的定义，输入如下语句。

```
mysql> SHOW CREATE DATABASE test_db\G
*** 1. row ***
     Database: test_db
Create Database: CREATE DATABASE 'test_db' /*!40100 DEFAULT CHARACTER SET utf8 */
1 row in set (0.00 sec)
```

可以看到，如果数据库创建成功，就将显示数据库的创建信息。

再次使用 SHOW DATABASES;语句来查看当前所有存在的数据库，输入如下语句。

```
mysql> SHOW databases;
+--------------------+
| Database           |
+--------------------+
| information_schema |
| mysql              |
| performance_schema |
| sakila             |
| sys                |
| test               |
| test_db            |
| world              |
+--------------------+
8 rows in set (0.07 sec)
```

可以看到，数据库列表中包含了刚刚创建的数据库 test_db 和其他已经存在的数据库的名称。

3.2　删除数据库

删除数据库是将已经存在的数据库从磁盘空间上清除。清除之后，数据库中的所有数据也将一同被删除。删除数据库语句和创建数据库的命令相似，MySQL 中删除数据库的基本语法格式为：

```
DROP DATABASE database_name;
```

“database_name”为要删的数据库的名称。若指定的数据库不存在，则删除出错。

【例 3.3】删除测试数据库 test_db，输入如下语句。

```
DROP DATABASE test_db;
```

语句执行完毕之后，数据库 test_db 将被删除，再次使用 SHOW CREATE DATABASE 声明查看数据库的定义，结果如下。

```
mysql> SHOW CREATE DATABASE test_db\G
ERROR 1049 (42000): Unknown database 'test_db'
ERROR:
No query specified
```

执行结果给出一条错误信息："ERROR 1049 <42000>：Unknown database 'test_db'"，即数据库 test_db 已不存在，删除成功。

使用 DROP DATABASE 命令时要非常谨慎，在执行该命令时，MySQL 不会给出任何提醒确认信息，DROP DATABASE 声明删除数据库后，数据库中存储的所有数据表和数据也将一同被删除，而且不能恢复。

3.3　理解数据库存储引擎

数据库存储引擎是数据库底层软件组件，数据库管理系统（DBMS）使用数据引擎进行创建、查询、更新和删除数据操作。不同的存储引擎提供不同的存储机制、索引技巧、锁定水平等功能。使用不同的存储引擎，还可以获得特定的功能。现在许多不同的数据库管理系统都支持多种不同的数据引擎。MySQL 的核心就是存储引擎。

3.3.1　MySQL 存储引擎简介

MySQL 提供了多个不同的存储引擎，包括处理事务安全表的引擎和处理非事务安全表的引擎。在 MySQL 中，不需要在整个服务器中使用同一种存储引擎，针对具体的要求，可以对每一个表使用不同的存储引擎。MySQL 5.7 支持的存储引擎有 InnoDB、MyISAM、Memory、Merge、Archive、Federated、CSV、BLACKHOLE 等。可以使用 SHOW ENGINES 语句查看系统所支持的引擎类型，结果如下。

```
mysql> SHOW ENGINES \G
*** 1. row ***
     Engine: FEDERATED
    Support: NO
    Comment: Federated MySQL storage engine
Transactions: NULL
        XA: NULL
  Savepoints: NULL
*** 2. row ***
     Engine: MRG_MYISAM
    Support: YES
    Comment: Collection of identical MyISAM tables
Transactions: NO
        XA: NO
  Savepoints: NO
*** 3. row ***
     Engine: MyISAM
    Support: YES
    Comment: MyISAM storage engine
Transactions: NO
        XA: NO
  Savepoints: NO
*** 4. row ***
     Engine: BLACKHOLE
    Support: YES
    Comment: /dev/null storage engine (anything you write to it disappears)
Transactions: NO
        XA: NO
  Savepoints: NO
*** 5. row ***
     Engine: CSV
    Support: YES
    Comment: CSV storage engine
Transactions: NO
        XA: NO
  Savepoints: NO
*** 6. row ***
     Engine: MEMORY
    Support: YES
    Comment: Hash based, stored in memory, useful for temporary tables
```

```
Transactions: NO
         XA: NO
  Savepoints: NO
*** 7. row ***
      Engine: ARCHIVE
     Support: YES
     Comment: Archive storage engine
Transactions: NO
         XA: NO
  Savepoints: NO
*** 8. row ***
      Engine: InnoDB
     Support: DEFAULT
     Comment: Supports transactions, row-level locking, and foreign keys
Transactions: YES
         XA: YES
  Savepoints: YES
*** 9. row ***
      Engine: PERFORMANCE_SCHEMA
     Support: YES
     Comment: Performance Schema
Transactions: NO
         XA: NO
  Savepoints: NO
9 rows in set (0.00 sec)
```

Support 列的值表示某种引擎是否能使用：YES 表示可以使用，NO 表示不能使用，DEFAULT 表示该引擎为当前默认存储引擎。

3.3.2　InnoDB 存储引擎

InnoDB 是事务型数据库的首选引擎，支持事务安全表（ACID），支持行锁定和外键。MySQL 5.5.5 之后，InnoDB 作为默认存储引擎。InnoDB 的主要特性有以下几项。

（1）InnoDB 给 MySQL 提供了具有提交、回滚和崩溃恢复能力的事务安全（ACID 兼容）存储引擎。InnoDB 锁定在行级并且也在 SELECT 语句中提供一个类似 Oracle 的非锁定读。这些功能增加了多用户部署和性能。在 SQL 查询中，可以自由地将 InnoDB 类型的表与其他 MySQL 的表类型混合起来，甚至在同一个查询中也可以混合。

（2）InnoDB 是为处理巨大数据量的最大性能设计。它的 CPU 效率可能是任何其他基于磁盘的关系数据库引擎所不能匹敌的。

（3）InnoDB 存储引擎完全与 MySQL 服务器整合，InnoDB 存储引擎为在主内存中缓存数据和索引而维持它自己的缓冲池。InnoDB 将它的表和索引存在一个逻辑表空间中，表空间可以包含数个文件（或原始磁盘分区）。这与 MyISAM 表不同，比如在 MyISAM 表中每个表被存在分离的文件中。InnoDB 表可以是任何尺寸，即使在文件尺寸被限制为 2GB 的操作系统上也是如此。

（4）InnoDB 支持外键完整性约束（FOREIGN KEY）。存储表中的数据时，每张表的存储都按主键顺序存放，如果没有显示在表定义时指定主键，InnoDB 会为每一行生成一个 6B 的 ROWID，并以此作为主键。

（5）InnoDB 被用在众多需要高性能的大型数据库站点上。InnoDB 不创建目录，使用 InnoDB 时，MySQL 将在 MySQL 数据目录下创建一个名为 ibdata1 的 10MB 大小的自动扩展数据文件，以及两个名为 ib_logfile0 和 ib_logfile1 的 5MB 大小的日志文件。

3.3.3　MyISAM 存储引擎

MyISAM 基于 ISAM 存储引擎，并对其进行扩展。它是在 Web、数据仓储和其他应用环境下最常使用的存储引擎之一。MyISAM 拥有较高的插入、查询速度，但不支持事务。在 MySQL 5.5.5 之前的版本中，MyISAM 是默认存储引擎。MyISAM 的主要特性如下：

（1）大文件（达 63 位文件长度）在支持大文件的文件系统和操作系统上被支持。

（2）当把删除、更新及插入操作混合使用的时候，动态尺寸的行产生更少碎片。这要通过合并相邻被删除的块，以及若下一个块被删除，就扩展到后面的一个块来自动完成。

（3）每个 MyISAM 表的最大索引数是 64，可以通过重新编译来改变。每个索引最大的列数是 16 个。

（4）最大的键长度是 1000B，也可以通过编译来改变。对于键长度超过 250B 的情况，一个超过 1024B 的键将被用上。

（5）BLOB 和 TEXT 列可以被索引。

（6）NULL 值被允许在索引的列中。这个值占每个键的 0~1 个字节。

（7）所有数字键值以高字节优先被存储，以允许一个更高的索引压缩。

（8）每个表都有一个 AUTO_INCREMENT 列的内部处理。MyISAM 为 INSERT 和 UPDATE 操作自动更新这一列。这使得 AUTO_INCREMENT 列更快（至少 10%）。在序列顶的值被删除之后就不能再利用了。

（9）可以把数据文件和索引文件放在不同目录。

（10）每个字符列可以有不同的字符集。

（11）有 VARCHAR 的表可以固定或动态记录长度。

（12）VARCHAR 和 CHAR 列可以多达 64KB。

使用 MyISAM 引擎创建数据库，将生产 3 个文件。文件的名字以表的名字开始，扩展名指出文件类型：frm 文件存储表定义，数据文件的扩展名为.MYD（MYData），索引文件的扩展名是.MYI（MYIndex）。

3.3.4　MEMORY 存储引擎

MEMORY 存储引擎将表中的数据存储到内存中，为查询和引用其他表数据提供快速访问。MEMORY 的主要特性如下：

（1）MEMORY 表的每个表可以有多达 32 个索引，每个索引 16 列，以及 500B 的最大键长度。

（2）MEMORY 存储引擎执行 HASH 和 BTREE 索引。

（3）可以在一个 MEMORY 表中有非唯一键。

（4）MEMORY 表使用一个固定的记录长度格式。

（5）MEMORY 不支持 BLOB 或 TEXT 列。

（6）MEMORY 支持 AUTO_INCREMENT 列和对可包含 NULL 值的列的索引。

（7）MEMORY 表在所有客户端之间共享（就像其他任何非 TEMPORARY 表）。

（8）MEMORY 表内容被存在内存中，内存是 MEMORY 表和服务器在查询处理时的空闲中创建的内部表共享。

（9）当不再需要 MEMORY 表的内容时，要释放被 MEMORY 表使用的内存，应该执行 DELETE FROM 或 TRUNCATE TABLE，或者删除整个表（使用 DROP TABLE）。

3.3.5　存储引擎的选择

不同存储引擎都有各自的特点，以适应不同的需求，如表 3.1 所示。为了做出选择，首先需要考虑每一个存储引擎提供了哪些不同的功能。

表 3.1　存储引擎比较

功能	MyISAM	Memory	InnoDB	Archive
存储限制	256TB	RAM	64TB	None
支持事务	No	No	Yes	No
支持全文索引	Yes	No	No	No
支持数索引	Yes	Yes	Yes	No
支持哈希索引	No	Yes	No	No
支持数据缓存	No	N/A	Yes	No
支持外键	No	No	Yes	No

如果要提供提交、回滚和崩溃恢复能力的事务安全（ACID 兼容）能力，并要求实现并发控制，InnoDB 是个很好的选择。如果数据表主要用来插入和查询记录，则 MyISAM 引擎能提供较高的处理效率；如果只是临时存放数据，数据量不大，并且不需要较高的数据安全性，可以选择将数据保存在内存中的 Memory 引擎，MySQL 中使用该引擎作为临时表，存放查询的中间结果。如果只有 INSERT 和 SELECT 操作，可以选择 Archive 引擎，Archive 存储引擎支持高并发的插入操作，但是本身并不是事务安全的。Archive 存储引擎非常适合存储归档数据，如记录日志信息可以使用 Archive 引擎。

使用哪一种引擎要根据需要灵活选择，一个数据库中多个表可以使用不同引擎以满足各种性能和实际需求。使用合适的存储引擎，将会提高整个数据库的性能。

3.4 实战演练——数据库的创建和删除

本章前面介绍了数据库的基本操作，包括数据库的创建、查看和删除，最后介绍了 MySQL 中的存储引擎。这里将通过一个案例让读者全面回顾数据库的基本操作。

1. 案例目的

登录 MySQL，使用数据库操作语句创建、查看和删除数据库，步骤如下：

步骤01 登录数据库。

步骤02 创建数据库 zoo。

步骤03 选择当前数据库为 zoo，并查看 zoo 数据库的信息。

步骤04 删除数据库 zoo。

2. 案例操作过程

步骤01 登录数据库。

打开 Windows 命令行，输入登录用户名和密码。

```
C:\>mysql -h localhost -u root -p
Enter password: **
```

或者打开 MySQL 5.7 Command Line Client，输入用户密码登录。登录成功后显示如下信息：

```
Welcome to the MySQL monitor.  Commands end with ; or \g.
Your MySQL connection id is 2
Server version: 5.7.18 MySQL Community Server (GPL)

Copyright (c) 2000, 2015, Oracle and/or its affiliates. All rights reserved.

Oracle is a registered trademark of Oracle Corporation and/or its
affiliates. Other names may be trademarks of their respective
owners.

Type 'help;' or '\h' for help. Type '\c' to clear the current input statement.

mysql>
```

出现 MySQL 命令输入提示符时表示登录成功，可以输入 SQL 语句进行操作。

步骤 02 创建数据库 zoo。

执行过程如下：

```
mysql> CREATE DATABASE zoo;
Query OK, 1 row affected (0.01 sec)
```

提示信息表明语句成功执行，然后查看当前系统中所有的数据库。

```
mysql> SHOW DATABASES;
+--------------------+
| Database           |
+--------------------+
| information_schema |
| mysql              |
| performance_schema |
| test               |
| sakila             |
| sys                |
| test               |
| world              |
| zoo                |
+--------------------+
```

可以看到，数据库列表中已经有了名称为 zoo 的数据库，数据库创建成功。

步骤 03 选择当前数据库为 zoo，查看数据库 zoo 的信息。

```
mysql> USE zoo;
Database changed
```

提示信息 Database changed 表明选择成功，然后查看数据库信息：

```
mysql> SHOW CREATE DATABASE zoo \G
*** 1. row ***
      Database: zoo
Create Database: CREATE DATABASE 'zoo' /*!40100 DEFAULT CHARACTER SET utf8 */
```

Database 值表明当前数据库名称；Create Database 值表示创建数据库 zoo 的语句，后面为注释信息。

步骤 04 删除数据库 zoo。

```
mysql> DROP DATABASE zoo;
Query OK, 0 rows affected (0.00 sec)
```

语句执行完毕，将数据库 zoo 从系统中删除。

```
mysql> SHOW DATABASES;
+--------------------+
```

```
| Database              |
+-----------------------+
| information_schema    |
| mysql                 |
| performance_schema    |
| test                  |
| sakila                |
| sys                   |
| test                  |
| world                 |
+-----------------------+
```

可以看到，数据库列表中已经没有名称为 zoo 的数据库了。

3.5 疑难解惑

疑问：如何查看默认存储引擎？

在前面介绍了可以使用 SHOW ENGINES 语句查看系统中所有的存储引擎，其中包括默认的存储引擎。另外，可以使用一种直接的方法查看默认存储引擎，语句如下：

```
mysql> SHOW VARIABLES LIKE 'storage_engine';
+----------------+------------+
| Variable_name  | Value      |
+----------------+------------+
| storage_engine | InnoDB     |
+----------------+------------+
```

执行结果直接显示了当前默认的存储引擎为 InnoDB。

3.6 上机练练手

（1）查看当前系统中的数据库。

（2）创建数据库 Book，使用 SHOW CREATE DATABASE 语句查看数据库定义信息。

（3）删除数据库 Book。

第 4 章
◄ 数据表的基本操作 ►

在数据库中，数据表是数据库中最重要、最基本的操作对象，是数据存储的基本单位。数据表被定义为列的集合，数据在表中是按照行和列的格式来存储的。每一行代表一条唯一的记录，每一列代表记录中的一个域。

本章将详细介绍数据表的基本操作，主要内容包括创建数据表、查看数据表结构、修改数据表、删除数据表。通过本章的学习，读者能够熟练掌握数据表的基本概念，理解约束、默认和规则的含义并且学会运用；能够在图形界面模式和命令行模式下熟练地完成有关数据表的常用操作。

本章学习技能

- 掌握如何创建数据表
- 掌握查看数据表结构的方法
- 掌握如何修改数据表
- 熟悉删除数据表的方法
- 熟练操作实战演练数据表的基本操作

4.1 创建数据表

在创建完数据库之后，接下来的工作就是创建数据表。所谓创建数据表，指的是在已经创建好的数据库中建立新表。创建数据表的过程是规定数据列的属性的过程，同时也是实施数据完整性（包括实体完整性、引用完整性和域完整性等）约束的过程。本节将介绍创建数据表的语法形式以及如何添加主键约束、外键约束、非空约束等。

4.1.1 创建表的语法形式

数据表属于数据库，在创建数据表之前，应该使用语句"USE <数据库名>"指定操作是在哪个数据库中进行，如果没有选择数据库，就会抛出"No database selected"的错误。

创建数据表的语句为 CREATE TABLE，语法规则如下：

```
CREATE  TABLE <表名>
(
字段名1，数据类型 ［列级别约束条件］［默认值］，
字段名2，数据类型 ［列级别约束条件］［默认值］，
……
［表级别约束条件］
);
```

使用 CREATE TABLE 创建表时，必须指定以下信息：

（1）要创建的表的名称，不区分大小写，不能使用 SQL 语言中的关键字，如 DROP、ALTER、INSERT 等。

（2）数据表中每一个列（字段）的名称和数据类型。如果创建多个列，就要用逗号隔开。

【例 4.1】创建员工表 tb_emp1，结构如表 4.1 所示。

表 4.1　tb_emp1 表结构

字段名称	数据类型	备注
id	INT(11)	员工编号
name	VARCHAR(25)	员工名称
deptId	INT(11)	所在部门编号
salary	FLOAT	工资

首先创建数据库，SQL 语句如下：

```
CREATE  DATABASE test_db;
```

选择创建表的数据库，SQL 语句如下：

```
USE test_db;
```

创建 tb_emp1 表，SQL 语句为：

```
CREATE TABLE tb_emp1
(
id      INT(11),
name    VARCHAR(25),
deptId  INT(11),
salary  FLOAT
);
```

语句执行后，便创建了一个名称为 tb_emp1 的数据表，使用 SHOW TABLES;语句查看数据表是否创建成功，SQL 语句如下：

```
mysql> SHOW TABLES;
```

```
+----------------------+
| Tables_in_ test_db |
+----------------------+
| tb_emp1            |
+----------------------+
1 row in set (0.00 sec)
```

可以看到，test_db 数据库中已经有了数据表 tb_emp1，数据表创建成功。

4.1.2　使用主键约束

主键又称主码，是表中一列或多列的组合。主键约束（Primary Key Constraint）要求主键列的数据唯一，并且不允许为空。主键能够唯一地标识表中的一条记录，可以结合外键来定义不同数据表之间的关系，并且可以加快数据库查询的速度。主键和记录之间的关系如同身份证和人之间的关系，它们之间是一一对应的。主键分为两种类型：单字段主键和多字段联合主键。

1. 单字段主键

主键由一个字段组成，SQL 语句格式分为以下两种情况。

（1）在定义列的同时指定主键，语法规则如下：

字段名 数据类型 PRIMARY KEY [默认值]

【例 4.2】定义数据表 tb_emp 2，其主键为 id，SQL 语句如下：

```
CREATE TABLE tb_emp2
(
id       INT(11) PRIMARY KEY,
name     VARCHAR(25),
deptId   INT(11),
salary   FLOAT
);
```

（2）在定义完所有列之后指定主键。

[CONSTRAINT <约束名>] PRIMARY KEY [字段名]

【例 4.3】定义数据表 tb_emp 3，其主键为 id，SQL 语句如下：

```
CREATE TABLE tb_emp3
(
id INT(11),
name VARCHAR(25),
deptId INT(11),
salary FLOAT,
PRIMARY KEY(id)
);
```

上述两个例子执行后的结果是一样的，都会在 id 字段上设置主键约束。

2. 多字段联合主键

主键由多个字段联合组成，语法规则如下：

```
PRIMARY KEY [字段1, 字段2,. . ., 字段 n]
```

【例 4.4】定义数据表 tb_emp4，假设表中间没有主键 id，为了唯一确定一个员工，可以把 name、deptId 联合起来作为主键，SQL 语句如下：

```
CREATE TABLE tb_emp4
 (
name VARCHAR(25),
deptId INT(11),
salary FLOAT,
PRIMARY KEY(name,deptId)
);
```

语句执行后，便创建了一个名称为 tb_emp4 的数据表，name 字段和 deptId 字段组合在一起成为 tb_emp4 的多字段联合主键。

4.1.3 使用外键约束

外键用来在两个表的数据之间建立链接，可以是一列或者多列。一个表可以有一个或多个外键。外键对应的是参照完整性，一个表的外键可以为空值，若不为空值，则每一个外键值必须等于另一个表中主键的某个值。

外键首先是表中的一个字段，可以不是本表的主键，但要对应另外一个表的主键。外键的主要作用是保证数据引用的完整性，定义外键后，不允许删除在另一个表中具有关联关系的行。外键的作用是保持数据的一致性、完整性。例如，部门表 tb_dept 的主键是 id，在员工表 tb_emp5 中有一个键 deptId 与这个 id 关联。

主表（父表）：对于两个具有关联关系的表而言，相关联字段中主键所在的那个表。

从表（子表）：对于两个具有关联关系的表而言，相关联字段中外键所在的那个表。

创建外键的语法规则如下：

```
[CONSTRAINT <外键名>] FOREIGN KEY 字段名1 [ ,字段名2,…]
REFERENCES <主表名> 主键列1 [ ,主键列2,…]
```

"外键名"为定义的外键约束的名称，一个表中不能有相同名称的外键；"字段名"表示子表需要添加外键约束的字段列；"主表名"表示被子表外键所依赖的表的名称；"主键列"表示主表中定义的主键列，或者列组合。

【例 4.5】定义数据表 tb_emp5，并在 tb_emp5 表上创建外键约束。

创建一个部门表 tb_dept1，表结构如表 4.2 所示，SQL 语句如下：

```
CREATE TABLE tb_dept1
(
id       INT(11) PRIMARY KEY,
name     VARCHAR(22)  NOT NULL,
location VARCHAR(50)
);
```

表 4.2　tb_dept1 表结构

字段名称	数据类型	备注
id	INT(11)	部门编号
name	VARCHAR(22)	部门名称
location	VARCHAR(50)	部门位置

定义数据表 tb_emp5，让它的键 deptId 作为外键关联到 tb_dept1 的主键 id，SQL 语句为：

```
CREATE TABLE tb_emp5
(
id       INT(11) PRIMARY KEY,
name    VARCHAR(25),
deptId  INT(11),
salary   FLOAT,
CONSTRAINT fk_emp_dept1 FOREIGN KEY(deptId) REFERENCES tb_dept1(id)
);
```

以上语句执行成功之后，在表 tb_emp5 上添加了名称为 fk_emp_dept1 的外键约束，外键名称为 deptId，其依赖于表 tb_dept1 的主键 id。

> 关联指的是在关系型数据库中，相关表之间的联系。它是通过相容或相同的属性或属性组来表示的。子表的外键必须关联父表的主键，且关联字段的数据类型必须匹配，如果类型不一样，那么创建子表时会出现错误"ERROR 1005 (HY000): Can't create table 'database.tablename'(errno: 150)"。

4.1.4　使用非空约束

非空约束（Not Null Constraint）指字段的值不能为空。对于使用了非空约束的字段，如果用户在添加数据时没有指定值，数据库系统就会报错。

非空约束的语法规则如下：

字段名 数据类型 not null

【例 4.6】定义数据表 tb_emp6，指定员工的名称不能为空，SQL 语句如下：

```
CREATE TABLE tb_emp6
(
```

```
id     INT(11) PRIMARY KEY,
name   VARCHAR(25) NOT NULL,
deptId INT(11),
salary FLOAT
);
```

执行后，在 tb_emp6 中创建了一个 Name 字段，其插入值不能为空（NOT NULL）。

4.1.5　使用唯一性约束

唯一性约束（Unique Constraint）要求该列唯一，允许为空，但只能出现一个空值。唯一约束可以确保一列或者几列不出现重复值。

唯一性约束的语法规则如下：

（1）在定义完列之后直接指定唯一约束，语法规则如下：

```
字段名 数据类型 UNIQUE
```

【例 4.7】定义数据表 tb_dept2，指定部门的名称唯一，SQL 语句如下：

```
CREATE TABLE tb_dept2
(
id      INT(11) PRIMARY KEY,
name    VARCHAR(22) UNIQUE,
location VARCHAR(50)
);
```

（2）在定义完所有列之后指定唯一约束，语法规则如下：

```
[CONSTRAINT <约束名>] UNIQUE(<字段名>)
```

【例 4.8】定义数据表 tb_dept3，指定部门的名称唯一，SQL 语句如下：

```
CREATE TABLE tb_dept3
(
id      INT(11) PRIMARY KEY,
name    VARCHAR(22),
location VARCHAR(50),
CONSTRAINT STH UNIQUE(name)
);
```

UNIQUE 和 PRIMARY KEY 的区别是：一个表中可以有多个字段声明为 UNIQUE，但只能有一个 PRIMARY KEY 声明；声明为 PRIMAY KEY 的列不允许有空值，但是声明为 UNIQUE 的字段允许空值（NULL）的存在。

4.1.6　使用默认约束

默认约束（Default Constraint）指定某列的默认值。例如，男性同学较多，性别就可以默认为'男'。如果插入一条新的记录时没有为这个字段赋值,那么系统会自动为这个字段赋值为'男'。

默认约束的语法规则如下:

字段名 数据类型 DEFAULT 默认值

【例 4.9】定义数据表 tb_emp7,指定员工的部门编号默认为 1111,SQL 语句如下:

```
CREATE TABLE tb_emp7
(
id      INT(11) PRIMARY KEY,
name    VARCHAR(25) NOT NULL,
deptId  INT(11) DEFAULT 1111,
salary  FLOAT
);
```

以上语句执行成功之后,表 tb_emp7 上的字段 deptId 拥有了一个默认的值 1111,新插入的记录如果没有指定部门编号,则默认为 1111。

4.1.7　设置表的属性值自动增加

在数据库应用中,经常希望在每次插入新记录时,系统自动生成字段的主键值。可以通过为表主键添加 AUTO_INCREMENT 关键字来实现。默认的,在 MySQL 中 AUTO_INCREMENT 的初始值是 1,每新增一条记录,字段值自动加 1。一个表只能有一个字段使用 AUTO_INCREMENT 约束,且该字段必须为主键的一部分。AUTO_INCREMENT 约束的字段可以是任何整数类型(TINYINT、SMALLINT、INT、BIGINT 等)。

设置表的属性值自动增加的语法规则如下:

字段名 数据类型 AUTO_INCREMENT

【例 4.10】定义数据表 tb_emp8,指定员工的编号自动递增,SQL 语句如下:

```
CREATE TABLE tb_emp8
(
id      INT(11) PRIMARY KEY AUTO_INCREMENT,
name    VARCHAR(25) NOT NULL,
deptId  INT(11),
salary  FLOAT
);
```

上述例子执行后,会创建名称为 tb_emp8 的数据表。表 tb_emp8 中的 id 字段的值在添加记录的时候会自动增加,在插入记录的时候,默认的自增字段 id 的值从 1 开始,每次添加一条新记录,该值自动加 1。

例如,执行如下插入语句:

```
mysql> INSERT INTO tb_emp8 (name,salary)
```

```
-> VALUES('Lucy',1000), ('Lura',1200),('Kevin',1500);
```

语句执行完后，**tb_emp8** 表中增加 3 条记录，在这里并没有输入 id 的值，但系统已经自动添加该值，使用 SELECT 命令查看记录，如下所示。

```
mysql> SELECT * FROM tb_emp8;
+----+--------+---------+------------+
| id | name   | deptId| salary     |
+----+--------+---------+------------+
| 1  | Lucy   | NULL  | 1000       |
| 2  | Lura   | NULL  | 1200       |
| 3  | Kevin  | NULL  | 1500       |
+----+--------+---------+------------+
3 rows in set (0.00 sec)
```

 这里使用 INSERT 声明向表中插入记录的方法，并不是 SQL 的标准语法，这种语法不一定被其他的数据库支持，只能在 MySQL 中使用。

4.2 查看数据表结构

使用 SQL 语句创建好数据表之后，可以查看表结构的定义，以确认表的定义是否正确。在 MySQL 中，查看表结构可以使用 DESCRIBE 和 SHOW CREATE TABLE 语句。本节将针对这两个语句分别进行详细的讲解。

4.2.1 查看表基本结构语句 DESCRIBE

DESCRIBE/DESC 语句可以查看表的字段信息，包括字段名、字段数据类型、是否为主键、是否有默认值等。语法规则如下：

```
DESCRIBE 表名;
```

或者简写为：

```
DESC 表名;
```

【例 4.11】分别使用 DESCRIBE 和 DESC 查看表 tb_dept1 和表 tb_emp1 的表结构。

查看 tb_dept1 表结构，SQL 语句如下：

```
mysql> DESCRIBE tb_dept1;
+-----------+---------------+------+-----+---------+-------+
| Field     | Type          | Null | Key | Default | Extra |
+-----------+---------------+------+-----+---------+-------+
```

```
| id       | int(11)      | NO   | PRI | NULL    |       |
| name     | varchar(22)  | NO   |     | NULL    |       |
| location | varchar(50)  | YES  |     | NULL    |       |
+----------+--------------+------+-----+---------+-------+
```

查看 tb_emp1 表结构，SQL 语句如下：

```
mysql> DESC tb_emp1;
+--------+--------------+------+-----+---------+-------+
| Field  | Type         | Null | Key | Default | Extra |
+--------+--------------+------+-----+---------+-------+
| id     | int (11)     | YES  |     | NULL    |       |
| name   | varchar(25)  | YES  |     | NULL    |       |
| deptId | int (11)     | YES  |     | NULL    |       |
| salary | float        | YES  |     | NULL    |       |
+--------+--------------+------+-----+---------+-------+
```

其中，各个字段的含义分别解释如下：

- Null：表示该列是否可以存储 NULL 值。
- Key：表示该列是否已编制索引。PRI 表示该列是表主键的一部分；UNI 表示该列是 UNIQUE 索引的一部分；MUL 表示在列中某个给定值允许出现多次。
- Default：表示该列是否有默认值，如果有的话值是多少。
- Extra：表示可以获取的与给定列有关的附加信息，例如 AUTO_INCREMENT 等。

4.2.2　查看表详细结构语句 SHOW CREATE TABLE

SHOW CREATE TABLE 语句可以用来显示创建表时的 CREATE TABLE 语句，语法格式如下：

```
SHOW CREATE TABLE <表名\G>;
```

使用 SHOW CREATE TABLE 语句，不仅可以查看表创建时候的详细语句，还可以查看存储引擎和字符编码。

如果不加 '\G' 参数，那么显示的结果可能非常混乱；加上参数 '\G' 之后，可使显示结果更加直观、易于查看。

【例 4.12】使用 SHOW CREATE TABLE 查看表 tb_emp1 的详细信息，SQL 语句如下：

```
mysql> SHOW CREATE TABLE tb_emp1;
+--------+------------------------------------------------------------
--------------------------------
+--------------------------------------------------------------------
--------------------------------
--------------------------------------------------------------+
```

```
| Table  | Create Table

                                                        |
  +--------+------------------------------------------------------------
  ----------------------------------
  ------------------------------------------------------------
  ----------------------------------
  --------------------------------------------------------------------+
  | fruits | CREATE TABLE 'fruits' (
  'f_id' char(10) NOT NULL,
  's_id' int(11) NOT NULL,
  'f_name' char(255) NOT NULL,
  'f_price' decimal(8,2) NOT NULL,
  PRIMARY KEY ('f_id'),
  KEY 'index_name' ('f_name'),
  KEY 'index_id_price' ('f_id', 'f_price')
) ENGINE=InnoDB DEFAULT CHARSET=gb2312 |
  +--------+------------------------------------------------------------
  ----------------------------------
  ------------------------------------------------------------
  ----------------------------------
  --------------------------------------------------------------------+
```

使用参数 '\G' 之后的结果如下：

```
mysql> SHOW CREATE TABLE tb_emp1\G
*** 1. row ***
     Table: tb_emp1
Create Table: CREATE TABLE 'tb_emp1' (
  'id' int(11) DEFAULT NULL,
  'name' varchar(25) DEFAULT NULL,
  'deptId' int(11) DEFAULT NULL,
  'salary' float DEFAULT NULL
) ENGINE=InnoDB DEFAULT CHARSET=gb2312
1 row in set (0.00 sec)
```

4.3 修改数据表

修改表指的是修改数据库中已经存在的数据表的结构。MySQL 使用 ALTER TABLE 语句修改表。常用的修改表的操作有修改表名、修改字段数据类型或字段名、增加和删除字段、修改字段的排列位置，更改表的存储引擎，删除表的外键约束等。本节将对和修改表有关的操作进行讲解。

4.3.1　修改表名

MySQL 是通过 ALTER TABLE 语句来实现表名修改的，具体的语法规则如下：

```
ALTER TABLE <旧表名> RENAME [TO] <新表名>;
```

其中，TO 为可选参数，使用与否均不影响结果。

【例 4.13】将数据表 tb_dept3 改名为 tb_deptment3。

执行修改表名操作之前，使用 SHOW TABLES 查看数据库中所有的表。

```
mysql> SHOW TABLES;
+--------------------+
| Tables_in_test_db  |
+--------------------+
| tb_dept            |
| tb_dept2           |
| tb_dept3           |
```

使用 ALTER TABLE 将表 tb_dept3 改名为 tb_deptment3，SQL 语句如下：

```
ALTER TABLE tb_dept3 RENAME tb_deptment3;
```

语句执行之后，检验表 tb_dept3 是否改名成功。使用 SHOW TABLES 查看数据库中的表，结果如下：

```
mysql> SHOW TABLES;
+--------------------+
| Tables_in_test_db  |
+--------------------+
| tb_dept            |
| tb_dept2           |
| tb_deptment3       |
```

经过比较可以看到，数据表列表中已经有了名称为 tb_deptment3 的表。

读者可以在修改表名称时使用 DESC 命令查看修改前后两个表的结构，修改表名并不修改表的结构，因此修改名称后的表和修改名称前的表的结构必然是相同的。

4.3.2　修改字段的数据类型

修改字段的数据类型就是把字段的数据类型转换成另一种数据类型。在 MySQL 中修改字段数据类型的语法规则如下：

```
ALTER TABLE <表名> MODIFY <字段名> <数据类型>
```

其中，"表名"是指要修改数据类型的字段所在表的名称，"字段名"是指需要修改的字段，"数据类型"是指修改后字段的新数据类型。

【例 4.14】将数据表 tb_dept1 中 name 字段的数据类型由 VARCHAR(22)修改成 VARCHAR(30)。

执行修改表名操作之前，使用 DESC 查看 tb_dept1 表结构，结果如下：

```
mysql> DESC tb_dept1;
+----------+-------------+--------+-------+-----------+-------+
| Field    | Type        | Null   | Key   |Default    | Extra |
+----------+-------------+--------+-------+-----------+-------+
| id       | int(11)     | NO     | PRI   | NULL      |       |
| name     | varchar(22) | YES    |       | NULL      |       |
| location | varchar(50) | YES    |       | NULL      |       |
+----------+-------------+--------+-------+-----------+-------+
3 rows in set (0.00 sec)
```

可以看到现在 name 字段的数据类型为 VARCHAR(22)，下面修改其类型。输入如下 SQL 语句并执行：

```
ALTER TABLE tb_dept1 MODIFY name VARCHAR(30);
```

再次使用 DESC 查看表，结果如下：

```
mysql> DESC tb_dept1;
+----------+-------------+--------+--------+-----------+-------+
| Field    | Type        | Null   | Key    |Default    | Extra |
+----------+-------------+--------+--------+-----------+-------+
| id       | int(11)     | NO     | PRI    | NULL      |       |
| name     | varchar(30) | YES    |        | NULL      |       |
| location | varchar(50) | YES    |        | NULL      |       |
+----------+-------------+--------+--------+-----------+-------+
3 rows in set (0.00 sec)
```

语句执行之后，检验会发现表 tb_dept1 表中 name 字段的数据类型已经修改成了 VARCHAR(30)。

4.3.3　修改字段名

MySQL 中修改表字段名的语法规则如下：

```
ALTER TABLE <表名> CHANGE <旧字段名> <新字段名> <新数据类型>;
```

其中，"旧字段名"指修改前的字段名；"新字段名"指修改后的字段名；"新数据类型"指修改后的数据类型，如果不需要修改字段的数据类型，将新数据类型设置成与原来一样即可，但数据类型不能为空。

【例 4.15】将数据表 tb_dept1 中的 location 字段名称改为 loc，数据类型保持不变，SQL 语句如下：

```
ALTER TABLE tb_dept1 CHANGE location loc VARCHAR(50);
```

使用 DESC 查看表 tb_dept1，会发现字段的名称已经修改成功，结果如下：

```
mysql> DESC tb_dept1;
+----------+-------------+--------+--------+------------+-------+
| Field    | Type        | Null   | Key    |Default     | Extra |
+----------+-------------+--------+--------+------------+-------+
| id       | int(11)     | NO     | PRI    | NULL       |       |
| name     | varchar(30) | YES    |        | NULL       |       |
| loc      | varchar(50) | YES    |        | NULL       |       |
+----------+-------------+--------+--------+------------+-------+
3 rows in set (0.00 sec)
```

【例 4.16】将数据表 tb_dept1 中的 loc 字段名称改为 location，同时将数据类型变为 VARCHAR(60)，SQL 语句如下：

```
ALTER TABLE tb_dept1 CHANGE loc location VARCHAR(60);
```

使用 DESC 查看表 tb_dept1，会发现字段的名称和数据类型均已经修改成功，结果如下：

```
mysql> DESC tb_dept1;
+----------+-------------+--------+--------+------------+-------+
| Field    | Type        | Null   | Key    |Default     | Extra |
+----------+-------------+--------+--------+------------+-------+
| id       | int(11)     | NO     | PRI    | NULL       |       |
| name     | varchar(30) | YES    |        | NULL       |       |
| location | varchar(60) | YES    |        | NULL       |       |
+----------+-------------+--------+--------+------------+-------+
3 rows in set (0.00 sec)
```

CHANGE 也可以只修改数据类型，实现和 MODIFY 同样的效果，方法是将 SQL 语句中的"新字段名"和"旧字段名"设置为相同的名称，只改变"数据类型"。

> 由于不同类型的数据在机器中存储的方式及长度并不相同，修改数据类型可能会影响到数据表中已有的数据记录，因此当数据库表中已经有数据时，不要轻易修改数据类型。

4.3.4　添加字段

随着业务需求的变化，可能需要在已经存在的表中添加新的字段。一个完整字段包括字段名、数据类型、完整性约束。添加字段的语法格式如下：

```
ALTER TABLE <表名> ADD <新字段名> <数据类型>
```

```
[约束条件] [FIRST | AFTER 已存在字段名];
```

新字段名为需要添加的字段的名称；"FIRST"为可选参数，其作用是将新添加的字段设置为表的第一个字段；"AFTER"为可选参数，其作用是将新添加的字段添加到指定的"已存在字段名"的后面。

 "FIRST"或"AFTER 已存在字段名"用于指定新增字段在表中的位置，如果 SQL 语句中没有这两个参数，就默认将新添加的字段设置为数据表的最后列。

1. 添加无完整性约束条件的字段

【例 4.17】在数据表 tb_dept1 中添加一个没有完整性约束的 INT 类型的字段 managerId（部门经理编号），SQL 语句如下：

```
ALTER TABLE tb_dept1 ADD managerId INT(10);
```

使用 DESC 查看表 tb_dept1，会发现在表的最后添加了一个名为 managerId 的 INT 类型的字段，结果如下：

```
mysql> DESC tb_dept1;
+------------+-------------+------+-----+---------+-------+
| Field      | Type        | Null | Key | Default | Extra |
+------------+-------------+------+-----+---------+-------+
| id         | int(11)     | NO   | PRI | NULL    |       |
| name       | varchar(30) | YES  |     | NULL    |       |
| location   | varchar(60) | YES  |     | NULL    |       |
| managerId  | int(10)     | YES  |     | NULL    |       |
+------------+-------------+------+-----+---------+-------+
4 rows in set (0.03 sec)
```

2. 添加有完整性约束条件的字段

【例 4.18】在数据表 tb_dept1 中添加一个不能为空的 VARCHAR(12)类型的字段 column1，SQL 语句如下：

```
ALTER TABLE tb_dept1 ADD column1 VARCHAR(12) not null;
```

使用 DESC 查看表 tb_dept1，会发现在表的最后添加了一个名为 column1 的 VARCHAR(12)类型且不为空的字段，结果如下：

```
mysql> DESC tb_dept1;
+----------+-------------+------+-----+---------+-------+
| Field    | Type        | Null | Key | Default | Extra |
+----------+-------------+------+-----+---------+-------+
| id       | int(11)     | NO   | PRI | NULL    |       |
| name     | varchar(30) | YES  |     | NULL    |       |
```

```
| location  | varchar(60) | YES |     | NULL |     |
| managerId | int(10)     | YES |     | NULL |     |
| column1   | varchar(12) | NO  |     | NULL |     |
+-----------+-------------+-----+-----+------+-----+
5 rows in set (0.00 sec)
```

3. 在表的第一列添加一个字段

【例 4.19】在数据表 tb_dept1 中添加一个 INT 类型的字段 column2，SQL 语句如下：

```
ALTER TABLE tb_dept 1 ADD column2 INT(11) FIRST;
```

使用 DESC 查看表 tb_dept1，会发现在表第一列添加了一个名为 column2 的 INT(11)类型字段，结果如下：

```
mysql> DESC tb_dept1;
+-----------+-------------+------+-----+---------+-------+
| Field     | Type        | Null | Key | Default | Extra |
+-----------+-------------+------+-----+---------+-------+
| column2   | int(11)     | YES  |     | NULL    |       |
| id        | int(11)     | NO   | PRI | NULL    |       |
| name      | varchar(30) | YES  |     | NULL    |       |
| location  | varchar(60) | YES  |     | NULL    |       |
| managerId | int(10)     | YES  |     | NULL    |       |
| column1   | varchar(12) | NO   |     | NULL    |       |
+-----------+-------------+------+-----+---------+-------+
6 rows in set (0.00 sec)
```

4. 在表的指定列之后添加一个字段

【例 4.20】在数据表 tb_dept1 中 name 列后添加一个 INT 类型的字段 column3，SQL 语句如下：

```
ALTER TABLE tb_dept1 ADD column3 INT(11) AFTER name;
```

使用 DESC 查看表 tb_dept1，结果如下：

```
mysql> DESC tb_dept1;
+-----------+-------------+------+-----+---------+-------+
| Field     | Type        | Null | Key | Default | Extra |
+-----------+-------------+------+-----+---------+-------+
| column2   | int(11)     | YES  |     | NULL    |       |
| id        | int(11)     | NO   | PRI | NULL    |       |
| name      | varchar(30) | YES  |     | NULL    |       |
| column3   | int(11)     | YES  |     | NULL    |       |
| location  | varchar(60) | YES  |     | NULL    |       |
| managerId | int(10)     | YES  |     | NULL    |       |
| column1   | varchar(12) | NO   |     | NULL    |       |
```

```
+------------+----------------+----------+--------+-------------+--------+
```
```
7 rows in set (0.03 sec)
```

可以看到，tb_dept1 表中增加了一个名称为 column3 的字段，其位置在指定的 name 字段后面，添加字段成功。

4.3.5　删除字段

删除字段是将数据表中的某个字段从表中移除，语法格式如下：

```
ALTER TABLE <表名> DROP <字段名>;
```

"字段名"指需要从表中删除的字段的名称。

【例 4.21】删除数据表 tb_dept1 表中的 column2 字段。

首先，执行删除字段之前，使用 DESC 查看 tb_dept1 表结构，结果如下：

```
mysql> DESC tb_dept1;
+-------------+-------------+----------+--------+-------------+--------+
| Field       | Type        | Null     | Key    | Default     | Extr   |
+-------------+-------------+----------+--------+-------------+--------+
| column2     | int(11)     | YES      |        | NULL        |        |
| id          | int(11)     | NO       | PRI    | NULL        |        |
| name        | varchar(30) | YES      |        | NULL        |        |
| column3     | int(11)     | YES      |        | NULL        |        |
| location    | varchar(60) | YES      |        | NULL        |        |
| managerId   | int(10)     | YES      |        | NULL        |        |
| column1     | varchar(12) | NO       |        | NULL        |        |
+-------------+-------------+----------+--------+-------------+--------+
6 rows in set (0.03 sec)
```

删除 column2 字段，SQL 语句如下：

```
ALTER TABLE tb_dept1 DROP column2;
```

再次使用 DESC 查看表 tb_dept1，结果如下：

```
mysql> DESC tb_dept1;
+-------------+-------------+----------+--------+-------------+--------+
| Field       | Type        | Null     | Key    | Default     | Extr   |
+-------------+-------------+----------+--------+-------------+--------+
| id          | int(11)     | NO       | PRI    | NULL        |        |
| name        | varchar(30) | YES      |        | NULL        |        |
| column3     | int(11)     | YES      |        | NULL        |        |
| location    | varchar(60) | YES      |        | NULL        |        |
| managerId   | int(10)     | YES      |        | NULL        |        |
| column1     | varchar(12) | NO       |        | NULL        |        |
+-------------+-------------+----------+--------+-------------+--------+
```

```
6 rows in set (0.03 sec)
```

可以看到，tb_dept1 表中已经不存在名称为 column2 的字段，删除字段成功。

4.3.6　修改字段的排列位置

对于一个数据表来说，在创建的时候，字段在表中的排列顺序就已经确定了。但表的结构并不是完全不可以改变的，可以通过 ALTER TABLE 来改变表中字段的相对位置。语法格式如下：

```
ALTER TABLE <表名> MODIFY <字段1> <数据类型> FIRST|AFTER <字段2>;
```

"字段 1"指要修改位置的字段，"数据类型"指"字段 1"的数据类型，"FIRST"为可选参数，指将"字段 1"修改为表的第一个字段，"AFTER<字段 2>"指将"字段 1"插入到"字段 2"后面。

1. 修改字段为表的第一个字段

【例 4.22】将数据表 tb_deptl 中的 column1 字段修改为表的第一个字段，SQL 语句如下：

```
ALTER TABLE tb_dept1 MODIFY column1 VARCHAR(12) FIRST;
```

使用 DESC 查看表 tb_dept1，发现字段 column1 已经被移至表的第一列，结果如下：

```
mysql> DESC tb_dept1;
+-----------+-------------+------+-----+---------+-------+
| Field     | Type        | Null | Key | Default | Extra |
+-----------+-------------+------+-----+---------+-------+
| column1   | varchar(12) | NO   |     | NULL    |       |
| id        | int(11)     | NO   | PRI | NULL    |       |
| name      | varchar(30) | YES  |     | NULL    |       |
| column3   | int(11)     | YES  |     | NULL    |       |
| location  | varchar(60) | YES  |     | NULL    |       |
| managerId | int(10)     | YES  |     | NULL    |       |
+-----------+-------------+------+-----+---------+-------+
6 rows in set (0.03 sec)
```

2. 修改字段到表的指定列之后

【例 4.23】将数据表 tb_dept1 中的 column1 字段插入到 location 字段后面，SQL 语句如下：

```
ALTER TABLE tb_dept1 MODIFY column1 VARCHAR(12) AFTER location;
```

使用 DESC 查看表 tb_dept1，结果如下：

```
mysql> DESC tb_dept1;
+-----------+-------------+------+-----+---------+-------+
| Field     | Type        | Null | Key | Default | Extra |
+-----------+-------------+------+-----+---------+-------+
| id        | int(11)     | NO   | PRI | NULL    |       |
```

```
| name      | varchar(30) | YES |   | NULL |   |
| column3   | int(11)     | YES |   | NULL |   |
| location  | varchar(60) | YES |   | NULL |   |
| column1   | varchar(12) | NO  |   | NULL |   |
| managerId | int(10)     | YES |   | NULL |   |
+-----------+-------------+-----+---+------+---+
6 rows in set (0.03 sec)
```

可以看到，tb_dept1 表中的字段 column1 已经被移至 location 字段之后。

4.3.7　更改表的存储引擎

通过前面章节的学习，知道存储引擎是 MySQL 中的数据存储在文件或者内存中时采用的不同技术实现。可以根据自己的需要，选择不同的引擎，甚至可以为每一张表选择不同的存储引擎。MySQL 中的主要存储引擎有 MyISAM、InnoDB、MEMORY（HEAP）、BDB、FEDERATED 等。可以使用 SHOW ENGINES;语句查看系统支持的存储引擎。表 4.3 列出了 5.5.13 版本的 MySQL 所支持的存储引擎。

表 4.3　MySQL 支持的存储引擎

引擎名	是否支持
FEDERATED	否
MRG_MYISAM	是
MyISAM	是
BLACKHOLE	是
CSV	是
MEMORY	是
ARCHIVE	是
InnoDB	默认
PERFORMANCE_SCHEMA	是

更改表的存储引擎的语法格式如下：

```
ALTER TABLE <表名> ENGINE=<更改后的存储引擎名>;
```

【例 4.24】将数据表 tb_deptment3 的存储引擎修改为 MyISAM。

在修改存储引擎之前，先使用 SHOW CREATE TABLE 查看表 tb_deptment3 当前的存储引擎，结果如下。

```
mysql> SHOW CREATE TABLE tb_deptment3 \G
*** 1. row ***
     Table: tb_deptment3
Create Table: CREATE TABLE 'tb_deptment3' (
  'id' int(11) NOT NULL,
  'name' varchar(22) DEFAULT NULL,
  'location' varchar(50) DEFAULT NULL,
```

```
  PRIMARY KEY ('id'),
  UNIQUE KEY 'STH' ('name')
) ENGINE=InnoDB DEFAULT CHARSET=gb2312
1 row in set (0.00 sec)
```

可以看到，表 tb_deptment3 当前的存储引擎为 ENGINE=InnoDB，接下来修改存储引擎类型，输入如下 SQL 语句并执行：

```
mysql> ALTER TABLE tb_deptment3 ENGINE=MyISAM;
```

使用 SHOW CREATE TABLE 再次查看表 tb_deptment3 的存储引擎，发现表 tb_dept 的存储引擎变成了"MyISAM"，结果如下：

```
mysql> SHOW CREATE TABLE tb_deptment3 \G
*** 1. row ***
     Table: tb_deptment3
Create Table: CREATE TABLE 'tb_deptment3' (
  'id' int(11) NOT NULL,
  'name' varchar(22) DEFAULT NULL,
  'location' varchar(50) DEFAULT NULL,
  PRIMARY KEY ('id'),
  UNIQUE KEY 'STH' ('name')
) ENGINE=MyISAM DEFAULT CHARSET=gb2312
1 row in set (0.00 sec)
```

4.3.8　删除表的外键约束

对于数据库中定义的外键，如果不再需要，可以将其删除。外键一旦删除，就会解除主表和从表间的关联关系，MySQL 中删除外键的语法格式如下：

```
ALTER TABLE <表名> DROP FOREIGN KEY <外键约束名>
```

"外键约束名"指在定义表时 CONSTRAINT 关键字后面的参数，详细内容可参考 4.1.3 节的"使用外键约束"。

【例 4.25】删除数据表 tb_emp9 中的外键约束。

首先创建表 tb_emp9，创建外键 deptId 关联 tb_dept1 表的主键 id，SQL 语句如下：

```
CREATE TABLE tb_emp9
(
id      INT(11) PRIMARY KEY,
name    VARCHAR(25),
deptId  INT(11),
salary  FLOAT,
CONSTRAINT fk_emp_dept FOREIGN KEY (deptId) REFERENCES tb_dept1(id)
);
```

使用 SHOW CREATE TABLE 查看表 tb_emp9 的结构，结果如下：

```
mysql> SHOW CREATE TABLE tb_emp9 \G
*** 1. row ***
      Table: tb_emp9
Create Table: CREATE TABLE 'tb_emp9' (
  'id' int(11) NOT NULL,
  'name' varchar(25) DEFAULT NULL,
  'deptId' int(11) DEFAULT NULL,
  'salary' float DEFAULT NULL,
  PRIMARY KEY ('id'),
  KEY 'fk_emp_dept' ('deptId'),
  CONSTRAINT 'fk_emp_dept' FOREIGN KEY ('deptId') REFERENCES 'tb_dept1' ('id')
) ENGINE=InnoDB DEFAULT CHARSET=gb2312
1 row in set (0.00 sec)
```

可以看到，已经成功添加了表的外键，下面删除外键约束，SQL 语句如下：

```
ALTER TABLE tb_emp9 DROP FOREIGN KEY fk_emp_dept;
```

执行完毕之后，将删除表 tb_emp9 的外键约束。使用 SHOW CREATE TABLE 再次查看表 tb_emp9 结构，结果如下：

```
mysql> SHOW CREATE TABLE tb_emp9 \G
*** 1. row ***
      Table: tb_emp9
Create Table: CREATE TABLE 'tb_emp9' (
  'id' int(11) NOT NULL,
  'name' varchar(25) DEFAULT NULL,
  'deptId' int(11) DEFAULT NULL,
  'salary' float DEFAULT NULL,
  PRIMARY KEY ('id'),
  KEY 'fk_emp_dept' ('deptId')
) ENGINE=InnoDB DEFAULT CHARSET=gb2312
1 row in set (0.00 sec)
```

可以看到，tb_emp9 中已经不存在 FOREIGN KEY，原有的名称为 fk_emp_dept 的外键约束删除成功。

4.4 删除数据表

删除数据表就是将数据库中已经存在的表从数据库中删除。注意，在删除表的同时，表的定义和表中所有的数据均会被删除。因此，在进行删除操作前，最好对表中的数据做一个备份，以免造成无法挽回的后果。本节将详细讲解数据库表的删除方法。

4.4.1　删除没有被关联的表

在 MySQL 中，使用 DROP TABLE 可以一次删除一个或多个没有被其他表关联的数据表。语法格式如下：

```
DROP TABLE [IF EXISTS]表1, 表2,…表 n;
```

其中，"表 n"指要删除的表的名称，后面可以同时删除多个表，只需将要删除的表名依次写在后面，相互之间用逗号隔开即可。如果要删除的数据表不存在，则 MySQL 会提示一条错误信息，"ERROR 1051 (42S02): Unknown table '表名'"。参数"IF EXISTS"用于在删除前判断删除的表是否存在，加上该参数后，再删除表的时候，如果表不存在，SQL 语句可以顺利执行，但是会发出警告（warning）。

在前面的例子中，已经创建了名为 tb_dept2 的数据表。如果没有，读者可输入语句，创建该表，SQL 语句如【例 4.7】所示。下面使用删除语句将该表删除。

【例 4.26】删除数据表 tb_dept2，SQL 语句如下：

```
DROP TABLE IF EXISTS tb_dept2;
```

语句执行完毕之后，使用 SHOW TABLES 命令查看当前数据库中所有的表，SQL 语句如下：

```
mysql> SHOW TABLES;
+---------------------+
| Tables_in_test_db |
+---------------------+
| tb_dept           |
| tb_deptment3      |
```

从执行结果可以看到，数据表列表中已经不存在名称为 tb_dept2 的表，删除操作成功。

4.4.2　删除被其他表关联的主表

在数据表之间存在外键关联的情况下，如果直接删除父表，结果会显示失败。原因是直接删除将破坏表的参照完整性。如果必须要删除，可以先删除与它关联的子表，再删除父表，只是这样同时删除了两个表中的数据。有的情况下可能要保留子表，这时若要单独删除父表，只需将关联的表的外键约束条件取消，然后就可以删除父表，下面讲解这种方法。

在数据库中创建两个关联表。首先，创建表 tb_dept2，SQL 语句如下：

```
CREATE TABLE tb_dept2
(
id       INT(11) PRIMARY KEY,
name     VARCHAR(22),
location VARCHAR(50)
);
```

接下来创建表 tb_emp，SQL 语句如下：

```
CREATE TABLE tb_emp
(
id      INT(11) PRIMARY KEY,
name    VARCHAR(25),
deptId  INT(11),
salary  FLOAT,
CONSTRAINT fk_emp_dept  FOREIGN KEY (deptId) REFERENCES tb_dept2(id)
);
```

使用 SHOW CREATE TABLE 命令查看表 tb_emp 的外键约束，结果如下：

```
mysql> SHOW CREATE TABLE tb_emp\G
*** 1. row ***
      Table: tb_emp
Create Table: CREATE TABLE 'tb_emp' (
 'id' int(11) NOT NULL,
 'name' varchar(25) DEFAULT NULL,
 'deptId' int(11) DEFAULT NULL,
 'salary' float DEFAULT NULL,
 PRIMARY KEY ('id'),
 KEY 'fk_emp_dept' ('deptId'),
 CONSTRAINT 'fk_emp_dept' FOREIGN KEY ('deptId') REFERENCES 'tb_dept2' ('id')
) ENGINE=InnoDB DEFAULT CHARSET=gb2312
1 row in set (0.00 sec)
```

可以看到，以上执行结果创建了两个关联表 tb_dept2 和表 tb_emp。其中，tb_emp 表为子表，具有名称为 fk_emp_dept 的外键约束；tb_dept2 为父表，其主键 id 被子表 tb_emp 所关联。

【例 4.27】删除被数据表 tb_emp 关联的数据表 tb_dept2。

首先直接删除父表 tb_dept2，输入如下删除语句：

```
mysql> DROP TABLE tb_dept2;
ERROR 1217 (23000): Cannot delete or update a parent row: a foreign key constraint
fails
```

如前所述，在存在外键约束时，主表不能被直接删除。

接下来，解除关联子表 tb_emp 的外键约束，SQL 语句如下：

```
ALTER TABLE tb_emp DROP FOREIGN KEY fk_emp_dept;
```

语句成功执行后，将取消表 tb_emp 和表 tb_dept2 之间的关联关系。此时，可以输入删除语句，将原来的父表 tb_dept2 删除，SQL 语句如下：

```
DROP TABLE tb_dept2;
```

最后通过 SHOW TABLES;查看数据表列表，如下所示：

```
mysql> show tables;
+---------------------+
```

```
| Tables_in_test_db |
+--------------------+
| tb_dept            |
| tb_deptment3       |
……省略部分内容
```

可以看到，数据表列表中已经不存在名称为 tb_dept2 的表。

4.5　实战演练——数据表的基本操作

本章全面介绍了 MySQL 中数据表的各种操作，如创建表、添加各类约束、查看表结构，以及修改和删除表。读者应该掌握这些基本的操作，为以后的学习打下坚实的基础。在这里，给出一个实战演练，让读者全面回顾一下本章的知识要点，并通过这些操作来检验自己是否已经掌握了数据表的常用操作。

1. 案例目的

创建、修改和删除表，掌握数据表的基本操作。

创建数据库 company，按照表 4.4 和表 4.5 给出的表结构在 company 数据库中创建两个数据表 offices 和 employees，按照操作过程完成对数据表的基本操作。

表 4.4　offices 表结构

字段名	数据类型	主键	外键	非空	唯一	自增
officeCode	INT(10)	是	否	是	是	否
city	VARCHAR(50)	否	否	是	否	否
address	VARCHAR(50)	否	否	是	否	否
country	VARCHAR(50)	否	否	是	否	否
postalCode	VARCHAR(15)	否	否	是	是	否

表 4.5　employees 表结构

字段名	数据类型	主键	外键	非空	唯一	自增
employeeNumber	INT(11)	是	否	是	是	是
lastName	VARCHAR(50)	否	否	是	否	否
firstName	VARCHAR(50)	否	否	是	否	否
mobile	VARCHAR(25)	否	否	是	否	否
officeCode	INT(10)	否	是	是	否	否
jobTitle	VARCHAR(50)	否	否	是	否	否
birth	DATETIME	否	否	否	否	否
note	VARCHAR(255)	否	否	否	否	否
sex	VARCHAR(5)	否	否	否	否	否

2. 案例操作过程

步骤01 登录 MySQL 数据库。

打开 windows 命令行，输入登录用户名和密码：

```
C:\>mysql -h localhost -u root -p
Enter password: **
```

或者打开 MySQL 5.7 Command Line Client，输入用户密码登录。登录成功后显示如下信息：

```
Welcome to the MySQL monitor.  Commands end with ; or \g.
Your MySQL connection id is 2
Server version: 5.7.18 MySQL Community Server (GPL)

Copyright (c) 2000, 2015, Oracle and/or its affiliates. All rights reserved.

Oracle is a registered trademark of Oracle Corporation and/or its
affiliates. Other names may be trademarks of their respective
owners.

Type 'help;' or '\h' for help. Type '\c' to clear the current input statement.

mysql>
```

登录成功，可以输入 SQL 语句进行操作。

步骤02 创建数据库 company。

创建数据库 company 的语句如下：

```
mysql> CREATE DATABASE company;
Query OK, 1 row affected (0.00 sec)
```

结果显示创建成功，在 company 数据库中创建表，必须先选择该数据库，语句如下：

```
mysql> USE company;
Database changed
```

结果显示选择数据库成功。

步骤03 创建表 offices。

创建表 offices 的语句如下：

```
CREATE TABLE offices
(
officeCode  INT(10) NOT NULL UNIQUE,
city        VARCHAR(50) NOT NULL,
address     VARCHAR(50) NOT NULL,
```

```
country      VARCHAR(50) NOT NULL,
postalCode VARCHAR(15) NOT NULL,
PRIMARY KEY (officeCode)
);
```

执行成功之后，使用 SHOW TABLES;语句查看数据库中的表，语句如下：

```
mysql> show tables;
+----------------------+
| Tables_in_company |
+----------------------+
| offices            |
+----------------------+
1 row in set (0.00 sec)
```

可以看到，数据库中已经有了数据表 offices，创建成功。

步骤 **04**　创建表 employees。

创建表 employees 的语句如下：

```
CREATE TABLE employees
(
employeeNumber  INT(11) NOT NULL PRIMARY KEY AUTO_INCREMENT,
lastName        VARCHAR(50) NOT NULL,
firstName       VARCHAR(50) NOT NULL,
mobile          VARCHAR(25),
officeCode       INT(10) NOT NULL,
jobTitle        VARCHAR(50) NOT NULL,
birth           DATETIME,
note           VARCHAR(255),
sex            VARCHAR(5),
CONSTRAINT office_fk FOREIGN KEY(officeCode)  REFERENCES offices(officeCode)
);
```

执行成功之后，使用 SHOW TABLES;语句查看数据库中的表，具体如下：

```
mysql> show tables;
+----------------------+
| Tables_in_company |
+----------------------+
| employees         |
| offices           |
+----------------------+
2 rows in set (0.00 sec)
```

可以看到，现在数据库中已经创建好了 employees 和 offices 两个数据表。要检查表的结构是否按照要求创建，可使用 DESC 分别查看两个表的结构。若语句正确，则显示结果如下：

```
mysql>DESC offices;
+------------+-------------+------+-----+---------+-------+
| Field      | Type        | Null | Key | Default | Extra |
+------------+-------------+------+-----+---------+-------+
| officeCode | int(10)     | NO   | PRI | NULL    |       |
| city       | varchar(50) | NO   |     | NULL    |       |
| address    | varchar(50) | NO   |     | NULL    |       |
| country    | varchar(50) | NO   |     | NULL    |       |
| postalCode | varchar(15) | NO   |     | NULL    |       |
+------------+-------------+------+-----+---------+-------+
5 rows in set (0.02 sec)

mysql>DESC employees;
+----------------+--------------+------+-----+---------+-------------
-----------+
| Field          | Type         | Null | Key | Default | Extra
       |
+----------------+--------------+------+-----+---------+-------------
-----------+
| employeeNumber | int(11)      | NO   | PRI | NULL    | auto_increment |
| lastName       | varchar(50)  | NO   |     | NULL    |             |
| firstName      | varchar(50)  | NO   |     | NULL    |             |
| mobile         | varchar(25)  | YES  |     | NULL    |             |
| officeCode     | int(10)      | NO   | MUL | NULL    |             |
| jobTitle       | varchar(50)  | NO   |     | NULL    |             |
| birth          | datetime     | YES  |     | NULL    |             |
| note           | varchar(255) | YES  |     | NULL    |             |
| sex            | varchar(5)   | YES  |     | NULL    |             |
+----------------+--------------+------+-----+---------+-------------
-----------+
9 rows in set (0.00 sec)
```

可以看到，两个表中字段分别满足表 4.4 和表 4.5 中要求的数据类型和约束类型。

步骤 05 将表 employees 的 mobile 字段修改到 officeCode 字段后面。

修改字段位置，需要用到 ALTER TABLE 语句，具体如下：

```
mysql> ALTER TABLE employees MODIFY mobile VARCHAR(25) AFTER officeCode;
Query OK, 0 rows affected (0.00 sec)
Records: 0  Duplicates: 0  Warnings: 0
```

结果显示执行成功，使用 DESC 查看修改后的结果：

```
mysql>DESC employees;
+----------+-------------+--------+------+---------+----------------+
| Field    | Type        | Null   | Key  | Default | Extra          |
+----------+-------------+--------+------+---------+----------------+
```

```
| employeeNumber | int(11)      | NO  | PRI | NULL | auto_increment |
| lastName       | varchar(50)  | NO  |     | NULL |                |
| firstName      | varchar(50)  | NO  |     | NULL |                |
| officeCode     | int(10)      | NO  | MUL | NULL |                |
| mobile         | varchar(25)  | NO  |     | NULL |                |
| jobTitle       | varchar(50)  | NO  |     | NULL |                |
| employee_birth | datetime     | YES |     | NULL |                |
| note           | varchar(255) | YES |     | NULL |                |
| sex            | varchar(5)   | YES |     | NULL |                |
+----------------+--------------+-----+-----+------+----------------+
9 rows in set (0.00 sec)
```

可以看到，mobile 字段已经插入到 officeCode 字段的后面。

步骤 06 将表 employees 的 birth 字段改名为 employee_birth。

修改字段名，需要用到 ALTER TABLE 语句，具体如下：

```
ALTER TABLE employees CHANGE birth employee_birth DATETIME;
Query OK, 0 rows affected (0.02 sec)
Records: 0  Duplicates: 0  Warnings: 0
```

结果显示执行成功，使用 DESC 查看修改后的结果：

```
mysql>DESC employees;
+----------------+--------------+------+-----+---------+----------------+
| Field          | Type         | Null | Key | Default | Extra          |
+----------------+--------------+------+-----+---------+----------------+
| employeeNumber | int(11)      | NO   | PRI | NULL    | auto_increment |
| lastName       | varchar(50)  | NO   |     | NULL    |                |
| firstName      | varchar(50)  | NO   |     | NULL    |                |
| mobile         | varchar(25)  | NO   |     | NULL    |                |
| officeCode     | int(10)      | NO   | MUL | NULL    |                |
| jobTitle       | varchar(50)  | NO   |     | NULL    |                |
| employee_birth | datetime     | YES  |     | NULL    |                |
| note           | varchar(255) | YES  |     | NULL    |                |
| sex            | varchar(5)   | YES  |     | NULL    |                |
+----------------+--------------+------+-----+---------+----------------+
9 rows in set (0.00 sec)
```

可以看到，表中只有 employee_birth 字段，已经没有名称为 birth 的字段了，修改名称成功。

步骤 07 修改 sex 字段，设置数据类型为 CHAR(1)，非空约束。

修改字段数据类型，需要用到 ALTER TABLE 语句，具体如下：

```
mysql>ALTER TABLE employees MODIFY sex CHAR(1) NOT NULL;
Query OK, 0 rows affected (0.00 sec)
```

```
Records: 0 Duplicates: 0 Warnings: 0
```

结果显示执行成功，使用 DESC 查看修改后的结果：

```
mysql>DESC employees;
+----------------+--------------+--------+-------+---------+----------------+
| Field          | Type         | Null   | Key   | Default | Extra          |
+----------------+--------------+--------+-------+---------+----------------+
| employeeNumber | int(11)      | NO     | PRI   | NULL    | auto_increment |
| lastName       | varchar(50)  | NO     |       | NULL    |                |
| firstName      | varchar(50)  | NO     |       | NULL    |                |
| mobile         | varchar(25)  | NO     |       | NULL    |                |
| officeCode     | int(10)      | NO     | MUL   | NULL    |                |
| jobTitle       | varchar(50)  | NO     |       | NULL    |                |
| employee_birth | datetime     | YES    |       | NULL    |                |
| note           | varchar(255) | YES    |       | NULL    |                |
| sex            | char(1)      | NO     |       | NULL    |                |
+----------------+--------------+--------+-------+---------+----------------+
9 rows in set (0.00 sec)
```

从执行结果可以看到，sex 字段的数据类型由前面的 VARCHAR(5)修改为 CHAR(1)，且其 Null 列显示为 NO，表示该列不允许空值，修改成功。

步骤 08 删除字段 note。

删除字段，需要用到 ALTER TABLE 语句，具体如下：

```
mysql> ALTER TABLE employees DROP note;
Query OK, 0 rows affected (0.01 sec)
Records: 0 Duplicates: 0 Warnings: 0
```

结果显示执行语句成功，使用 DESC employees;查看语句执行后的结果：

```
mysql> desc employees;
+----------------+--------------+--------+-------+---------+----------------+
| Field          | Type         | Null   | Key   | Default | Extra          |
+----------------+--------------+--------+-------+---------+----------------+
|employeeNumber  | int(11)      | NO     | PRI   | NULL    | auto_increment |
| lastName       | varchar(50)  | NO     |       | NULL    |                |
| firstName      | varchar(50)  | NO     |       | NULL    |                |
| mobile         | varchar(25)  | NO     |       | NULL    |                |
| officeCode     | int(10)      | NO     | MUL   | NULL    |                |
| jobTitle       | varchar(50)  | NO     |       | NULL    |                |
| employee_birth | datetime     | YES    |       | NULL    |                |
| sex            | char(1)      | NO     |       | NULL    |                |
+----------------+--------------+--------+-------+---------+----------------+
8 rows in set (0.00 sec)
```

DESC 语句返回了 8 个列字段，note 字段已经不在表结构中，删除字段成功。

步骤 09　增加字段名 favoriate_activity，数据类型为 VARCHAR(100)。

增加字段，需要用到 ALTER TABLE 语句，具体如下：

```
mysql> ALTER TABLE employees ADD favoriate_activity VARCHAR(100);
Query OK, 0 rows affected (0.01 sec)
Records: 0  Duplicates: 0  Warnings: 0
```

结果显示执行语句成功，使用 DESC employees;查看语句执行后的结果：

```
mysql> desc employees;
+-----------------+--------------+--------+-------+---------+------------+
| Field           | Type         | Null   | Key   | Default | Extra      |
+-----------------+--------------+--------+-------+---------+------------+
|employeeNumber   | int(11)      | NO     | PRI   | NULL    | auto_increment |
| lastName        | varchar(50)  | NO     |       | NULL    |            |
| firstName       | varchar(50)  | NO     |       | NULL    |            |
| mobile          | varchar(25)  | NO     |       | NULL    |            |
| officeCode      | int(10)      | NO     | MUL   | NULL    |            |
| jobTitle        | varchar(50)  | NO     |       | NULL    |            |
| employee_birth  | datetime     | YES    |       | NULL    |            |
| sex             | char(1)      | NO     |       | NULL    |            |
| favoriate_activity | varchar(100) | YES  |       | NULL    |            |
+-----------------+--------------+--------+-------+---------+------------+
9 rows in set (0.00 sec)
```

可以看到，数据表 employees 中增加了一个新的列 favoriate_activity，数据类型为 VARCHAR(100)，允许空值，添加新字段成功。

步骤 10　删除表 offices。

在创建表 employees 时，设置了表的外键，该表关联了其父表的 officeCode 主键。如前面所述，删除关联表时，要先删除子表 employees 的外键约束，才能删除父表。因此，必须先删除 employees 表的外键约束。

① 删除 employees 表的外键约束，输入如下语句：

```
mysql>ALTER TABLE employees DROP FOREIGN KEY office_fk;
Query OK, 0 rows affected (0.01 sec)
Records: 0  Duplicates: 0  Warnings: 0
```

其中，office_fk 为 employees 表的外键约束的名称，即创建外键约束时 CONSTRAINT 关键字后面的参数。结果显示语句执行成功，现在可以删除 offices 父表。

② 删除表 offices，输入如下语句：

```
mysql>DROP TABLE offices;
```

73

```
Query OK, 0 rows affected (0.00 sec)
```

结果显示执行删除操作成功，使用 SHOW TABLES;语句查看数据库中的表，结果如下：

```
mysql> show tables;
+--------------------+
| Tables_in_company |
+--------------------+
| employees          |
+--------------------+
1 row in set (0.00 sec)
```

可以看到，数据库中已经没有名称为 offices 的表了，删除表成功。

步骤⑪ 修改表 employees 存储引擎为 MyISAM。

修改表存储引擎，需要用到 ALTER TABLE 语句，具体如下：

```
mysql>ALTER TABLE employees ENGINE=MyISAM;
Query OK, 0 rows affected (0.01 sec)
Records: 0  Duplicates: 0  Warnings: 0
```

结果显示执行修改存储引擎操作成功，使用 SHOW CREATE TABLE 语句查看表结构，结果如下：

```
mysql> show CREATE TABLE employees\G
*** 1. row ***
      Table: employees
Create Table: CREATE TABLE 'employees' (
  'employeeNumber' int(11) NOT NULL AUTO_INCREMENT,
  'lastName' varchar(50) NOT NULL,
  'firstName' varchar(50) NOT NULL,
  'officeCode' int(10) NOT NULL,
  'mobile' varchar(25) DEFAULT NULL,
  'jobTitle' varchar(50) NOT NULL,
  'employee_birth' datetime DEFAULT NULL,
  'sex' char(1) NOT NULL,
  'favoriate_activity' varchar(100) DEFAULT NULL,
  PRIMARY KEY ('employeeNumber'),
  KEY 'office_fk' ('officeCode')
) ENGINE=MyISAM DEFAULT CHARSET=utf8
1 row in set (0.00 sec)
```

可以看到，倒数第 2 行中的 ENGINE 后面的参数已经修改为 MyISAM，修改成功。

步骤⑫ 将表 employees 名称修改为 employees_info。

修改数据表名，需要用到 ALTER TABLE 语句，具体如下：

```
mysql>ALTER TABLE employees RENAME employees_info;
Query OK, 0 rows affected (0.00 sec)
```

结果显示执行语句成功，使用 SHOW TABLES;语句查看执行结果：

```
mysql> show tables;
+---------------------+
| Tables_in_company |
+---------------------+
| employees_info   |
+---------------------+
1 rows in set (0.00 sec)
```

可以看到，数据库中已经没有名称为 employees 的数据表。

4.6 疑难解惑

疑问 1：表删除操作时需要注意什么？

表删除操作将把表的定义和表中的数据一起删除，并且 MySQL 在执行删除操作时不会有任何的确认信息提示，因此执行删除操时，应当慎重。在删除表前，最好对表中的数据进行备份，这样当操作失误时，可以对数据进行恢复，以免造成无法挽回的后果。

同样的，在使用 ALTER TABLE 进行表的基本修改操作时，在执行操作过程之前，也应该确保对数据进行完整的备份，因为数据库的改变是无法撤销的，如果添加了一个不需要的字段，可以将其删除；相同的，如果删除了一个需要的列，该列下面的所有数据都将会丢失。

疑问 2：每一个表中都要有一个主键吗？

并不是每一个表中都需要主键，一般的，多个表之间进行连接操作时需要用到主键。因此并不需要为每个表建立主键，而且有些情况最好不使用主键。

疑问 3：是不是每个表都可以任意选择存储引擎？

外键约束（FOREIGN KEY）不能跨引擎使用。MySQL 支持多种存储引擎，每一个表都可以指定一个不同的存储引擎，但是要注意外键约束是用来保证数据参照完整性的，如果表之间需要关联外键，却指定了不同的存储引擎，那么这些表之间是不能创建外键约束的。所以说，存储引擎的选择也不完全是随意的。

疑问 4：带 AUTO_INCREMENT 约束的字段值是从 1 开始的吗？

默认的，在 MySQL 中，AUTO_INCREMENT 的初始值是 1，每新增一条记录，字段值自动加 1。设置自增属性（AUTO_INCREMENT）的时候，还可以指定第一条插入记录的自增字段的值，这样新插入的记录的自增字段值从初始值开始递增，如在 tb_emp8 中插入第一条记录，同时指定 id 值为 5，则以后插入的记录的 id 值就会从 6 开始往上增加。添加唯一性的主键约束时，往往需要设置字段自动增加属性。

4.7 上机练练手

1. 创建数据库 Market，在 Market 中创建数据表 customers（结构如表 4.6 所示），并按要求进行操作。

表 4.6　customers 表结构

字段名	数据类型	主键	外键	非空	唯一	自增
c_num	INT(11)	是	否	是	是	是
c_name	VARCHAR(50)	否	否	否	否	否
c_contact	VARCHAR(50)	否	否	否	否	否
c_city	VARCHAR(50)	否	否	否	否	否
c_birth	DATETIME	否	否	是	否	否

（1）创建数据库 Market。

（2）创建数据表 customers，在 c_num 字段上添加主键约束和自增约束，在 c_birth 字段上添加非空约束。

（3）将 c_contact 字段插入到 c_birth 字段后面。

（4）将 c_name 字段数据类型改为 VARCHAR(70)。

（5）将 c_contact 字段改名为 c_phone。

（6）增加 c_gender 字段，数据类型为 CHAR(1)。

（7）将表名修改为 customers_info。

（8）删除字段 c_city。

（9）修改数据表的存储引擎为 MyISAM。

2. 在 Market 中创建数据表 orders（结构如表 4.7 所示），并按要求进行操作。

表 4.7　orders 表结构

字段名	数据类型	主键	外键	非空	唯一	自增
o_num	INT(11)	是	否	是	是	是
o_date	DATE	否	否	否	否	否
c_id	VARCHAR(50)	否	是	否	否	否

（1）创建数据表 orders，在 o_num 字段上添加主键约束和自增约束，在 c_id 字段上添加外键约束，关联 customers 表中的主键 c_num。

（2）删除 orders 表的外键约束，然后删除表 customers。

第 5 章
◄ 数据类型和运算符 ►

数据库表由多列字段构成,每一个字段指定了不同的数据类型。指定字段的数据类型之后,也就决定了向字段插入的数据内容,例如,当要插入数值的时候,既可以将它们存储为整数类型,也可以将它们存储为字符串类型;不同的数据类型也决定了 MySQL 在存储它们的时候使用的方式,以及在使用它们的时候选择什么运算符号进行运算。本章将介绍 MySQL 中的数据类型和常见的运算符。

本章学习技能
- 熟悉常见数据类型的概念和区别
- 掌握如何选择数据类型
- 熟悉常见运算符的概念和区别
- 掌握实战演练中运算符的运用方法

5.1 MySQL 数据类型介绍

MySQL 支持多种数据类型,主要有数值类型、日期/时间类型和字符串类型。

（1）数值数据类型：包括整数类型 TINYINT、SMALLINT、MEDIUMINT、INT、BIGINT,浮点小数数据类型 FLOAT 和 DOUBLE,定点小数类型 DECIMAL。

（2）日期/时间类型：包括 YEAR、TIME、DATE、DATETIME 和 TIMESTAMP。

（3）字符串类型：包括 CHAR、VARCHAR、BINARY、VARBINARY、BLOB、TEXT、ENUM 和 SET 等。字符串类型又分为文本字符串和二进制字符串。

5.1.1 整数类型

数值型数据类型主要用来存储数字。MySQL 提供了多种数值数据类型,不同的数据类型提供不同的取值范围,可以存储的值范围越大,其所需要的存储空间也会越大。MySQL 主要提供的整数类型有 TINYINT、SMALLINT、MEDIUMINT、INT(INTEGER）、BIGINT。整数类型的属性字段可以添加 AUTO_INCREMENT 自增约束条件。表 5.1 列出了 MySQL 中的数值类型。

表 5.1　MySQL 中的整数型数据类型

类型名称	说明	存储需求
TINYINT	很小的整数	1 字节
SMALLINT	小的整数	2 字节
MEDIUMINT	中等大小的整数	3 字节
INT（INTEGER）	普通大小的整数	4 字节
BIGINT	大整数	8 字节

从表 5.1 中可以看到，不同类型整数存储所需的字节数是不同的，占用字节数最小的是 TINYINT 类型，占用字节最大的是 BIGINT 类型，相应的占用字节越多的类型所能表示的数值范围越大。根据占用字节数可以求出每一种数据类型的取值范围，例如，TINYINT 需要 1 个字节（8 bits）来存储，所以 TINYINT 无符号数的最大值为 2^8-1，即 255；TINYINT 有符号数的最大值为 2^7-1，即 127。其他类型的整数的取值范围计算方法相同，如表 5.2 所示。

表 5.2　不同整数类型的取值范围

数据类型	有符号	无符号
TINYINT	-128~127	0~255
SMALLINT	-32768~32767	0~65535
MEDIUMINT	-8388608~8388607	0~16777215
INT（INTEGER）	-2147483648~2147483647	0~4294967295
BIGINT	-9223372036854775808~9223372036854775807	0~18446744073709551615

在 4.1 节"创建数据表"中，有如下创建表的语句：

```
CREATE TABLE tb_emp1
(
id     INT(11),
name   VARCHAR(25),
deptId INT(11),
salary FLOAT
);
```

id 字段的数据类型为 INT(11)，注意后面的数字 11 表示的是该数据类型指定的显示宽度，指定能够显示的数值中数字的个数。例如，声明一个 INT 类型的字段：

```
year INT(4)
```

该声明指明，在 year 字段中的数据一般只显示 4 位数字的宽度。

注意，显示宽度和数据类型的取值范围是无关的。显示宽度只是指明 MySQL 最大可能显示的数字个数，数值的位数小于指定的宽度时会由空格填充；如果插入了大于显示宽度的值，只要该值不超过该类型整数的取值范围，数值依然可以插入，而且能够显示出来。例如，向 year 字段插入一个数值 19999，当使用 SELECT 查询该列值的时候，MySQL 显示的将是完整的带有 5 位数字的 19999，而不是 4 位数字的值。

其他整型数据类型也可以在定义表结构时指定所需要的显示宽度，如果不指定，则系统为每一种类型指定默认的宽度值，如【例 5.1】所示。

【例 5.1】创建表 tmp1，其中字段 x、y、z、m、n 数据类型依次为 TINYINT、SMALLINT、MEDIUMINT、INT、BIGINT，SQL 语句如下：

```
CREATE TABLE tmp1 ( x TINYINT, y SMALLINT, z MEDIUMINT, m INT, n BIGINT );
```

执行成功之后，便用 DESC 查看表结构，结果如下：

```
mysql> DESC tmp1;
+-------+--------------+------+-----+---------+-------+
| Field | Type         | Null | Key | Default | Extra |
+-------+--------------+------+-----+---------+-------+
| x     | tinyint(4)   | YES  |     | NULL    |       |
| y     | smallint(6)  | YES  |     | NULL    |       |
| z     | mediumint(9) | YES  |     | NULL    |       |
| m     | int(11)      | YES  |     | NULL    |       |
| n     | bigint(20)   | YES  |     | NULL    |       |
+-------+--------------+------+-----+---------+-------+
5 rows in set (0.00 sec)
```

可以看到，系统将添加不同的默认显示宽度。这些显示宽度能够保证显示每一种数据类型可以取到取值范围内的所有值。例如，TINYINT 有符号数和无符号数的取值范围分别为 -128~127 和 0~255，由于负号占了一个数字位，因此 TINYINT 默认的显示宽度为 4。同理，其他整数类型的默认显示宽度与其有符号数的最小值的宽度相同。

不同的整数类型有不同的取值范围，并且需要不同的存储空间，因此，应该根据实际需要选择最合适的类型，这样有利于提高查询的效率和节省存储空间。整数类型是不带小数部分的数值，现实生活中很多地方需要用到带小数的数值，下面将介绍 MySQL 中支持的小数类型。

显示宽度只用于显示，并不能限制取值范围和占用空间。例如，INT(3)会占用 4 字节的存储空间，并且允许的最大值也不会是 999，而是 INT 整型所允许的最大值。

5.1.2　浮点数类型和定点数类型

MySQL 中使用浮点数和定点数来表示小数。浮点类型有两种：单精度浮点类型（FLOAT）和双精度浮点类型（DOUBLE）。定点类型只有一种：DECIMAL。浮点类型和定点类型都可以用（M，N）来表示，其中 M 称为精度，表示总共的位数；N 称为标度，是表示小数的位数。表 5.3 列出了 MySQL 中的小数类型和存储需求。

表 5.3　MySQL 中的小数类型

类型名称	说明	存储需求
FLOAT	单精度浮点数	4 字节
DOUBLE	双精度浮点数	8 字节
DECIMAL（M,D），DEC	压缩的"严格"定点数	M+2 字节

DECIMAL 类型不同于 FLOAT 和 DOUBLE，DECIMAL 实际是以串存放的，DECIMAL 可能的最大取值范围与 DOUBLE 一样，但是其有效的取值范围由 M 和 D 的值决定。如果改变 M 而固定 D，则其取值范围将随 M 的变大而变大。从表 5.3 可以看到，DECIMAL 的存储空间并不是固定的，而是由其精度值 M 决定，占用 M+2 个字节。

FLOAT 类型的取值范围如下：

- 有符号的取值范围：$-3.402823466E+38 \sim -1.175494351E-38$。
- 无符号的取值范围：0 和 $1.175494351E-38 \sim 3.402823466E+38$。

DOUBLE 类型的取值范围如下：

- 有符号的取值范围：$-1.7976931348623157E+308 \sim -2.2250738585072014E-308$。
- 无符号的取值范围：0 和 $2.2250738585072014E-308 \sim 1.7976931348623157E+308$。

 不论是定点还是浮点类型，如果用户指定的精度超出精度范围，就会四舍五入地进行处理。

【例 5.2】创建表 tmp2，其中字段 x、y、z 数据类型依次为 FLOAT(5,1)、DOUBLE(5,1)和 DECIMAL(5,1)，向表中插入数据 5.12、5.15 和 5.123，SQL 语句如下：

```
CREATE TABLE tmp2 ( x FLOAT(5,1), y DOUBLE(5,1), z DECIMAL(5,1) );
```

向表中插入数据：

```
mysql>INSERT INTO tmp2 VALUES(5.12, 5.15, 5.123);
Query OK, 1 row affected, 1 warning (0.00 sec)
```

在插入数据时，MySQL 给出了一个警告信息，可以使用 SHOW WARNINGS;语句查看警告信息：

```
mysql> SHOW WARNINGS;
+-------+------+-------------------------------------------+
| Level | Code | Message                                   |
+-------+------+-------------------------------------------+
| Error | 1265 | Data truncated for column 'z' at row 1    |
+-------+------+-------------------------------------------+
1 row in set (0.00 sec)
```

可以看到，FLOAT 和 DOUBLE 在进行四舍五入时没有给出警告，而是给出 z 字段数值被截断的警告。查看结果：

```
mysql> SELECT * FROM tmp2;
+------+------+------+
| x    | y    | z    |
+------+------+------+
| 5.1  | 5.2  | 5.1  |
+------+------+------+
```

FLOAT 和 DOUBLE 在不指定精度时，默认会采用实际的精度（由计算机硬件和操作系统决定），DECIMAL 不指定精度时默认为(10,0)。

浮点数相对于定点数的优点是在长度一定的情况下能够表示更大的数据范围，缺点是会引起精度问题。

 在 MySQL 中，定点数以字符串形式存储，在对精度要求比较高的时候（如货币、科学数据等）使用 DECIMAL 的类型比较好。另外，两个浮点数进行减法和比较运算时也容易出问题，所以在使用浮点型时需要注意，并尽量避免做浮点数比较。

5.1.3　日期与时间类型

MySQL 中有多种表示日期的数据类型，主要有 DATETIME、DATE、TIMESTAMP、TIME 和 YEAR。例如，当只记录年信息的时候，可以只使用 YEAR 类型，而没有必要使用 DATE。每一个类型都有合法的取值范围，当指定确实不合法的值时系统将"零"值插入到数据库中。本节将介绍 MySQL 日期和时间类型的使用方法。表 5.4 列出了 MySQL 中的日期与时间类型。

表 5.4　日期与时间数据类型

类型名称	日期格式	日期范围	存储需求
YEAR	YYYY	1901～2155	1 字节
TIME	HH:MM:SS	-838:59:59 ～838:59:59	3 字节
DATE	YYYY-MM-DD	1000-01-01～9999-12-31	3 字节
DATETIME	YYYY-MM-DD HH:MM:SS	1000-01-01 00:00:00～9999-12-31 23:59:59	8 字节
TIMESTAMP	YYYY-MM-DD HH:MM:SS	1970-01-01 00:00:01 UTC ～ 2038-01-19 03:14:07 UTC	4 字节

1. YEAR

YEAR 类型是一个单字节类型，用于表示年，在存储时只需要 1 字节。可以使用各种格式指定 YEAR 值，如下所示：

（1）以 4 位字符串或者 4 位数字格式表示的 YEAR，范围为'1901'～'2155'。输入格式为'YYYY'或者 YYYY，例如，输入'2010'或 2010，插入到数据库的值均为 2010。

（2）以 2 位字符串格式表示的 YEAR，范围为'00'到'99'。'00'～'69'和'70'～

'99'范围的值分别被转换为2000～2069和1970～1999范围的YEAR值。'0'与'00'的作用相同。插入超过取值范围的值将被转换为2000。

（3）以2位数字表示的YEAR，范围为1～99。1～69和70～99范围的值分别被转换为2001～2069和1970～1999范围的YEAR值。注意：在这里0值将被转换为0000，而不是2000。

> 两位整数范围与两位字符串范围稍有不同，例如：插入2000年，读者可能会使用数字格式的0表示YEAR，实际上，插入数据库的值为0000，而不是所希望的2000。只有使用字符串格式的'0'或'00'，才可以被正确地解释为2000。非法YEAR值将被转换为0000。

【例5.3】创建数据表tmp3，定义数据类型为YEAR的字段y，向表中插入值2010、'2010'和'2166'，SQL语句如下：

首先创建表tmp3：

```
CREATE TABLE tmp3(  y YEAR );
```

向表中插入数据：

```
mysql> INSERT INTO tmp3 values(2010),('2010');
```

再次向表中插入数据：

```
mysql> INSERT INTO tmp3 values ('2166');
ERROR 1264 (22003): Out of range value for column 'y' at row 1
```

语句执行之后，MySQL给出了一条错误提示，使用SHOW查看错误信息：

```
mysql> SHOW WARNINGS;
+---------+------+----------------------------------------------------+
| Level   | Code | Message                                            |
+---------+------+----------------------------------------------------+
| Error   | 1264 | Out of range value for column 'y' at row 1;        |
+---------+------+----------------------------------------------------+
1 row in set (0.00 sec)
```

可以看到，插入的第3个值2166超过了YEAR类型的取值范围，此时不能正常地执行插入操作，查看结果：

```
mysql> SELECT * FROM tmp3;
+------+
| y    |
+------+
| 2010 |
| 2010 |
+------+
```

由结果可以看到，当插入值为数值类型的2010或者字符串类型的'2010'时，都正确地储存到了数据库中；而当插入值'2166'时，由于超出了 YEAR 类型的取值范围，因此不能插入值。

【例 5.4】向 tmp3 表中 y 字段插入 2 位字符串表示的 YEAR 值，分别为'0''00''77'和'10'，SQL 语句如下：

首先删除表中的数据：

```
DELETE FROM tmp3;
```

向表中插入数据：

```
INSERT INTO tmp3 values('0'),('00'),('77'),('10');
```

查看结果：

```
mysql> SELECT * FROM tmp3;
+------+
| y    |
+------+
| 2000 |
| 2000 |
| 1977 |
| 2010 |
+------+
```

由结果可以看到，字符串'0'和'00'的作用相同，都转换成了 2000 年；'77'转换为 1977；'10'转换为 2010。

【例 5.5】向 tmp3 表中 y 字段插入 2 位数字表示的 YEAR 值，分别为 0、78 和 11，SQL语句如下：

首先删除表中的数据：

```
DELETE FROM tmp3;
```

向表中插入数据：

```
INSERT INTO tmp3 values(0),(78),(11);
```

查看结果：

```
mysql> SELECT * FROM tmp3;
+------+
| y    |
+------+
| 0000 |
| 1978 |
| 2011 |
+------+
```

由结果可以看到，0 被转换为 0000；78 被转换为 1978；11 被转换为 2011。

2. TIME

TIME 类型用在只需要时间信息的值，在存储时需要 3 个字节。格式为 'HH:MM:SS'。HH 表示小时；MM 表示分钟；SS 表示秒。TIME 类型的取值范围为-838:59:59 ～838:59:59，小时部分会如此大的原因是 TIME 类型不仅可以用于表示一天的时间（必须小于 24 小时），还可能是某个事件过去的时间或两个事件之间的时间间隔（可以大于 24 小时，或者甚至为负）。可以使用各种格式指定 TIME 值，如下所示：

（1）'D HH:MM:SS' 格式的字符串。还可以使用下面任何一种"非严格"的语法：'HH:MM:SS' 'HH:MM' 'D HH:MM' 'D HH' 或 'SS'。这里的 D 表示日，可以取 0~34 之间的值。在插入数据库时，D 被转换为小时保存，格式为 "D*24＋HH"。

（2）'HHMMSS' 格式的、没有间隔符的字符串或者 HHMMSS 格式的数值，假定是有意义的时间。例如：'101112' 被理解为 '10:11:12'，但 '109712' 是不合法的（它有一个没有意义的分钟部分），存储时将变为 00:00:00。

> 为 TIME 列分配简写值时应注意：如果没有冒号，MySQL 解释值时，假定最右边的两位表示秒。（MySQL 解释 TIME 值为过去的时间而不是当天的时间。）例如，读者可能认为 '1112' 和 1112 表示 11:12:00（11 点过 12 分），但 MySQL 将它们解释为 00:11:12（11分 12 秒）。同样 '12' 和 12 被解释为 00:00:12。相反，TIME 值中如果使用冒号则肯定被看作当天的时间。也就是说，'11:12' 表示 11:12:00，而不是 00:11:12。

【例 5.6】创建数据表 tmp4，定义数据类型为 TIME 的字段 t，向表中插入值 '10:05:05' '23:23' '2 10:10' '3 02' '10'，SQL 语句如下：

首先创建表 tmp4：

```
CREATE TABLE tmp4( t TIME );
```

向表中插入数据：

```
mysql> INSERT INTO tmp4 values('10:05:05 '), ('23:23'), ('2 10:10'), ('3 02'),('10');
```

查看结果：

```
mysql> SELECT * FROM tmp4;
+----------+
| t        |
+----------+
| 10:05:05 |
| 23:23:00 |
| 58:10:00 |
```

```
| 74:00:00 |
| 00:00:10 |
+----------+
```

由结果可以看到，'10:05:05'被转换为10:05:05；'23:23'被转换为23:23:00；'2 10:10'被转换为58:10:00，'3 02'被转换为74:00:00；'10'被转换成00:00:10。

 在使用'D HH'格式时，小时一定要使用双位数值，如果是小于 10 的小时数，应在前面加 0。

【例 5.7】向表 tmp4 中插入值'101112'，111213，'0'，107010，SQL 语句如下：

首先删除表中的数据：

```
DELETE FROM tmp4;
```

向表中插入数据：

```
mysql>INSERT INTO tmp4 values('101112'),(111213),( '0');
```

再向表中插入数据：

```
mysql>INSERT INTO tmp4 values ( 107010);
ERROR 1292 (22007): Incorrect time value: '107010' for column 't' at row 1
```

可以看到，在插入数据时，MySQL 给出了一个错误提示信息，使用 SHOW WARNINGS;查看错误信息，如下所示：

```
mysql> show warnings;
+---------+------+------------------------------------------------------+
| Level   | Code | Message                                              |
+---------+------+------------------------------------------------------+
| Error   | 1292 | Incorrect time value: '107010' for column 't' at row 1
+---------+------+------------------------------------------------------+
```

可以看到，第二次在插入记录的时候，数据超出了范围，原因是 107010 的分钟部分超过了 60，分钟部分是不会超过 60 的，查看结果：

```
mysql> SELECT * FROM tmp4;
+----------+
| t        |
+----------+
| 10:11:12 |
| 11:12:13 |
| 00:00:00 |
+----------+
```

由结果可以看到，'101112'被转换为10:11:12；111213 被转换为11:12:13；'0'被转

换为 00:00:00；107010 是不合法的值，因此不能被插入。

也可以使用系统日期函数向 TIME 字段列插入值。

【例 5.8】向 tmp4 表中插入系统当前时间，SQL 语句如下：

首先删除表中的数据：

```
DELETE FROM tmp4;
```

向表中插入数据：

```
mysql> INSERT INTO tmp4 values (CURRENT_TIME) ,(NOW());
```

查看结果：

```
mysql> SELECT * FROM tmp4;
+----------+
| t        |
+----------+
| 08:43:51 |
| 08:43:51 |
+----------+
```

由结果可以看到，获取系统当前的日期时间插入到 TIME 类型列，因为读者输入语句的时间不确定，所以获取的值与这里的可能是不同的，但都是系统当前的日期时间值。

3. DATE 类型

DATE 类型用在仅需要日期值时，没有时间部分，在存储时需要 3 个字节。日期格式为 'YYYY-MM-DD'。其中，YYYY 表示年，MM 表示月，DD 表示日。在给 DATE 类型的字段赋值时，可以使用字符串类型或者数字类型的数据插入，只要符合 DATE 的日期格式即可，如下：

（1）以 'YYYY-MM-DD' 或者 'YYYYMMDD' 字符串格式表示的日期，取值范围为 '1000-01-01' ～ '9999-12-3'。例如，输入 '2012-12-31' 或者 '20121231'，插入数据库的日期都为 2012-12-31。

（2）以 'YY-MM-DD' 或者 'YYMMDD' 字符串格式表示的日期，在这里 YY 表示两位的年值。包含两位年值的日期会令人模糊，因为不知道世纪。MySQL 使用以下规则解释两位年值：'00～69' 范围的年值转换为 '2000～2069'；'70～99' 范围的年值转换为 '1970～1999'。例如，输入 '12-12-31'，插入数据库的日期为 2012-12-31；输入 '981231'，插入数据的日期为 1998-12-31。

（3）以 YY-MM-DD 或者 YYMMDD 数字格式表示的日期，与前面相似，00~69 范围的年值转换为 2000～2069；70～99 范围的年值转换为 1970～1999。例如，输入 12-12-31 插入数据库的日期为 2012-12-31；输入 981231，插入数据的日期为 1998-12-31。

（4）使用 CURRENT_DATE 或者 NOW()，插入当前系统日期。

【例 5.9】创建数据表 tmp5，定义数据类型为 DATE 的字段 d，向表中插入"YYYY-MM-DD"和"YYYYMMDD"字符串格式日期，SQL 语句如下：

首先创建表 tmp5：

```
MySQL> CREATE TABLE tmp5(d DATE);
Query OK, 0 rows affected (0.02 sec)
```

向表中插入"YYYY-MM-DD"和"YYYYMMDD"格式日期：

```
MySQL> INSERT INTO tmp5 values('1998-08-08'),('19980808'),('20101010');
```

查看插入结果：

```
MySQL> SELECT * FROM tmp5;
+------------+
| d          |
+------------+
| 1998-08-08 |
| 1998-08-08 |
| 2010-10-10 |
+------------+
```

可以看到，各个不同类型的日期值都正确地插入到了数据表中。

【例 5.10】向 tmp5 表中插入"YY-MM-DD"和"YYMMDD"字符串格式日期，SQL 语句如下：

首先删除表中的数据：

```
DELETE FROM tmp5;
```

向表中插入"YY-MM-DD"和"YYMMDD"格式日期：

```
mysql> INSERT INTO tmp5 values ('99-09-09'),( '990909'), ('000101') ,('111111');
```

查看插入结果：

```
mysql> SELECT * FROM tmp5;
+------------+
| d          |
+------------+
| 1999-09-09 |
| 1999-09-09 |
| 2000-01-01 |
| 2011-11-11 |
```

```
+------------+
```

【例 5.11】向 tmp5 表中插入 YY-MM-DD 和 YYMMDD 数字格式日期，SQL 语句如下：

首先删除表中的数据：

```
DELETE FROM tmp5;
```

向表中插入 YY-MM-DD 和 YYMMDD 数字格式日期：

```
mysql> INSERT INTO tmp5 values (99-09-09),(990909), ( 000101) ,( 111111);
```

查看插入结果：

```
mysql> SELECT * FROM tmp5;
+------------+
| d          |
+------------+
| 1999-09-09 |
| 1999-09-09 |
| 2000-01-01 |
| 2011-11-11 |
+------------+
```

【例 5.12】向 tmp5 表中插入系统当前日期，SQL 语句如下：

首先删除表中的数据：

```
DELETE FROM tmp5;
```

向表中插入系统当前日期：

```
mysql> INSERT INTO tmp5 values( CURRENT_DATE() ),( NOW() );
```

查看插入结果：

```
mysql> SELECT * FROM tmp5;
+------------+
| d          |
+------------+
| 2016-03-21 |
| 2016-03-21 |
+------------+
```

CURRENT_DATE 只返回当前日期值，不包括时间部分；NOW()函数返回日期和时间值，在保存到数据库时，只保留了其日期部分。

MySQL 允许"不严格"语法：任何标点符号都可以用作日期部分之间的间隔符。例如，'98-11-31' '98.11.31' '98/11/31' 和 '98@11@31' 是等价的，这些值也可以正确地插入到数据库。

4. DATETIME

DATETIME 类型用在需要同时包含日期和时间信息的值,在存储时需要 8 字节,日期格式为 'YYYY-MM-DD HH:MM:SS'。其中,YYYY 表示年,MM 表示月,DD 表示日,HH 表示小时,MM 表示分钟;SS 表示秒。在给 DATETIME 类型的字段赋值时,可以使用字符串类型或者数字类型的数据插入,只要符合 DATETIME 的日期格式即可。

（1）以 'YYYY-MM-DD HH:MM:SS' 或者 'YYYYMMDDHHMMSS' 字符串格式表示的值,取值范围为 '1000-01-01 00:00:00' ～ '9999-12-3 23:59:59'。例如,输入 '2012-12-31 05: 05: 05' 或者 '20121231050505',插入数据库的 DATETIME 值都为 2012-12-31 05: 05: 05。

（2）以 'YY-MM-DD HH:MM:SS' 或者 'YYMMDDHHMMSS' 字符串格式表示的日期,在这里 YY 表示两位的年值。与前面相同,'00～69' 范围的年值转换为 '2000～2069';'70～99' 范围的年值转换为 '1970～1999'。例如,输入 '12-12-31 05: 05: 05',插入数据库的 DATETIME 为 2012-12-31 05: 05: 05;输入 '980505050505',插入数据库的 DATETIME 为 1998-05-05 05: 05: 05。

（3）以 YYYYMMDDHHMMSS 或者 YYMMDDHHMMSS 数字格式表示的日期和时间。例如,输入 20121231050505,插入数据库的 DATETIME 为 2012-12-31 05:05:05;输入 981231050505,插入数据的 DATETIME 为 1998-12-31 05: 05: 05。

【例 5.13】创建数据表 tmp6,定义数据类型为 DATETIME 的字段 dt,向表中插入 "YYYY-MM-DD HH:MM:SS" 和 "YYYYMMDDHHMMSS" 字符串格式日期和时间值,SQL 语句如下:

首先创建表 tmp6:

```
CREATE TABLE tmp6( dt DATETIME );
```

向表中插入 "YYYY-MM-DD HH:MM:SS" 和 "YYYYMMDDHHMMSS" 格式日期:

```
mysql> INSERT INTO tmp6 values('1998-08-08 08:08:08'),('19980808080808'),
('201010101010');
```

查看插入结果:

```
mysql> SELECT * FROM tmp6;
+---------------------+
| dt                  |
+---------------------+
| 1998-08-08 08:08:08 |
| 1998-08-08 08:08:08 |
| 2010-10-10 10:10:10 |
+---------------------+
3 rows in set (0.00 sec)
```

可以看到,各个不同类型的日期值都正确地插入到了数据表中。

【例 5.14】向 tmp6 表中插入"YY-MM-DD HH:MM:SS"和"YYMMDDHHMMSS"字符串格式日期和时间值，SQL 语句如下：

首先删除表中的数据：

```
DELETE FROM tmp6;
```

向表中插入"YY-MM-DD HH:MM:SS"和"YYMMDDHHMMSS"格式日期：

```
mysql> INSERT INTO tmp6 values('99-09-09 09:09:09'),('990909090909'),
('101010101010');
```

查看插入结果：

```
mysql> SELECT * FROM tmp6;
+---------------------+
| dt                  |
+---------------------+
| 1999-09-09 09:09:09 |
| 1999-09-09 09:09:09 |
| 2010-10-10 10:10:10 |
+---------------------+
3 rows in set (0.00 sec)
```

【例 5.15】向 tmp6 表中插入 YYYYMMDDHHMMSS 和 YYMMDDHHMMSS 数字格式日期和时间值，SQL 语句如下：

首先删除表中的数据：

```
DELETE FROM tmp6;
```

向表中插入 YYYYMMDDHHMMSS 和 YYMMDDHHMMSS 数字格式日期和时间：

```
mysql> INSERT INTO tmp6 values(19990909090909), (101010101010);
```

查看插入结果：

```
mysql> SELECT * FROM tmp6;
+---------------------+
| dt                  |
+---------------------+
| 1999-09-09 09:09:09 |
| 2010-10-10 10:10:10 |
+---------------------+
```

【例 5.16】向 tmp6 表中插入系统当前日期和时间值，SQL 语句如下：

首先删除表中的数据：

```
DELETE FROM tmp6;
```

向表中插入系统当前日期：

```
mysql> INSERT INTO tmp6 values( NOW() );
```

查看插入结果：

```
mysql> SELECT * FROM tmp6;
+---------------------+
| dt                  |
+---------------------+
| 2016-03-21 20:28:06 |
+---------------------+
```

NOW()函数返回当前系统的日期和时间值，格式为"YYYY-MM-DD HH:MM:SS"。

MySQL 允许"不严格"语法：任何标点符号都可以用作日期部分或时间部分之间的间隔符。例如，'98-12-31 11:30:45' '98.12.31 11+30+45' '98/12/31 11*30*45'和'98@12@31 11^30^45'是等价的，这些值都可以正确地插入数据库。

5. TIMESTAMP

TIMESTAMP 的显示格式与 DATETIME 相同，显示宽度固定在 19 个字符，日期格式为 YYYY-MM-DD HH:MM:SS，在存储时需要 4 字节。但是 TIMESTAMP 列的取值范围小于 DATETIME 的取值范围，为 '1970-01-01 00:00:01' UTC～ '2038-01-19 03:14:07' UTC，其中，UTC（Coordinated Universal Time）为世界标准时间，因此在插入数据时，要保证在合法的取值范围内。

【例 5.17】创建数据表 tmp7，定义数据类型为 TIMESTAMP 的字段 ts，向表中插入值 '19950101010101' '950505050505' '1996-02-02 02:02:02' '97@03@03 03@03@03'以及 121212121212、NOW()，SQL 语句如下：

```
CREATE TABLE tmp7( ts TIMESTAMP);
```

向表中插入数据：

```
INSERT INTO tmp7 values ('19950101010101'),
('950505050505'),
('1996-02-02 02:02:02'),
('97@03@03 03@03@03'),
(121212121212),
( NOW() );
```

查看插入结果：

```
mysql>SELECT * FROM tmp7;
+---------------------------+
| ts                        |
+---------------------------+
```

```
| 1995-01-01 01:01:01 |
| 1995-05-05 05:05:05 |
| 1996-02-02 02:02:02 |
| 1997-03-03 03:03:03 |
| 2012-12-12 12:12:12 |
| 2016-03-24 09:17:49 |
+---------------------+
```

由结果可以看到，'19950101010101'被转换为 1995-01-01 01:01:01；'950505050505'
被转换为 1995-05-05 05:05:05；'1996-02-02 02:02:02'被转换为 1996-02-02 02:02:02；
'97@03@03 03@03@03'被转换为 1997-03-03 03:03:03；121212121212 被转换为 2012-12-12
12:12:12；NOW()被转换为系统当前日期时间 2016-03-24 09:17:49。

 TIMESTAMP 与 DATETIME 除了存储字节和支持的范围不同外，还有一个最大的区别就
是：DATETIME 在存储日期数据时，按实际输入的格式存储，即输入什么就存储什么，
与时区无关；而 TIMESTAMP 值的存储是以 UTC（世界标准时间）格式保存的，存储时
对当前时区进行转换，检索时再转换回当前时区。即查询时，根据当前时区的不同，显示
的时间值是不同的。

【例 5.18】向 tmp7 表中插入当前日期，查看插入值，更改时区为东 10 区，再次查看插
入值，SQL 语句如下：

首先删除表中的数据：

```
DELETE FROM tmp7;
```

向表中插入系统当前日期：

```
mysql> INSERT INTO tmp7 values( NOW() );
```

查看当前时区下的日期值：

```
mysql> SELECT * FROM tmp7;
+---------------------+
| ts                  |
+---------------------+
| 2016-03-24 10:02:42 |
+---------------------+
```

查询结果为插入时的日期值，读者所在时区一般为东 8 区，下面修改当前时区为东 10 区，
SQL 语句如下：

```
mysql> set time_zone='+10:00';
```

再次查看插入时的日期值：

```
mysql> SELECT * FROM tmp7;
+---------------------+
```

```
| ts                        |
+---------------------------+
| 2016-03-24 12:02:42       |
+---------------------------+
```

由结果可以看到，因为东 10 区时间比东 8 区快 2 个小时，因此查询的结果经过时区转换之后，显示的值增加了 2 个小时。相同的，时区每减小一个值，查询显示的日期中的小时数就会减 1。

 为一个 DATETIME 或 TIMESTAMP 对象分配一个 DATE 值，结果值的时间部分被设置为'00:00:00'，因为 DATE 值未包含时间信息。为一个 DATE 对象分配一个 DATETIME 或 TIMESTAMP 值，结果值的时间部分被删除，因为 DATE 值未包含时间信息。

5.1.4　文本字符串类型

字符串类型用来存储字符串数据，除了可以存储字符串数据之外，还可以存储其他数据，比如图片和声音的二进制数据。MySQL 支持两类字符型数据：文本字符串和二进制字符串。本小节主要讲解文本字符串类型。文本字符串可以进行区分或者不区分大小写的串比较，还可以进行模式匹配查找。MySQL 中文本字符串类型是指 CHAR、VARCHAR、TEXT、ENUM 和 SET。表 5.5 列出了 MySQL 中的文本字符串数据类型。

表 5.5　MySQL 中文本字符串数据类型

类型名称	说明	存储需求
CHAR(M)	固定长度非二进制字符串	M 字节，$1 \leq M \leq 255$
VARCHAR(M)	变长非二进制字符串	L+1 字节，在此 $L \leq M$ 和 $1 \leq M \leq 255$
TINYTEXT	非常小的非二进制字符串	L+1 字节，在此 $L < 2^8$
TEXT	小的非二进制字符串	L+2 字节，在此 $L < 2^{16}$
MEDIUMTEXT	中等大小的非二进制字符串	L+3 字节，在此 $L < 2^{24}$
LONGTEXT	大的非二进制字符串	L+4 字节，在此 $L < 2^{32}$
ENUM	枚举类型，只能有一个枚举字符串值	1 或 2 个字节，取决于枚举值的数目（最大值 65535）
SET	一个设置，字符串对象可以有零个或多个 SET 成员	1、2、3、4 或 8 字节，取决于集合成员的数量（最多 64 个成员）

VARCHAR 和 TEXT 类型与下一小节将要讲到的 BLOB 一样是变长类型，对于其存储需求取决于列值的实际长度（在前面的表格中用 L 表示），而不是取决于类型的最大可能尺寸。例如，一个 VARCHAR(10)列能保存最大长度为 10 个字符的一个字符串，实际的存储需要是字符串的长度 L，加上 1 个字节以记录字符串的长度。对于字符"abcd"，L 是 4，而存储要求是 5 字节。本小节将介绍这些数据类型的作用以及如何在查询中使用这些类型。

1. CHAR 和 VARCHAR 类型

CHAR(M) 为固定长度字符串，在定义时指定字符串列长。当保存时在右侧填充空格以达到指定的长度。M 表示列长度，M 的范围是 0~255 个字符。例如，CHAR(4)定义了一个固定长度的字符串列，其包含的字符个数最大为 4。当检索到 CHAR 值时，尾部的空格将被删除。

VARCHAR(M) 是长度可变的字符串，M 表示最大列长度。M 的范围是 0~65535。VARCHAR 的最大实际长度由最长的行的大小和使用的字符集确定，而其实际占用的空间为字符串的实际长度加 1。例如，VARCHAR(50)定义了一个最大长度为 50 的字符串，如果插入的字符串只有 10 个字符，则实际存储的字符串为 10 个字符和一个字符串结束字符。在值保存和检索时 VARCHAR 尾部的空格仍保留。

【例 5.19】下面将不同字符串保存到 CHAR(4)和 VARCHAR(4)列，说明 CHAR 和 VARCHAR 之间的差别，如表 5.6 所示。

表 5.6　CHAR(4)与 VARCHAR(4)存储区别

插入值	CHAR(4)	存储需求	VARCHAR(4)	存储需求
' '	' '	4 字节	' '	1 字节
'ab'	'ab '	4 字节	'ab'	3 字节
'abc'	'abc'	4 字节	'abc'	4 字节
'abcd'	'abcd'	4 字节	'abcd'	5 字节
'abcdef'	'abcd'	4 字节	'abcd'	5 字节

对比结果可以看到，CHAR(4) 定义了固定长度为 4 的列，不管存入的数据长度为多少，所占用的空间均为 4 字节。VARCHAR(4) 定义的列所占的字节数为实际长度加 1。

当查询时，CHAR(4) 和 VARCHAR(4) 的值并不一定相同，如【例 5.20】所示。

【例 5.20】创建 tmp8 表，定义字段 ch 和 vch 数据类型依次为 CHAR(4)、VARCHAR(4)，向表中插入数据"ab "，SQL 语句如下：

创建表 tmp8：

```
CREATE TABLE tmp8(
ch CHAR(4), vch VARCHAR(4)
);
```

输入数据：

```
INSERT INTO tmp8 VALUES('ab ', 'ab ');
```

查询结果：

```
mysql> SELECT concat('(', ch, ')'), concat('(',vch,')') FROM tmp8;
+----------------------+---------------------+
| concat('(', ch, ')') | concat('(',vch,')') |
+----------------------+---------------------+
| (ab)                 | (ab )               |
```

```
+---------------------+---------------------+
1 row in set (0.00 sec)
```

从查询结果可以看到，ch 在保存"ab "时将末尾的两个空格删除了，而 vch 字段保留了末尾的两个空格。

 在表 5.6 中，最后一行的值只有在使用"不严格"模式时，字符串才会被截断插入；如果 MySQL 运行在"严格"模式，超过列长度的值不会被保存，并且会出现错误信息："ERROR 1406(22001): Data too long for column"，即字符串长度超过指定长度，无法插入。

2. TEXT 类型

TEXT 列保存非二进制字符串，如文章内容、评论等。当保存或查询 TEXT 列的值时，不删除尾部空格。Text 类型分为 4 种：TINYTEXT、TEXT、MEDIUMTEXT 和 LONGTEXT。不同的 TEXT 类型的存储空间和数据长度不同。

（1）TINYTEXT 最大长度为 255（2^8-1）字符的 TEXT 列。

（2）TEXT 最大长度为 65535（$2^{16}-1$）字符的 TEXT 列。

（3）MEDIUMTEXT 最大长度为 16777215（$2^{24}-1$）字符的 TEXT 列。

（4）LONGTEXT 最大长度为 4294967295（$2^{32}-1$）或 4GB 字符的 TEXT 列。

3. ENUM 类型

ENUM 是一个字符串对象，其值为表创建时在列规定中枚举的一列值。语法格式如下：

```
字段名 ENUM('值1','值2',…'值n')
```

字段名指将要定义的字段，值 n 指枚举列表中的第 n 个值。ENUM 类型的字段在取值时，只能在指定的枚举列表中取，而且一次只能取一个。如果创建的成员中有空格时，其尾部的空格将自动被删除。ENUM 值在内部用整数表示，每个枚举值均有一个索引值：列表值所允许的成员值从 1 开始编号，MySQL 存储的就是这个索引编号。枚举最多可以有 65535 个元素。

例如，定义 ENUM 类型的列('first', 'second', 'third')，该列可以取的值和每个值的索引如表 5.7 所示。

表 5.7 ENUM 类型的取值范围

值	索引
NULL	NULL
"	0
first	1
second	2
third	3

ENUM 值依照列索引顺序排列，并且空字符串排在非空字符串前，NULL 值排在其他所有的枚举值前。这一点也可以从表 5.7 中看到。

在这里，有一个方法可以查看列成员的索引值，如【例 5.21】所示。

【例 5.21】创建表 tmp9，定义 ENUM 类型的列 enm('first'，'second'，'third')，查看列成员的索引值，SQL 语句如下：

首先，创建 tmp9 表：

```
CREATE TABLE tmp9( enm ENUM('first','second','third') );
```

插入各个列值：

```
INSERT INTO tmp9 values('first'),('second') ,('third') , (NULL);
```

查看索引值：

```
mysql> SELECT enm, enm+0 FROM tmp9;
+------------+----------+
| enm        | enm+0    |
+------------+----------+
|   first    |     1 |
|  second    |     2 |
|   third    |     3 |
| NULL       |   NULL |
+------------+----------+
```

可以看到，这里的索引值和前面所述的相同。

> ENUM 列总有一个默认值。如果将 ENUM 列声明为 NULL，NULL 值则为该列的一个有效值，并且默认值为 NULL。若 ENUM 列被声明为 NOT NULL，则其默认值为允许的值列表的第 1 个元素。

【例 5.22】创建表 tmp10，定义 INT 类型的 soc 字段、ENUM 类型的字段 level，列表值为('excellent','good', 'bad')，向表 tmp10 中插入数据 'good'、1、2、3、'best'，SQL 语句如下：

首先，创建数据表：

```
CREATE TABLE tmp10 (soc INT, level enum('excellent', 'good','bad') );
```

插入数据：

```
mysql>INSERT INTO tmp10 values(70,'good'), (90,1),(75,2),(50,3);
```

再次插入数据：

```
mysql>INSERT INTO tmp10 values (100,'best');
```

```
ERROR 1265 (01000): Data truncated for column 'level' at row 1
```

这里系统提示错误信息,可以看到,由于字符串值"best"不在 ENUM 列表中,因此对数据进行了阻止插入操作,查询结果如下:

```
mysql> SELECT * FROM tmp10;
+------+-----------+
| soc  | level     |
+------+-----------+
|   70 | good      |
|   90 | excellent |
|   75 | good      |
|   50 | bad       |
+------+-----------+
```

由结果可以看到,因为 ENUM 列表中的值在 MySQL 中都是以编号序列存储的,因此,插入列表中的值"good"或者插入其对应序号'2'的结果是相同的;"best"不是列表中的值,因此不能插入数据。

4. SET 类型

SET 是一个字符串对象,可以有零或多个值,SET 列最多可以有 64 个成员,其值为表创建时规定的一列值。指定包括多个 SET 成员的 SET 列值时,各成员之间用逗号(,)间隔开。语法格式如下:

```
SET('值1','值2',… '值 n')
```

与 ENUM 类型相同,SET 值在内部用整数表示,列表中每一个值都有一个索引编号。当创建表时,SET 成员值的尾部空格将自动被删除。与 ENUM 类型不同的是,ENUM 类型的字段只能从定义的列值中选择一个值插入,而 SET 类型的列可从定义的列值中选择多个字符的联合。

如果插入 SET 字段中列值有重复,那么 MySQL 会自动删除重复的值;插入 SET 字段的值的顺序并不重要,MySQL 会在存入数据库时按照定义的顺序显示;如果插入了不正确的值,默认情况下,MySQL 将忽视这些值并给出警告。

【例 5.23】创建表 tmp11,定义 SET 类型的字段 s,取值列表为('a', 'b', 'c', 'd'),插入数据('a'), ('a,b,a'), ('c,a,d'), ('a,x,b,y'),SQL 语句如下:

首先创建表 tmp11:

```
CREATE TABLE tmp11 ( s SET('a', 'b', 'c', 'd'));
```

插入数据:

```
INSERT INTO tmp11 values('a'),( 'a,b,a'),('c,a,d');
```

再次插入数据:

```
INSERT INTO tmp11 values ('a,x,b,y');
ERROR 1265 (01000): Data truncated for column 's' at row 1
```

由于插入了 SET 列不支持的值，因此 MySQL 给出错误提示。

查看结果：

```
mysql> SELECT * FROM tmp11;
+-------+
| s     |
+-------+
| a     |
| a,b   |
| a,c,d |
+-------+
```

从结果可以看到，对于 SET 来说如果插入的值为重复的，则只取一个，例如"a,b,a"，则结果为"a,b"；如果插入了不按顺序排列值，则自动按顺序插入，例如"c,a,d"，结果为"a,c,d"；如果插入了不正确值，该值将被阻止插入，例如插入值"a,x,b,y"。

5.1.5　二进制字符串类型

前面讲解了存储文本的字符串类型，这一小节将讲解 MySQL 中存储二进制数据的字符串类型。MySQL 中的二进制数据类型有 BIT、BINARY、VARBINARY、TINYBLOB、BLOB、MEDIUMBLOB 和 LONGBLOB。本节将讲解各类二进制字符串类型的特点和使用方法。表5.8 列出了 MySQL 中的二进制数据类型。

表 5.8　MySQL 中的二进制字符串类型

类型名称	说明	存储需求
BIT(M)	位字段类型	大约(M+7)/8 字节
BINARY(M)	固定长度二进制字符串	M 字节
VARBINARY(M)	可变长度二进制字符串	M+1 字节
TINYBLOB(M)	非常小的 BLOB	L+1 字节, 在此 $L<2^8$
BLOB(M)	小 BLOB	L+2 字节, 在此 $L<2^{16}$
MEDIUMBLOB(M)	中等大小的 BLOB	L+3 字节, 在此 $L<2^{24}$
LONGBLOB(M)	非常大的 BLOB	L+4 字节, 在此 $L<2^{32}$

1. BIT 类型

BIT 类型是位字段类型。M 表示每个值的位数，范围为 1~64。如果 M 被省略，默认为 1。如果为 BIT(M)列分配的值的长度小于 M 位，在值的左边用 0 填充。例如，为 BIT(6)列分配一个值 b'101'，其效果与分配 b'000101'相同。BIT 数据类型用来保存位字段值。例如，以二进制的形式保存数据 13（二进制形式为 1101），需要位数至少为 4 位的 BIT 类型，即可以定义列类型为 BIT(4)。大于二进制 1111 的数据是不能插入 BIT(4)类型的字段中的。

【例 5.24】创建表 tmp12，定义 BIT(4)类型的字段 b，向表中插入数据 2、9、15，SQL 语句如下：

首先创建表 tmp12：

```
CREATE TABLE tmp12( b BIT(4) );
```

插入数据：

```
mysql> INSERT INTO tmp12 VALUES(2), (9), (15);
Query OK, 3 rows affected (0.02 sec)
Records: 3  Duplicates: 0  Warnings:1
```

查询插入结果：

```
mysql> SELECT BIN(b+0) FROM tmp12;
+------------+
| BIN(b+0)   |
+------------+
| 10         |
| 1001       |
| 1111       |
+------------+
4 rows in set (0.00 sec)
```

b+0 表示将二进制的结果转换为对应的数字的值，BIN() 函数将数字转换为二进制。从结果可以看到，成功地将 3 个数插入到表中。

 默认情况下，MySQL 不可以插入超出该列允许范围的值，因而插入的数据要确保插入的值在指定的范围内。

2. BINARY 和 VARBINARY 类型

BINARY 和 VARBINARY 类型类似于 CHAR 和 VARCHAR，不同的是它们包含二进制字节字符串。其使用的语法格式如下：

列名称 BINARY(M) 或者 VARBINARY(M)

BINARY 类型的长度是固定的，指定长度之后，不足最大长度的，将在右边填充'\0'，以达到指定长度。例如，指定列数据类型为 BINARY(3)，当插入'a'时，存储的内容实际为"a\0\0"，当插入"ab"时，实际存储的内容为"ab\0"，不管存储的内容是否达到指定的长度，其存储空间均为指定的值 M。

VARBINARY 类型的长度是可变的，指定好长度之后，其长度可以在 0 到最大值之间。例如，指定列数据类型为 VARBINARY(20)，如果插入值的长度只有 10，那么实际存储空间为 10 加 1，即实际占用的空间为字符串的实际长度加 1。

【例 5.25】创建表 tmp13，定义 BINARY(3)类型的字段 b 和 VARBINARY(3)类型的字段 vb，并向表中插入数据'5'，比较两个字段的存储空间，SQL 语句如下：

首先创建表 tmp13：

```
CREATE TABLE tmp13(
b binary(3),  vb varbinary(30)
);
```

插入数据：

```
INSERT INTO tmp13 VALUES(5,5);
```

查看两个字段存储数据的长度：

```
mysql> SELECT length(b), length(vb) FROM tmp13;
+-----------+------------+
| length(b) | length(vb) |
+-----------+------------+
|         3 |          1 |
+-----------+------------+
1 row in set (0.00 sec)
```

可以看到，b 字段的数据长度为 3，而 vb 字段的数据长度仅为插入的一个字符的长度 1。如果想要进一步确认'5'在两个字段中不同的存储方式，输入如下语句：

```
mysql> SELECT b,vb,b = '5', b='5\0\0',vb='5',vb = '5\0\0' FROM tmp13;
+------+------+---------+-----------+--------+--------------+
| b    | vb   | b = '5' | b='5\0\0' | vb='5' | vb = '5\0\0' |
+------+------+---------+-----------+--------+--------------+
| 5    | 5    |       0 |         1 |      1 |            0 |
+------+------+---------+-----------+--------+--------------+
1 row in set (0.00 sec)
```

由执行结果可以看出，b 字段和 vb 字段的长度是截然不同的，因为 b 字段不足的空间填充了'\0'，而 vb 字段则没有填充。

3. BLOB 类型

BLOB 是一个二进制的对象，用来存储可变数量的数据。BLOB 类型分为 4 种：TINYBLOB、BLOB、MEDIUMBLOB 和 LONGBLOB。它们可容纳值的最大长度不同，如表 5.9 所示。

表 5.9　BLOB 类型的存储范围

数据类型	存储范围
TINYBLOB	最大长度为 255（2^8-1）字节
BLOB	最大长度为 65535（$2^{16}-1$）字节
MEDIUMBLOB	最大长度为 16777215（$2^{24}-1$）字节
LONGBLOB	最大长度为 4294967295（$2^{32}-1$）字节

BLOB 列存储的是二进制字符串（字节字符串）；TEXT 列存储的是非二进制字符串（字符字符串）。BLOB 列没有字符集，并且排序和比较基于列值字节的数值；TEXT 列有一个字符集，并且根据字符集对值进行排序和比较。

5.2 如何选择数据类型

MySQL 提供了大量的数据类型，为了优化存储，提高数据库性能，在任何情况下均应使用最精确的类型。即在所有可以表示该列值的类型中，该类型使用的存储最少。

1. 整数和浮点数

如果不需要小数部分，则使用整数来保存数据；如果需要表示小数部分，则使用浮点数类型。对于浮点数据列，存入的数值会对该列定义的小数位进行四舍五入。例如，列的值的范围为 1~99999，若使用整数，则 MEDIUMINT UNSIGNED 是最好的类型；若需要存储小数，则使用 FLOAT 类型。

浮点类型包括 FLOAT 和 DOUBLE 类型。DOUBLE 类型精度比 FLOAT 类型高，因此，当要求存储精度较高时，应选择 DOUBLE 类型。

2. 浮点数和定点数

浮点数 FLOAT、DOUBLE 相对于定点数 DECIMAL 的优势是：在长度一定的情况下，浮点数能表示更大的数据范围。由于浮点数容易产生误差，因此对精确度要求比较高时，建议使用 DECIMAL 来存储。DECIMAL 在 MySQL 中是以字符串存储的，用于定义货币等对精确度要求较高的数据。在数据迁移中，float(M,D)是非标准 SQL 定义，数据库迁移可能会出现问题，最好不要这样使用。另外，两个浮点数进行减法和比较运算时也容易出问题，因此在进行计算的时候，一定要小心。如果进行数值比较，最好使用 DECIMAL 类型。

3. 日期与时间类型

MySQL 对于不同种类的日期和时间有很多的数据类型，比如 YEAR 和 TIME。若只需要记录年份，则使用 YEAR 类型即可；若只记录时间，则使用 TIME 类型。

如果需要同时记录日期和时间，就可以使用 TIMESTAMP 或者 DATETIME 类型。由于 TIMESTAMP 列的取值范围小于 DATETIME 的取值范围，因此存储范围较大的日期最好使用 DATETIME。

TIMESTAMP 也有一个 DATETIME 不具备的属性。默认的情况下，当插入一条记录但并没有指定 TIMESTAMP 这个列值时，MySQL 会把 TIMESTAMP 列设为当前的时间。因此当需要插入记录的同时插入当前时间时，使用 TIMESTAMP 是方便的。另外，TIMESTAMP 在空间上比 DATETIME 更有效。

4. CHAR 与 VARCHAR 之间的特点与选择

CHAR 和 VARCHAR 的区别如下：

- CHAR 是固定长度字符，VARCHAR 是可变长度字符。
- CHAR 会自动删除插入数据的尾部空格，VARCHAR 不会删除尾部空格。

CHAR 是固定长度，所以它的处理速度比 VARCHAR 的速度要快，缺点是浪费存储空间。所以，对存储不大但在速度上有要求的可以使用 CHAR 类型，反之可以使用 VARCHAR 类型来实现。

存储引擎对于选择 CHAR 和 VARCHAR 的影响：

- 对于 MyISAM 存储引擎：最好使用固定长度的数据列代替可变长度的数据列。这样可以使整个表静态化，从而使数据检索更快，用空间换时间。
- 对于 InnoDB 存储引擎：使用可变长度的数据列，因为 InnoDB 数据表的存储格式不分固定长度和可变长度，因此使用 CHAR 不一定比使用 VARCHAR 更好，但由于 VARCHAR 是按照实际的长度存储，比较节省空间，因此对磁盘 I/O 和数据存储总量比较好。

5. ENUM 和 SET

ENUM 只能取单值，它的数据列表是一个枚举集合。它的合法取值列表最多允许有 65535 个成员。因此，在需要从多个值中选取一个时，可以使用 ENUM。比如：性别字段适合定义为 ENUM 类型，每次只能从 '男' 或 '女' 中取一个值。

SET 可取多值。它的合法取值列表最多允许有 64 个成员。空字符串也是一个合法的 SET 值。在需要取多个值的时候，适合使用 SET 类型。比如：要存储一个人的兴趣爱好，最好使用 SET 类型。

ENUM 和 SET 的值是以字符串形式出现的，但在 MySQL 内部是以数值的形式存储的。

6. BLOB 和 TEXT

BLOB 是二进制字符串，TEXT 是非二进制字符串，两者均可存放大容量的信息。BLOB 主要存储图片、音频信息等，而 TEXT 只能存储纯文本文件。

5.3 常见运算符介绍

运算符连接表达式中的各个操作数，其作用是用来指明对操作数所进行的运算。运用运算符可以更加灵活地使用表中的数据，常见的运算符类型有算术运算符、比较运算符、逻辑运算符、位运算符。本节将介绍各种运算符的特点和使用方法。

5.3.1 运算符概述

运算符是告诉 MySQL 执行特定算术或逻辑操作的符号。MySQL 的内部运算符很丰富，主要有四大类，分别是算术运算符、比较运算符、逻辑运算符、位运算符。

1. 算术运算符

算术运算符用于各类数值运算，包括加（+）、减（-）、乘（*）、除（/）、求余（或称模运算，%）。

2. 比较运算符

比较运算符用于比较运算，包括大于（>）、小于（<）、等于（=）、大于等于（>=）、小于等于（<=）、不等于（!=），以及 IN、BETWEEN AND、IS NULL、GREATEST、LEAST、LIKE、REGEXP 等。

3. 逻辑运算符

逻辑运算符的求值所得结果均为 1（true）、0（false），这类运算符有逻辑非（NOT 或者!）、逻辑与（AND 或者&&）、逻辑或（OR 或者||）、逻辑异或（XOR）。

4. 位运算符

位运算符参与运算的操作数按二进制位进行运算，包括位与（&）、位或（|）、位非（~）、位异或（^）、左移（<<）、右移（>>）6 种。

接下来将对 MySQL 中各种运算符的使用进行详细的介绍。

5.3.2 算术运算符

算术运算符是 SQL 中最基本的运算符，MySQL 中的算术运算符如表 5.10 所示。

表 5.10 MySQL 中的算术运算符

运算符	作用
+	加法运算
-	减法运算
*	乘法运算
/	除法运算，返回商
%	求余运算，返回余数

下面分别讨论不同算术运算符的使用方法。

【例 5.26】创建表 tmp14，定义数据类型为 INT 的字段 num，插入值 64，对 num 值进行算术运算。

首先创建表 tmp14：

```
CREATE TABLE tmp14 ( num INT);
```

向字段 num 插入数据 64：

```
INSERT INTO tmp14 value(64);
```

接下来，对 num 值进行加法和减法运算：

```
mysql> SELECT num, num+10, num-3+5, num+5-3, num+36.5 FROM tmp14;
+-------+--------+---------+---------+----------+
| num   | num+10 | num-3+5 | num+5-3 | num+36.5 |
+-------+--------+---------+---------+----------+
|   64  |     74 |      66 |      66 |    100.5 |
+-------+--------+---------+---------+----------+
1 row in set (0.00 sec)
```

由计算结果可以看到，可以对 num 字段的值进行加法和减法的运算，而且由于 '+' 和 '−' 的优先级相同，因此先加后减或者先减后加之后的结果是相同的。

【例 5.27】对 tmp14 表中的 num 进行乘法、除法、求余运算。

```
mysql> SELECT num, num *2, num /2, num/3, num%3 FROM tmp14;
+-------+---------+---------+---------+---------+
| num   | num *2  | num /2  | num/3   | num%3   |
+-------+---------+---------+---------+---------+
|   64  |     128 | 32.0000 | 21.3333 |       1 |
+-------+---------+---------+---------+---------+
1 row in set (0.00 sec)
```

由计算结果可以看到，对 num 进行除法运算时，由于 64 无法被 3 整除，因此 MySQL 将 num/3 求商的结果保存到了小数点后面四位，结果为 21.3333；64 除以 3 的余数为 1，因此取余运算 num%3 的结果为 1。

在数学运算中，除数为 0 的除法是没有意义的，因此除法运算中的除数不能为 0，如果被 0 除，则返回结果为 NULL。

【例 5.28】用 0 除 num。

```
mysql> SELECT num, num / 0, num %0 FROM tmp14;
+-------+---------+---------+
| num   | num / 0 | num %0  |
+-------+---------+---------+
|   64  | NULL    | NULL    |
+-------+---------+---------+
1 row in set (0.00 sec)
```

由计算结果可以看到，对 num 进行除法求商或者求余运算的结果均为 NULL。

5.3.3　比较运算符

一个比较运算符的结果总是 1、0 或者 NULL。比较运算符经常在 SELECT 的查询条件子句中使用，用来查询满足指定条件的记录。MySQL 中的比较运算符如表 5.11 所示。

表 5.11　MySQL 中的比较运算符

运算符	作用
=	等于
<=>	安全等于
<> (!=)	不等于
<=	小于等于
>=	大于等于
>	大于
IS NULL	判断一个值是否为 NULL
IS NOT NULL	判断一个值是否不为 NULL
LEAST	在有两个或多个参数时，返回最小值
GREATEST	当有两个或多个参数时，返回最大值
BETWEEN AND	判断一个值是否落在两个值之间
ISNULL	与 IS NULL 作用相同
IN	判断一个值是 IN 列表中的任意一个值
NOT IN	判断一个值不是 IN 列表中的任意一个值
LIKE	通配符匹配
REGEXP	正则表达式匹配

下面分别讨论不同比较运算符的使用方法。

1. 等于运算符（=）

等号（=）用来判断数字、字符串和表达式是否相等。如果相等，返回值为 1，否则返回值为 0。

【例 5.29】使用 '=' 进行相等判断，SQL 语句如下：

```
mysql> SELECT 1=0, '2'=2, 2=2,'0.02'=0, 'b'='b', (1+3) = (2+2),NULL=NULL;
+-----+-------+-----+----------+---------+---------------+-----------+
| 1=0 | '2'=2 | 2=2 | '0.02'=0 | 'b'='b' | (1+3) = (2+2) | NULL=NULL |
+-----+-------+-----+----------+---------+---------------+-----------+
|   0 |     1 |   1 |        0 |       1 |             1 |      NULL |
+-----+-------+-----+----------+---------+---------------+-----------+
1 row in set (0.00 sec)
```

由结果可以看到，在进行判断时，2=2 和 '2'=2 的返回值相同，都为 1。因为在进行判断时，MySQL 自动进行了转换，把字符 '2' 转换成了数字 2；'b'='b' 为相同的字符比较，因此返回值为 1；表达式 1+3 和表达式 2+2 的结果都为 4，因此结果相等，返回值为 1；

由于 '=' 不能用于空值 NULL 的判断，因此返回值为 NULL。

数值比较时有如下规则：

（1）若有一个或两个参数为 NULL，则比较运算的结果为 NULL。

（2）若同一个比较运算中的两个参数都是字符串，则按照字符串进行比较。

（3）若两个参数均为整数，则按照整数进行比较。

（4）若一个字符串和数字进行相等判断，则 MySQL 可以自动将字符串转换为数字。

2. 安全等于运算符（<=>）

这个操作符和=操作符执行相同的比较操作，不过<=>可以用来判断 NULL 值。在两个操作数均为 NULL 时，其返回值为 1 而不为 NULL；而当一个操作数为 NULL 时，其返回值为 0 而不为 NULL。

【例 5.30】使用 '<=>' 进行相等的判断，SQL 语句如下：

```
mysql> SELECT 1<=>0, '2'<=>2, 2<=>2,'0.02'<=>0, 'b'<=>'b', (1+3) <=>
(2+1),NULL<=>NULL;
+-------+---------+-------+------------+-----------+-------+---------+
| 1<=>0 | '2'<=>2 | 2<=>2 | '0.02'<=>0 | 'b'<=>'b' | (1+3) <=> (2+1) | NULL<=>NULL |
+-------+---------+-------+------------+-----------+-------+---------+
|     0 |       1 |     1 |          0 |         1 |               0 |           1 |
+-------+---------+-------+------------+-----------+-------+---------+
1 row in set (0.00 sec)
```

由结果可以看到，'<=>' 在执行比较操作时和 '=' 的作用是相似的，唯一的区别是'<=>' 可以用来对 NULL 进行判断，两者都为 NULL 时返回值为 1。

3. 不等于运算符（<>或者 !=）

'<>' 或者 '!=' 用于判断数字、字符串、表达式不相等的判断。如果不相等，就返回 1，否则返回 0。这两个运算符不能用于判断空值 NULL。

【例 5.31】使用 '<>' 和 '!=' 进行不相等的判断，SQL 语句如下：

```
mysql> SELECT 'good'<>'god', 1<>2, 4!=4, 5.5!=5, (1+3)!=(2+1),NULL<>NULL;
+---------------+------+------+--------+--------------+------------+
| 'good'<>'god' | 1<>2 | 4!=4 | 5.5!=5 | (1+3)!=(2+1) | NULL<>NULL |
+---------------+------+------+--------+--------------+------------+
|             1 |    1 |    0 |      1 |            1 |       NULL |
+---------------+------+------+--------+--------------+------------+
1 row in set (0.00 sec)
```

由结果可以看到，两个不等于运算符的作用相同，都可以进行数字、字符串、表达式的比较判断。

4. 小于等于运算符（<=）

'<='用来判断左边的操作数是否小于或者等于右边的操作数。如果小于或者等于，返回值为 1，否则返回值为 0。'<='不能用于判断空值 NULL。

【例 5.32】使用 '<=' 进行比较判断，SQL 语句如下：

```
mysql>SELECT 'good'<='god', 1<=2, 4<=4, 5.5<=5, (1+3) <= (2+1),NULL<=NULL;
+---------------+------+------+--------+----------------+------------+
| 'good'<='god' | 1<=2 | 4<=4 | 5.5<=5 | (1+3) <= (2+1) |  NULL<=NULL |
+---------------+------+------+--------+----------------+------------+
|             0 |    1 |    1 |      0 |              0 |       NULL |
+---------------+------+------+--------+----------------+------------+
1 row in set (0.00 sec)
```

由结果可以看到，左边操作数小于或者等于右边时，返回值为 1，例如 4<=4；当左边操作数大于右边时，返回值为 0，例如 'good' 第 3 个位置的 'o' 字符在字母表中的顺序大于 'god' 中第 3 个位置的 'd' 字符；同样，比较 NULL 值时返回 NULL。

5. 小于运算符（<）

'<' 运算符用来判断左边的操作数是否小于右边的操作数，如果小于，返回值为 1，否则返回值为 0。'<' 不能用于判断空值 NULL。

【例 5.33】使用 '<' 进行比较判断，SQL 语句如下：

```
mysql> SELECT 'good'<'god', 1<2, 4<4, 5.5<5, (1+3) < (2+1),NULL<NULL;
+--------------+------+------+-------+---------------+-----------+
| 'good'<'god' | 1<2  | 4<4  | 5.5<5 | (1+3) < (2+1) |  NULL<NULL |
+--------------+------+------+-------+---------------+-----------+
|            0 |    1 |    0 |     0 |             0 |      NULL |
+--------------+------+------+-------+---------------+-----------+
1 row in set (0.00 sec)
```

由结果可以看到，当左边操作数小于右边时，返回值为 1，例如 1<2；当左边操作数大于右边时，返回值为 0，例如 'good' 第 3 个位置的 'o' 字符在字母表中的顺序大于 'god' 中第 3 个位置的 'd' 字符；同样，比较 NULL 值时返回 NULL。

6. 大于等于运算符（>=）

'>=' 运算符用来判断左边的操作数是否大于或者等于右边的操作数，如果大于或者等于，返回值为 1，否则返回值为 0。'>=' 不能用于判断空值 NULL。

【例 5.34】使用 '>=' 进行比较判断，SQL 语句如下：

```
MySQL> SELECT 'good'>='god', 1>=2, 4>=4, 5.5>=5, (1+3) >= (2+1),NULL>=NULL;
+---------------+------+------+--------+----------------+------------+
```

```
| 'good'>='god' | 1>=2 | 4>=4 | 5.5>=5 | (1+3) >= (2+1)|   NULL>=NULL |
+---------+------+------+-------+---------------+----------------+
|         1 |    0 |    1 |     1 |             1 |         NULL |
+---------+------+------+-------+---------------+----------------+
1 row in set (0.00 sec)
```

由结果可以看到，左边操作数大于或者等于右边时，返回值为 1，例如 4>=4；当左边操作数小于右边时，返回值为 0，例如 1>=2；同样，比较 NULL 值时返回 NULL。

7. 大于运算符 (>)

'>' 运算符用来判断左边的操作数是否大于右边的操作数，如果大于，返回值为 1，否则返回值为 0。'>' 不能用于判断空值 NULL。

【例 5.35】使用 '>' 进行比较判断，SQL 语句如下：

```
mysql> SELECT 'good'>'god', 1>2, 4>4, 5.5>5, (1+3) > (2+1),NULL>NULL;
+------------+------+------+-------+---------------+-----------+
| 'good'>'god' | 1>2 | 4>4 | 5.5>5 | (1+3) > (2+1) |   NULL>NULL |
+------------+------+------+-------+---------------+-----------+
|           1 |    0 |    0 |     1 |             1 |      NULL |
+------------+------+------+-------+---------------+-----------+
1 row in set (0.00 sec)
```

由结果可以看到，左边操作数大于右边时，返回值为 1，例如 5.5>5；当左边操作数小于右边时，返回 0，例如 1>2；同样，比较 NULL 值时返回 NULL。

8. IS NULL(ISNULL)和 IS NOT NULL 运算符

IS NULL 和 ISNULL 检验一个值是否为 NULL，如果为 NULL，返回值为 1，否则返回值为 0。IS NOT NULL 检验一个值是否为非 NULL，如果是非 NULL，返回值为 1，否则返回值为 0。

【例 5.36】使用 IS NULL、ISNULL 和 IS NOT NULL 判断 NULL 值和非 NULL 值，SQL 语句如下：

```
mysql> SELECT NULL IS NULL, ISNULL(NULL),ISNULL(10), 10 IS NOT NULL;
+--------------+--------------+------------+----------------+
| NULL IS NULL | ISNULL(NULL) | ISNULL(10) | 10 IS NOT NULL |
+--------------+--------------+------------+----------------+
|            1 |            1 |          0 |              1 |
+--------------+--------------+------------+----------------+
1 row in set (0.00 sec)
```

由结果可以看到，IS NULL 和 ISNULL 的作用相同，只是格式不同。ISNULL 和 IS NOT NULL 的返回值正好相反。

9. BETWEEN AND 运算符

语法格式为: expr BETWEEN min AND max。假如 expr 大于或等于 min 且小于或等于 max，则 BETWEEN 的返回值为 1，否则返回值为 0。

【例 5.37】使用 BETWEEN AND 进行值区间判断，输入 SQL 语句如下：

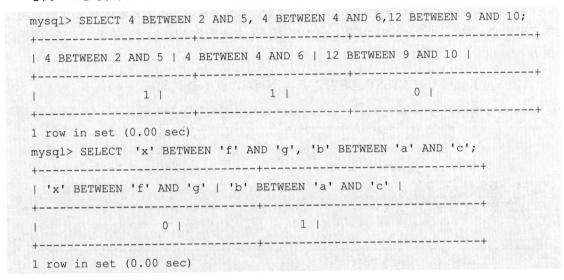

```
mysql> SELECT 4 BETWEEN 2 AND 5, 4 BETWEEN 4 AND 6,12 BETWEEN 9 AND 10;
+-------------------+-------------------+--------------------+
| 4 BETWEEN 2 AND 5 | 4 BETWEEN 4 AND 6 | 12 BETWEEN 9 AND 10 |
+-------------------+-------------------+--------------------+
|                 1 |                 1 |                  0 |
+-------------------+-------------------+--------------------+
1 row in set (0.00 sec)
mysql> SELECT 'x' BETWEEN 'f' AND 'g', 'b' BETWEEN 'a' AND 'c';
+-------------------------+-------------------------+
| 'x' BETWEEN 'f' AND 'g' | 'b' BETWEEN 'a' AND 'c' |
+-------------------------+-------------------------+
|                       0 |                       1 |
+-------------------------+-------------------------+
1 row in set (0.00 sec)
```

由结果可以看到，4 在端点值区间内或者等于其中一个端点值时，BETWEEN AND 表达式返回值为 1；12 并不在指定区间内，因此返回值为 0；对于字符串类型的比较，按字母表中字母顺序进行比较，'x' 不在指定的字母区间内，因此返回值为 0，而 'b' 位于指定字母区间内，因此返回值为 1。

10. LEAST 运算符

语法格式为：LEAST(值 1,值 2,…,值 n)。其中，值 n 表示参数列表中有 n 个值。在有两个或多个参数的情况下，返回最小值。假如任意一个自变量为 NULL，则 LEAST() 的返回值为 NULL。

【例 5.38】使用 LEAST 运算符进行大小判断，SQL 语句如下：

```
mysql> SELECT least(2,0), least(20.0,3.0,100.5),
least('a','c','b'),least(10,NULL);
+------------+-----------------------+------------------+----------------+
| least(2,0) | least(20.0,3.0,100.5) | least('a','c','b') | least(10,NULL) |
+------------+-----------------------+------------------+----------------+
|          0 |                   3.0 | a                |           NULL |
+------------+-----------------------+------------------+----------------+
1 row in set (0.00 sec)
```

由结果可以看到，当参数中是整数或者浮点数时，LEAST 将返回其中最小的值；当参数为字符串时，返回字母表中顺序最靠前的字符；当比较值列表中有 NULL 时，不能判断大小，返回值为 NULL。

11. GREATEST (value1,value2,…)

语法格式为：GREATEST(值 1, 值 2,…,值 n)。其中，n 表示参数列表中有 n 个值。当有两个或多个参数时，返回值为最大值，假如任意一个自变量为 NULL，则 GREATEST()的返回值为 NULL。

【例 5.39】使用 GREATEST 运算符进行大小判断，SQL 语句如下：

```
mysql> SELECT greatest(2,0), greatest(20.0,3.0,100.5),
greatest('a','c','b'),greatest(10,NULL);
+--------------+--------------------------+---------------------+
| greatest(2,0) | greatest(20.0,3.0,100.5) | greatest('a','c','b') |
greatest(10,NULL) |
+--------------+--------------------------+---------------------+
|         2 |          100.5 | c       |     NULL |
+--------------+--------------------------+--------------
------+--------------------------+
1 row in set (0.00 sec)
```

由结果可以看到，当参数中是整数或者浮点数时，GREATEST 将返回其中最大的值；当参数为字符串时，返回字母表中顺序最靠后的字符；当比较值列表中有 NULL 时，不能判断大小，返回值为 NULL。

12. IN、NOT IN 运算符

IN 运算符用来判断操作数是否为 IN 列表中的其中一个值，如果是，返回 1，否则返回 0。

NOT IN 运算符用来判断表达式是否为 IN 列表中的其中一个值，如果不是，返回 1，否则返回 0。

【例 5.40】使用 IN、NOT IN 运算符进行判断，SQL 语句如下：

```
mysql> SELECT 2 IN (1,3,5,'thks'), 'thks' IN (1,3,5,'thks');
+-------------------+--------------------------+
| 2 IN (1,3,5,'thks') | 'thks' IN (1,3,5,'thks') |
+-------------------+--------------------------+
|           0 |            1 |
+-------------------+--------------------------+
1 row in set, 2 warnings (0.00 sec)
mysql> SELECT 2 NOT IN (1,3,5,'thks'), 'thks' NOT IN (1,3,5,'thks');
+------------------------+------------------------------+
| 2 NOT IN (1,3,5,'thks') | 'thks' NOT IN (1,3,5,'thks') |
+------------------------+------------------------------+
```

```
|                     1 |                             0 |
+-----------------------+------------------------------+
1 row in set, 2 warnings (0.02 sec)
```

由结果可以看到，IN 和 NOT IN 的返回值正好相反。

在左侧表达式为 NULL 的情况下，或是表中找不到匹配项并且表中一个表达式为 NULL 的情况下，IN 的返回值均为 NULL。

【例 5.41】存在 NULL 值时的 IN 查询，SQL 语句如下：

```
mysql> SELECT NULL IN (1,3,5,'thks'),10 IN (1,3,NULL,'thks');
+------------------------+-------------------------+
| NULL IN (1,3,5,'thks') | 10 IN (1,3,NULL,'thks') |
+------------------------+-------------------------+
|                   NULL |                    NULL |
+------------------------+-------------------------+
1 row in set, 1 warning (0.00 sec)
```

IN()语法也可用于在 SELECT 语句中进行嵌套子查询，在后面的章节中将会讲到。

13. LIKE

LIKE 运算符用来匹配字符串，语法格式为：expr LIKE 匹配条件。如果 expr 满足匹配条件，就返回 1（true）；如果不匹配，就返回 0（false）；若 expr 或匹配条件中任何一个为 NULL，则结果为 NULL。

LIKE 运算符在进行匹配时，可以使用下面两种通配符：

（1）'%'，匹配任何数目的字符，甚至包括零字符。

（2）'_'，只能匹配一个字符。

【例 5.42】使用运算符 LIKE 进行字符串匹配运算，SQL 语句如下：

```
mysql> SELECT 'stud' LIKE 'stud', 'stud' LIKE 'stu_','stud' LIKE '%d','stud'
LIKE 't_ _ _', 's' LIKE NULL;
+--------------------+-------------------+-------------------+-----------------------+--------------+
| 'stud' LIKE 'stud' | 'stud' LIKE 'stu_' | 'stud' LIKE '%d' | 'stud' LIKE 't_ _ _' |'s' LIKE NULL|
+--------------------+-------------------+-------------------+-----------------------+--------------+
|                  1 |                 1 |                 1 |                    0 |         NULL|
+--------------------+-------------------+-------------------+-----------------------+--------------+
1 row in set (0.00 sec)
```

由结果可以看到，指定匹配字符串为"stud"。"stud"表示直接匹配"stud"字符串，满足匹配条件，返回 1；"stu_"表示匹配以 stu 开头的长度为 4 个字符的字符串，"stud"正好是 4 个字符，满足匹配条件，因此匹配成功，返回 1；"%d"表示匹配以字母"d"结尾的字符串，"stud"满足匹配条件，匹配成功，返回1；"t _ _ _"表示匹配以't'开头的长度为4个字符的字符串，"stud"不满足匹配条件，因此返回0；当字符's'与NULL匹配时，结果为NULL。

14. REGEXP

REGEXP运算符用来匹配字符串，语法格式为：expr REGEXP 匹配条件。如果expr满足匹配条件，就返回1；如果不满足，则返回0；若 expr 或匹配条件任意一个为NULL，则结果为NULL。

REGEXP运算符在进行匹配时，常用的有下面几种通配符：

（1）'^'匹配以该字符后面的字符开头的字符串。

（2）'$'匹配以该字符后面的字符结尾的字符串。

（3）'.'匹配任何一个单字符。

（4）"[...]"匹配在方括号内的任何字符。例如，"[abc]"匹配"a""b"或"c"。为了命名字符的范围，使用一个'-'。例如，"[a-z]"匹配任何字母，"[0-9]"匹配任何数字。

（5）'*'匹配零个或多个在它前面的字符。例如，"x*"匹配任何数量的'x'字符，"[0-9]*"匹配任何数量的数字，而"*"匹配任何数量的任何字符。

【例5.43】使用运算符REGEXP进行字符串匹配运算，SQL语句如下：

```
mysql> SELECT 'ssky' REGEXP '^s', 'ssky' REGEXP 'y$', 'ssky' REGEXP '.sky', 'ssky'
REGEXP '[ab]';
+--------------------+--------------------+----------------------+------------------+
| 'ssky' REGEXP '^s' | 'ssky' REGEXP 'y$' | 'ssky' REGEXP '.sky' | 'ssky' REGEXP
'[ab]' |
+--------------------+--------------------+----------------------+------------------+
|                  1 |                  1 |                    1 |                0 |
+--------------------+--------------------+----------------------+------------------+
1 row in set (0.01 sec)
```

由结果可以看到，指定匹配字符串为"ssky"。"^s"表示匹配任何以字母's'开头的字符串，因此满足匹配条件，返回1；"y$"表示任何以字母"y"结尾的字符串，因此满足匹配条件，返回1；".sky"匹配任何以"sky"结尾、字符长度为4的字符串，满足匹配条件，返回1；"[ab]"匹配任何包含字母'a'或者'b'的字符串，指定字符串中没有字母'a'也没有字母'b'，因此不满足匹配条件，返回0。

> 正则表达式是一个可以进行复杂查询的强大工具，相对于LIKE字符串匹配，它可以使用更多的通配符类型，查询结果更加灵活。读者可以参考相关的书籍或资料，详细学习正则表达式的写法，在这里就不再详细介绍了。后面章节中会介绍到如何使用正则表达式查询表中的记录。

5.3.4　逻辑运算符

在 SQL 中，所有逻辑运算符的求值所得结果均为 true、false 或 NULL。在 MySQL 中，它们表现为 1（true）、0（false）和 NULL。其大多数都与不同的数据库 SQL 通用，MySQL 中的逻辑运算符如表 5.12 所示。

表 5.12　MySQL 中的逻辑运算符

运算符	作用	运算符	作用
NOT 或者 !	逻辑非	OR 或者 ‖	逻辑或
AND 或者 &&	逻辑与	XOR	逻辑异或

接下来，分别讨论不同的逻辑运算符的使用方法。

1. NOT 或者 !

逻辑非运算符 NOT 或者 ! 表示当操作数为 0 时，所得值为 1；当操作数为非零值时，所得值为 0；当操作数为 NULL 时，所得值为 NULL。

【例 5.44】分别使用非运算符"NOT"和"!"进行逻辑判断，SQL 语句如下：

```
mysql> SELECT NOT 10, NOT (1-1), NOT -5, NOT NULL, NOT 1 + 1;
+--------+-----------+--------+----------+-----------+
| NOT 10 | NOT (1-1) | NOT -5 | NOT NULL | NOT 1 + 1 |
+--------+-----------+--------+----------+-----------+
|      0 |         1 |      0 |     NULL |         0 |
+--------+-----------+--------+----------+-----------+
1 row in set (0.00 sec)
mysql> SELECT !10, !(1-1), !-5, ! NULL, ! 1 + 1;
+------+--------+------+--------+---------+
| ! 10 | ! (1-1)| ! -5 | ! NULL | ! 1 + 1 |
+------+--------+------+--------+---------+
|    0 |      1 |    0 |   NULL |       1 |
+------+--------+------+--------+---------+
1 row in set (0.02 sec)
mysql> SELECT ! 1+1;
```

由结果可以看到，前 4 列"NOT"和"!"的返回值都相同。注意最后 1 列，为什么会出现不同的值呢？这是因为"NOT"与"!"的优先级不同。"NOT"的优先级低于"+"，因此"NOT 1+1"相当于"NOT(1+1)"，先计算"1+1"，然后进行 NOT 运算，因为操作数不为 0，NOT 1 + 1 的结果是 0；由于"!"的优先级别要高于"+"运算，因此"! 1+1"相当于"(!1)+1"，先计算"!1"结果为 0，再加 1，最后结果为 1。

 在使用运算符运算时，一定要注意不同运算符的优先级不同，如果不能确定计算顺序，最好使用括号，以保证运算结果正确。

2. AND 或者 &&

逻辑与运算符 AND 或者&&表示当所有操作数均为非零值并且不为 NULL 时，计算所得结果为 1；当一个或多个操作数为 0 时，所得结果为 0；其余情况返回值为 NULL。

【例 5.45】分别使用与运算符 "AND" 和 "&&" 进行逻辑判断，SQL 语句如下：

```
mysql> SELECT  1 AND -1,1 AND 0,1 AND NULL, 0 AND NULL;
+----------+----------+-----------------+-----------------+
| 1 AND -1 | 1 AND 0 | 1 AND NULL | 0 AND NULL |
+----------+----------+-----------------+-----------------+
|        1 |        0 |       NULL |          0 |
+----------+----------+-----------------+-----------------+
1 row in set (0.00 sec)

mysql> SELECT  1 && -1,1 && 0,1 && NULL, 0 && NULL;
+---------+---------+---------------+---------------+
| 1 && -1 | 1 && 0 | 1 && NULL | 0 && NULL |
+---------+---------+---------------+---------------+
|       1 |       0 |      NULL |         0 |
+---------+---------+---------------+---------------+
1 row in set (0.00 sec)
```

由结果可以看到，"AND" 和 "&&" 的作用相同。"1 AND -1" 中没有 0 或者 NULL，因此结果为 1；"1 AND 0" 中有操作数 0，因此结果为 0；"1 AND NULL" 中虽然有 NULL，但是没有操作数 0，返回结果为 NULL。

> "AND" 运算符可以有多个操作数，但要注意：多个操作数运算时，AND 两边一定要使用空格隔开，不然会影响结果的正确性。

3. OR 或者 ||

逻辑或运算符OR或者||表示当两个操作数均为非NULL值且任意一个操作数为非零值时，结果为 1，否则结果为 0；当有一个操作数为 NULL，且另一个操作数为非零值时，则结果为 1，否则结果为 NULL；当两个操作数均为 NULL 时，则所得结果为 NULL。

【例 5.46】分别使用或运算符 "OR" 和 "||" 进行逻辑判断，SQL 语句如下：

```
mysql> SELECT  1 OR -1 OR 0, 1 OR 2,1 OR NULL, 0 OR NULL, NULL OR NULL;
+----------+---------+---------------+---------------+---------------+
| 1 OR -1 OR 0 | 1 OR 2 | 1 OR NULL | 0 OR NULL | NULL OR NULL|
+----------+---------+---------------+---------------+---------------+
|        1 |       1 |       1 |      NULL |        NULL |
```

```
+-----------+---------+-------------+-------------+-------------+
1 row in set (0.00 sec)

mysql> SELECT 1 || -1 || 0, 1 || 2,1 || NULL, 0 || NULL, NULL || NULL;
+---------+----------+----------------+---------------+---------------+
| 1 || -1 || 0 |   1 || 2 | 1 || NULL | 0 || NULL | NULL || NULL|
+---------+----------+----------------+---------------+---------------+
|       1 |       1 |          1 |        NULL |       NULL|
+---------+---------+-------------+---------------+---------------
--+
1 row in set (0.00 sec)
```

由结果可以看到，"OR"和"||"的作用相同。"1 OR -1 OR 0"中既有 0，同时又包含有非 0 的值 1 和-1，返回结果为 1；"1 OR 2"中没有操作数 0，返回结果为 1；"1 OR NULL"中虽然有 NULL，但是有操作数 1，返回结果为 1；"0 OR NULL"中没有非 0 值，并且有 NULL，返回结果为 NULL；"NULL OR NULL"中只有 NULL，返回结果为 NULL。

4. XOR

逻辑异或运算符 XOR。当任意一个操作数为 NULL 时，返回值为 NULL；对于非 NULL 的操作数，如果两个操作数都是非 0 值或者都是 0 值，则返回结果为 0；如果一个为 0 值，另一个为非 0 值，返回结果为 1。

【例 5.47】使用异或运算符"XOR"进行逻辑判断，SQL 语句如下：

```
SELECT 1 XOR 1, 0 XOR 0, 1 XOR 0, 1 XOR NULL, 1 XOR 1 XOR 1;
```

执行上面的语句，结果如下：

```
mysql> SELECT 1 XOR 1, 0 XOR 0, 1 XOR 0, 1 XOR NULL, 1 XOR 1 XOR 1;
+-------+----------+----------+---------------+----------------+
| 1 XOR 1 | 0 XOR 0 | 1 XOR 0 | 1 XOR NULL | 1 XOR 1 XOR 1 |
+-------+----------+----------+---------------+----------------+
|     0 |       0 |       1 |        NULL |            1 |
+-------+----------+----------+---------------+----------------+
1 row in set (0.00 sec)
```

由结果可以看到，"1 XOR 1"和"0 XOR 0"中运算符两边的操作数都为非零值，或者都是零值，因此返回 0；"1 XOR 0"中两边的操作数一个为 0 值、另一个为非 0 值，返回结果为 1；"1 XOR NULL"中有一个操作数为 NULL，返回结果为 NULL；"1 XOR 1 XOR 1"中有多个操作数，运算符相同，因此运算顺序从左到右依次计算，"1 XOR 1"的结果为 0，再与 1 进行异或运算，因此结果为 1。

 a XOR b 的计算等同于(a AND (NOT b))或者 ((NOT a)AND b)。

5.3.5 位运算符

位运算符用来对二进制字节中的位进行测试、移位或者测试处理。MySQL 中提供的位运算符有按位或（|）、按位与（&）、按位异或（^）、按位左移（<<）、按位右移（>>）、按位取反（~），如表 5.13 所示。

表 5.13　MySQL 中的位运算符

运算符	作用	运算符	作用
|	位或	<<	位左移
&	位与	>>	位右移
^	位异或	~	位取反，反转所有位

接下来，分别讨论不同的位运算符的使用方法。

1. 位或运算符（|）

位或运算的实质是将参与运算的几个数据按对应的二进制数逐位进行逻辑或运算。对应的二进制位有一个或两个为 1 则该位的运算结果为 1，否则为 0。

【例 5.48】使用位或运算符进行运算，SQL 语句如下：

```
mysql> SELECT 10 | 15, 9 | 4 | 2;
+---------+-----------+
| 10 | 15 | 9 | 4 | 2 |
+---------+-----------+
|      15 |        15 |
+---------+-----------+
1 row in set (0.00 sec)
```

10 的二进制数值为 1010，15 的二进制数值为 1111，按位或运算之后，结果为 1111，即整数 15；9 的二进制数值为 1001，4 的二进制数值为 0100，2 的二进制数值为 0010，按位或运算之后，结果为 1111，也是整数 15。其结果为一个 64 位无符号整数。

2. 位与运算符（&）

位与运算的实质是将参与运算的几个操作数，按对应的二进制数逐位进行逻辑与运算。对应的二进制位都为 1，则该位的运算结果为 1，否则为 0。

【例 5.49】使用位与运算符进行运算，SQL 语句如下：

```
mysql> SELECT 10 & 15, 9 &4& 2;
+---------+---------------+
| 10& 15  | 9 & 4 & 2     |
+---------+---------------+
|      10 |             0 |
+---------+---------------+
1 row in set (0.00 sec)
```

10 的二进制数值为 1010，15 的二进制数值为 1111，按位与运算之后，结果为 1010，即整数 10；9 的二进制数值为 1001，4 的二进制数值为 0100，2 的二进制数值为 0010，按位与运算之后，结果为 0000，即整数 0。其结果为一个 64 位无符号整数。

3. 位异或运算符（^）

位异或运算的实质是将参与运算的两个数据，按对应的二进制数逐位进行逻辑异或运算。对应位的二进制数不同时，对应位的结果才为 1。如果两个对应位数都为 0 或者都为 1，则对应位的结果为 0。

【例 5.50】使用位异或运算符进行运算，SQL 语句如下：

```
mysql> SELECT 10 ^ 15, 1 ^0, 1 ^ 1;
+----------+---------------+--------+
| 10^ 15 |     1 ^0 | 1 ^ 1|
+----------+---------------+--------+
|     5 |      1 |    0|
+----------+---------------+--------+
1 row in set (0.00 sec)
```

10 的二进制数值为 1010，15 的二进制数值为 1111，按位异或运算之后，结果为 0101，即整数 5；1 的二进制数值为 0001，0 的二进制数值为 0000，按位异或运算之后，结果为 0001；1 和 1 本身二进制位完全相同，因此结果为 0。

4. 位左移运算符（<<）

位左移运算符<<使指定的二进制值的所有位都左移指定的位数。左移指定位数之后，左边高位的数值将被移出并丢弃，右边低位空出的位置用 0 补齐。语法格式为：expr<<n。这里 n 指定值 expr 要移位的位数。

【例 5.51】使用位左移运算符进行运算，SQL 语句如下：

```
mysql> SELECT 1<<2, 4<<2;
+------+-------+
| 1<<2 | 4<<2 |
+------+-------+
|    4 |   16 |
+------+-------+
```

1 的二进制值为 0000 0001，左移两位之后变成 0000 0100，即十进制整数 4；十进制 4 左移两位之后变成 0001 0000，即变成十进制的 16。

5. 位右移运算符（>>）

位右移运算符>>使指定的二进制值的所有位都右移指定的位数。右移指定位数之后，右边低位的数值将被移出并丢弃，左边高位空出的位置用 0 补齐。语法格式为：expr>>n。这里 n 指定值 expr 要移位的位数。

【例 5.52】使用位右移运算符进行运算，SQL 语句如下：

```
mysql> SELECT 1>>1, 16>>2;
+------+-------+
| 1>>1 | 16>>2 |
+------+-------+
|    0 |     4 |
+------+-------+
```

1 的二进制值为 0000 0001，右移 1 位之后变成 0000 0000，即十进制整数 0；16 的二进制值为 0001 0000 右移两位之后变成 0000 0100，即变成十进制的 4。

6. 位取反运算符（~）

位取反运算的实质是将参与运算的数据，按对应的二进制数逐位反转，即 1 取反后变 0，0 取反后变为 1。

【例 5.53】使用位取反运算符进行运算，SQL 语句如下：

```
mysql> SELECT 5 & ~1;
+--------+
| 5 & ~1 |
+--------+
|      4 |
+--------+
1 row in set (0.00 sec)
```

逻辑运算 5&~1 中，由于位取反运算符 '~' 的级别高于位与运算符 '&'，因此先对 1 进行取反操作，取反之后，除了最低位为 0 其他位都为 1，然后再与十进制数值 5 进行与运算，结果为 0100，即整数 4。

 MySQL 经过位运算之后的数值是一个 64 位的无符号整数，1 的二进制数值表示为最右边位为 1，其他位均为 0，取反操作之后，除了最低位，其他位均变为 1。

可以使用 BIN() 函数查看 1 取反之后的结果，SQL 语句如下：

```
mysql> SELECT BIN(~1);
+--------------------------------------------------------------------+
| BIN(~1)                                                            |
+--------------------------------------------------------------------+
```

```
| 1111111111111111111111111111111111111111111111111111111111111110 |
+----------------------------------------------------------------------+
1 row in set (0.00 sec)
```

这样，读者就可以明白【例 5.53】是如何计算的了。

5.3.6　运算符的优先级

运算符的优先级决定了不同的运算符在表达式中计算的先后顺序，表 5.14 列出了 MySQL 中的各类运算符及其优先级。

表 5.14　运算符按优先级由低到高排列

优先级	运算符
最低	=（赋值运算），:=
	||，OR
	XOR
	&&，AND
	NOT
	BETWEEN，CASE，WHEN，THEN，ELSE
	=（比较运算），<=>, >=, >, <=, <, <>, != , IS, LIKE, REGEXP, IN
	|
	&
	<<, >>
	-, +
	*, /(DIV), %(MOD)
	^
	-（负号），~（位反转）
最高	!

可以看到，不同运算符的优先级是不同的。一般情况下，级别高的运算符先进行计算，如果级别相同，MySQL 按表达式的顺序从左到右依次计算。当然，在无法确定优先级的情况下，可以使用圆括号（）来改变优先级，并且这样会使计算过程更加清晰。

5.4　实战演练——运算符的使用

本章首先介绍了 MySQL 中各种数据类型的特点和使用方法，以及如何选择合适的数据类型；接着详细介绍了 MySQL 中各类常见的运算符号的使用，学习了如何使用这些运算符对不同的数据进行运算，包括算术运算、比较运算、逻辑运算等，以及不同运算符的优先级别。在本章的实战演练中，读者将执行各种常见的运算操作。

1. 案例目的

创建数据表，并对表中的数据进行运算操作，掌握各种运算符的使用方法。

创建表 tmp15，其中包含 VARCHAR 类型的字段 note 和 INT 类型的字段 price，使用运算符对表 tmp15 中不同的字段进行运算；使用逻辑操作符对数据进行逻辑操作；使用位操作符对数据进行位操作。

本案例使用数据表 tmp15。首先创建该表，SQL 语句如下：

```
CREATE TABLE tmp15 (note VARCHAR(100), price INT);
```

向表中插入一条记录，note 值为"Thisisgood"，price 值为 50，SQL 语句如下：

```
INSERT INTO tmp15 VALUES(" Thisisgood" , 50);
```

2. 案例操作过程

步骤 01 对表 tmp15 中的整型数值字段 price 进行算术运算，执行过程如下：

```
mysql> SELECT price, price + 10, price -10, price * 2, price /2, price%3 FROM
tmp15 ;
+--------+------------+-----------+-----------+----------+---------+
| price  | price + 10 | price -10 | price * 2 | price /2 | price%3 |
+--------+------------+-----------+-----------+----------+---------+
|   50   |     60     |    40     |    100    | 25.0000  |    2    |
+--------+------------+-----------+-----------+----------+---------+
```

步骤 02 对表 tmp15 中的整型数值字段 price 进行比较运算，执行过程如下：

```
mysql> SELECT price, price> 10, price<10, price != 10, price =10, price <=>10,price
<>10 FROM tmp15 ;
+--------+-----------+----------+-------------+-----------+-------------+---------------+
| price  | price> 10 | price<10 | price != 10 | price =10 | price <=>10 | price <>10 |
+--------+-----------+----------+-------------+-----------+-------------+---------------+
|   50   |     1     |    0     |      1      |     0     |      0      |      1      |
+--------+-----------+----------+-------------+-----------+-------------+---------------+
```

步骤 03 判断 price 值是否落在 30~80 区间；返回与 70、30 相比最大的值，判断 price 是否为 IN 列表（10, 20, 50, 35）中的某个值，执行过程如下：

```
mysql> SELECT price, price BETWEEN 30 AND 80, GREATEST(price, 70,30), price IN
(10, 20, 50,35) FROM tmp15 ;
+--------+-----------------------+------------------------+--------------------+
| price  | price BETWEEN 30 AND 80 | GREATEST(price, 70,30) | price IN (10, 20,
50,35) |
+--------+-----------------------+------------------------+--------------------+
|     50 |                     1 |                     70 |                  1 |
+--------+-----------------------+------------------------+--------------------+
```

步骤 04 对 tmp15 中的字符串数值字段 note 进行比较运算，判断表 tmp15 中 note 字段是否为空；使用 LIKE 判断是否以字母 't' 开头；使用 REGEXP 判断是否以字母 'y' 结尾；判断是否包含字母 'g' 或者 'm'，执行过程如下：

```
mysql> SELECT note, note IS NULL, note LIKE 't%', note REGEXP '$y' ,note REGEXP
'[gm]' FROM tmp15 ;
+-------------+--------------+---------------+-----------------+------------------+
| note        | note IS NULL | note LIKE 't%' | note REGEXP '$y' | note REGEXP '[gm]'
|
+-------------+--------------+---------------+-----------------+------------------+
| Thisisgood  |            0 |             1 |               0 |                1 |
+-------------+--------------+---------------+-----------------+------------------+
```

步骤 05 将 price 字段值与 NULL、0 进行逻辑运算，执行过程如下：

```
mysql> SELECT price, price && 1, price && NULL, price||0, price AND 0, 0 AND
NULL, price OR NULL FROM tmp15 ;
+--------+-----------+-----------+----------+----------+-------+-----------+
| price  | price && 1 | price && NULL | price||0 | price AND 0 | 0 AND NULL |
price OR NULL |
+--------+-----------+-----------+----------+----------+-------+-----------+
|     50 |         1 |        NULL |        1 |         0 |         0 |         1 |
+--------+-----------+-----------+----------+----------+-------+-----------+
1 row in set (0.00 sec)

mysql>  SELECT price,!price,NOT NULL,price XOR 3, 0 XOR NULL, price XOR 0 FROM
tmp15 ;
+--------+--------+----------+-----------+----------+---------------+
| price  | !price | NOT NULL | price XOR 3 | 0 XOR NULL | price XOR 0 |
+--------+--------+----------+-----------+----------+---------------+
|     50 |      0 |     NULL |         0 |     NULL |           1 |
+--------+--------+----------+-----------+----------+---------------+
1 row in set (0.00 sec)
```

步骤 06 将 price 字段值与 2、4 进行按位与、按位或操作，并对 price 进行按位操作，执行过程如下：

```
mysql> SELECT price, price&2 , price|4, ~price FROM tmp15 ;
+--------+---------+---------+----------------------------+
| price  | price&2 | price|4 | ~price                     |
+--------+---------+---------+----------------------------+
|     50 |       2 |      54 | 18446744073709551565       |
+--------+---------+---------+----------------------------+
```

步骤 07 将 price 字段值分别左移和右移两位，执行过程如下：

```
mysql> SELECT price, price<<2, price>>2  FROM tmp15 ;
+--------+----------+---------+
| price  | price <<2 | price>>2 |
+--------+----------+---------+
|     50 |      200 |      12 |
+--------+----------+---------+
```

5.5 疑难解惑

疑问 1：在 MySQL 中如何使用特殊字符？

诸如单引号（'）、双引号（"）、反斜线（\）等符号，这些符号在 MySQL 中不能直接输入使用，否则会产生意料之外的结果。在 MySQL 中，这些特殊字符称为转义字符，在输入时需要以反斜线符号（'\'）开头，所以在使用单引号和双引号时应分别输入（\'）或者（\"），输入反斜线时应该输入（\\），其他特殊字符还有回车符（\r）、换行符（\n）、制表符（\tab）、退格符（\b）等。在向数据库中插入这些特殊字符时，一定要进行转义处理。

疑问 2：在 MySQL 中可以存储文件吗？

MySQL 中的 BLOB 和 TEXT 字段类型可以存储数据量较大的文件，可以使用这些数据类型存储图像、声音或者大容量的文本内容，例如网页或者文档。虽然使用 BLOB 或者 TEXT 可以存储大容量的数据，但是对这些字段的处理会降低数据库的性能。如果并非必要，可以选择只储存文件的路径。

疑问 3：在 MySQL 中如何执行区分大小写的字符串比较？

在 Windows 平台下，MySQL 是不区分大小的，因此字符串比较函数也不区分大小写。如果想执行区分大小写的比较，可以在字符串前面添加 BINARY 关键字。例如，默认情况下，

'a'＝'A'返回结果为 1；如果使用 BINARY 关键字，BINARY 'a'＝'A'结果为 0，因为在区分大小写的情况下'a'与'A'并不相同。

5.6 上机练练手

（1）MySQL 中的小数如何表示，不同表示方法之间有什么区别？

（2）BLOB 和 TEXT 分别适合于存储什么类型的数据？

（3）说明 ENUM 和 SET 类型的区别以及在什么情况下使用。

（4）在 MySQL 中执行算术运算：(9-7)*4，8+15/3，17DIV2，39%12。

（5）在 MySQL 中执行比较运算：36>27，15>=8， 40<50，15<=15，NULL<=>NULL，NULL<=>1，5<=>5。

（6）在 MySQL 中执行逻辑运算：4&&8，-2||NULL，NULL XOR 0，0 XOR 1，!2。

（7）在 MySQL 中执行位运算：13&17，20|8，14^20，~16。

第 6 章

◀MySQL函数▶

MySQL 提供了众多功能强大、方便易用的函数。使用这些函数，可以极大地提高用户对数据库的管理效率。MySQL 中的函数包括数学函数、字符串函数、日期和时间函数、条件判断函数、系统信息函数和加密函数等。本章将介绍 MySQL 中这些函数的功能和用法。

本章学习技能

- 了解什么是 MySQL 的函数
- 掌握各种数学函数的用法
- 掌握各种字符串函数的用法
- 掌握时间和日期函数的用法
- 掌握条件函数的用法
- 掌握系统信息函数的用法
- 掌握加密函数的用法
- 掌握其他特殊函数的用法
- 熟练掌握实战演练中函数的操作方法和技巧

6.1 MySQL 函数简介

函数表示对输入参数值返回一个具有特定关系的值，MySQL 提供了大量丰富的函数，在进行数据库管理以及数据的查询和操作时将会经常用到各种函数。通过对数据的处理，数据库功能可以变得更加强大，以满足不同用户的需求。各类函数从功能方面主要分为数学函数、字符串函数、日期和时间函数、条件判断函数、系统信息函数和加密函数等。本章将分类介绍不同函数的使用方法。

6.2 数学函数

数学函数主要用来处理数值数据，主要的数学函数有绝对值函数、三角函数（包括正弦函数、余弦函数、正切函数、余切函数等）、对数函数、随机数函数等。在有错误产生时，数学函数将会返回空值 NULL。本节将介绍各种数学函数的功能和用法。

6.2.1 绝对值函数 ABS(x)和返回圆周率的函数 PI()

1. ABS(X)

ABS(X)返回 X 的绝对值。

【例 6.1】求 2、-3.3 和-33 的绝对值，输入语句如下：

```
mysql>SELECT ABS(2), ABS(-3.3), ABS(-33);
+---------+-----------+-----------+
| ABS(2)  | ABS(-3.3) | ABS(-33)  |
+---------+-----------+-----------+
|      2  |       3.3 |       33  |
+---------+-----------+-----------+
```

正数的绝对值为其本身，2 的绝对值为 2；负数的绝对值为其相反数，-3.3 的绝对值为 3.3，-33 的绝对值为 33。

2. PI()

PI()返回圆周率 π 的值。默认的显示小数位数是 6 位。

【例 6.2】返回圆周率值，输入语句如下：

```
mysql> SELECT pi();
+-----------+
| pi()      |
+-----------+
| 3.141593  |
+-----------+
```

返回结果保留了 7 位有效数字。

6.2.2 平方根函数 SQRT(x)和求余函数 MOD(x,y)

1. SQRT(X)

SQRT(x)返回非负数 x 的二次方根。

【例 6.3】求 9、40 和-49 的二次平方根，输入语句如下：

```
mysql> SELECT SQRT(9), SQRT(40), SQRT(-49);
+---------+------------------------+-----------+
| SQRT(9) | SQRT(40)               | SQRT(-49) |
+---------+------------------------+-----------+
|       3 | 6.324555320336759      |      NULL |
+---------+------------------------+-----------+
```

3 的平方等于 9，因此 9 的二次平方根为 3；40 的二次平方根为 6.324555320336759；负数没有平方根，因此-49 返回的结果为 NULL。

2. MOD(x,y)

MOD(x,y)返回 x 被 y 除后的余数，MOD() 对于带有小数部分的数值也起作用，返回除法运算后的精确余数。

【例 6.4】对 MOD(31,8)、MOD(234, 10)、MOD(45.5,6)进行求余运算，输入语句如下：

```
mysql> SELECT MOD(31,8),MOD(234, 10),MOD(45.5,6);
+-----------+--------------+-------------+
| MOD(31,8) | MOD(234, 10) | MOD(45.5,6) |
+-----------+--------------+-------------+
|         7 |            4 |         3.5 |
+-----------+--------------+-------------+
```

6.2.3 获取整数的函数 CEIL(x)、CEILING(x)和 FLOOR(x)

1. CEIL(x)和 CEILING(x)

CEIL(x)和 CEILING(x)的意义相同，返回不小于 x 的最小整数值，返回值转化为一个 BIGINT。

【例 6.5】使用 CEILING 函数返回最小整数，输入语句如下：

```
mysql> SELECT  CEIL(-3.35),CEILING(3.35);
+-------------+---------------+
| CEIL(-3.35) | CEILING(3.35) |
+-------------+---------------+
|          -3 |             4 |
+-------------+---------------+
```

-3.35 为负数，不小于-3.35 的最小整数为-3，因此返回值为-3；不小于 3.35 的最小整数为 4，因此返回值为 4。

2. FLOOR(x)

FLOOR(x)返回不大于 x 的最大整数值，返回值转化为一个 BIGINT。

【例 6.6】使用 FLOOR 函数返回最大整数，输入语句如下：

```
mysql> SELECT FLOOR(-3.35), FLOOR(3.35);
+--------------+-------------+
| FLOOR(-3.35) | FLOOR(3.35) |
+--------------+-------------+
|           -4 |           3 |
+--------------+-------------+
```

-3.35 为负数，不大于-3.35 的最大整数为-4，因此返回值为-4；不大于 3.35 的最大整数为 3，因此返回值为 3。

6.2.4 获取随机数的函数 RAND()和 RAND(x)

RAND(x)返回一个随机浮点值 v，范围在 0 到 1 之间(0 ≤ v ≤ 1.0)。若已指定一个整数参数 x，则它被用作种子值，用来产生重复序列。

【例 6.7】使用 RAND()函数产生随机数，输入语句如下：

```
mysql> SELECT RAND(),RAND(),RAND();
+--------------------+---------------------+---------------------+
| RAND()             | RAND()              | RAND()              |
+--------------------+---------------------+---------------------+
| 0.12754744582581096 | 0.15585151236117958 | 0.39661525506211004 |
+--------------------+---------------------+---------------------+
```

可以看到，不带参数的 RAND()每次产生的随机数值是不同的。

【例 6.8】使用 RAND(x)函数产生随机数，输入语句如下：

```
mysql> SELECT RAND(10),RAND(10),RAND(11);
+-------------------+-------------------+------------------+
| RAND(10)          | RAND(10)          | RAND(11)         |
+-------------------+-------------------+------------------+
| 0.6570515219653505 | 0.6570515219653505 | 0.907234631392392 |
+-------------------+-------------------+------------------+
```

可以看到，当 RAND(x)的参数相同时，将产生相同的随机数，不同的 x 产生的随机数值不同。

6.2.5 函数 ROUND(x)、ROUND(x,y)和 TRUNCATE(x,y)

1. ROUND(x)

ROUND(x)返回最接近于参数 x 的整数，对 x 值进行四舍五入。

【例 6.9】使用 ROUND(x)函数对操作数进行四舍五入操作，输入语句如下：

```
mysql> SELECT ROUND(-1.14),ROUND(-1.67), ROUND(1.14),ROUND(1.66);
+-------------+-------------+------------+------------+
| ROUND(-1.14) | ROUND(-1.67) | ROUND(1.14) | ROUND(1.66) |
+-------------+-------------+------------+------------+
|          -1 |          -2 |           1 |           2 |
+-------------+-------------+------------+------------+
```

可以看到，四舍五入处理之后，只保留了各个值的整数部分。

2. ROUND(x,y)

ROUND(x,y)返回最接近于参数 x 的数，其值保留到小数点后面 y 位，若 y 为负值，则将保留 x 值到小数点左边 y 位。

【例 6.10】使用 ROUND(x,y)函数对操作数进行四舍五入操作，结果保留小数点后面指定 y 位，输入语句如下：

```
mysql> SELECT ROUND(1.38, 1), ROUND(1.38, 0), ROUND(232.38, -1),
ROUND(232.38,-2);
+-------------+-------------+------------------+----------------+
| ROUND(1.38, 1) | ROUND(1.38, 0) | ROUND(232.38, -1) | round(232.38,-2) |
+-------------+-------------+------------------+----------------+
|          1.4 |           1 |              230 |            200 |
+-------------+-------------+------------------+----------------+
```

ROUND(1.38, 1)保留小数点后面 1 位，四舍五入的结果为 1.4；ROUND(1.38, 0) 保留小数点后面 0 位，即返回四舍五入后的整数值； ROUND(232.38, -1)和 ROUND (232.38,-2)分别保留小数点左边 1 位和 2 位。

 y 值为负数时，保留的小数点左边的相应位数直接保存为 0，不进行四舍五入。

3. TRUNCATE(x,y)

TRUNCATE(x,y)返回被舍去至小数点后 y 位的数字 x。若 y 的值为 0，则结果不带有小数点或不带有小数部分。若 y 设为负数，则截去（归零）x 小数点左起第 y 位开始后面所有低位的值。

【例 6.11】使用 TRUNCATE(x,y)函数对操作数进行截取操作，结果保留小数点后面指定 y 位，输入语句如下：

```
mysql> SELECT TRUNCATE(1.31,1), TRUNCATE(1.99,1), TRUNCATE(1.99,0),
TRUNCATE(19.99,-1);
+------------+---------------+--------------+-------------------+
| TRUNCATE(1.31,1) | TRUNCATE(1.99,1) | TRUNCATE(1.99,0) | TRUNCATE(19.99,-1)
|
+------------+---------------+--------------+-------------------+
```

```
|            1.3 |            1.9 |            1 |           10 |
+---------------+---------------+-------------+--------------+
```

TRUNCATE(1.31,1)和 TRUNCATE(1.99,1)都保留小数点后 1 位数字，返回值分别为 1.3 和 1.9；TRUNCATE(1.99,0)返回整数部分值 1；TRUNCATE(19.99,-1)截去小数点左边第 1 位后面的值，并将整数部分的 1 位数字置 0，结果为 10。

 ROUND(x,y)函数在截取值的时候会四舍五入，而 TRUNCATE (x,y)直接截取值，并不进行四舍五入。

6.2.6 符号函数 SIGN(x)

SIGN(x)返回参数的符号，x 的值为负、零或正时返回结果依次为-1、0 或 1。

【例 6.12】使用 SIGN 函数返回参数的符号，输入语句如下：

```
mysql> SELECT SIGN(-21),SIGN(0), SIGN(21);
+-----------+---------+----------+
| SIGN(-21) | SIGN(0) | SIGN(21) |
+-----------+---------+----------+
|        -1 |       0 |        1 |
+-----------+---------+----------+
```

SIGN(-21)返回-1；SIGN(0)返回 0；SIGN(21)返回 1。

6.2.7 幂运算函数 POW(x,y)、POWER(x,y)和 EXP(x)

1. POW(x,y)和 POWER(x,y)

POW(x,y)或者 POWER(x,y)函数返回 x 的 y 次乘方结果值。

【例 6.13】使用 POW 和 POWER 函数进行乘方运算，输入语句如下：

```
mysql> SELECT POW(2,2), POWER(2,2),POW(2,-2), POWER(2,-2);
+----------+------------+-----------+-------------+
| POW(2,2) | POWER(2,2) | POW(2,-2) | POWER(2,-2) |
+----------+------------+-----------+-------------+
|        4 |          4 |      0.25 |        0.25 |
+----------+------------+-----------+-------------+
```

可以看到，POW 和 POWER 的结果是相同的，POW(2,2)和 POWER(2,2)返回 2 的 2 次方，结果都是 4；POW(2,-2)和 POWER(2,-2)都返回 2 的-2 次方，结果为 4 的倒数，即 0.25。

2. EXP(x)

EXP(x)返回 e 的 x 次乘方后的值。

【例 6.14】使用 EXP 函数计算 e 的乘方，输入语句如下：

```
mysql> SELECT EXP(3),EXP(-3),EXP(0);
+--------------------+----------------------+---------+
| EXP(3)             | EXP(-3)              | EXP(0) |
+--------------------+----------------------+---------+
| 20.085536923187668 | 0.049787068367863944 |      1 |
+--------------------+----------------------+---------+
```

EXP(3)返回以 e 为底的 3 次方，结果为 20.085536923187668；EXP(-3)返回以 e 为底的-3 次方，结果为 0.049787068367863944；EXP(0)返回以 e 为底的 0 次方，结果为 1。

6.2.8 对数运算函数 LOG(x)和 LOG10(x)

1. LOG(x)

LOG(x)返回 x 的自然对数，x 相对于基数 e 的对数。

【例 6.15】使用 LOG(x)函数计算自然对数，输入语句如下：

```
mysql> SELECT LOG(3), LOG(-3);
+--------------------+---------+
| LOG(3)             | LOG(-3) |
+--------------------+---------+
| 1.0986122886681098 | NULL    |
+--------------------+---------+
```

对数定义域不能为负数，因此 LOG(-3)返回结果为 NULL。

2. LOG10(x)

LOG10(x)返回 x 相对于基数 10 的对数。

【例 6.16】使用 LOG10 计算以 10 为基数的对数，输入语句如下：

```
mysql> SELECT LOG10(2), LOG10(100), LOG10(-100);
+---------------------+------------+-------------+
| LOG10(2)            | LOG10(100) | LOG10(-100) |
+---------------------+------------+-------------+
| 0.30102999566398120 |          2 | NULL        |
+---------------------+------------+-------------+
```

10 的 2 次乘方等于 100，因此 LOG10(100)返回结果为 2；LOG10(-100)定义域非负，因此返回 NULL。

6.2.9 角度与弧度相互转换的函数 RADIANS(x)和 DEGREES(x)

1. RADIANS(x)

RADIANS(x)将参数 x 由角度转化为弧度。

【例 6.17】使用 RADIANS 将角度转换为弧度，输入语句如下：

```
mysql> SELECT RADIANS(90),RADIANS(180);
+--------------------+--------------------+
| RADIANS(90)        | RADIANS(180)       |
+--------------------+--------------------+
| 1.5707963267948966 | 3.141592653589793  |
+--------------------+--------------------+
```

2. DEGREES(x)

DEGREES(x)将参数 x 由弧度转化为角度。

【例 6.18】使用 DEGREES 将弧度转换为角度，输入语句如下：

```
mysql> SELECT DEGREES(PI()), DEGREES(PI() / 2);
+--------------+-------------------+
| DEGREES(PI()) | DEGREES(PI() / 2) |
+--------------+-------------------+
|          180 |                90 |
+--------------+-------------------+
```

6.2.10　正弦函数 SIN(x)和反正弦函数 ASIN(x)

1. SIN(x)

SIN(x)返回 x 正弦值，其中 x 为弧度值。

【例 6.19】使用 SIN 函数计算正弦值，输入语句如下：

```
mysql> SELECT SIN(1), ROUND(SIN(PI()));
+-------------------+------------------+
| SIN(1)            | ROUND(SIN(PI())) |
+-------------------+------------------+
| 0.8414709848078965 |               0 |
+-------------------+------------------+
```

2. ASIN(x)

ASIN(x)返回 x 的反正弦，即正弦为 x 的值。若 x 不在-1 到 1 的范围之内，则返回 NULL。

【例 6.20】使用 ASIN 函数计算反正弦值，输入语句如下：

```
mysql> SELECT ASIN(0.8414709848078965), ASIN(3);
+--------------------------+---------+
| ASIN(0.8414709848078965) | ASIN(3) |
+--------------------------+---------+
|                        1 | NULL    |
+--------------------------+---------+
```

由结果可以看到，函数 ASIN 和 SIN 互为反函数；ASIN(3)中的参数 3 超出了正弦值的范围，因此返回 NULL。

6.2.11　余弦函数 COS(x)和反余弦函数 ACOS(x)

1. COS(x)

COS(x)返回 x 的余弦，其中 x 为弧度值。

【例 6.21】使用 COS 函数计算余弦值，输入语句如下：

```
mysql> SELECT COS(0),COS(PI()),COS(1);
+----------+-----------+---------------------+
| COS(0)   | COS(PI()) | COS(1)              |
+----------+-----------+---------------------+
|        1 |        -1 | 0.54030230586681398 |
+----------+-----------+---------------------+
```

由结果可以看到，COS(0)值为 1；COS(PI())值为-1；COS(1)值为 0.54030230586681398。

2. ACOS(x)

ACOS(x)返回 x 的反余弦，即余弦是 x 的值。若 x 不在-1~1 的范围之内，则返回 NULL。

【例 6.22】使用 ACOS 函数计算反余弦值，输入语句如下：

```
mysql> SELECT ACOS(1),ACOS(0), ROUND(ACOS(0.54030230586681398));
+-----------+--------------------+---------------------------------+
| ACOS(1)   | ACOS(0)            | ROUND(ACOS(0.54030230586681398))|
+-----------+--------------------+---------------------------------+
|         0 | 1.5707963267948966 |                               1 |
+-----------+--------------------+---------------------------------+
```

由结果可以看到，函数 ACOS 和 COS 互为反函数。

6.2.12　正切函数、反正切函数和余切函数

1. 正切函数 TAN(x)

TAN(x)返回 x 的正切，其中 x 为给定的弧度值。

【例 6.23】使用 TAN 函数计算正切值，输入语句如下：

```
mysql>  SELECT TAN(0.3), ROUND(TAN(PI()/4));
+----------------------+--------------------+
| TAN(0.3)             | ROUND(TAN(PI()/4)) |
+----------------------+--------------------+
| 0.30933624960962325  |                  1 |
+----------------------+--------------------+
```

2. 反正切函数 ATAN(x)

ATAN(x)返回 x 的反正切，即正切为 x 的值。

【例 6.24】使用 ATAN 函数计算反正切值，输入语句如下：

```
mysql> SELECT ATAN(0.30933624960962325), ATAN(1);
+---------------------------+---------------------+
| ATAN(0.30933624960962325) | ATAN(1)             |
+---------------------------+---------------------+
|                       0.3 |  0.7853981633974483 |
+---------------------------+---------------------+
```

由结果可以看到，函数 ATAN 和 TAN 互为反函数。

3. 余切函数 COT(x)

COT(x)返回 x 的余切。

【例 6.25】使用 COT()函数计算余切值，输入语句如下，

```
mysql> SELECT COT(0.3), 1/TAN(0.3),COT(PI() / 4);
+--------------------+--------------------+--------------------+
| COT(0.3)           | 1/TAN(0.3)         | COT(PI() / 4)      |
+--------------------+--------------------+--------------------+
| 3.2327281437658275 | 3.2327281437658275 | 1.0000000000000002 |
+--------------------+--------------------+--------------------+
```

由结果可以看到，函数 COT 和 TAN 互为倒函数。

6.3 字符串函数

字符串函数主要用来处理数据库中的字符串数据，MySQL 中的字符串函数有计算字符串长度函数、字符串合并函数、字符串替换函数、字符串比较函数、查找指定字符串位置函数等。本节将介绍各种字符串函数的功能和用法。

6.3.1 计算字符串字符数和字符串长度的函数

1. CHAR_LENGTH(str)

CHAR_LENGTH(str)返回值为字符串 str 所包含的字符个数。一个多字节字符算作一个单字符。

【例 6.26】使用 CHAR_LENGTH 函数计算字符串字符个数，输入语句如下：

```
mysql> SELECT CHAR_LENGTH('date'), CHAR_LENGTH('egg');
+---------------------+--------------------+
| CHAR_LENGTH('date') | CHAR_LENGTH('egg') |
+---------------------+--------------------+
|                   4 |                  3 |
+---------------------+--------------------+
```

2. LENGTH(str)

LENGTH(str)返回值为字符串的字节长度，使用 utf8（UNICODE 的一种变长字符编码，又称万国码）编码字符集时，一个汉字是 3 个字节，一个数字或字母算一个字节。

【例 6.27】使用 LENGTH 函数计算字符串长度，输入语句如下：

```
mysql> SELECT LENGTH('date'), LENGTH('egg');
+----------------+---------------+
| LENGTH('date') | LENGTH('egg') |
+----------------+---------------+
|              4 |             3 |
+----------------+---------------+
```

可以看到，计算的结果与 CHAR_LENGTH 相同，因为英文字符的个数和所占的字节相同，一个字符占一个字节。

6.3.2 合并字符串函数 CONCAT(s1,s2,…)、CONCAT_WS(x,s1,s2,…)

1. CONCAT(s1,s2,…)

CONCAT(s1,s2,…)返回结果为连接参数产生的字符串，或许有一个或多个参数。任何一个参数为 NULL，则返回值为 NULL。如果所有参数均为非二进制字符串，则结果为非二进制字符串。如果自变量中含有任一二进制字符串，则结果为一个二进制字符串。

【例 6.28】使用 CONCAT 函数连接字符串，输入语句如下：

```
mysql> SELECT CONCAT('My SQL', '5.7'),CONCAT('My',NULL, 'SQL');
+-------------------------+--------------------------+
| CONCAT('My SQL', '5.7') | CONCAT('My',NULL, 'SQL') |
+-------------------------+--------------------------+
| My SQL5.7               | NULL                     |
+-------------------------+--------------------------+
```

CONCAT('My SQL', '5.7')返回两个字符串连接后的字符串；CONCAT('My',NULL, 'SQL')中有一个参数为 NULL，因此返回结果为 NULL。

2. CONCAT_WS(x,s1,s2,…)

在 CONCAT_WS(x,s1,s2,…)中，CONCAT_WS 代表 CONCAT With Separator，是 CONCAT()的特殊形式；第一个参数 x 是其他参数的分隔符，分隔符的位置放在要连接的两个字符串之间。分隔符可以是一个字符串，也可以是其他参数。如果分隔符为 NULL，则结果为 NULL。函数会忽略任何分隔符参数后的 NULL 值。

【例 6.29】使用 CONCAT_WS 函数连接带分隔符的字符串，输入语句如下：

```
mysql> SELECT CONCAT_WS('-', '1st','2nd', '3rd'), CONCAT_WS('*', '1st', NULL,
'3rd');
+----------------------------------+----------------------------------+
| CONCAT_WS('-', '1st','2nd', '3rd') | CONCAT_WS('*', '1st', NULL, '3rd') |
+----------------------------------+----------------------------------+
| 1st-2nd-3rd                      | 1st*3rd                          |
+----------------------------------+----------------------------------+
```

CONCAT_WS('-', '1st','2nd', '3rd')使用分隔符 '-' 将 3 个字符串连接成一个字符串，结果为"1st-2nd-3rd"；CONCAT_WS('*', '1st', NULL, '3rd')使用分隔符 '*' 将两个字符串连接成一个字符串，同时忽略 NULL 值。

6.3.3 替换字符串的函数 INSERT(s1,x,len,s2)

INSERT(s1,x,len,s2)函数将字符串 s1 中 x 位置开始长度为 len 的字符串用 s2 替换。如果 x 超过字符串长度，那么返回值为原始字符串。如果 len 的长度大于其他字符串的长度，就从位置 x 开始替换。若任何一个参数为 NULL，则返回值为 NULL。

【例 6.30】使用 INSERT 函数进行字符串替代操作，输入语句如下：

```
MySQL> SELECT INSERT('Quest', 2, 4, 'What') AS col1,
> INSERT('Quest', -1, 4, 'What') AS col2,
> INSERT('Quest', 3, 100, 'Wh') AS col3;
+--------+-------+-----------+
| col1   | col2  | col3      |
+--------+-------+-----------+
| QWhat  | Quest | QuWhat    |
+--------+-------+-----------+
```

第一个函数 INSERT('Quest', 2, 4, 'What')将"Quest"第 2 个字符开始长度为 4 的字符串替换为 What，结果为"QWhat"；第二个函数 INSERT('Quest', -1, 4, 'What')中起始位置-1 超出了字符串长度，直接返回原字符；第三个函数 INSERT('Quest', 3, 100, 'What')替换长度超出了原字符串长度，则从第 3 个字符开始，截取后面所有的字符，并替换为指定字符 What，结果为"QuWhat"。

6.3.4 字母大小写转换函数

1. LOWER (str)和 LCASE (str)

LOWER (str)或者 LCASE (str)可以将字符串 str 中的字母字符全部转换成小写字母。

【例 6.31】使用 LOWER 函数或者 LCASE 函数将字符串中所有字母字符转换为小写，输入语句如下：

```
mysql> SELECT LOWER('BEAUTIFUL'), LCASE('Well');
+--------------------+---------------+
| LOWER('BEAUTIFUL') | LCASE('WelL') |
+--------------------+---------------+
| beautiful          | well          |
+--------------------+---------------+
```

由结果可以看到，原来所有字母为大写的，全部转换为小写，如"BEAUTIFUL"，转换之后为"beautiful"；大小写字母混合的字符串，小写不变，大写字母转换为小写字母，如"WelL"，转换之后为"well"。

2. UPPER(str)或者 UCASE(str)

UPPER(str)或者 UCASE(str)可以将字符串 str 中的字母字符全部转换成大写字母。

【例 6.32】使用 UPPER 函数或者 UCASE 函数将字符串中所有字母字符转换为大写，输入语句如下：

```
mysql> SELECT UPPER('black'), UCASE('BLacK');
+----------------+----------------+
| UPPER('black') | UCASE('BLacK') |
+----------------+----------------+
| BLACK          | BLACK          |
+----------------+----------------+
```

由结果可以看到，原来所有字母字符为小写的，全部转换为大写，如"black"，转换之后为"BLACK"；大小写字母混合的字符串，大写不变，小写字母转换为大写字母，如"BLacK"，转换之后为"BLACK"。

6.3.5 获取指定长度的字符串的函数 LEFT(s,n)和 RIGHT(s,n)

1. LEFT(s,n)

LEFT(s,n)返回字符串 s 开始的最左边 n 个字符。

【例 6.33】使用 LEFT 函数返回字符串中左边的字符，输入语句如下：

```
mysql> SELECT LEFT('football', 5);
```

```
+---------------------+
| LEFT('football', 5) |
+---------------------+
| footb               |
+---------------------+
```

函数返回字符串 "football" 左边开始的长度为 5 的子字符串，结果为 "footb"。

2. RIGHT(s,n)

RIGHT(s,n)返回字符串 str 最右边 n 个字符。

【例 6.34】使用 RIGHT 函数返回字符串中右边的字符，输入语句如下：

```
MySQL> SELECT RIGHT('football', 4);
+----------------------+
| RIGHT('football', 4) |
+----------------------+
| ball                 |
+----------------------+
```

函数返回字符串 "football" 右边开始的长度为 4 的子字符串，结果为 "ball"。

6.3.6 填充字符串的函数 LPAD(s1,len,s2)和 RPAD(s1,len,s2)

1. LPAD(s1,len,s2)

LPAD(s1,len,s2)返回字符串 s1，其左边由字符串 s2 填补到 len 字符长度。若 s1 的长度大于 len，则返回值被缩短至 len 字符。

【例 6.35】使用 LPAD 函数对字符串进行填充操作，输入语句如下：

```
MySQL> SELECT LPAD('hello',4,'??'), LPAD('hello',10,'??');
+---------------------+-----------------------+
| LPAD('hello',4,'??') | LPAD('hello',10,'??') |
+---------------------+-----------------------+
| hell                | ?????hello            |
+---------------------+-----------------------+
```

字符串 "hello" 长度大于 4，不需要填充，因此 LPAD('hello',4,'??')只返回被缩短的长度为 4 的子串 "hell"；字符串 "hello" 长度小于 10，LPAD('hello',10,'??')返回结果为 "?????hello"，左侧填充 '?'，长度为 10。

2. RPAD(s1,len,s2)

RPAD(s1,len,s2)返回字符串 sl，其右边被字符串 s2 填补至 len 字符长度。假如字符串 s1 的长度大于 len，则返回值被缩短到 len 字符长度。

【例 6.36】使用 RPAD 函数对字符串进行填充操作，输入语句如下：

```
mysql> SELECT RPAD('hello',4,'?'), RPAD('hello',10,'?');
+---------------------+----------------------+
| RPAD('hello',4,'?') | RPAD('hello',10,'?') |
+---------------------+----------------------+
| hell                | hello?????           |
+---------------------+----------------------+
```

字符串"hello"长度大于 4，不需要填充，因此 RPAD('hello',4,'?')只返回被缩短的长度为 4 的子串"hell"；字符串"hello"长度小于 10, RPAD('hello',10,'?')返回结果为"?????hello"，右侧填充'？'，长度为 10。

6.3.7   删除空格的函数 LTRIM(s)、RTRIM(s)和 TRIM(s)

1. LTRIM(s)

LTRIM(s)返回字符串 s，字符串左侧空格字符被删除。

【例 6.37】使用 LTRIM 函数删除字符串左边的空格，输入语句如下：

```
mysql> SELECT '( book )',CONCAT('(',LTRIM(' book '),')');
+------------+-----------------------------------+
| ( book )   | CONCAT('(',LTRIM(' book '),')')    |
+------------+-----------------------------------+
| ( book )   | (book )                           |
+------------+-----------------------------------+
```

LTRIM 只删除字符串左边的空格，而右边的空格不会被删除，" book "删除左边空格之后的结果为"book"。

2. RTRIM(s)

RTRIM(s)返回字符串 s，字符串右侧空格字符被删除。

【例 6.38】使用 RTRIM 函数删除字符串右边的空格，输入语句如下：

```
mysql> SELECT '( book )',CONCAT('(', RTRIM (' book '),')');
+------------+-----------------------------------+
| ( book )   | CONCAT('(',LTRIM(' book '),')')    |
+------------+-----------------------------------+
| ( book )   | ( book)                           |
+------------+-----------------------------------+
```

RTRIM 只删除字符串右边的空格，左边的空格不会被删除，" book "删除右边空格之后的结果为" book"。

3. TRIM(s)

TRIM(s)删除字符串 s 两侧的空格。

【例 6.39】使用 TRIM 函数删除字符串两侧的空格,使用语句如下:

```
mysql> SELECT '( book )',CONCAT('(', TRIM(' book '),')');
+-----------+-------------------------------------+
| ( book )  | CONCAT('(',TRIM(' book '),')')       |
+-----------+-------------------------------------+
| ( book )  | (book)                               |
+-----------+-------------------------------------+
```

可以看到,函数执行之后字符串" book "两边的空格都被删除,结果为"book"。

6.3.8 删除指定字符串的函数 TRIM(s1 FROM s)

TRIM(s1 FROM s)删除字符串 s 中两端所有的子字符串 s1。s1 为可选项,在未指定情况下,删除空格。

【例 6.40】使用 TRIM(s1 FROM s)函数删除字符串中两端指定的字符,输入语句如下:

```
mysql> SELECT TRIM('xy' FROM 'xyxboxyokxxyxy') ;
+------------------------------------+
| TRIM('xy' FROM 'xyxboxyokxxyxy')   |
+------------------------------------+
| xboxyokx                           |
+------------------------------------+
```

删除字符串"xyxboxyokxxyxy"两端的重复字符串"xy",而中间的"xy"并不删除,结果为"xboxyokx"。

6.3.9 重复生成字符串的函数 REPEAT(s,n)

REPEAT(s,n)返回一个由重复的字符串 s 组成的字符串,字符串 s 的数目等于 n。若 n 小于等于 0,则返回一个空字符串。若 s 或 n 为 NULL,则返回 NULL。

【例 6.41】使用 REPEAT 函数重复生成相同的字符串,输入语句如下:

```
mysql> SELECT REPEAT('mysql', 3);
+-------------------------+
| REPEAT('MySQL', 3)      |
+-------------------------+
| MySQLMySQLMySQL         |
+-------------------------+
```

REPEAT('MySQL', 3)函数返回的字符串由 3 个重复的"MySQL"字符串组成。

6.3.10　空格函数 SPACE(n)和替换函数 REPLACE(s,s1,s2)

1. SPACE(n)

SPACE(n)返回一个由 n 个空格组成的字符串。

【例 6.42】使用 SPACE 函数生成由空格组成的字符串，输入语句如下：

```
mysql> SELECT CONCAT('(', SPACE(6), ')' );
+------------------------------+
| CONCAT('(', SPACE(6), ')' ) |
+------------------------------+
| (        )                   |
+------------------------------+
```

SPACE(6)返回的字符串由 6 个空格组成。

2. REPLACE(s,s1,s2)

REPLACE(s,s1,s2)使用字符串 s2 替代字符串 s 中所有的字符串 s1。

【例 6.43】使用 REPLACE 函数进行字符串替代操作，输入语句如下：

```
mysql> SELECT REPLACE('xxx.mysql.com', 'x', 'w');
+-------------------------------------+
| REPLACE('xxx.mysql.com', 'x', 'w') |
+-------------------------------------+
| www.mysql.com                       |
+-------------------------------------+
```

REPLACE('xxx.mysql.com', 'x', 'w')将"xxx.mysql.com"字符串中的'x'字符替换为'w'字符，结果为"www.mysql.com"。

6.3.11　比较字符串大小的函数 STRCMP(s1,s2)

在 STRCMP(s1,s2)中，若所有的字符串均相同，则返回 0；根据当前分类次序，若第一个参数小于第二个，则返回-1，其他情况返回 1。

【例 6.44】使用 STRCMP 函数比较字符串大小，输入语句如下：

```
mysql> SELECT STRCMP('txt', 'txt2'),STRCMP('txt2', 'txt'), STRCMP('txt',
'txt');
+-----------------------+-----------------------+----------------------
---+
| STRCMP('txt', 'txt2') | STRCMP('txt2', 'txt') | STRCMP('txt', 'txt') |
+-----------------------+-----------------------+----------------------
---+
|                    -1 |                     1 |                    0 |
+-----------------------+-----------------------+----------------------
----+
```

"txt"小于"txt2",因此 STRCMP('txt', 'txt2')返回结果为-1,STRCMP('txt2', 'txt')返回结果为 1;"txt"与"txt"相等,因此 STRCMP('txt', 'txt')返回结果为 0。

6.3.12 获取子串的函数 SUBSTRING(s,n,len)和 MID(s,n,len)

1. SUBSTRING(s,n,len)

SUBSTRING(s,n,len)带有 len 参数的格式,从字符串 s 返回一个长度同 len 字符相同的子字符串,起始于位置 n。也可能对 n 使用一个负值,则子字符串的位置起始于字符串结尾的 n 字符,即倒数第 n 个字符,而不是字符串的开头位置。

【例 6.45】使用 SUBSTRING 函数获取指定位置处的子字符串,输入语句如下:

```
MySQL> SELECT SUBSTRING('breakfast',5) AS col1,
> SUBSTRING('breakfast',5,3) AS col2,
> SUBSTRING('lunch', -3) AS col3,
>SUBSTRING('lunch', -5, 3) AS col4;
+-------+-------+------+------+
| col1  | col2  | col3 | col4 |
+-------+-------+------+------+
| kfast | kfa   | nch  | lun  |
+-------+-------+------+------+
```

SUBSTRING('breakfast',5)返回从第 5 个位置开始到字符串结尾的子字符串,结果为"kfast";SUBSTRING('breakfast',5,3)返回从第 5 个位置开始长度为 3 的子字符串,结果为"kfa";SUBSTRING('lunch', -3)返回从结尾开始第 3 个位置到字符串结尾的子字符串,结果为"nch";SUBSTRING('lunch', -5, 3)返回从结尾开始第 5 个位置,即字符串开头起,长度为 3 的子字符串,结果为"lun"。

2. MID(s,n,len)

MID(s,n,len)与 SUBSTRING(s,n,len)的作用相同。

【例 6.46】使用 MID()函数获取指定位置处的子字符串,输入语句如下:

```
MySQL> SELECT MID('breakfast',5) as col1,
>MID('breakfast',5,3) as col2,
>MID('lunch', -3) as col3,
>MID('lunch', -5, 3) as col4;
+-------+-------+------+------+
| col1  | col2  | col3 | col4 |
+-------+-------+------+------+
| kfast | kfa   | nch  | lun  |
+-------+-------+------+------+
```

可以看到 MID 和 SUBSTRING 的结果是一样的。

 如果对 len 使用的是一个小于 1 的值，则结果始终为空字符串。

6.3.13　匹配子串开始位置的函数

LOCATE(str1,str)、POSITION(str1 IN str)和 INSTR(str, str1)三个函数作用相同，返回子字符串 str1 在字符串 str 中的开始位置。

【例 6.47】使用 LOCATE、POSITION、INSTR 函数查找字符串中指定子字符串的开始位置，输入语句如下：

```
mysql> SELECT LOCATE('ball','football'),POSITION('ball'IN 'football'),INSTR
('football', 'ball');
+-------------+--------------------+----------------------+
| LOCATE('ball','football') | POSITION('ball'IN 'football') | INSTR ('football',
'ball') |
+-------------+--------------------+----------------------+
|           5 |                  5 |                    5 |
+-------------+--------------------+----------------------+
```

子字符串"ball"在字符串"football"中从第 5 个字母位置开始，因此 3 个函数返回结果都为 5。

6.3.14　字符串逆序的函数 REVERSE(s)

REVERSE(s)将字符串 s 反转，返回的字符串的顺序和 s 字符串顺序相反。

【例 6.48】使用 REVERSE 函数反转字符串，输入语句如下：

```
mysql> SELECT REVERSE('abc');
+--------------------+
| REVERSE('abc') |
+--------------------+
| cba               |
+--------------------+
```

可以看到，字符串"abc"经过 REVERSE 函数处理之后所有字符串顺序被反转，结果为"cba"。

6.3.15　返回指定位置的字符串的函数

在 ELT(N,字符串 1,字符串 2,字符串 3,...，字符串 N)中，若 N = 1，则返回值为字符串 1；若 N=2，则返回值为字符串 2；以此类推。若 N 小于 1 或大于参数的数目，则返回值为 NULL。

【例 6.49】使用 ELT 函数返回指定位置字符串，输入语句如下：

```
mysql> SELECT ELT(3,'1st','2nd','3rd'), ELT(3,'net','os');
+--------------------------+-------------------+
| ELT(3,'1st','2nd','3rd') | ELT(3,'net','os') |
+--------------------------+-------------------+
| 3rd                      | NULL              |
+--------------------------+-------------------+
```

由结果可以看到，ELT(3,'1st','2nd','3rd')返回第 3 个位置的字符串"3rd"；指定返回字符串位置超出参数个数，返回 NULL。

6.3.16 返回指定字符串位置的函数 FIELD(s,s1,s2,…)

FIELD(s,s1,s2,…)返回字符串 s 在列表（s1,s2,…）中第一次出现的位置，在找不到 s 的情况下，返回值为 0。如果 s 为 NULL，则返回值为 0，原因是 NULL 不能同任何值进行同等比较。

【例 6.50】使用 FIELD 函数返回指定字符串第一次出现的位置，输入语句如下：

```
mysql> SELECT FIELD('Hi', 'hihi', 'Hey', 'Hi', 'bas') as col1,
    -> FIELD('Hi', 'Hey', 'Lo', 'Hilo',  'foo') as col2;
+------+------+
| col1 | col2 |
+------+------+
|    3 |    0 |
+------+------+
```

FIELD('Hi', 'hihi', 'Hey', 'Hi', 'bas')函数中字符串"Hi"出现在列表的第 3 个字符串位置，因此返回结果为 3；FIELD('Hi', 'Hey', 'Lo', 'Hilo', 'foo')列表中没有字符串"Hi"，因此返回结果为 0。

6.3.17 返回子串位置的函数 FIND_IN_SET(s1,s2)

FIND_IN_SET(s1,s2)返回字符串 s1 在字符串列表 s2 中出现的位置，字符串列表是一个由多个逗号','分开的字符串组成的列表。若 s1 不在 s2 中或 s2 为空字符串，则返回值为 0。若任意一个参数为 NULL，则返回值为 NULL。第一个参数包含一个逗号','时这个函数将无法正常运行。

【例 6.51】使用 FIND_IN_SET()函数返回子字符串在字符串列表中的位置，输入语句如下：

```
mysql> SELECT FIND_IN_SET('Hi','hihi,Hey,Hi,bas');
+-------------------------------------+
| FIND_IN_SET('Hi','hihi,Hey,Hi,bas') |
+-------------------------------------+
|                                   3 |
+-------------------------------------+
```

虽然 FIND_IN_SET()和 FIELD()两个函数格式不同，但作用类似，都可以返回指定字符串在字符串列表中的位置。

6.3.18 选取字符串的函数 MAKE_SET(x,s1,s2,…)

MAKE_SET(x,s1,s2,…)返回由 x 的二进制数指定的相应位的字符串组成的字符串，s1 对应比特 1，s2 对应比特 01，以此类推。（s1,s2…）中的 NULL 值不会被添加到结果中。

【例 6.52】使用 MAKE_SET 根据二进制位选取指定字符串，输入语句如下：

```
mysql> SELECT  MAKE_SET(1,'a','b','c') as col1,
    -> MAKE_SET(1 | 4,'hello','nice','world') as col2,
    -> MAKE_SET(1 | 4,'hello','nice',NULL,'world') as col3,
    -> MAKE_SET(0,'a','b','c') as col4;
+------+-------------+-------+------+
| col1 | col2        | col3  | col4 |
+------+-------------+-------+------+
| a    | hello,world | hello |      |
+------+-------------+-------+------+
```

1 的二进制值为 0001，4 的二进制值为 0100，1 与 4 进行或操作之后的二进制值为 0101，从右到左第 1 位和第 3 位均为 1。MAKE_SET(1,'a','b','c')返回第 1 个字符串；MAKE_SET(1 | 4,'hello','nice','world')返回从左端开始第 1 个和第 3 个字符串组成的字符串；NULL 不会添加到结果中，因此 MAKE_SET(1 | 4,'hello','nice',NULL,'world')只返回第 1 个字符串 'hello'；MAKE_SET(0,'a','b','c')返回空字符串。

6.4 日期和时间函数

日期和时间函数主要用来处理日期和时间值。一般的日期函数除了使用 DATE 类型的参数外，也可以使用 DATETIME 或者 TIMESTAMP 类型的参数，但会忽略这些值的时间部分。相同的，以 TIME 类型值为参数的函数，可以接受 TIMESTAMP 类型的参数，但会忽略日期部分。许多日期函数可以同时接受数字和字符串类型的两种参数。本节将介绍各种日期和时间函数的功能和用法。

6.4.1 获取当前日期的函数和获取当前时间的函数

1. CURDATE()和 CURRENT_DATE()

CURDATE()和 CURRENT_DATE()函数作用相同，将当前日期按照 'YYYY-MM-DD' 或 YYYYMMDD 格式的值返回，具体格式根据函数是在字符串还是数字语境中而定。

【例 6.53】使用日期函数获取系统当前日期，输入语句如下：

```
mysql> SELECT CURDATE(),CURRENT_DATE(), CURDATE() + 0;
+------------------+------------------------+----------------------+
| CURDATE()        | CURRENT_DATE()         | CURDATE() + 0        |
+------------------+------------------------+----------------------+
| 2017-07-24       | 2017-07-24             |             20170724 |
+------------------+------------------------+----------------------+
```

可以看到，两个函数作用相同，都返回了相同的系统当前日期，"CURDATE() + 0"将当前日期值转换为数值型。

2. CURTIME()和 CURRENT_TIME()

CURTIME()和 CURRENT_TIME()函数作用相同，将当前时间以'HH:MM:SS'或 HHMMSS 的格式返回，具体格式根据函数是在字符串还是数字语境中而定。

【例 6.54】使用时间函数获取系统当前时间，输入语句如下：

```
mysql> SELECT CURTIME(),CURRENT_TIME(),CURTIME() + 0;
+---------------+------------------------+--------------------+
| CURTIME()     | CURRENT_TIME()         | CURTIME() + 0      |
+---------------+------------------------+--------------------+
| 10:21:34      | 10:21:34               | 102134.000000      |
+---------------+------------------------+--------------------+
```

可以看到，两个函数作用相同，都返回了相同的系统当前时间，"CURTIME () + 0"将当前时间值转换为数值型。

6.4.2 获取当前日期和时间的函数

CURRENT_TIMESTAMP()、LOCALTIME()、NOW()和 SYSDATE() 4 个函数的作用相同，均返回当前日期和时间值，格式为'YYYY-MM-DD HH:MM:SS'或 YYYYMMDDHHMMSS，具体格式根据函数是在字符串还是数字语境中而定。

【例 6.55】使用日期时间函数获取当前系统日期和时间，输入语句如下：

```
mysql> SELECT CURRENT_TIMESTAMP(),LOCALTIME(),NOW(),SYSDATE();
+-----------------------------+-------------------------+------
----------------+-------------------------+
| CURRENT_TIMESTAMP()         | LOCALTIME()             | NOW()              | SYSDATE()               |
+-----------------------------+-------------------------+------
----------------+-------------------------+
|2017-07-24 10:28:43          | 2017-07-24 10:28:43     | 2017-07-24 10:28:43 |
2017-07-24 10:28:43 |
+-----------------------------+-------------------------+------
----------------+-------------------------+
```

可以看到，4 个函数返回的结果是相同的。

6.4.3　UNIX 时间戳函数

1. UNIX_TIMESTAMP(date)

UNIX_TIMESTAMP(date)若无参数调用，则返回一个 UNIX 时间戳（'1970-01-01 00:00:00' GMT 之后的秒数）作为无符号整数。其中，GMT（Greenwich mean time）为格林尼治标准时间。若用 date 来调用 UNIX_TIMESTAMP()，则会将参数值以 '1970-01-01 00:00:00' GMT 后的秒数的形式返回。date 可以是一个 DATE 字符串、DATETIME 字符串、TIMESTAMP 或一个当地时间的 YYMMDD 或 YYYYMMDD 格式的数字。

【例 6.56】使用 UNIX_TIMESTAMP 函数返回 UNIX 格式的时间戳，输入语句如下：

```
mysql> SELECT UNIX_TIMESTAMP(), UNIX_TIMESTAMP(NOW()), NOW();
+------------------------+------------------------------+-----
------------------+
| UNIX_TIMESTAMP() | UNIX_TIMESTAMP( NOW() ) | NOW()          |
+------------------------+------------------------------+-----
------------------+
|        1364198608 |            1364198608 |2013-03-24 10:54:51|
+------------------------+------------------------------+-----
------------------+
```

2. FROM_UNIXTIME(date)

FROM_UNIXTIME(date) 函数把 UNIX 时间戳转换为普通格式的时间，与 UNIX_TIMESTAMP (date)函数互为反函数。

【例 6.57】使用 FROM_UNIXTIME 函数将 UNIX 时间戳转换为普通格式时间，输入语句如下：

```
mysql> SELECT FROM_UNIXTIME('1364098609');
+------------------------------------------+
| FROM_UNIXTIME('1311476091') |
+------------------------------------------+
| 2013-03-24 10:54:51          |
+------------------------------------------+
```

可以看到，FROM_UNIXTIME('1364098609')与【例 6.56】中 UNIX_TIMESTAMP(NOW()) 的结果正好相反，即两个函数互为反函数。

6.4.4　返回 UTC 日期的函数和返回 UTC 时间的函数

1. UTC_DATE()

UTC_DATE()函数返回当前 UTC（世界标准时间）日期值，其格式为 'YYYY-MM-DD'

或 YYYYMMDD，具体格式取决于函数是用在字符串还是数字语境中。

【例 6.58】使用 UTC_DATE()函数返回当前 UTC 日期值，输入语句如下：

```
mysql> SELECT UTC_DATE(), UTC_DATE() + 0;
+------------------+--------------------+
| UTC_DATE()       | UTC_DATE() + 0     |
+------------------+--------------------+
| 2016-03-24       |         20160324   |
+------------------+--------------------+
```

UTC_DATE()函数返回值为当前时区的日期值。

2. UTC_TIME()

UTC_TIME()返回当前 UTC 时间值，其格式为 'HH:MM:SS' 或 HHMMSS，具体格式取决于函数是用在字符串还是数字语境中。

【例 6.59】使用 UTC_TIME()函数返回当前 UTC 时间值，输入语句如下：

```
mysql> SELECT UTC_TIME(), UTC_TIME() + 0;
+------------------+--------------------+
| UTC_TIME()       | UTC_TIME() + 0     |
+------------------+--------------------+
| 03:11:29         |      31129.000000  |
+------------------+--------------------+
```

UTC_TIME()返回当前时区的时间值。

6.4.5　获取月份的函数 MONTH(date)和 MONTHNAME(date)

1. MONTH(date)

MONTH(date)函数返回 date 对应的月份，值为 1~12。

【例 6.60】使用 MONTH()函数返回指定日期中的月份，输入语句如下：

```
mysql> SELECT MONTH('2013-02-13');
+---------------------------+
| MONTH('2013-02-13')       |
+---------------------------+
|                 2 |
+---------------------------+
```

2. MONTHNAME(date)

MONTHNAME(date)函数返回日期 date 对应月份的英文全名。

【例 6.61】使用 MONTHNAME()函数返回指定日期中的月份名称，输入语句如下：

```
mysql> SELECT MONTHNAME('2013-02-13');
+--------------------------------+
| MONTHNAME('2013-02-13')        |
+--------------------------------+
| February                       |
+--------------------------------+
```

6.4.6 获取星期的函数 DAYNAME(d)、DAYOFWEEK(d) 和 WEEKDAY(d)

1. DAYNAME(d)

DAYNAME(d)函数返回 d 对应的工作日的英文名称，例如 Sunday、Monday 等。

【例 6.62】使用 DAYNAME()函数返回指定日期的工作日名称，输入语句如下：

```
mysql> SELECT DAYNAME('2016-02-10');
+------------------------------+
| DAYNAME('2016-02-10')        |
+------------------------------+
| Wednesday                    |
+------------------------------+
```

可以看到，2016 年 2 月 10 日是星期三，因此返回结果为 Wednesday。

2. DAYOFWEEK(d)

DAYOFWEEK(d)函数返回 d 对应的一周中的索引（位置）：1 表示周日，2 表示周一，……，7 表示周六。

【例 6.63】使用 DAYOFWEEK()函数返回日期对应的周索引，输入语句如下：

```
mysql> SELECT DAYOFWEEK('2016-02-14');
+--------------------------------+
| DAYOFWEEK('2016-02-14')        |
+--------------------------------+
|                     1          |
+--------------------------------+
```

由【例 6.63】可知，2016 年 2 月 14 日为周日，因此返回其对应的索引值，结果为 1。

3. WEEKDAY(d)

WEEKDAY(d)返回 d 对应的工作日索引：0 表示周一，1 表示周二，……，6 表示周日。

【例 6.64】使用 WEEKDAY()函数返回日期对应的工作日索引，输入语句如下：

```
mysql> SELECT WEEKDAY('2016-02-14 22:23:00'), WEEKDAY('2016-04-01');
```

```
+-------------------------------+-------------------------------+
| WEEKDAY('2016-02-14 22:23:00') | WEEKDAY('2016-04-01')        |
+-------------------------------+-------------------------------+
|                            6  |                            4  |
+-------------------------------+-------------------------------+
```

可以看到，WEEKDAY()和 DAYOFWEEK()函数都是返回指定日期在某一周内的位置，只是索引编号不同。

6.4.7 获取星期数的函数 WEEK(d)和 WEEKOFYEAR(d)

1. WEEK(d)

WEEK(d)计算日期 d 是一年中的第几周。WEEK()的双参数形式允许指定该星期是否起始于周日或周一，以及返回值的范围是否为 0~53 或 1~53。若 Mode 参数被省略，则使用default_week_format 系统自变量的值（可参考表 6.1）。

表 6.1　WEEK 函数中 Mode 参数取值

Mode	一周的第一天	范围	Week 1 为第一周...
0	周日	0~53	本年度中有一个周日
1	周一	0~53	本年度中有 3 天以上
2	周日	1~53	本年度中有一个周日
3	周一	1~53	本年度中有 3 天以上
4	周日	0~53	本年度中有 3 天以上
5	周一	0~53	本年度中有一个周一
6	周日	1~53	本年度中有 3 天以上
7	周一	1~53	本年度中有一个周一

【例 6.65】使用 WEEK()函数查询指定日期是一年中的第几周，输入语句如下：

```
mysql> SELECT WEEK('2011-02-20'),WEEK('2011-02-20',0), WEEK('2011-02-20',1);
+--------------------+----------------------+----------------------+
| WEEK('2011-02-20') | WEEK('2011-02-20',0) | WEEK('2011-02-20',1) |
+--------------------+----------------------+----------------------+
|                  8 |                    8 |                    7 |
+--------------------+----------------------+----------------------+
```

可以看到，WEEK('2011-02-20')使用一个参数，其第二个参数为 default_week_format 默认值，MySQL 中该值默认为 0，指定一周的第一天为周日，因此和 WEEK('2011-02-20',0)返回结果相同；WEEK('2011-02-20',1)中第二个参数为 1，指定一周的第一天为周一，返回值为 7。可以看到，第二个参数不同，返回的结果也不同，使用不同的参数的原因是不同地区和国家的习惯不同，每周的第一天并不相同。

149

2. WEEKOFYEAR(d)

WEEKOFYEAR(d)计算某天位于一年中的第几周，范围是 1~53，相当于 WEEK(d,3)。

【例 6.66】使用 WEEKOFYEAR()查询指定日期是一年中的第几周，输入语句如下：

```
mysql> SELECT WEEK('2011-02-20',3), WEEKOFYEAR('2011-02-20');
+-----------------------+--------------------------+
| WEEK('2011-02-20',3)  | WEEKOFYEAR('2011-02-20') |
+-----------------------+--------------------------+
|                     7 |                        7 |
+-----------------------+--------------------------+
```

可以看到，两个函数返回结果相同。

6.4.8 获取天数的函数 DAYOFYEAR(d)和 DAYOFMONTH(d)

DAYOFYEAR(d)函数返回 d 是一年中的第几天，范围是 1~366。

【例 6.67】使用 DAYOFYEAR()函数返回指定日期在一年中的位置，输入语句如下：

```
mysql> SELECT DAYOFYEAR('2011-02-20');
+-------------------------+
| DAYOFYEAR('2011-02-20') |
+-------------------------+
|                      51 |
+-------------------------+
```

1 月份 31 天，再加上 2 月份的 20 天，因此返回结果为 51。

DAYOFMONTH(d)函数返回 d 是一个月中的第几天，范围是 1~31。

【例 6.68】使用 DAYOFMONTH()函数返回指定日期在一个月中的位置，输入语句如下：

```
mysql> SELECT DAYOFMONTH('2011-02-20');
+--------------------------+
| DAYOFMONTH('2011-02-20') |
+--------------------------+
|                       20 |
+--------------------------+
```

结果显而易见。

6.4.9 获取年份、季度、小时、分钟和秒钟的函数

1. YEAR(date)

YEAR(date) 返回 date 对应的年份，范围是 1970~2069。

【例 6.69】使用 YEAR()函数返回指定日期对应的年份，输入语句如下：

```
mysql> SELECT YEAR('11-02-03'),YEAR('96-02-03');
+--------------------+--------------------+
| YEAR('11-02-03')   | YEAR('96-02-03')   |
+--------------------+--------------------+
|               2011 |               1996 |
+--------------------+--------------------+
```

 提示 '00~69' 转换为 '2000~2069'，'70~99' 转换为 '1970~1999'。

2. QUARTER(date)

QUARTER(date)返回 date 对应的一年中的季度值，范围是 1~4。

【例 6.70】使用 QUARTER()函数返回指定日期对应的季度，输入语句如下：

```
mysql> SELECT QUARTER('11-04-01');
+----------------------+
| QUARTER('11-04-01')  |
+----------------------+
|                    2 |
+----------------------+
```

3. MINUTE(time)

MINUTE(time)返回 time 对应的分钟数，范围是 0~59。

【例 6.71】使用 MINUTE()函数返回指定时间的分钟值，输入语句如下：

```
mysql> SELECT MINUTE('11-02-03 10:10:03');
+------------------------------------+
| MINUTE('11-02-03 10:10:03')        |
+------------------------------------+
|                                 10 |
+------------------------------------+
```

4. SECOND(time)

SECOND(time)返回 time 对应的秒数，范围是 0~59。

【例 6.72】使用 SECOND()函数返回指定时间的秒值，输入语句如下：

```
mysql> SELECT SECOND('10:05:03');
+---------------------+
| SECOND('10:05:03')  |
+---------------------+
|                   3 |
+---------------------+
```

6.4.10 获取日期的指定值的函数 EXTRACT(type FROM date)

EXTRACT(type FROM date)函数所使用的时间间隔类型说明符与 DATE_ADD()或 DATE_SUB()的相同，但它从日期中提取一部分，而不是执行日期运算。

【例 6.73】使用 EXTRACT 函数提取日期或者时间值，输入语句如下：

```
mysql> SELECT EXTRACT(YEAR FROM '2011-07-02') AS col1,
    -> EXTRACT(YEAR_MONTH FROM '2011-07-12 01:02:03') AS col2,
    -> EXTRACT(DAY_MINUTE FROM '2011-07-12 01:02:03') AS col3;
+-------+--------+--------+
| col1  | col2   | col3   |
+-------+--------+--------+
| 2011  | 201107 | 120102 |
+-------+--------+--------+
```

type 值为 YEAR 时，只返回年值，结果为 2011；type 值为 YEAR_MONTH 时返回年与月份，结果为 201107；type 值为 DAY_MINUTE 时，返回日、小时和分钟值，结果为 120102。

6.4.11 时间和秒钟转换的函数

1. TIME_TO_SEC(time)

TIME_TO_SEC(time)返回已转化为秒的 time 参数。转换公式为：小时×3600+分钟×60+秒。

【例 6.74】使用 TIME_TO_SEC 函数将时间值转换为秒值，输入语句如下：

```
mysql> SELECT TIME_TO_SEC('23:23:00');
+-------------------------+
| TIME_TO_SEC('23:23:00') |
+-------------------------+
|                   84180 |
+-------------------------+
```

2. SEC_TO_TIME(seconds)

SEC_TO_TIME(seconds)返回被转化为小时、分钟和秒数的 seconds 参数值，其格式为 'HH:MM:SS' 或 HHMMSS，具体格式根据该函数是用在字符串还是数字语境中而定。

【例 6.75】使用 SEC_TO_TIME()函数将秒值转换为时间格式，输入语句如下：

```
mysql> SELECT SEC_TO_TIME(2345),SEC_TO_TIME(2345)+0,
    -> TIME_TO_SEC('23:23:00'), SEC_TO_TIME(84180);
+-------------------+---------------------+-------------------------+
| SEC_TO_TIME(2345) | SEC_TO_TIME(2345)+0 | TIME_TO_SEC('23:23:00') |
SEC_TO_TIME(84180) |
+-------------------+---------------------+-------------------------+
```

00:39:05	3905.000000	84180	23:23:00

可以看到，SEC_TO_TIME 函数返回值加上 0 值之后变成了小数值；TIME_TO_SEC 正好和 SEC_TO_TIME 互为反函数。

6.4.12 计算日期和时间的函数

计算日期和时间的函数有 DATE_ADD()、ADDDATE()、DATE_SUB()、SUBDATE()、ADDTIME()、SUBTIME()和 DATE_DIFF()。

在 DATE_ADD(date,INTERVAL expr type)和 DATE_SUB(date,INTERVAL expr type)中，date 是一个 DATETIME 或 DATE 值，用来指定起始时间；expr 是一个表达式，用来指定从起始日期添加或减去的时间间隔值，对于负值的时间间隔，它可以以一个负号 '-' 开头；type 为关键词，指示表达式被解释的方式。表 6.2 显示了 type 和 expr 参数的关系。

表 6.2　MySQL 中计算日期和时间的格式

type 值	预期的 expr 格式
MICROSECOND	MICROSECONDS
SECOND	SECONDS
MINUTE	MINUTES
HOUR	HOURS
DAY	DAYS
WEEK	WEEKS
MONTH	MONTHS
QUARTER	QUARTERS
YEAR	YEARS
SECOND_MICROSECOND	'SECONDS.MICROSECONDS'
MINUTE_MICROSECOND	'MINUTES.MICROSECONDS'
MINUTE_SECOND	'MINUTES:SECONDS'
HOUR_MICROSECOND	'HOURS.MICROSECONDS'
HOUR_SECOND	'HOURS:MINUTES:SECONDS'
HOUR_MINUTE	'HOURS:MINUTES'
DAY_MICROSECOND	'DAYS.MICROSECONDS'
DAY_SECOND	'DAYS HOURS:MINUTES:SECONDS'
DAY_MINUTE	'DAYS HOURS:MINUTES'
DAY_HOUR	'DAYS HOURS'
YEAR_MONTH	'YEARS-MONTHS'

若 date 参数是一个 DATE 值，计算只会包括 YEAR、MONTH 和 DAY 部分（没有时间部分），其结果是一个 DATE 值；否则，结果将是一个 DATETIME 值。

DATE_ADD(date,INTERVAL expr type)和 ADDDATE(date,INTERVAL expr type)两个函数的作用相同，执行日期的加运算。

【例 6.76】使用 DATE_ADD()和 ADDDATE()函数执行日期加操作，输入语句如下：

```
mysql> SELECT DATE_ADD('2010-12-31 23:59:59', INTERVAL 1 SECOND) AS col1,
    -> ADDDATE('2010-12-31 23:59:59', INTERVAL 1 SECOND) AS col2,
    -> DATE_ADD('2010-12-31 23:59:59', INTERVAL '1:1' MINUTE_SECOND) AS col3;
+---------------------+---------------------+---------------------+
| col1                | col2                | col3                |
+---------------------+---------------------+---------------------+
| 2011-01-01 00:00:00 | 2011-01-01 00:00:00 | 2011-01-01 00:01:00 |
+---------------------+---------------------+---------------------+
```

由结果可以看到，DATE_ADD('2010-12-31 23:59:59', INTERVAL 1 SECOND) 和 ADDDATE('2010-12-31 23:59:59', INTERVAL 1 SECOND)两个函数执行的结果是相同的，将时间增加 1 秒后返回，结果都为'2011-01-01 00:00:00'；DATE_ADD('2010-12-31 23:59:59', INTERVAL '1:1' MINUTE_SECOND)日期运算类型是 MINUTE_SECOND，将指定时间增加 1 分 1 秒后返回，结果为'2011-01-01 00:01:00'。

DATE_SUB(date,INTERVAL expr type)和 SUBDATE(date,INTERVAL expr type)两个函数的作用相同，执行日期的减运算。

【例 6.77】使用 DATE_SUB 和 SUBDATE 函数执行日期减操作，输入语句如下：

```
mysql> SELECT DATE_SUB('2011-01-02', INTERVAL 31 DAY) AS col1,
    -> SUBDATE('2011-01-02', INTERVAL 31 DAY) AS col2,
    -> DATE_SUB('2011-01-01 00:01:00',INTERVAL '0 0:1:1' DAY_SECOND) AS col3;
+------------+------------+---------------------+
| col1       | col2       | col3                |
+------------+------------+---------------------+
| 2010-12-02 | 2010-12-02 | 2010-12-31 23:59:59 |
+------------+------------+---------------------+
```

由结果可以看到，DATE_SUB('2011-01-02', INTERVAL 31 DAY) 和 SUBDATE('2011-01-02', INTERVAL 31 DAY)两个函数执行的结果是相同的，将日期值减少 31 天后返回，结果都为"2010-12-02"；DATE_SUB('2011-01-01 00:01:00',INTERVAL '0 0:1:1' DAY_SECOND)函数将指定日期减少 1 天，时间减少 1 分 1 秒后返回，结果为"2010-12-31 23:59:59"。

 DATE_ADD 和 DATE_SUB 在指定修改的时间段时，也可以指定负值，负值代表相减，即返回以前的日期和时间。

ADDTIME(date,expr)函数将 expr 值添加到 date，并返回修改后的值，date 是一个日期或者日期时间表达式，而 expr 是一个时间表达式。

【例 6.78】使用 ADDTIME 进行时间加操作，输入语句如下：

```
mysql> SELECT ADDTIME('2000-12-31 23:59:59','1:1:1'), ADDTIME('02:02:02',
'02:00:00');
+--------------------------------+--------------------------------+
| ADDTIME('2000-12-31 23:59:59','1:1:1') | ADDTIME('02:02:02','02:00:00') |
+--------------------------------+--------------------------------+
| 2001-01-01 01:01:00            | 04:02:02                       |
+--------------------------------+--------------------------------+
```

可以看到，将"2000-12-31 23:59:59"的时间部分值增加 1 小时 1 分钟 1 秒后的日期变为
"2001-01-01 01:01:00"；"02:02:02"增加两小时后的时间为"04:02:02"。

SUBTIME(date,expr)函数将 date 减去 expr 值，并返回修改后的值。date 是一个日期或者
日期时间表达式，expr 是一个时间表达式。

【例 6.79】使用 SUBTIME()函数执行时间减操作，输入语句如下：

```
mysql> SELECT SUBTIME('2000-12-31 23:59:59','1:1:1'),
SUBTIME('02:02:02','02:00:00');
+--------------------------------+--------------------------------+
| SUBTIME('2000-12-31 23:59:59','1:1:1') | SUBTIME('02:02:02','02:00:00') |
+--------------------------------+--------------------------------+
| 2000-12-31 22:58:58            | 00:02:02                       |
+--------------------------------+--------------------------------+
```

可以看到，将"2000-12-31 23:59:59"的时间部分值减少 1 小时 1 分钟 1 秒后的日期变为
"2000-12-31 22:58:58"；"02:02:02"减少两小时的时间为"00:02:02"。

DATEDIFF(date1,date2)返回起始时间 date1 和结束时间 date2 之间的天数。date1 和 date2
为日期或 date-and-time 表达式。计算中只用到这些值的日期部分。

【例 6.80】使用 DATEDIFF()函数计算两个日期之间的间隔天数，输入语句如下：

```
mysql> SELECT DATEDIFF('2010-12-31 23:59:59','2010-12-30') AS col1,
    -> DATEDIFF('2010-11-30 23:59:59','2010-12-31') AS col2;
+-------+------+
| col1  | col2 |
+-------+------+
|     1 |  -31 |
+-------+------+
```

DATEDIFF() 函 数 返 回 date1-date2 后 的 值 ， 因 此 DATEDIFF('2010-12-31
23:59:59','2010-12-30')返回值为 1；DATEDIFF('2010-11-30 23:59:59','2010-12-31')返回值为-31。

6.4.13 将日期和时间格式化的函数

1. DATE_FORMAT( )

DATE_FORMAT(date,format)根据 format 指定的格式显示 date 值。主要 format 格式如表 6.3 所示。

表 6.3　DATE_FORMAT 时间日期格式

说明符	说明
%a	工作日的缩写名称（Sun…Sat）
%b	月份的缩写名称（Jan…Dec）
%c	月份，数字形式（0…12）
%D	带有英语后缀的该月日期（0th, 1st, 2nd, 3rd, …）
%d	用两位数字表示月中的几号(00,01,02,…,31)
%e	用数字表示月中的几号(1,2,…,31)
%f	微秒（000000…999999）
%H	以 2 位数表示 24 小时（00…23）
%h, %I	以 2 位数表示 12 小时（01…12）
%i	分钟，数字形式（00…59）
%j	一年中的天数（001…366）
%k	以 24（0…23）小时表示时间
%l	以 12（1…12）小时表示时间
%M	月份名称（January…December）
%m	月份，数字形式（00…12）
%p	上午（AM）或下午（PM）
%r	时间，12 小时制（小时 hh:分钟 mm:秒数 ss 后加 AM 或 PM）
%S,%s	以 2 位数形式表示秒（00…59）
%T	时间，24 小时制（小时 hh:分钟 mm:秒数 ss）
%U	周（00…53），其中周日为每周的第一天
%u	周（00…53），其中周一为每周的第一天
%V	周（01…53），其中周日为每周的第一天；和 %X 同时使用
%v	周（01…53），其中周一为每周的第一天；和 %x 同时使用
%W	工作日名称（周日…周六）
%w	一周中的每日（0=周日…6=周六）
%X	该周的年份，其中周日为每周的第一天；数字形式，4 位数；和%V 同时使用
%x	该周的年份，其中周一为每周的第一天；数字形式，4 位数；和%v 同时使用
%Y	4 位数形式表示年份
%y	2 位数形式表示年份
%%	'%'文字字符

【例 6.81】使用 DATE_FORMAT()函数格式化输出日期和时间值，输入语句如下：

```
mysql> SELECT DATE_FORMAT('1997-10-04 22:23:00', '%W %M %Y') AS col1,
```

```
    -> DATE_FORMAT('1997-10-04 22:23:00','%D %y %a %d %m %b %j') AS col2;
+-----------------------+----------------------------+
| col1                  | col2                       |
+-----------------------+----------------------------+
| Saturday October 1997 | 4th 97 Sat 04 10 Oct 277   |
+-----------------------+----------------------------+
mysql> SELECT DATE_FORMAT('1997-10-04 22:23:00', '%H:%i:%s') AS col3,
    -> DATE_FORMAT('1999-01-01', '%X %V') AS col4;
+----------+----------+
| col3     | col4     |
+----------+----------+
| 22:23:00 | 1998 52  |
+----------+----------+
```

可以看到"1997-10-04 22:23:00"分别按照不同参数转换成了不同格式的日期值和时间值。

2. TIME_FORMAT( )

TIME_FORMAT(time,format)根据 format 字符串安排 time 值的格式。format 字符串可能仅会处理包含小时、分钟和秒的格式说明符，其他说明符产生一个 NULL 值或 0。若 time 值包含一个大于 23 的小时部分，则%H 和%k 小时格式说明符会产生一个大于（0…23）的通常范围的值。

【例 6.82】使用 TIME_FORMAT()函数格式化输入时间值，输入语句如下：

```
mysql> SELECT TIME_FORMAT('16:00:00', '%H %k %h %I %l');
+------------------------------------------------+
| TIME_FORMAT('16:00:00', '%H %k %h %I %l')      |
+------------------------------------------------+
| 16 16 04 04 4                                  |
+------------------------------------------------+
```

TIME_FORMAT 只处理时间值，可以看到，"16:00:00"按照不同的参数转换为不同格式的时间值。

3. GET_FORMAT( )

GET_FORMAT(val_type, format_type)返回日期时间字符串的显示格式，val_type 表示日期数据类型，包括 DATE、DATETIME 和 TIME；format_type 表示格式化显示类型，包括 EUR、INTERVAL、ISO、JIS、USA。GET_FORMAT 根据两个值类型组合返回的字符串显示格式如表 6.4 所示。

表 6.4　GET_FORMAT 返回的格式字符串

值类型	格式化类型	显示格式字符串
DATE	EUR	%d.%m.%Y
DATE	INTERVAL	%Y%m%d
DATE	ISO	%Y-%m-%d
DATE	JIS	%Y-%m-%d
DATE	USA	%m.%d.%Y
TIME	EUR	%H.%i.%s
TIME	INTERVAL	%H%i%s
TIME	ISO	%H:%i:%s
TIME	JIS	%H:%i:%s
TIME	USA	%h:%i:%s %p
DATETIME	EUR	%Y-%m-%d %H.%i.%s
DATETIME	INTERVAL	%Y%m%d%H%i%s
DATETIME	ISO	%Y-%m-%d %H:%i:%s
DATETIME	JIS	%Y-%m-%d %H:%i:%s
DATETIME	USA	%Y-%m-%d %H.%i.%s

【例 6.83】使用 GET_FORMAT()函数显示不同格式化类型下的格式字符串，输入语句如下：

```
mysql> SELECT GET_FORMAT(DATE,'EUR'), GET_FORMAT(DATE,'USA');
+------------------------+------------------------+
| GET_FORMAT(DATE,'EUR') | GET_FORMAT(DATE,'USA') |
+------------------------+------------------------+
| %d.%m.%Y               | %m.%d.%Y               |
+------------------------+------------------------+
```

可以看到，不同类型的格式化字符串并不相同。

【例 6.84】在 DATE_FORMAT()函数中，使用 GET_FORMAT 函数返回指定格式的日期值，输入语句如下：

```
mysql> SELECT DATE_FORMAT('2000-10-05 22:23:00', GET_FORMAT(DATE,'USA') );
+-------------------------------------------------------------+
| DATE_FORMAT('2000-10-05 22:23:00', GET_FORMAT(DATE,'USA') ) |
+-------------------------------------------------------------+
| 10.05.2000                                                  |
+-------------------------------------------------------------+
```

GET_FORMAT(DATE,'USA') 返回的显示格式字符串为 %m.%d.%Y，对照表 6.3 中 DATE_FORMAT 函数的显示格式，%m 以数字形式显示月份，%d 以数字形式显示日，%Y 以 4 位数字形式显示年，因此结果为 10.05.2000。

6.5 条件判断函数

条件判断函数也称为控制流程函数,根据满足的条件执行相应的流程。MySQL 中进行条件判断的函数有 IF、IFNULL 和 CASE,本节将分别介绍这几个函数的用法。

6.5.1 IF(expr,v1,v2)函数

在 IF(expr, v1, v2)中,若表达式 expr 是 true(expr <> 0 and expr <> NULL),则 IF()的返回值为 v1;否则返回值为 v2。IF()的返回值为数字值或字符串值,具体情况视其所在语境而定。

【例 6.85】使用 IF()函数进行条件判断,输入语句如下:

```
mysql> SELECT IF(1>2,2,3),
    -> IF(1<2,'yes ','no'),
    -> IF(STRCMP('test','test1'),'no','yes');
+-------------+---------------------+----------------------------------------+
| IF(1>2,2,3) | IF(1<2,'yes ','no') | IF(STRCMP('test','test1'),'no','yes') |
+-------------+---------------------+----------------------------------------+
|           3 | yes                 | no                                     |
+-------------+---------------------+----------------------------------------+
```

1>2 的结果为 false,IF(1>2,2,3)返回第 2 个表达式的值;1<2 的结果为 true,IF(1<2,'yes ', 'no') 返回第一个表达式的值;"test"小于"test1",结果为大写,IF(STRCMP('test','test1'),'no','yes')返回第一个表达式的值。

6.5.2 IFNULL(v1,v2)函数

在 IFNULL(v1,v2)中,假如 v1 不为 NULL,则 IFNULL()的返回值为 v1;否则,返回值为 v2。IFNULL()的返回值是数字或是字符串,具体情况取决于其所在的语境。

【例 6.86】使用 IFNULL()函数进行条件判断,输入语句如下:

```
mysql> SELECT IFNULL(1,2), IFNULL(NULL,10), IFNULL(1/0, 'wrong');
+-------------+-----------------+----------------------+
| IFNULL(1,2) | IFNULL(NULL,10) | IFNULL(1/0, 'wrong') |
+-------------+-----------------+----------------------+
|           1 |              10 | wrong                |
+-------------+-----------------+----------------------+
```

IFNULL(1,2)虽然第二个值也不为空,但返回结果依然是第一个值;IFNULL(NULL,10)第一个值为空,因此返回 10;"1/0"的结果为空,因此 IFNULL(1/0, 'wrong')返回字符串"wrong"。

若 v1 或 v2 中只有一个明确是 NULL，则 IF() 函数的结果类型为非 NULL 表达式的结果类型。

6.5.3　CASE 函数

1. CASE expr WHEN v1 THEN r1 [WHEN v2 THEN r2] [ELSE rn] END

该函数表示，如果 expr 值等于某个 vi，则返回对应位置 THEN 后面的结果；如果与所有值都不相等，则返回 ELSE 后面的 rn。

【例 6.87】使用 CASE value WHEN 语句执行分支操作，输入语句如下：

```
mysql> SELECT CASE 2 WHEN 1 THEN 'one' WHEN 2 THEN 'two' ELSE 'more' END;
+----------------------------------------------------------+
| CASE 2 WHEN 1 THEN 'one' WHEN 2 THEN 'two' ELSE 'more' END |
+----------------------------------------------------------+
| two                                                      |
+----------------------------------------------------------+
```

CASE 后面的值为 2，与第二条分支语句 WHEN 后面的值相等，因此返回结果为"two"。

2. CASE　WHEN v1 THEN r1 [WHEN v2 THEN r2] ELSE rn] END

该函数表示，某个 vi 值为 true 时，返回对应位置 THEN 后面的结果，如果所有值都不为 true，则返回 ELSE 后的 rn。

【例 6.88】使用 CASE WHEN 语句执行分支操作，输入语句如下：

```
mysql> SELECT CASE WHEN 1<0 THEN 'true' ELSE 'false' END;
+--------------------------------------------+
| CASE WHEN 1<0 THEN 'true' ELSE 'false' END |
+--------------------------------------------+
| false                                      |
+--------------------------------------------+
```

1<0 结果为 false，因此函数返回值为 ELSE 后面的"false"。

一个 CASE 表达式的默认返回值类型是任何返回值的相容集合类型，具体情况视其所在语境而定：用在字符串语境中，返回结果为字符串；用在数字语境中，返回结果为十进制值、实数值或整数值。

6.6 系统信息函数

本节将介绍常用的系统信息函数。MySQL 中的系统信息有数据库的版本号、当前用户名和连接数、系统字符集、最后一个自动生成的 ID 值等。本节将介绍各个函数的使用方法。

6.6.1 获取 MySQL 版本号、连接数和数据库名的函数

1. VERSION()

VERSION()返回指示 MySQL 服务器版本的字符串。这个字符串使用 utf8 字符集。

【例 6.89】查看当前 MySQL 版本号，输入语句如下：

```
mysql> SELECT VERSION();
+--------------+
| VERSION()    |
+--------------+
| 5.7.18       |
+--------------+
```

2. CONNECTION_ID()

CONNECTION_ID()返回 MySQL 服务器当前连接的次数，每个连接都有各自唯一的 ID。

【例 6.90】查看当前用户的连接数，输入语句如下：

```
mysql> SELECT CONNECTION_ID();
+-------------------------+
| CONNECTION_ID()         |
+-------------------------+
|                       3 |
+-------------------------+
```

在这里返回 3，返回值根据登录的次数会有所不同。

3. SHOW PROCESSLIST 和 SHOW FULL PROCESSLIST

PROCESSLIST 命令的输出结果显示有哪些线程在运行，不仅可以查看当前所有的连接数，还可以查看当前的连接状态，帮助识别出有问题的查询语句等。

如果是 root 账号，就能看到所有用户的当前连接。如果是其他普通账号，则只能看到自己占用的连接。SHOW PROCESSLIST 只列出前 100 条，如果想全部列出可使用 SHOW FULL PROCESSLIST 命令。

【例 6.91】使用 SHOW PROCESSLIST 命令输出当前用户的连接信息，输入语句如下：

```
MySQL> SHOW PROCESSLIST;
```

```
+----+------+-------------+------+---------+------+-------+------------------+
| Id | User | Host        | db   | Command | Time | State | Info             |
+----+------+-------------+------+---------+------+-------+------------------+
|1   | root | localhost:3602 | NULL | Query |   0  | NULL  | show processlist |
+----+------+-------------+------+---------+------+-------+------------------+
```

各个列的含义和用途：

（1）Id 列，用户登录 MySQL 时，系统分配的"connection id"。

（2）User 列，显示当前用户。如果不是 root，这个命令就只显示用户权限范围内的 SQL 语句。

（3）Host 列，显示这个语句是从哪个 IP 的哪个端口上发出的，可以用来追踪出现问题语句的用户。

（4）db 列，显示这个进程目前连接的是哪个数据库。

（5）Command 列，显示当前连接的执行命令，一般取值为休眠（Sleep）、查询（Query）、连接（Connect）。

（6）Time 列，显示这个状态持续的时间，单位是秒。

（7）State 列，显示使用当前连接的 SQL 语句的状态，很重要的列，后续会有所有状态的描述，State 只是语句执行中的某一个状态。一个 SQL 语句，以查询为例，可能需要经过 Copying to tmp table、Sorting result、Sending data 等状态才可以完成。

（8）Info 列，显示这个 SQL 语句，是判断问题语句的一个重要依据。

使用另一个命令行登录 MySQL，此时将会有 2 个连接，在第 2 个登录的命令行下再次输入 SHOW PROCESSLIST，结果如下：

```
mysql> SHOW PROCESSLIST;
+----+------+---------------+------+---------+------+-------+------------------+
| Id | User | Host          | db   | Command | Time | State | Info             |
+----+------+---------------+------+---------+------+-------+------------------+
| 1  | root | localhost:3602 | NULL | Sleep  |  38  |       | NULL             |
| 2  | root | localhost:3272 | NULL | Query  |   0  | NULL  |show processlist  |
+----+------+---------------+------+---------+------+-------+------------------+
```

可以看到，当前活动用户为登录的连接 Id 为 2 的用户，正在执行的 Command（操作命令）是 Query（查询），使用的查询命令为 SHOW PROCESSLIST；而连接 Id 为 1 的用户目前没有对数据进行操作，即处于 Sleep 操作，而且已经经过了 38 秒。

4. DATABASE()和 SCHEMA()

DATABASE()和 SCHEMA()函数返回使用 utf8 字符集的默认（当前）数据库名。

【例 6.92】查看当前使用的数据库，输入语句如下：

```
mysql> SELECT DATABASE(),SCHEMA();
+--------------+--------------+
| DATABASE()   | SCHEMA()     |
+--------------+--------------+
| mysql        | mysql        |
+--------------+--------------+
```

可以看到，两个函数的作用相同。

6.6.2 获取用户名的函数

USER()、CURRENT_USER()、SYSTEM_USER()和 SESSION_USER()这几个函数返回当前被 MySQL 服务器验证的用户名和主机名组合。这个值符合确定当前登录用户存取权限的 MySQL 账户。一般情况下，这几个函数的返回值是相同的。

【例 6.93】获取当前登录用户名称，输入语句如下：

```
mysql> SELECT USER(), CURRENT_USER(), SYSTEM_USER();
+----------------+------------------------+--------------------------+
| USER()         | CURRENT_USER()         | SYSTEM_USER()            |
+----------------+------------------------+--------------------------+
| root@localhost | root@localhost         | root@localhost           |
+----------------+------------------------+--------------------------+
```

返回结果值指示了当前账户连接服务器时的用户名及所连接的客户主机，root 为当前登录的用户名，localhost 为登录的主机名。

6.6.3 获取字符串的字符集和排序方式的函数

1. CHARSET(str)

CHARSET(str)返回字符串 str 自变量的字符集。

【例 6.94】使用 CHARSET()函数返回字符串使用的字符集，输入语句如下：

```
mysql> SELECT CHARSET('abc'),
    -> CHARSET(CONVERT('abc' USING latin1)),
    -> CHARSET(VERSION());
+------------------+---------------------------------------
---+----------------------------+
| CHARSET('abc')   | CHARSET(CONVERT('abc' USING latin1)) | CHARSET(VERSION())
|
+------------------+---------------------------------------
---+----------------------------+
| utf8             | latin1                               | utf8             |
+------------------+---------------------------------------
---+----------------------------+
```

CHARSET('abc')返回系统默认的字符集 utf8；CHARSET(CONVERT('abc' USING latin1))返回的字符集为latin1；前面介绍过，VERSION()返回的字符串使用utf8字符集，因此CHARSET返回结果为utf8。

2. COLLATION(str)

COLLATION(str)返回字符串 str 的字符排列方式。

【例 6.95】使用 COLLATION()函数返回字符串排列方式，输入语句如下：

```
mysql> SELECT COLLATION('abc'),COLLATION(CONVERT('abc' USING utf8));
+----------------------------+---------------------------------------
----------------+
| COLLATION(_latin2 'abc') | COLLATION(CONVERT('abc' USING utf8)) |
+----------------------------+---------------------------------------
----------------+
| latin2_general_ci         | utf8_general_ci                      |
+----------------------------+---------------------------------------
----------------+
```

可以看到，使用不同字符集时字符串的排列方式不同。

6.6.4　获取最后一个自动生成的 ID 值的函数

LAST_INSERT_ID()自动返回最后一个 INSERT 或 UPDATE 为 AUTO_INCREMENT 列设置的第一个发生的值。

【例 6.96】使用 SELECT LAST_INSERT_ID 查看最后一个自动生成的列值，执行过程如下：

1. 一次插入一条记录

首先创建表 worker，其 Id 字段带有 AUTO_INCREMENT 约束，输入语句如下：

```
mysql> CREATE TABLE worker (Id INT AUTO_INCREMENT NOT NULL PRIMARY KEY,
    -> Name VARCHAR(30));
Query OK, 0 rows affected (0.03 sec)
```

分别单独向表 worker 中插入两条记录：

```
mysql> INSERT INTO worker VALUES(NULL, 'jimy');
Query OK, 1 row affected (0.00 sec)
mysql> INSERT INTO worker VALUES(NULL, 'Tom');
Query OK, 1 row affected (0.00 sec)

mysql> SELECT * FROM worker;
+----+------+
| Id | Name |
```

```
+----+------+
|  1 | jimy |
|  2 | Tom  |
+----+------+
```

查看已经插入的数据可以发现，最后一条插入的记录的 Id 字段值为 2，使用 LAST_INSERT_ID()查看最后自动生成的 Id 值：

```
mysql> SELECT LAST_INSERT_ID();
+------------------------+
| LAST_INSERT_ID()       |
+------------------------+
|                     2 |
+------------------------+
```

可以看到，一次插入一条记录时，返回值为最后一条插入记录的 Id 值。

2. 一次同时插入多条记录

接下来，向表中插入多条记录，输入语句如下：

```
mysql> INSERT INTO worker VALUES
    -> (NULL, 'Kevin'),(NULL,'Michal'),(NULL,'Nick');
Query OK, 3 rows affected (0.00
Records: 3  Duplicates: 0  Warn
```

查询已经插入的记录：

```
mysql> SELECT * FROM worker;
+----+--------+
| Id | Name   |
+----+--------+
|  1 | jimy   |
|  2 | Tom    |
|  3 | Kevin  |
|  4 | Michal |
|  5 | Nick   |
+----+--------+
5 rows in set (0.00 sec)
```

可以看到最后一条记录的 Id 字段值为 5，使用 LAST_INSERT_ID()查看最后自动生成的 Id 值：

```
mysql> SELECT LAST_INSERT_ID();
+--------------------------+
| LAST_INSERT_ID()         |
+--------------------------+
|              3           |
```

```
+--------------------------+
1 row in set (0.00 sec)
```

结果显示，LAST_INSERT_ID 值不是 5 而是 3，这是为什么呢？在向数据表中插入一条新记录时，LAST_INSERT_ID()返回带有 AUTO_INCREMENT 约束的字段最新生成的值 2；继续向表中同时添加 3 条记录，读者可能以为这时 LAST_INSERT_ID 值为 5，可显示结果却为 3，这是因为当使用一条 INSERT 语句插入多个行时，LAST_INSERT_ID()只返回插入的第一行数据时产生的值，在这里为第 3 条记录。之所以这样，是因为这使依靠其他服务器复制同样的 INSERT 语句变得简单。

 LAST_INSERT_ID 是与 table 无关的，先向表 a 插入数据，再向表 b 插入数据，LAST_INSERT_ID 返回表 b 中的 Id 值。

6.7 加密函数

加密函数主要用来对数据进行加密和界面处理，以保证某些重要数据不被别人获取。这些函数在保证数据库安全时非常有用。本节将介绍各种加密和解密函数的作用及使用方法。

6.7.1 加密函数 PASSWORD(str)

PASSWORD(str)从原明文密码 str 计算并返回加密后的密码字符串，当参数为 NULL 时，返回 NULL。

【例 6.97】使用 PASSWORD 函数加密密码，输入语句如下：

```
mysql> SELECT PASSWORD('newpwd');
+------------------------------------------------------------------+
| PASSWORD('newpwd')                                               |
+------------------------------------------------------------------+
| *1FA85AA204CC12B39B20E8F1E839D11B3F9E6AA4                        |
+------------------------------------------------------------------+
```

MySQL 将 PASSWORD 函数加密后的密码保存到用户权限表中。

 PASSWORD()函数在 MySQL 服务器的鉴定系统中使用；不应将它用在个人的应用程序中。PASSWORD()加密是单向的（不可逆）。PASSWORD() 执行密码加密与 UNIX 中密码被加密的方式不同。

6.7.2 加密函数 MD5(str)

MD5(str)为字符串算出一个 MD5 128 比特校验和。该值以 32 位十六进制数字的二进制字符串形式返回，若参数为 NULL，则会返回 NULL。

【例 6.98】使用 MD5 函数加密字符串，输入语句如下：

```
mysql> SELECT MD5 ('mypwd');
+----------------------------------------+
| MD5('mypwd')                           |
+----------------------------------------+
| 318bcb4be908d0da6448a0db76908d78 |
+----------------------------------------+
```

可以看到，"mypwd"经 MD5 加密后的结果为 318bcb4be908d0da6448a0db76908d78。

6.7.3 加密函数 ENCODE(str,pswd_str)

ENCODE(str,pswd_str)使用 pswd_str 作为密码，加密 str。使用 DECODE()解密结果，结果是一个和 str 长度相同的二进制字符串。

【例 6.99】使用 ENCODE 加密字符串，输入语句如下：

```
mysql> SELECT ENCODE('secret','cry'), LENGTH(ENCODE('secret','cry'));
+------------------------+--------------------------------+
| ENCODE('secret','cry') | LENGTH(ENCODE('secret','cry')) |
+------------------------+--------------------------------+
| 鶏 ?                   |                              6 |
+------------------------+--------------------------------+
```

可以看到，加密后的显示结果为乱码，但加密后的长度和被加密的字符串长度相同，均为 6。

6.7.4 解密函数 DECODE(crypt_str,pswd_str)

DECODE(crypt_str,pswd_str)使用 pswd_str 作为密码，解密加密字符串 crypt_str。crypt_str 是由 ENCODE()返回的字符串。

【例 6.100】使用 DECODE 函数解密被 ENCODE 加密的字符串，输入语句如下：

```
mysql> SELECT DECODE(ENCODE('secret','cry'),'cry');
+----------------------------------------+
| DECODE(ENCODE('secret','cry'),'cry')   |
+----------------------------------------+
| secret                                 |
+----------------------------------------+
```

可以看到，使用相同解密字符串进行解密之后的结果，正好为 ENCODE 函数中被加密的字符串。DECODE 函数和 ENCODE 函数互为反函数。

6.8 其他函数

本节将要介绍的函数不能笼统地分为哪一类，但是这些函数也非常有用，例如重复指定操作函数、改变字符集函数、IP 地址与数字转换函数等。

6.8.1 格式化函数 FORMAT(x,n)

FORMAT(x,n)将数字 x 格式化，并以四舍五入的方式保留小数点后 n 位，结果以字符串的形式返回。若 n 为 0，则返回结果函数不含小数部分。

【例 6.101】使用 FORMAT 函数格式化数字，保留小数点位数为指定值，输入语句如下：

```
MySQL> SELECT FORMAT(12332.123456, 4), FORMAT(12332.1,4), FORMAT(12332.2,0);
+-------------------------+-------------------------+-------------------------+
| FORMAT(12332.123456, 4) | FORMAT(12332.1,4)       | FORMAT(12332.2,0)       |
+-------------------------+-------------------------+-------------------------+
| 12332.1235              | 12332.1000              | 12332                   |
+-------------------------+-------------------------+-------------------------+
```

由结果可以看到，FORMAT(12332.123456, 4)保留 4 位小数点值，并进行四舍五入，结果为 12332.1235；FORMAT(12332.1,4)保留 4 位小数值，位数不够的用 0 补齐；FORMAT(12332.2,0)不保留小数位值，返回结果为整数 12332。

6.8.2 不同进制的数字进行转换的函数

CONV(N, from_base, to_base)函数进行不同进制数间的转换。返回值为数值 N 的字符串表示，由 from_base 进制转化为 to_base 进制。若有任意一个参数为 NULL，则返回值为 NULL。自变量 N 被理解为一个整数，但是可以被指定为一个整数或字符串。最小基数为 2，最大基数为 36。

【例 6.102】使用 CONV 函数在不同进制数值之间转换，输入语句如下：

```
mysql> SELECT CONV('a',16,2),
    -> CONV(15,10,2),
    -> CONV(15,10,8),
    -> CONV(15,10,16);
+----------------+---------------+---------------+----------------+
| CONV('a',16,2) | CONV(15,10,2) | CONV(15,10,8) | CONV(15,10,16) |
+----------------+---------------+---------------+----------------+
```

```
| 1010          | 1111          | 17              | F               |
+-------------+-------------+-----------------------+---------------+
```

CONV('a',16,2) 将十六进制的 a 转换为二进制表示的数值，十六进制的 a 表示十进制的数值 10，二进制的数值 1010 正好也等于十进制的数值 10；CONV(15,10,2)将十进制的数值 15 转换为二进制值，结果为 1111；CONV(15,10,8)将十进制的数值 15 转换为八进制值，结果为 17；CONV(15,10,16)将十进制的数值 15 转换为十六进制值，结果为 F。

进制说明：

● 二进制，采用 0 和 1 两个数字来表示的数。它以 2 为基数，逢二进一。

● 八进制，采用 0、1、2、3、4、5、6、7 八个数字，逢八进一，以数字 0 开头。

● 十进制，采用 0~9、共十个数字表示，逢十进一。

● 十六进制，由 0~9、A~F 组成。与十进制的对应关系是: 0~9 对应 0~9，A~F 对应 10~15。十六进制数以 0x 开头。

6.8.3　IP 地址与数字相互转换的函数

1. INET_ATON( )

INET_ATON(expr)给出一个作为字符串的网络地址的点地址表示,返回一个代表该地址数值的整数。地址可以是 4bit 或 8bit 地址。

【例 6.103】使用 INET_ATON 函数将字符串网络点地址转换为数值网络地址，输入语句如下：

```
mysql> SELECT INET_ATON('209.207.224.40');
+--------------------------------------+
| INET_ATON('209.207.224.40')          |
+--------------------------------------+
|            3520061480                |
+--------------------------------------+
```

产生的数字按照网络字节顺序计算。如上面的例子，计算方法为：$209 \times 256^3 + 207 \times 256^2 + 224 \times 256 + 40$。

2. INET_NTOA( )

INET_NTOA(expr)给定一个数字网络地址（4bit 或 8bit），返回作为字符串的该地址的点地址表示。

【例 6.104】使用 INET_NTOA 函数将数值网络地址转换为字符串网络点地址，输入语句如下：

```
mysql> SELECT INET_NTOA(3520061480);
+---------------------------------+
```

```
| INET_NTOA(3520061480)          |
+--------------------------------+
| 209.207.224.40                 |
+--------------------------------+
```

可以看到，INET_NTOA 和 INET_ATON 互为反函数。

6.8.4 加锁函数和解锁函数

（1）GET_LOCK(str,timeout)设法使用字符串 str 给定的名字得到一个锁，超时为 timeout 秒。若成功得到锁，则返回 1；若操作超时，则返回 0；若发生错误，则返回 NULL。假如有一个用 GET_LOCK()得到的锁，当执行 RELEASE_LOCK()或连接断开（正常或非正常）时，这个锁就会解除。

（2）RELEASE_LOCK(str)解开被 GET_LOCK()获取的，用字符串 str 所命名的锁。若锁被解开，则返回 1；若该线程尚未创建锁，则返回 0（此时锁没有被解开）；若命名的锁不存在，则返回 NULL。若该锁从未被 GET_LOCK()的调用获取，或锁已经被提前解开，则该锁不存在。

（3）IS_FREE_LOCK(str)检查名为 str 的锁是否可以使用（换言之，没有被封锁）。若锁可以使用，则返回 1（没有人在用这个锁）；若这个锁正在被使用，则返回 0；出现错误，则返回 NULL（诸如不正确的参数）。

（4）IS_USED_LOCK(str)检查名为 str 的锁是否正在被使用（换言之，被封锁）。若被封锁，则返回使用该锁的客户端的连接标识符（connection ID）；否则，返回 NULL。

【例 6.105】使用加锁、解锁函数，输入语句如下：

```
mysql> SELECT GET_LOCK('lock1',10) AS GetLock,
    -> IS_USED_LOCK('lock1') AS ISUsedLock,
    -> IS_FREE_LOCK('lock1') AS ISFreeLock,
    -> RELEASE_LOCK('lock1') AS ReleaseLock;
+----------+--------------+--------------+---------------+
| GetLock  | ISUsedLock   | ISFreeLock   | ReleaseLock   |
+----------+--------------+--------------+---------------+
|    1     |      1       |      0       |       1       |
+----------+--------------+--------------+---------------+
```

GET_LOCK('lock1',10)返回结果为 1，说明成功得到了一个名称为'lock1'的锁，持续时间为 10 秒。

IS_USED_LOCK('lock1')返回结果为当前连接 ID，表示名称为'lock1'的锁正在被使用。

IS_FREE_LOCK('lock1')返回结果为 0，说明名称为'lock1'的锁正在被使用。

RELEASE_LOCK('lock1')返回值为 1，说明解锁成功。

6.8.5　重复执行指定操作的函数

BENCHMARK(count,expr)函数重复执行表达式（expr）count 次。它可以用于计算 MySQL 处理表达式的速度。结果值通常为 0（0 只是表示处理过程很快，并不是没有花费时间）。另一个作用是它可以在 MySQL 客户端内部报告语句执行的时间。

【例 6.106】使用 BENCHMARK 重复执行指定函数。

首先，使用 PASSWORD 函数加密密码，输入语句如下：

```
mysql> SELECT PASSWORD ( 'newpwd' );
+------------------------------------------------------+
| PASSWORD ( 'newpwd' )                                |
+------------------------------------------------------+
| *1FA85AA204CC12B39B20E8F1E839D11B3F9E6AA4 |
+------------------------------------------------------+
1 row in set (0.00 sec)
```

可以看到，PASSWORD 执行花费时间为 0.00sec。下面使用 BENCHMARK 函数重复执行 PASSWORD 操作 500000 次：

```
mysql> SELECT BENCHMARK( 500000, PASSWORD ('newpwd') );
+-------------------------------------------------+
| benchmark( 500000, PASSWORD ('newpwd') ) |
+-------------------------------------------------+
|                        0 |
+-------------------------------------------------+
1 row in set (0.67 sec)
```

由此可以看出，使用 BENCHMARK 执行 500000 次的时间为 0.67sec，明显比执行一次的时间延长了。

> BENCHMARK 报告的时间是客户端经过的时间，而不是在服务器端的 CPU 时间，每次执行后报告的时间并不一定是相同的。读者可以多次执行该语句，查看结果。

6.8.6　改变字符集的函数

CONVERT(…USING…)带有 USING 的 CONVERT()函数被用来在不同的字符集之间转化数据。

【例 6.107】使用 CONVERT()函数改变字符串的默认字符集，输入语句如下：

```
MySQL> SELECT CHARSET('string'), CHARSET(CONVERT('string' USING latin1));
+-----------------+-------------------------------------------+
| CHARSET('string') | CHARSET(CONVERT('string' USING latin1)) |
```

```
+-------------------+----------------------------------------------------+
| utf8              | latin1                                             |
+-------------------+----------------------------------------------------+
```

默认为 utf8 字符集，通过 CONVERT 将字符串"string"的默认字符集改为 latin1。

6.8.7　改变数据类型的函数

CAST(x , AS type)和 CONVERT(x, type)函数将一个类型的值转换为另一个类型的值，可转换的 type 有 BINARY、CHAR(n)、DATE、TIME、DATETIME、DECIMAL、SIGNED、UNSIGNED。

【例 6.108】使用 CAST 和 CONVERT 函数进行数据类型的转换，SQL 语句如下：

```
mysql> SELECT CAST(100 AS CHAR(2)), CONVERT('2010-10-01 12:12:12',TIME);
+----------------------------+-------------------------------------------+
| CAST(100 AS CHAR(2))       | CONVERT('2010-10-01 12:12:12',TIME)       |
+----------------------------+-------------------------------------------+
| 10                         | 12:12:12                                  |
+----------------------------+-------------------------------------------+
```

可以看到，CAST(100 AS CHAR(2))将整数数据 100 转换为带有两个显示宽度的字符串类型，结果为'10'；CONVERT('2010-10-01 12:12:12',TIME)将 DATETIME 类型的值，转换为 TIME 类型值，结果为'12:12:12'。

6.9　实战演练——MySQL 函数的使用

本章为读者介绍了大量的 MySQL 函数，包括数学函数、字符串函数、日期和时间函数、条件判断函数、系统函数、加密函数以及其他函数。读者应该在实践过程中深入了解、掌握这些函数。不同版本的 MySQL 之间的函数可能会有微小的差别，使用时需要查阅对应版本的参考手册，但大部分函数功能在不同版本的 MySQL 之间是一致的。接下来，将给出一个使用各种 MySQL 函数的实战演练。

1. 案例目的

使用各种函数操作数据，掌握各种函数的作用和使用方法。

2. 案例操作过程

步骤 01　使用数学函数 RAND()生成 3 个 10 以内的随机整数。

RAND()函数生成的随机数在 0~1 之间，要生成 0~10 之间的随机数，RAND()需要乘以 10，如果要求是整数，则还必须舍去结果的小数部分。在这里使用 ROUND()函数的执行过程如下：

```
mysql>SELECT ROUND(RAND() * 10), ROUND(RAND() * 10), ROUND(RAND() * 10);
+--------------------+--------------------+--------------------+
| ROUND(RAND() * 10) | ROUND(RAND() * 10) | ROUND(RAND() * 10) |
+--------------------+--------------------+--------------------+
|                  2 |                  6 |                  5 |
+--------------------+--------------------+--------------------+
1 row in set (0.01 sec)
```

步骤 02 使用 SIN()，COS()，TAN()，COT()函数计算三角函数值，并将计算结果转换成整数值。

MySQL 中三角函数计算出来的值并不一定是整数值，需要使用数学函数将其转换为整数，可以使用的数学函数有 ROUND()、FLOOR() 等，执行过程如下：

```
mysql> SELECT PI(), sin(PI()/2),cos(PI()), ROUND(tan(PI()/4)),
FLOOR(cot(PI()/4));
+----------+-------------+-----------+--------------------+--------------------+
| PI()     | sin(PI()/2) | cos(PI()) | ROUND(tan(PI()/4)) | FLOOR(cot(PI()/4)) |
+----------+-------------+-----------+--------------------+--------------------+
| 3.141593 |           1 |        -1 |                  1 |                  1 |
+----------+-------------+-----------+--------------------+--------------------+
```

步骤 03 创建表，并使用字符串和日期函数对字段值进行操作。

① 创建表 member，其中包含 5 个字段，分别为 AUTO_INCREMENT 约束的 m_id 字段、VARCHAR 类型的 m_FN 字段、VARCHAR 类型的 m_LN 字段、DATETIME 类型的 m_birth 字段和 VARCHAR 类型的 m_info 字段。

② 插入一条记录，m_id 值为默认，m_FN 值为"Halen"，m_LN 值为"Park"，m_birth 值为 1970-06-29，m_info 值为"GoodMan"。

③ 返回 m_FN 的长度，返回第 1 条记录中人的全名，将 m_info 字段值转换成小写字母。将 m_info 的值反向输出。

④ 计算第 1 条记录中人的年龄，并计算 m_birth 字段中的值在那一年中的位置，按照"Saturday October 4th 1997"格式输出时间值。

⑤ 插入一条新的记录，m_FN 值为"Samuel"，m_LN 值为"Green"，m_birth 值为系统当前时间，m_info 为空。使用 LAST_INSERT_ID()查看最后插入的 ID 值。

操作过程如下：

① 创建表 member，输入语句如下：

```
CREATE TABLE member
(
m_id    INT AUTO_INCREMENT PRIMARY KEY,
m_FN    VARCHAR(100),
```

```
m_LN    VARCHAR(100),
m_birth  DATETIME,
m_info   VARCHAR(255) NULL
);
```

执行结果如下：

```
mysql> CREATE TABLE member
    -> (
    -> m_id    INT AUTO_INCREMENT PRIMARY KEY,
    -> m_FN   VARCHAR(100),
    -> m_LN   VARCHAR(100),
    -> m_birth DATETIME,
    -> m_info  VARCHAR(255) NULL
    -> );
Query OK, 0 rows affected (0.01 sec)
```

② 插入一条记录，输入语句如下：

```
INSERT INTO member VALUES (NULL, 'Halen ', 'Park', '1970-06-29', 'GoodMan ');
```

使用 SELECT 语句查看插入结果，

```
mysql> SELECT * FROM member;
+-------+----------+--------+---------------------+----------+
| m_id | m_FN   | m_LN | m_birth             | m_info   |
+-------+----------+--------+---------------------+----------+
|    1 | Halen  | Park  | 1970-06-29 00:00:00 | GoodMan |
+-------+----------+--------+---------------------+----------+
1 row in set (0.00 sec)
```

③ 返回 m_FN 的长度，返回第 1 条记录中人的全名，将 m_info 字段值转换成小写字母，将 m_info 的值反向输出。

```
SELECT LENGTH(m_FN), CONCAT(m_FN, m_LN),
LOWER(m_info), REVERSE(m_info) FROM member;
```

执行结果如下：

```
mysql> SELECT LENGTH(m_FN), CONCAT(m_FN, m_LN),
    -> LOWER(m_info), REVERSE(m_info) FROM member;
+--------------+--------------------+---------------+-----------------+
| LENGTH(m_FN) | CONCAT(m_FN, m_LN) | LOWER(m_info) | REVERSE(m_info) |
+--------------+--------------------+---------------+-----------------+
|            6 | Halen Park        | goodman       | naMdooG         |
+--------------+--------------------+---------------+-----------------+
1 row in set (0.00 sec)
```

④ 计算第 1 条记录中人的年龄，并计算 m_birth 字段中的值在那一年中的位置，按照 "Saturday October 4th 1997" 格式输出时间值。

```
SELECT YEAR(CURDATE())-YEAR(m_birth) AS age, DAYOFYEAR(m_birth) AS days,
```

```
DATE_FORMAT(m_birth, '%W %D %M %Y') AS birthDate FROM member;
```

语句执行结果如下：

```
mysql> SELECT YEAR(CURDATE())-YEAR(m_birth) AS age,
    -> DAYOFYEAR(m_birth) AS days,
    -> DATE_FORMAT(m_birth, '%W %D %M %Y') AS birthDate
    -> FROM member;
+------+------+------------------------------+
| age  | days | birthDate                    |
+------+------+------------------------------+
|   41 |  180 | Monday 29th June 1970        |
+------+------+------------------------------+
1 row in set (0.00 sec)
```

⑤ 插入一条新的记录，m_FN 值为"Samuel"，m_LN 值为"Green"，m_birth 值为系统当前时间，m_info 为空。使用 LAST_INSERT_ID()查看最后插入的 ID 值。

```
INSERT INTO member VALUES (NULL, 'Samuel', 'Green', NOW(),NULL);
```

执行结果如下：

```
MySQL> INSERT INTO member VALUES (NULL, 'Samuel', 'Green', NOW(),NULL);
Query OK, 1 row affected (0.00 sec)
```

使用 SELECT 语句查看插入结果：

```
mysql> SELECT * FROM member;
+------+----------+----------+---------------------+----------------+
| m_id | m_FN     | m_LN     | m_birth             | m_info         |
+------+----------+----------+---------------------+----------------+
|    1 | Halen    | Park     | 1970-06-29 00:00:00 | GoodMan        |
|    2 | Samuel   | Green    | 2017-07-24 15:00:01 | NULL           |
+------+----------+----------+---------------------+----------------+
2 rows in set (0.00 sec)
```

可以看到，表中现在有两条记录，接下来使用 LAST_INSERT_ID()函数查看最后插入的 ID 值，输入语句如下：

```
mysql> SELECT LAST_INSERT_ID();
+--------------------------+
| LAST_INSERT_ID()         |
+--------------------------+
|                        2 |
+--------------------------+
1 row in set (0.00 sec)
```

最后插入的为第二条记录，其 ID 值为 2，因此返回值为 2。

步骤 04 使用 CASE 进行条件判断，如果 m_birth 小于 2000 年，就显示"old"；如果 m_birth 大于 2000 年，则显示"young"，输入语句如下：

```
mysql> SELECT m_birth, CASE WHEN YEAR(m_birth) < 2000  THEN  'old'
```

```
    -> WHEN YEAR(m_birth) > 2000 THEN  'young'
    -> ELSE 'not born' END AS status FROM member;
+-----------------------+---------+
| m_birth               | status  |
+-----------------------+---------+
| 1970-06-29 00:00:00   | old     |
| 2017-07-24 15:00:01   | young   |
+-----------------------+---------+
2 rows in set (0.00 sec)
```

6.10 疑难解惑

疑问 1：如何从日期时间值中获取年、月、日等部分日期或时间值？

在 MySQL 中，日期时间值以字符串形式存储在数据表中，因此可以使用字符串函数分别截取日期时间值的不同部分，例如某个名称为 dt 的字段有值"2010-10-01 12:00:30"，如果只需要获得年值，可以输入 LEFT(dt, 4)，这样就获得了字符串左边开始长度为 4 的子字符串，即 YEAR 部分的值；如果要获取月份值，可以输入 MID(dt,6,2)，字符串第 6 个字符开始，长度为 2 的子字符串正好为 dt 中的月份值。同理，读者可以根据其他日期和时间的位置计算并获取相应的值。

疑问 2：如何改变默认的字符集？

CONVERT()函数改变指定字符串的默认字符集，在开始的章节中，向读者介绍使用 GUI 图形化安装配置工具进行 MySQL 的安装和配置，其中的一个步骤是可以选择 MySQL 的默认字符集。但是，如果只改变字符集，没有必要把配置过程重新执行一遍，在这里，一个简单的方式是修改配置文件。在 Windows 中，MySQL 配置文件名称为 my.ini，该文件在 MySQL 的安装目录下面。修改配置文件中的 default-character-set 和 character-set-server 参数值，将其改为想要的字符集名称，如 gbk、gb2312、latin1 等，修改完之后重新启动 MySQL 服务，即可生效。读者可以在修改字符集时使用 SHOW VARIABLES LIKE 'character_set_%';命令查看当前字符集，以进行对比。

6.11 上机练练手

1. 使用数学函数进行如下运算。

（1）计算 18 除以 5 的商和余数。

（2）将弧度值 PI()/4 转换为角度值。

（3）计算 9 的 4 次方值。

（4）保留浮点值 3.14159 小数点后面 2 位。

2. 使用字符串函数进行如下运算。

（1）分别计算字符串"Hello World!"和"University"的长度。

（2）从字符串"Nice to meet you!"中获取子字符串"meet"。

（3）重复输出 3 次字符串"Cheer!"。

（4）将字符串"voodoo"逆序输出。

（5）4 个字符串"MySQL""not""is""great"，按顺序排列，从中选择 1、3 和 4 位置处的字符串组成新的字符串。

3. 使用日期和时间函数进行如下运算。

（1）计算当前日期是一年的第几周。

（2）计算当前日期是一周中的第几个工作日。

（3）计算"1929-02-14"与当前日期之间相差的年份。

（4）按"97 Oct 4th Saturday"格式输出当前日期。

（5）从当前日期时间值中获取时间值，并将其转换为秒值。

4. 使用 MySQL 函数进行如下运算。

（1）使用 SHOW PROCESSLIST 语句查看当前连接状态。

（2）使用加密函数 ENCODE 对字符串"MySQL"加密，并使用 DECODE 函数解密。

（3）将十进制的值 100 转换为十六进制值。

（4）格式化数值 5.1584，四舍五入保留到小数点后面第 3 位。

（5）将字符串"new string"的字符集改为 gb2312。

第 7 章
◀ 查询数据 ▶

数据库管理系统的一个最重要的功能就是数据查询。数据查询不应只是简单返回数据库中存储的数据，还应该根据需要对数据进行筛选，以及确定数据以什么样的格式显示。MySQL提供了功能强大、灵活的语句来实现这些操作，本章将介绍如何使用 SELECT 语句查询数据表中的一列或多列数据、使用集合函数显示查询结果、连接查询、子查询以及使用正则表达式进行查询等。

本章学习技能

- 了解基本查询语句
- 掌握表单查询的方法
- 掌握如何使用几何函数查询
- 掌握连接查询的方法
- 掌握如何使用子查询
- 熟悉合并查询结果
- 熟悉如何为表和字段取别名
- 掌握如何使用正则表达式查询
- 掌握实战演练中数据表的查询操作技巧和方法

7.1 基本查询语句

MySQL 从数据表中查询数据的基本语句为 SELECT 语句。SELECT 语句的基本格式是：

```
SELECT
        {* | <字段列表>}
        [
        FROM <表1>,<表2>...
        [WHERE <表达式>
        [GROUP BY <group by definition>]
        [HAVING <expression> [{<operator> <expression>}...]]
```

```
            [ORDER BY <order by definition>]
            [LIMIT [<offset>,] <row count>]
        ]
SELECT  [字段1,字段2,…,字段 n]
FROM  [表或视图]
WHERE  [查询条件];
```

其中，各条子句的含义如下：

- {*|<字段列表>}包含星号通配符选字段列表，表示查询的字段，其中字段列至少包含一个字段名称，如果要查询多个字段，多个字段之间用逗号隔开，最后一个字段后不要加逗号。
- FROM <表 1>,<表 2>...，表 1 和表 2 表示查询数据的来源，可以是单个或者多个。
- WHERE 子句是可选项，如果选择该项，就将限定查询行必须满足的查询条件。
- GROUP BY <字段>，该子句告诉 MySQL 如何显示查询出来的数据，并按照指定的字段分组。
- [ORDER BY <字段 >]，该子句告诉 MySQL 按什么样的顺序显示查询出来的数据，可以进行的排序有升序(ASC)和降序（DESC）。
- [LIMIT [<offset>,] <row count>]，该子句告诉 MySQL 每次显示查询出来的数据条数。

SELECT 的可选参数比较多，读者可能无法一下完全理解，不要紧，接下来将从最简单的开始，一步一步深入学习之后，读者会对各个参数的作用有清晰的认识。

下面以一个例子说明如何使用 SELECT 从单个表中获取数据。

首先定义数据表，输入语句如下：

```
CREATE TABLE fruits
(
f_id    char(10)      NOT NULL,
s_id    INT           NOT NULL,
f_name  char(255)     NOT NULL,
f_price decimal(8,2)   NOT NULL,
PRIMARY KEY(f_id)
);
```

为了演示如何使用 SELECT 语句，需要插入如下数据：

```
mysql> INSERT INTO fruits (f_id, s_id, f_name, f_price)
    -> VALUES('a1', 101,'apple',5.2),
    -> ('b1',101,'blackberry', 10.2),
    -> ('bs1',102,'orange', 11.2),
    -> ('bs2',105,'melon',8.2),
    -> ('t1',102,'banana', 10.3),
    -> ('t2',102,'grape', 5.3),
    -> ('o2',103,'coconut', 9.2),
    -> ('c0',101,'cherry', 3.2),
```

```
     -> ('a2',103, 'apricot',2.2),
     -> ('l2',104,'lemon', 6.4),
     -> ('b2',104,'berry', 7.6),
     -> ('m1',106,'mango', 15.7),
     -> ('m2',105,'xbabay', 2.6),
     -> ('t4',107,'xbababa', 3.6),
     -> ('m3',105,'xxtt', 11.6),
     -> ('b5',107,'xxxx', 3.6);
```

使用 SELECT 语句查询 f_id 字段的数据。

```
mysql> SELECT f_id, f_name FROM fruits;
+-------+------------+
| f_id | f_name     |
+-------+------------+
| a1    | apple      |
| a2    | apricot    |
| b1    | blackberry |
| b2    | berry      |
| b5    | xxxx       |
| bs1   | orange     |
| bs2   | melon      |
| c0    | cherry     |
| l2    | lemon      |
| m1    | mango      |
| m2    | xbabay     |
| m3    | xxtt       |
| o2    | coconut    |
| t1    | banana     |
| t2    | grape      |
| t4    | xbababa    |
+-------+----------------+
16 rows in set (0.00 sec)
```

该语句的执行过程是，SELECT 语句决定了要查询的列值，在这里查询 f_id 和 f_name 两个字段的值，FROM 子句指定了数据的来源，这里指定数据表 fruits，因此返回结果为 fruits 表中 f_id 和 f_name 两个字段下所有的数据。其显示顺序为添加到表中的顺序。

7.2　单表查询

单表查询是指从一张表数据中查询所需的数据。本节将介绍单表查询中各种基本的查询方式，主要有查询所有字段、查询指定字段、查询指定记录、查询空值、多条件的查询、对查询结果进行排序等。

7.2.1 查询所有字段

1. 在 SELECT 语句中使用星号（*）通配符查询所有字段

SELECT 查询记录最简单的形式是从一个表中检索所有记录，实现的方法是使用星号（*）通配符指定查找所有列的名称。语法格式如下：

```
SELECT * FROM 表名;
```

【例 7.1】从 fruits 表中检索所有字段的数据，SQL 语句如下：

```
mysql> SELECT * FROM fruits;
+------+----------+----------------+-----------+
| f_id | s_id     | f_name         | f_price   |
+------+----------+----------------+-----------+
| a1   | 101      | apple          |    5.20   |
| a2   | 103      | apricot        |    2.20   |
| b1   | 101      | blackberry     |   10.20   |
| b2   | 104      | berry          |    7.60   |
| b5   | 107      | xxxx           |    3.60   |
| bs1  | 102      | orange         |   11.20   |
| bs2  | 105      | melon          |    8.20   |
| c0   | 101      | cherry         |    3.20   |
| l2   | 104      | lemon          |    6.40   |
| m1   | 106      | mango          |   15.70   |
| m2   | 105      | xbabay         |    2.60   |
| m3   | 105      | xxtt           |   11.60   |
| o2   | 103      | coconut        |    9.20   |
| t1   | 102      | banana         |   10.30   |
| t2   | 102      | grape          |    5.30   |
| t4   | 107      | xbababa        |    3.60   |
+------+----------+----------------+-----------+
```

可以看到，使用星号（*）通配符时，将返回所有列，列按照定义表时候的顺序显示。

2. 在 SELECT 语句中指定所有字段

下面介绍另外一种查询所有字段值的方法。根据前面 SELECT 语句的格式，SELECT 关键字后面的字段名为将要查找的数据，因此可以将表中所有字段的名称跟在 SELECT 子句后面，如果忘记了字段名称，可以使用 DESC 命令查看表的结构。有时候，由于表中的字段可能比较多，不一定能记得所有字段的名称，因此该方法会很不方便，不建议使用。例如查询 fruits 表中的所有数据，SQL 语句也可以书写如下：

```
SELECT f_id, s_id ,f_name, f_price FROM fruits;
```

查询结果与【例 7.1】相同。

 一般情况下，除非需要使用表中所有的字段数据，最好不要使用通配符'*'。使用通配符虽然可以节省输入查询语句的时间，但是获取不需要的列数据通常会降低查询和所使用应用程序的效率。通配符的优势是，当不知道所需要的列的名称时，可以通过通配符获取。

7.2.2 查询指定字段

1. 查询单个字段

查询表中的某一个字段，语法格式为：

```
SELECT 列名 FROM 表名;
```

【例 7.2】查询 fruits 表中 f_name 列所有水果名称，SQL 语句如下：

```
SELECT f_name FROM fruits;
```

该语句使用 SELECT 声明从 fruits 表中获取名称为 f_name 字段下的所有水果名称，指定字段的名称紧跟在 SELECT 关键字之后，查询结果如下：

```
mysql> SELECT f_name FROM fruits;
+-----------------+
| f_name          |
+-----------------+
| apple           |
| apricot         |
| blackberry      |
| berry           |
| xxxx            |
| orange          |
| melon           |
| cherry          |
| lemon           |
| mango           |
| xbabay          |
| xxtt            |
| coconut         |
| banana          |
| grape           |
| xbababa         |
+-----------------+
```

输出结果显示了 fruits 表中 f_name 字段下的所有数据。

2. 查询多个字段

使用 SELECT 声明，可以获取多个字段下的数据，只需要在关键字 SELECT 后面指定要查找的字段的名称，不同字段名称之间用逗号（,）分隔开，最后一个字段后面不需要加逗号，语法格式如下：

```
SELECT 字段名1,字段名2,…,字段名n  FROM 表名;
```

【例 7.3】例如，从 fruits 表中获取 f_name 和 f_price 两列，SQL 语句如下：

```
SELECT f_name, f_price FROM fruits;
```

该语句使用 SELECT 声明从 fruits 表中获取名称为 f_name 和 f_price 两个字段下的所有水果名称和价格，两个字段之间用逗号分隔开，查询结果如下：

```
mysql> SELECT f_name, f_price FROM fruits;
+---------------+-----------+
| f_name        | f_price   |
+---------------+-----------+
| apple         |     5.20  |
| apricot       |     2.20  |
| blackberry    |    10.20  |
| berry         |     7.60  |
| xxxx          |     3.60  |
| orange        |    11.20  |
| melon         |     8.20  |
| cherry        |     3.20  |
| lemon         |     6.40  |
| mango         |    15.70  |
| xbabay        |     2.60  |
| xxtt          |    11.60  |
| coconut       |     9.20  |
| banana        |    10.30  |
| grape         |     5.30  |
| xbababa       |     3.60  |
+---------------+-----------+
```

输出结果显示了 fruits 表中 f_name 和 f_price 两个字段下的所有数据。

 MySQL 中的 SQL 语句是不区分大小写的，因此 SELECT 和 select 作用是相同的，但是，许多开发人员习惯将关键字使用大写，而数据列和表名使用小写，读者也应该养成一个良好的编程习惯，这样写出来的代码更容易阅读和维护。

7.2.3 查询指定记录

数据库中包含大量的数据，根据特殊要求，可能只需要查询表中的指定数据，即对数据进行过滤。在 SELECT 语句中，通过 WHERE 子句可以对数据进行过滤，语法格式为：

```
SELECT 字段名1,字段名2,…,字段名 n
FROM 表名
WHERE 查询条件
```

在 WHERE 子句中，MySQL 提供了一系列的条件判断符，查询结果如表 7.1 所示。

表 7.1 WHERE 条件判断符

操作符	说明
=	相等
<> , !=	不相等
<	小于
<=	小于或者等于
>	大于
>=	大于或者等于
BETWEEN	位于两值之间

【例 7.4】查询价格为 10.2 元的水果名称，SQL 语句如下：

```
SELECT f_name, f_price
FROM fruits
WHERE f_price = 10.2;
```

该语句使用 SELECT 声明从 fruits 表中获取价格等于 10.2 的水果的数据，从查询结果可以看到，价格是 10.2 的水果名称是 blackberry，其他的均不满足查询条件，查询结果如下：

```
mysql> SELECT f_name, f_price
    -> FROM fruits
    -> WHERE f_price = 10.2;
+------------+---------+
| f_name     | f_price |
+------------+---------+
| blackberry | 10.20   |
+------------+---------+
```

本例采用了简单的相等过滤，查询一个指定列 f_price 具有值 10.20。

相等还可以用来比较字符串。

【例 7.5】查找名称为"apple"的水果价格，SQL 语句如下：

```
SELECT f_name, f_price
FROM fruits
WHERE f_name = 'apple';
```

该语句使用 SELECT 声明从 fruits 表中获取名称为"apple"的水果价格,从查询结果可以看到只有名称为"apple"行被返回,其他的均不满足查询条件。

```
mysql> SELECT f_name, f_price
    -> FROM fruits
    -> WHERE f_name = 'apple';
+--------+---------+
| f_name | f_price |
+--------+---------+
| apple  | 5.20    |
+--------+---------+
```

【例 7.6】查询价格小于 10 的水果名称,SQL 语句如下:

```
SELECT f_name, f_price
FROM fruits
WHERE f_price < 10;
```

该语句使用 SELECT 声明从 fruits 表中获取价格低于 10 元的水果名称,即 f_price 小于 10 的水果信息被返回,查询结果如下:

```
mysql> SELECT f_name, f_price
    -> FROM fruits
    -> WHERE f_price < 10.00;
+-----------+------------+
| f_name    | f_price    |
+-----------+------------+
| apple     |    5.20    |
| apricot   |    2.20    |
| berry     |    7.60    |
| xxxx      |    3.60    |
| melon     |    8.20    |
| cherry    |    3.20    |
| lemon     |    6.40    |
| xbabay    |    2.60    |
| coconut   |    9.20    |
| grape     |    5.30    |
| xbababa   |    3.60    |
+-----------+------------+
```

可以看到查询结果中,所有记录的 f_price 字段的值均小于 10.00 元,而大于或等于 10.00 元的记录没有被返回。

7.2.4　带 IN 关键字的查询

IN 操作符用来查询满足指定范围内的条件的记录,使用 IN 操作符,将所有检索条件用括号括起来，检索条件之间用逗号分隔开，只要满足条件范围内的一个值即为匹配项。

【例 7.7】s_id 为 101 和 102 的记录，SQL 语句如下：

```
SELECT s_id,f_name, f_price
FROM fruits
WHERE s_id IN (101,102)
ORDER BY f_name;
```

查询结果如下：

```
+------+------------+------------+
| s_id | f_name     | f_price    |
+------+------------+------------+
| 101  | apple      |     5.20   |
| 102  | banana     |    10.30   |
| 101  | blackberry |    10.20   |
| 101  | cherry     |     3.20   |
| 102  | grape      |     5.30   |
| 102  | orange     |    11.20   |
+------+------------+------------+
```

相反，可以使用关键字 NOT 来检索不在条件范围内的记录。

【例 7.8】查询所有 s_id 既不等于 101 也不等于 102 的记录，SQL 语句如下：

```
SELECT s_id,f_name, f_price
FROM fruits
WHERE s_id NOT IN (101,102)
ORDER BY f_name;
```

查询结果如下：

```
+------+----------+------------+
| s_id | f_name   | f_price    |
+------+----------+------------+
| 103  | apricot  |    2.20    |
| 104  | berry    |    7.60    |
| 103  | coconut  |    9.20    |
| 104  | lemon    |    6.40    |
| 106  | mango    |   15.70    |
| 105  | melon    |    8.20    |
| 107  | xbababa  |    3.60    |
| 105  | xbabay   |    2.60    |
| 105  | xxtt     |   11.60    |
| 107  | xxxx     |    3.60    |
+------+----------+------------+
```

可以看到，该语句在 IN 关键字前面加上了 NOT 关键字，这使得查询的结果与前面一个的结果正好相反，前面检索了 s_id 等于 101 和 102 的记录，而这里所要求的查询的记录中的 s_id 字段值不等于这两个值中的任何一个。

7.2.5 带 BETWEEN AND 的范围查询

BETWEEN AND 用来查询某个范围内的值，该操作符需要两个参数，即范围的开始值和结束值，如果字段值满足指定的范围查询条件，则这些记录被返回。

【例 7.9】查询价格在 2.00 元到 10.20 元之间的水果名称和价格，SQL 语句如下：

```
SELECT f_name, f_price FROM fruits WHERE f_price BETWEEN 2.00 AND 10.20;
```

查询结果如下：

```
mysql> SELECT f_name, f_price
    -> FROM fruits
    -> WHERE f_price BETWEEN 2.00 AND 10.20;
+-----------------+-----------+
| f_name          | f_price   |
+-----------------+-----------+
| apple           |    5.20   |
| apricot         |    2.20   |
| blackberry      |   10.20   |
| berry           |    7.60   |
| xxxx            |    3.60   |
| melon           |    8.20   |
| cherry          |    3.20   |
| lemon           |    6.40   |
| xbabay          |    2.60   |
| coconut         |    9.20   |
| grape           |    5.30   |
| xbababa         |    3.60   |
+-----------------+-----------+
```

可以看到，返回结果包含了价格从 2.00 元到 10.20 元之间的字段值，并且端点值 10.20 也包括在返回结果中，即 BETWEEN 匹配范围中所有值，包括开始值和结束值。

BETWEEN AND 操作符前可以加关键字 NOT，表示指定范围之外的值，如果字段值不满足指定的范围内的值，则这些记录被返回。

【例 7.10】查询价格在 2.00 元到 10.20 元之外的水果名称和价格，SQL 语句如下：

```
SELECT f_name, f_price
FROM fruits
WHERE f_price NOT BETWEEN 2.00 AND 10.20;
```

查询结果如下：

```
+--------+---------+
| f_name | f_price |
+--------+---------+
| orange |   11.20 |
| mango  |   15.70 |
| xxtt   |   11.60 |
| banana |   10.30 |
+--------+---------+
```

由结果可以看到，返回的记录只有 f_price 字段大于 10.20 的，其实，f_price 字段小于 2.00 的记录也满足查询条件。因此，如果表中有 f_price 字段小于 2.00 的记录，也应当作为查询结果。

7.2.6　带 LIKE 的字符匹配查询

在前面的检索操作中，讲述了如何查询多个字段的记录，如何进行比较查询或者是查询一个条件范围内的记录，如果要查找所有的包含字符 "ge" 的水果名称，该如何查找呢？简单的比较操作在这里已经行不通了，在这里，需要使用通配符进行匹配查找，通过创建查找模式对表中的数据进行比较。执行这个任务的关键字是 LIKE。

通配符是一种在 SQL 的 WHERE 条件子句中拥有特殊意思的字符，SQL 语句中支持多种通配符，可以和 LIKE 一起使用的通配符有 '%' 和 '_'。

1. 百分号通配符 '%'，匹配任意长度的字符，甚至包括零字符

【例 7.11】查找所有以 'b' 字母开头的水果，SQL 语句如下：

```
SELECT f_id, f_name
FROM fruits
WHERE f_name LIKE 'b%';
```

查询结果如下：

```
+-------+-------------+
| f_id  | f_name      |
+-------+-------------+
| b1    | blackberry  |
| b2    | berry       |
| t1    | banana      |
+-------+-------------+
```

该语句查询的结果返回所有以 'b' 开头的水果的 id 和 name，'%' 告诉 MySQL，返回所有以字母 'b' 开头的记录，不管 'b' 后面有多少个字符。

在搜索匹配时通配符 '%' 可以放在不同位置，如【例 7.12】。

【例 7.12】在 fruits 表中，查询 f_name 中包含字母 'g' 的记录，SQL 语句如下：

```
SELECT f_id, f_name
FROM fruits
WHERE f_name LIKE '%g%';
```

查询结果如下：

```
+------+--------+
| f_id | f_name |
+------+--------+
| bs1  | orange |
| m1   | mango  |
| t2   | grape  |
+------+--------+
```

该语句查询字符串中包含字母'g'的水果名称，只要名字中有字符'g'，而前面或后面不管有多少个字符，都满足查询的条件。

【例 7.13】查询以'b'开头，并以'y'结尾的水果的名称，SQL 语句如下：

```
SELECT f_name
FROM fruits
WHERE f_name LIKE 'b%y';
```

查询结果如下：

```
+------------+
| f_name     |
+------------+
| blackberry |
| berry      |
+------------+
```

通过以上查询结果，可以看到，'%'用于匹配在指定的位置的任意数目的字符。

2. 下划线通配符'_'，一次只能匹配任意一个字符

另一个非常有用的通配符是下划线通配符'_'，该通配符的用法和'%'相同，区别是'%'可以匹配多个字符，而'_'只能匹配任意单个字符，如果要匹配多个字符，则需要使用相同个数的'_'。

【例 7.14】在 fruits 表中，查询以字母'y'结尾，且'y'前面只有 4 个字母的记录，SQL语句如下：

```
SELECT f_id, f_name FROM fruits WHERE f_name LIKE '----y';
```

查询结果如下：

```
+------+--------+
| f_id | f_name |
```

```
+------+--------+
| b2   | berry  |
+------+--------+
```

从结果可以看到，以'y'结尾且前面只有 4 个字母的记录只有一条。其他记录的 f_name 字段也有以'y'结尾的，但其总的字符串长度不为 5，因此不在返回结果中。

7.2.7　查询空值

数据表创建的时候，设计者可以指定某列中是否可以包含空值（NULL）。空值不同于 0，也不同于空字符串。空值一般表示数据未知、不适用或将在以后添加数据。在 SELECT 语句中使用 IS NULL 子句，可以查询某字段内容为空记录。

下面在数据库中创建数据表 customers，该表中包含了本章中需要用到的数据。

```
CREATE TABLE customers
(
 c_id       int       NOT NULL AUTO_INCREMENT,
 c_name     char(50)  NOT NULL,
 c_address char(50)   NULL,
 c_city    char(50)   NULL,
 c_zip     char(10)   NULL,
 c_contact char(50)   NULL,
 c_email   char(255)  NULL,
 PRIMARY KEY (c_id)
);
```

为了演示需要插入数据，请读者执行以下语句。

```
INSERT INTO customers(c_id, c_name, c_address, c_city,
c_zip,  c_contact, c_email)
VALUES(10001, 'RedHook', '200 Street ', 'Tianjin',
 '300000',  'LiMing', 'LMing@163.com'),
(10002, 'Stars', '333 Fromage Lane',
 'Dalian', '116000',  'Zhangbo','Jerry@hotmail.com'),
(10003, 'Netbhood', '1 Sunny Place', 'Qingdao', '266000',
 'LuoCong', NULL),
(10004, 'JOTO', '829 Riverside Drive', 'Haikou',
 '570000',  'YangShan', 'sam@hotmail.com');
 SELECT COUNT(*) AS cust_num FROM customers;
```

【例 7.15】查询 customers 表中 c_email 为空的记录的 c_id、c_name 和 c_email 字段值，SQL 语句如下：

```
SELECT c_id, c_name,c_email FROM customers WHERE c_email IS NULL;
```

查询结果如下：

```
mysql> SELECT c_id, c_name,c_email FROM customers WHERE c_email IS NULL;
+-------+-----------+---------+
| c_id  | c_name    | c_email |
+-------+-----------+---------+
| 10003 | Netbhood  | NULL|
+-------+-----------+---------+
```

可以看到，显示 customers 表中字段 c_email 的值为 NULL 的记录，满足查询条件。

与 IS NULL 相反的是 NOT IS NULL，该关键字查找字段不为空的记录。

【例 7.16】查询 customers 表中 c_email 不为空的记录的 c_id、c_name 和 c_email 字段值，SQL 语句如下：

```
SELECT c_id, c_name,c_email FROM customers WHERE c_email IS NOT NULL;
```

查询结果如下：

```
mysql> SELECT c_id, c_name,c_email FROM customers WHERE c_email IS NOT NULL;
+-------+-----------+-----------------------+
| c_id  | c_name    | c_email               |
+-------+-----------+-----------------------+
| 10001 | RedHook   | LMing@163.com         |
| 10002 | Stars     | Jerry@hotmail.com     |
| 10004 | JOTO      | sam@hotmail.com       |
+-------+-----------+-----------------------+
```

可以看到，查询出来的记录的 c_email 字段都不为空值。

7.2.8 带 AND 的多条件查询

使用 SELECT 查询时，可以增加查询的限制条件，这样可以使查询的结果更加精确。MySQL 在 WHERE 子句中使用 AND 操作符限定只有满足所有查询条件的记录才会被返回。可以使用 AND 连接两个甚至多个查询条件，多个条件表达式之间用 AND 分开。

【例 7.17】在 fruits 表中查询 s_id = 101，并且 f_price 大于等于 5 的水果价格和名称，SQL 语句如下：

```
SELECT f_id, f_price, f_name FROM fruits WHERE s_id = '101' AND f_price >=5;
```

查询结果如下：

```
mysql> SELECT f_id, f_price, f_name
    -> FROM fruits
    -> WHERE s_id = '101' AND f_price >= 5;
+------+---------+------------+
| f_id | f_price | f_name     |
+------+---------+------------+
| a1   | 5.20    | apple      |
```

```
| b1   | 10.20 | blackberry |
+------+-------+------------+
```

前面的语句检索了 s_id=101 的水果供应商所有价格大于等于 5 元的水果名称和价格。WHERE 子句中的条件分为两部分，AND 关键字指示 MySQL 返回所有同时满足两个条件的行。即使是 id=101 的水果供应商提供的水果，如果价格小于 5，或者是 id 不等于'101'的水果供应商里的水果不管其价格为多少，均不是要查询的结果。

> 上述例子的 WHERE 子句中只包含了一个 AND 语句，把两个过滤条件组合在一起。实际上可以添加多个 AND 过滤条件，增加条件的同时增加一个 AND 关键字。

【例 7.18】在 fruits 表中查询 s_id = 101 或者 102，且 f_price 大于 5，并且 f_name='apple' 的水果价格和名称，SQL 语句如下：

```
SELECT f_id, f_price, f_name FROM fruits
WHERE s_id IN('101', '102') AND f_price >= 5 AND f_name = 'apple';
```

查询结果如下：

```
mysql> SELECT f_id, f_price, f_name FROM fruits
    -> WHERE s_id IN('101','102') AND f_price >= 5 AND f_name = 'apple';
+------+---------+--------+
| f_id | f_price | f_name |
+------+---------+--------+
| a1   |    5.20 | apple  |
+------+---------+--------+
```

可以看到，符合查询条件的返回记录只有一条。

7.2.9 带 OR 的多条件查询

与 AND 相反，在 WHERE 声明中使用 OR 操作符，表示只需要满足其中一个条件的记录即可返回。OR 也可以连接两个甚至多个查询条件，多个条件表达式之间用 OR 分开。

【例 7.19】查询 s_id=101 或者 s_id=102 的水果供应商的 f_price 和 f_name，SQL 语句如下：

```
SELECT s_id,f_name, f_price FROM fruits WHERE s_id = 101 OR s_id = 102;
```

查询结果如下：

```
mysql> SELECT s_id,f_name, f_price
    -> FROM fruits
    -> WHERE s_id = 101 OR s_id = 102;
+------+----------------+---------+
| s_id | f_name         | f_price |
+------+----------------+---------+
| 101  | apple          |    5.20 |
```

```
| 101 | blackberry      |   10.20  |
| 102 | orange          |   11.20  |
| 101 | cherry          |    3.20  |
| 102 | banana          |   10.30  |
| 102 | grape           |    5.30  |
+------+-----------------+----------+
```

结果显示了 s_id=101 和 s_id=102 的商店里的水果名称和价格，OR 操作符告诉 MySQL，检索的时候只需要满足其中的一个条件，不需要全部都满足。如果这里使用 AND 的话，将检索不到符合条件的数据。

在这里，也可以使用 IN 操作符实现与 OR 相同的功能，下面的例子可进行说明。

【例 7.20】查询 s_id=101 或者 s_id=102 的水果供应商的 f_price 和 f_name，SQL 语句如下：

```
SELECT s_id,f_name, f_price FROM fruits WHERE s_id IN(101,102);
```

查询结果如下：

```
mysql> SELECT s_id,f_name, f_price
    -> FROM fruits
    -> WHERE s_id IN(101,102);
+------+-----------------+-----------+
| s_id | f_name          | f_price   |
+------+-----------------+-----------+
| 101  | apple           |    5.20   |
| 101  | blackberry      |   10.20   |
| 102  | orange          |   11.20   |
| 101  | cherry          |    3.20   |
| 102  | banana          |   10.30   |
| 102  | grape           |    5.30   |
+------+-----------------+-----------+
```

在这里可以看到，OR 操作符和 IN 操作符使用后的结果是一样的，它们可以实现相同的功能。但是使用 IN 操作符使得检索语句更加简洁明了，并且 IN 执行的速度要快于 OR。更重要的是，使用 IN 操作符，可以执行更加复杂的嵌套查询（后面章节将会讲述）。

> OR 可以和 AND 一起使用，但是在使用时要注意两者的优先级，由于 AND 的优先级高于 OR，因此先对 AND 两边的操作数进行操作，再与 OR 中的操作数结合。

7.2.10　查询结果不重复

从前面的例子可以看到，SELECT 查询返回所有匹配的行。例如，查询 fruits 表中所有的 s_id，其结果为：

```
+------+
```

```
| s_id |
+------+
|  101 |
|  103 |
|  101 |
|  104 |
|  107 |
|  102 |
|  105 |
|  101 |
|  104 |
|  106 |
|  105 |
|  105 |
|  103 |
|  102 |
|  102 |
|  107 |
+------+
```

可以看到查询结果返回了 16 条记录，其中有一些重复的 s_id 值，有时，出于对数据分析的要求，需要消除重复的记录值，如何使查询结果没有重复呢？在 SELECT 语句中，可以使用 DISTINCT 关键字指示 MySQL 消除重复的记录值。语法格式为：

```
SELECT DISTINCT 字段名 FROM 表名;
```

【例 7.21】查询 fruits 表中 s_id 字段的值，返回 s_id 字段值且不得重复，SQL 语句如下：

```
SELECT DISTINCT s_id FROM fruits;
```

查询结果如下：

```
mysql> SELECT DISTINCT s_id FROM fruits;
+------+
| s_id |
+------+
|  101 |
|  103 |
|  104 |
|  107 |
|  102 |
|  105 |
|  106 |
+------+
```

可以看到，这次查询结果只返回了 7 条记录的 s_id 值，且不再有重复的值，SELECT DISTINCT s_id 告诉 MySQL 只返回不同的 s_id 行。

7.2.11　对查询结果排序

从前面的查询结果，读者会发现有些字段的值是没有任何顺序的，MySQL 可以通过在 SELECT 语句中使用 ORDER BY 子句，对查询的结果进行排序。

1. 单列排序

例如，查询 f_name 字段，查询结果如下：

```
mysql> SELECT f_name FROM fruits;
+---------------+
| f_name        |
+---------------+
| apple         |
| apricot       |
| blackberry    |
| berry         |
| xxxx          |
| orange        |
| melon         |
| cherry        |
| lemon         |
| mango         |
| xbabay        |
| xxtt          |
| coconut       |
| banana        |
| grape         |
| xbababa       |
+---------------+
```

可以看到，查询的数据并没有以一种特定的顺序显示，如果没有对它们进行排序，就将根据它们插入到数据表中的顺序来显示。

下面使用 ORDER BY 子句对指定的列数据进行排序。

【例 7.22】查询 fruits 表的 f_name 字段值，并对其进行排序，SQL 语句如下：

```
mysql> SELECT f_name FROM fruits ORDER BY f_name;
+---------------+
| f_name        |
+---------------+
| apple         |
| apricot       |
| banana        |
| berry         |
| blackberry    |
| cherry        |
```

```
| coconut     |
| grape       |
| lemon       |
| mango       |
| melon       |
| orange      |
| xbababa     |
| xbabay      |
| xxtt        |
| xxxx        |
+-----------------+
```

该语句查询的结果和前面的语句相同，不同的是，通过指定 ORDER BY 子句，MySQL
对查询的 name 列的数据按字母表的顺序进行了升序排序。

2. 多列排序

有时，需要根据多列值进行排序。比如，如果要显示一个学生列表，可能会有多个学生的
姓氏是相同的，因此还需要根据学生的名进行排序。对多列数据进行排序，必须将需要排序的
列之间用逗号隔开。

【例 7.23】查询 fruits 表中的 f_name 和 f_price 字段，先按 f_name 排序，再按 f_price 排序，
SQL 语句如下：

```
SELECT f_name, f_price FROM fruits ORDER BY f_name, f_price;
```

查询结果如下：

```
mysql> SELECT f_name, f_price FROM fruits ORDER BY f_name, f_price;
+---------------+-----------+
| f_name        | f_price   |
+---------------+-----------+
| apple         |    5.20   |
| apricot       |    2.20   |
| banana        |   10.30   |
| berry         |    7.60   |
| blackberry    |   10.20   |
| cherry        |    3.20   |
| coconut       |    9.20   |
| grape         |    5.30   |
| lemon         |    6.40   |
| mango         |   15.70   |
| melon         |    8.20   |
| orange        |   11.20   |
| xbababa       |    3.60   |
| xbabay        |    2.60   |
| xxtt          |   11.60   |
| xxxx          |    3.60   |
+---------------+-----------+
```

在对多列进行排序的时候，首先排序的第一列必须有相同的列值，才会对第二列进行排序。
如果第一列数据中所有值都是唯一的，将不再对第二列进行排序。

3. 指定排序方向

默认情况下，查询数据按字母升序进行排序（A~Z），但数据的排序并不仅限于此，还可以使用 ORDER BY 对查询结果进行降序排序（Z~A），这可以通过关键字 DESC 实现，下面的例子表明如何进行降序排列。

【例 7.24】查询 fruits 表中的 f_name 和 f_price 字段，对结果按 f_price 降序方式排序，SQL 语句如下：

```
SELECT f_name, f_price FROM fruits ORDER BY f_price DESC;
```

查询结果如下：

```
mysql> SELECT f_name, f_price FROM fruits ORDER BY f_price DESC;
+--------------+---------+
| f_name       | f_price |
+--------------+---------+
| mango        |   15.70 |
| xxtt         |   11.60 |
| orange       |   11.20 |
| banana       |   10.30 |
| blackberry   |   10.20 |
| coconut      |    9.20 |
| melon        |    8.20 |
| berry        |    7.60 |
| lemon        |    6.40 |
| grape        |    5.30 |
| apple        |    5.20 |
| xxxx         |    3.60 |
| xbababa      |    3.60 |
| cherry       |    3.20 |
| xbabay       |    2.60 |
| apricot      |    2.20 |
+--------------+---------+
```

与 DESC 相反的是 ASC（升序排序），将字段列中的数据按字母表顺序升序排序。实际上，在排序的时候 ASC 是默认的排序方式，所以加不加都可以。

也可以对多列进行不同的顺序排序，如【例 7.25】所示。

【例 7.25】查询 fruits 表，先按 f_price 降序排序，再按 f_name 字段升序排序，SQL 语句如下：

```
SELECT f_price, f_name FROM fruits ORDER BY f_price DESC, f_name;
```

查询结果如下：

```
mysql> SELECT f_price, f_name FROM fruits ORDER BY f_price DESC, f_name;
+------------+------------+
| f_price  | f_name    |
+------------+------------+
|   15.70  | mango     |
|   11.60  | xxtt      |
|   11.20  | orange    |
|   10.30  | banana    |
|   10.20  | blackberry |
|    9.20  | coconut   |
|    8.20  | melon     |
|    7.60  | berry     |
|    6.40  | lemon     |
|    5.30  | grape     |
|    5.20  | apple     |
|    3.60  | xbababa   |
|    3.60  | xxxx      |
|    3.20  | cherry    |
|    2.60  | xbabay    |
|    2.20  | apricot   |
+------------+---------------+
```

DESC 排序方式只应用到直接位于其前面的字段上，由结果可以看出。

> DESC 关键字只对其前面的列进行降序排列，在这里只对 f_price 排序，并没有对 f_name 进行排序，因此，f_price 按降序排序，而 f_name 列仍按升序排序。如果要对多列都进行降序排序，必须要在每一列的列名后面加 DESC 关键字。

7.2.12 分组查询

分组查询是对数据按照某个或多个字段进行分组，MySQL 中使用 GROUP BY 关键字对数据进行分组，基本语法形式为：

```
[GROUP BY 字段] [HAVING <条件表达式>]
```

字段值为进行分组时所依据的列名称；"HAVING <条件表达式>"指定满足表达式限定条件的结果将被显示。

1. 创建分组

GROUP BY 关键字通常和集合函数一起使用，比如 MAX()、MIN()、COUNT()、SUM()、AVG()。假如要返回每个水果供应商提供的水果种类，这时就要在分组过程中用到 COUNT() 函数，把数据分为多个逻辑组，并对每个组进行集合计算。

【例 7.26】根据 s_id 对 fruits 表中的数据进行分组，SQL 语句如下：

```
SELECT s_id, COUNT(*) AS Total FROM fruits GROUP BY s_id;
```

查询结果如下：

```
mysql> SELECT s_id, COUNT(*) AS Total FROM fruits GROUP BY s_id;
+------+-----------+
| s_id | Total     |
+------+-----------+
| 101  |    3      |
| 102  |    3      |
| 103  |    2      |
| 104  |    2      |
| 105  |    3      |
| 106  |    1      |
| 107  |    2      |
+------+-----------+
```

查询结果显示，s_id 表示供应商的 ID，Total 字段使用 COUNT()函数得出，GROUP BY 子句按照 s_id 排序并对数据分组，可以看到 ID 为 101、102、105 的供应商分别提供 3 种水果，ID 为 103、104、107 的供应商分别提供 2 种水果，ID 为 106 的供应商只提供 1 种水果。

如果要查看每个供应商提供的水果种类名称，该怎么办呢？可以在 GROUP BY 子句中使用 GROUP_CONCAT()函数，将每个分组中各个字段的值显示出来。

【例 7.27】根据 s_id 对 fruits 表中的数据进行分组，将每个供应商的水果名称显示出来，SQL 语句如下：

```
SELECT s_id, GROUP_CONCAT(f_name) AS Names FROM fruits GROUP BY s_id;
```

查询结果如下：

```
mysql> SELECT s_id, GROUP_CONCAT(f_name) AS Names FROM fruits GROUP BY s_id;
+------+------------------------------+
| s_id | Names                        |
+------+------------------------------+
| 101  | apple,blackberry,cherry      |
| 102  | grape,banana,orange          |
| 103  | apricot,coconut              |
| 104  | lemon,berry                  |
| 105  | xbabay,xxtt,melon            |
```

```
| 106 | mango              |
| 107 | xxxx,xbababa       |
+------+-----------------------------+
```

由结果可以看到，GROUP_CONCAT()函数将每个分组中的名称都显示出来了，其名称的个数与 COUNT()函数计算出来的相同。

2. 使用 HAVING 过滤分组

GROUP BY 可以和 HAVING 一起限定显示记录所需满足的条件，只有满足条件的分组才会被显示。

【例 7.28】根据 s_id 对 fruits 表中的数据进行分组，并显示水果种类大于 1 的分组信息，SQL 语句如下：

```
SELECT s_id, GROUP_CONCAT(f_name) AS Names
FROM fruits
GROUP BY s_id HAVING COUNT(f_name) > 1;
```

查询结果如下：

```
+------+-----------------------------+
| s_id | Names                       |
+------+-----------------------------+
| 101  | apple,blackberry,cherry     |
| 102  | grape,banana,orange         |
| 103  | apricot,coconut             |
| 104  | lemon,berry                 |
| 105  | xbabay,xxtt,melon           |
| 107  | xxxx,xbababa                |
+------+-----------------------------+
```

由结果可以看到，ID 为 101、102、103、104、105、107 的供应商提供的水果种类大于 1，满足 HAVING 子句条件，因此出现在返回结果中；而 ID 为 106 的供应商的水果种类等于 1，不满足限定条件，因此不在返回结果中。

> HAVING 关键字与 WHERE 关键字都是用来过滤数据的，两者有什么区别呢？其中重要的一点是，HAVING 在数据分组之后进行过滤来选择分组，而 WHERE 在分组之前用来选择记录。另外，WHERE 排除的记录不再包括在分组中。

3. 在 GROUP BY 子句中使用 WITH ROLLUP

使用 WITH ROLLUP 关键字之后，在所有查询出的分组记录之后增加一条记录，该记录计算查询出的所有记录的总和，即统计记录数量。

【例 7.29】根据 s_id 对 fruits 表中的数据进行分组，并显示记录数量，SQL 语句如下：

```
SELECT s_id, COUNT(*) AS Total
FROM fruits
GROUP BY s_id WITH ROLLUP;
```

查询结果如下：

```
+------+-----------+
| s_id | Total     |
+------+-----------+
| 101  |    3      |
| 102  |    3      |
| 103  |    2      |
| 104  |    2      |
| 105  |    3      |
| 106  |    1      |
| 107  |    2      |
| NULL |   16      |
+------+-----------+
```

由结果可以看到，通过 GROUP BY 分组之后，在显示结果的最后面新添加了一行，该行 Total 列的值正好是上面所有数值之和。

4. 多字段分组

使用 GROUP BY 可以对多个字段进行分组，GROUP BY 关键字后面跟需要分组的字段，MySQL 根据多字段的值来进行层次分组，分组层次从左到右，即先按第 1 个字段分组，然后在第 1 个字段值相同的记录中，再根据第 2 个字段的值进行分组，依此类推。

【例 7.30】根据 s_id 和 f_name 字段对 fruits 表中的数据进行分组，SQL 语句如下：

```
mysql> SELECT * FROM fruits group by s_id,f_name;
```

查询结果如下：

```
+------+------+------------+---------+
| f_id | s_id | f_name     | f_price |
+------+------+------------+---------+
| a1   | 101  | apple      |  5.20   |
| b1   | 101  | blackberry |  10.20  |
| c0   | 101  | cherry     |  3.20   |
| t1   | 102  | banana     |  10.30  |
| t2   | 102  | grape      |  5.30   |
| bs1  | 102  | orange     |  11.20  |
| a2   | 103  | apricot    |  2.20   |
| o2   | 103  | coconut    |  9.20   |
| b2   | 104  | berry      |  7.60   |
```

```
| 12   | 104  | lemon           |      6.40 |
| bs2  | 105  | melon           |      8.20 |
| m2   | 105  | xbabay          |      2.60 |
| m3   | 105  | xxtt            |     11.60 |
| m1   | 106  | mango           |     15.70 |
| t4   | 107  | xbababa         |      3.60 |
| b5   | 107  | xxxx            |      3.60 |
+------+------+-----------------+-----------+
```

由结果可以看到，查询记录先按照 s_id 进行分组，再对 f_name 字段按不同的取值进行分组。

5. GROUP BY 和 ORDER BY 一起使用

某些情况下需要对分组进行排序，在前面的介绍中，ORDER BY 用来对查询的记录排序，如果和 GROUP BY 一起使用可以完成对分组的排序。

为了演示效果，首先创建数据表，SQL 语句如下：

```
CREATE TABLE orderitems
(
  o_num       int          NOT NULL,
  o_item      int          NOT NULL,
  f_id        char(10)     NOT NULL,
  quantity    int          NOT NULL,
  item_price  decimal(8,2) NOT NULL,
  PRIMARY KEY (o_num,o_item)
) ;
```

然后插入演示数据，SQL 语句如下：

```
INSERT INTO orderitems(o_num, o_item, f_id, quantity, item_price)
VALUES(30001, 1, 'a1', 10, 5.2),
(30001, 2, 'b2', 3, 7.6),
(30001, 3, 'bs1', 5, 11.2),
(30001, 4, 'bs2', 15, 9.2),
(30002, 1, 'b3', 2, 20.0),
(30003, 1, 'c0', 100, 10),
(30004, 1, 'o2', 50, 2.50),
(30005, 1, 'c0', 5, 10),
(30005, 2, 'b1', 10, 8.99),
(30005, 3, 'a2', 10, 2.2),
(30005, 4, 'm1', 5, 14.99);
```

【例 7.31】查询订单价格大于 100 的订单号和总订单价格，SQL 语句如下：

```
SELECT o_num,  SUM(quantity * item_price) AS orderTotal
FROM orderitems
GROUP BY o_num
HAVING SUM(quantity*item_price) >= 100;
```

查询结果如下:

```
+-------+------------+
| o_num | orderTotal |
+-------+------------+
| 30001 |   268.80   |
| 30003 |  1000.00   |
| 30004 |   125.00   |
| 30005 |   236.85   |
+-------+------------+
```

可以看到,返回的结果中 orderTotal 列的总订单价格并没有按照一定顺序显示,接下来,使用 ORDER BY 关键字按总订单价格排序显示结果,SQL 语句如下:

```
SELECT o_num,  SUM(quantity * item_price) AS orderTotal
FROM orderitems
GROUP BY o_num
HAVING SUM(quantity*item_price) >= 100
ORDER BY orderTotal;
```

查询结果如下:

```
+---------+---------------+
| o_num   | orderTotal    |
+---------+---------------+
| 30004   |    125.00     |
| 30005   |    236.85     |
| 30001   |    268.80     |
| 30003   |   1000.00     |
+---------+---------------+
```

由结果可以看到,GROUP BY 子句按订单号对数据进行分组,SUM()函数便可以返回总的订单价格,HAVING 子句对分组数据进行过滤,使得只返回总价格大于 100 的订单,最后使用 ORDER BY 子句排序输出。

 当使用 ROLLUP 时,不能同时使用 ORDER BY 子句进行结果排序,即 ROLLUP 和 ORDER BY 是互相排斥的。

7.2.13　使用 LIMIT 限制查询结果的数量

SELECT 返回所有匹配的行,有可能是表中所有的行,如仅仅需要返回第一行或者前几行,使用 LIMIT 关键字,基本语法格式如下:

```
LIMIT [位置偏移量,] 行数
```

第一个"位置偏移量"参数指示 MySQL 从哪一行开始显示,是一个可选参数,如果不指定"位置偏移量"，将会从表中的第一条记录开始（第一条记录的位置偏移量是 0，第二条记录的位置偏移量是 1，依此类推）；第二个参数"行数"指示返回的记录条数。

【例 7.32】显示 fruits 表查询结果的前 4 行，SQL 语句如下：

```
SELECT * From fruits LIMIT 4;
```

查询结果如下：

```
+------+-------+------------+-----------+
| f_id | s_id  | f_name     | f_price   |
+------+-------+------------+-----------+
| a1   | 101   | apple      |  5.20     |
| a2   | 103   | apricot    |  2.20     |
| b1   | 101   | blackberry |  10.20    |
| b2   | 104   | berry      |  7.60     |
+------+-------+------------+-----------+
```

由结果可以看到，该语句没有指定返回记录的"位置偏移量"参数，显示结果从第一行开始，"行数"参数为 4，因此返回的结果为表中的前 4 行记录。

如果指定返回记录的开始位置，则返回结果为从"位置偏移量"参数开始的指定行数，"行数"参数指定返回的记录条数。

【例 7.33】在 fruits 表中，使用 LIMIT 子句，返回从第 5 个记录开始的、行数长度为 3 的记录，SQL 语句如下：

```
SELECT * From fruits LIMIT 4, 3;
```

查询结果如下：

```
mysql> SELECT * From fruits LIMIT 4, 3;
+------+---------+----------+------------+
| f_id | s_id    | f_name   | f_price    |
+------+---------+----------+------------+
| b5   | 107     | xxxx     |  3.60      |
| bs1  | 102     | orange   |  11.20     |
| bs2  | 105     | melon    |  8.20      |
+------+---------+----------+------------+
```

由结果可以看到，该语句指示 MySQL 返回从第 5 条记录行开始之后的 3 条记录。第一个数字'4'表示从第 5 行开始（位置偏移量从 0 开始，第 5 行的位置偏移量为 4），第二个数字 3 表示返回的行数。

所以，带一个参数的 LIMIT 指定从查询结果的首行开始，唯一的参数表示返回的行数，即"LIMIT n"与"LIMIT 0,n"等价。带两个参数的 LIMIT 可以返回从任何一个位置开始的指定的行数。

返回第一行时，位置偏移量是 0。因此，"LIMIT 1, 1"将返回第二行，而不是第一行。

MySQL 5.7 中可以使用"LIMIT 4 OFFSET 3",意思是获取从第 5 条记录开始后面的 3 条记录,和"LIMIT 4,3;"返回的结果相同。

7.3 使用集合函数查询

有时候并不需要返回实际表中的数据,而只是对数据进行总结。MySQL 提供一些查询功能,可以对获取的数据进行分析和报告。这些函数的功能有计算数据表中记录行数的总数。

计算某个字段列下数据的总和,以及计算表中某个字段下的最大值、最小值或者平均值。本节将介绍这些函数以及如何使用它们。这些聚合函数的名称和作用如表 7.2 所示。

表 7.2 MySQL 聚合函数

函数	作用
AVG()	返回某列的平均值
COUNT()	返回某列的行数
MAX()	返回某列的最大值
MIN()	返回某列的最小值
SUM()	返回某列值的和

接下来,将详细介绍各个函数的使用方法。

7.3.1 COUNT()函数

COUNT()函数统计数据表中包含的记录行的总数,或者根据查询结果返回列中包含的数据行数。其使用方法有两种:

- COUNT(*) 计算表中总的行数,不管某列有数值或者为空值。
- COUNT(字段名)计算指定列下总的行数,计算时将忽略空值的行。

【例 7.34】查询 customers 表中总的行数,SQL 语句如下:

```
mysql> SELECT COUNT(*) AS cust_num
    -> FROM customers;
+----------+
| cust_num |
+----------+
|    4     |
+----------+
```

由查询结果可知,COUNT(*)返回 customers 表中记录的总行数,不管其值是什么。返回的总数的名称为 cust_num。

【例 7.35】查询 customers 表中有电子邮箱的顾客的总数，SQL 语句如下：

```
mysql> SELECT COUNT(c_email) AS email_num
    -> FROM customers;
+-----------+
| email_num |
+-----------+
|     3     |
+-----------+
```

由查询结果可知，表中 5 个 customer 只有 3 个有 email，customer 的 email 为空值 NULL 的记录没有被 COUNT()函数计算。

 两个例子中不同的数值，说明了两种方式在计算总数的时候对待 NULL 值的方式不同。即指定列的值为空的行被 COUNT()函数忽略，但是如果不指定列，而在 COUNT()函数中使用星号"*"，则所有记录都不忽略。

前面介绍分组查询的时候，介绍了 COUNT()函数与 GROUP BY 关键字一起使用，用来计算不同分组中的记录总数。

【例 7.36】在 orderitems 表中，使用 COUNT()函数统计不同订单号中订购的水果种类，SQL 语句如下：

```
mysql> SELECT o_num, COUNT(f_id)
    -> FROM orderitems
    -> GROUP BY o_num;
+-------+-------------+
| o_num | COUNT(f_id) |
+-------+-------------+
| 30001 |      4      |
| 30002 |      1      |
| 30003 |      1      |
| 30004 |      1      |
| 30005 |      4      |
+-------+-------------+
```

由查询结果可以看到，GROUP BY 关键字先按照订单号进行分组，然后计算每个分组中的总记录数。

7.3.2 SUM()函数

SUM()是一个求总和的函数，返回指定列值的总和。

【例 7.37】在 orderitems 表中查询 30005 号订单一共购买的水果总量，SQL 语句如下：

```
mysql> SELECT SUM(quantity) AS items_total
    -> FROM orderitems
    -> WHERE o_num = 30005;
+-------------+
| items_total |
+-------------+
|     30      |
+-------------+
```

由查询结果可以看到，SUM(quantity)函数返回订单中所有水果数量之和，WHERE 子句指定查询的订单号为 30005。

SUM()可以与 GROUP BY 一起使用，用来计算每个分组的总和。

【例 7.38】在 orderitems 表中，使用 SUM()函数统计不同订单号中订购的水果总量，SQL语句如下：

```
mysql> SELECT o_num, SUM(quantity) AS items_total
    -> FROM orderitems
    -> GROUP BY o_num;
+-------+-------------+
| o_num | items_total |
+-------+-------------+
| 30001 |     33      |
| 30002 |      2      |
| 30003 |    100      |
| 30004 |     50      |
| 30005 |     30      |
+-------+-------------+
```

由查询结果可以看到，GROUP BY 按照订单号 o_num 进行分组，SUM()函数计算每个分组中订购的水果的总量。

SUM()函数在计算时，忽略列值为 NULL 的行。

7.3.3 AVG()函数

AVG()函数通过计算返回的行数和每一行数据的和，求得指定列数据的平均值。

【例 7.39】在 fruits 表中，查询 s_id=103 的供应商的水果价格的平均值，SQL 语句如下：

```
mysql> SELECT AVG(f_price) AS avg_price
    -> FROM fruits
    -> WHERE s_id = 103;
+-----------+
| avg_price |
```

```
+-----------+
|  5.700000 |
+-----------+
```

该例中，查询语句增加了一个 WHERE 子句，并且添加了查询过滤条件，只查询 s_id = 103 的记录中的 f_price。因此，通过 AVG()函数计算的结果只是指定的供应商水果的价格平均值，而不是市场上所有水果的价格的平均值。

AVG()可以与 GROUP BY 一起使用，用来计算每个分组的平均值。

【例 7.40】在 fruits 表中，查询每一个供应商的水果价格的平均值，SQL 语句如下：

```
mysql> SELECT s_id,AVG(f_price) AS avg_price
    -> FROM fruits
    -> GROUP BY s_id;
+------+---------------+
| s_id | avg_price     |
+------+---------------+
| 101  |  6.200000     |
| 102  |  8.933333     |
| 103  |  5.700000     |
| 104  |  7.000000     |
| 105  |  7.466667     |
| 106  | 15.700000     |
| 107  |  3.600000     |
+------+---------------+
```

GROUP BY 关键字根据 s_id 字段对记录进行分组，然后计算出每个分组的平均值，这种分组求平均值的方法非常有用。例如，求不同班级学生成绩的平均值，求不同部门工人的平均工资，求各地的年平均气温等。

> AVG()函数使用时，其参数为要计算的列名称，如果要得到多个列的多个平均值，则需要在每一列上使用 AVG()函数。

7.3.4   MAX()函数

MAX()返回指定列中的最大值。

【例 7.41】在 fruits 表中查找市场上价格最高的水果值，SQL 语句如下：

```
mysql>SELECT MAX(f_price) AS max_price FROM fruits;
+------------+
| max_price  |
+------------+
|  15.70     |
+------------+
```

由结果可以看到，MAX()函数查询出了 f_price 字段的最大值 15.70。

MAX()也可以和 GROUP BY 关键字一起使用，求每个分组中的最大值。

【例 7.42】在 fruits 表中查找不同供应商提供的价格最高的水果值，SQL 语句如下：

```
mysql> SELECT s_id, MAX(f_price) AS max_price
    -> FROM fruits
-> GROUP BY s_id;
+------+-----------+
| s_id | max_price |
+------+-----------+
| 101  |   10.20   |
| 102  |   11.20   |
| 103  |    9.20   |
| 104  |    7.60   |
| 105  |   11.60   |
| 106  |   15.70   |
| 107  |    3.60   |
+------+-----------+
```

由结果可以看到，GROUP BY 关键字根据 s_id 字段对记录进行分组，然后计算出每个分组中的最大值。

MAX()函数不仅适用于查找数值类型，也可应用于字符类型。

【例 7.43】在 fruits 表中查找 f_name 的最大值，SQL 语句如下：

```
mysql> SELECT MAX(f_name) FROM fruits;
+-------------+
| MAX(f_name) |
+-------------+
| xxxx        |
+-------------+
```

由结果可以看到，MAX()函数可以对字母进行大小判断，并返回最大的字符或者字符串值。

> MAX()函数除了用来找出最大的列值或日期值之外，还可以返回任意列中的最大值，包括返回字符类型的最大值。在对字符类型数据进行比较时，按照字符的 ASCII 码值大小进行比较，从 a~z，a 的 ASCII 码最小，z 的最大。在比较时，先比较第一个字符，如果相等，继续比较下一个字符，一直到两个字符不相等或者字符结束为止。例如，'b'与't'比较时，'t'为最大值；"bcd"与"bca"比较时，"bcd"为最大值。

7.3.5 MIN()函数

MIN()返回查询列中的最小值。

209

【例 7.44】在 fruits 表中查找市场上价格最低的水果值，SQL 语句如下：

```
mysql>SELECT MIN(f_price) AS min_price FROM fruits;
+-----------+
| min_price |
+-----------+
|   2.20    |
+-----------+
```

由结果可以看到，MIN ()函数查询出了 f_price 字段的最小值 2.20。

MIN()也可以和 GROUP BY 关键字一起使用，求出每个分组中的最小值。

【例 7.45】在 fruits 表中查找不同供应商提供的价格最低的水果值，SQL 语句如下：

```
mysql>  SELECT s_id, MIN(f_price) AS min_price
    -> FROM fruits
    -> GROUP BY s_id;
+------+-----------+
| s_id | min_price |
+------+-----------+
| 101  |    3.20   |
| 102  |    5.30   |
| 103  |    2.20   |
| 104  |    6.40   |
| 105  |    2.60   |
| 106  |   15.70   |
| 107  |    3.60   |
+------+-----------+
```

由结果可以看到，GROUP BY 关键字根据 s_id 字段对记录进行分组，然后计算出每个分组中的最小值。

MIN()函数与 MAX()函数类似，不仅适用于查找数值类型，也可应用于字符类型。

7.4 连接查询

连接是关系数据库模型的主要特点。连接查询是关系数据库中最主要的查询，主要包括内连接、外连接等。通过连接运算符可以实现多个表查询。在关系数据库管理系统中，表建立时各数据之间的关系不必确定，常把一个实体的所有信息存放在一个表中。当查询数据时，通过连接操作查询出存放在多个表中不同实体的信息。当两个或多个表中存在相同意义的字段时，便可以通过这些字段对不同的表进行连接查询。本节将介绍多表之间的内连接查询、外连接查询以及复合条件连接查询。

7.4.1 内连接查询

内连接（INNER JOIN）使用比较运算符进行表间某（某些）列数据的比较操作，并列出这些表中与连接条件相匹配的数据行，组合成新记录，也就是说，在内连接查询中，只有满足条件的记录才能出现在结果关系中。

为了演示的需要，首先创建数据表 suppliers，SQL 语句如下：

```
CREATE TABLE suppliers
(
  s_id      int       NOT NULL AUTO_INCREMENT,
  s_name    char(50) NOT NULL,
  s_city    char(50) NULL,
  s_zip     char(10) NULL,
  s_call    CHAR(50) NOT NULL,
  PRIMARY KEY (s_id)
) ;
```

插入需要演示的数据，SQL 语句如下：

```
INSERT INTO suppliers(s_id, s_name,s_city,  s_zip, s_call)
VALUES(101,'FastFruit Inc.','Tianjin','300000','48075'),
(102,'LT Supplies','Chongqing','400000','44333'),
(103,'ACME','Shanghai','200000','90046'),
(104,'FNK Inc.','Zhongshan','528437','11111'),
(105,'Good Set','Taiyuan','030000', '22222'),
(106,'Just Eat Ours','Beijing','010', '45678'),
(107,'DK Inc.','Zhengzhou','450000', '33332');
```

【例 7.46】在 fruits 表和 suppliers 表之间使用内连接查询。

查询之前，查看两个表的结构：

```
mysql> DESC fruits;
+---------+--------------+---------+-------+-----------+---------+
| Field   | Type         | Null    | Key   | Default   | Extra   |
+---------+--------------+---------+-------+-----------+---------+
| f_id    | char(10)     | NO      | PRI   | NULL      |         |
| s_id    | int(11)      | NO      |       | NULL      |         |
| f_name  | char(255)    | NO      |       | NULL      |         |
| f_price | decimal(8,2) | NO      |       | NULL      |         |
+---------+--------------+---------+-------+-----------+---------+

mysql> DESC suppliers;
+---------+----------+------+------+---------+----------------+
| Field   | Type     | Null | Key  | Default | Extra          |
+---------+----------+------+------+---------+----------------+
| s_id    | int(11)  | NO   | PRI  | NULL    | auto_increment |
```

```
| s_name | char(50) | NO  |  | NULL |  |
| s_city | char(50) | YES |  | NULL |  |
| s_zip  | char(10) | YES |  | NULL |  |
| s_call | char(50) | NO  |  | NULL |  |
+--------+----------+-----+--------+---------------+--------------------
-------+
```

由结果可以看到，fruits 和 suppliers 表中都有相同数据类型的字段 s_id，两个表通过 s_id 字段建立联系。接下来从 fruits 表中查询 f_name、f_price 字段，从 suppliers 表中查询 s_id、s_name，SQL 语句如下：

```
mysql> SELECT suppliers.s_id, s_name,f_name, f_price
    -> FROM fruits ,suppliers
    -> WHERE fruits.s_id = suppliers.s_id;
+------+-----------------+-------------+----------+
| s_id | s_name          | f_name      | f_price  |
+------+-----------------+-------------+----------+
| 101  | FastFruit Inc.  | apple       |    5.20  |
| 103  | ACME            | apricot     |    2.20  |
| 101  | FastFruit Inc.  | blackberry  |   10.20  |
| 104  | FNK Inc.        | berry       |    7.60  |
| 107  | DK Inc.         | xxxx        |    3.60  |
| 102  | LT Supplies     | orange      |   11.20  |
| 105  | Good Set        | melon       |    8.20  |
| 101  | FastFruit Inc.  | cherry      |    3.20  |
| 104  | FNK Inc.        | lemon       |    6.40  |
| 106  | Just Eat Ours   | mango       |   15.70  |
| 105  | Good Set        | xbabay      |    2.60  |
| 105  | Good Set        | xxtt        |   11.60  |
| 103  | ACME            | coconut     |    9.20  |
| 102  | LT Supplies     | banana      |   10.30  |
| 102  | LT Supplies     | grape       |    5.30  |
| 107  | DK Inc.         | xbababa     |    3.60  |
+------+-----------------+-------------+----------+
```

在这里，SELECT 语句与前面所介绍的一个最大的差别是：SELECT 后面指定的列分别属于两个不同的表，（f_name，f_price）在表 fruits 中，而另外两个字段在表 supplies 中；同时 FROM 子句列出了两个表 fruits 和 suppliers。WHERE 子句在这里作为过滤条件，指明只有两个表中的 s_id 字段值相等的时候才符合连接查询的条件。返回的结果可以看到，显示的记录是由两个表中的不同列值组成的新记录。

因为 fruits 表和 suppliers 表中有相同的字段 s_id，因此在比较的时候，需要完全限定表名（格式为"表名.列名"），如果只给出 s_id，MySQL 将不知道指的是哪一个，并返回错误信息。

下面的内连接查询语句返回与前面完全相同的结果。

【例 7.47】在 fruits 表和 suppliers 表之间，使用 INNER JOIN 语法进行内连接查询，SQL 语句如下：

```
mysql> SELECT suppliers.s_id, s_name,f_name, f_price
    -> FROM fruits INNER JOIN suppliers
    -> ON fruits.s_id = suppliers.s_id;
+------+----------------+------------+---------+
| s_id | s_name         | f_name     | f_price |
+------+----------------+------------+---------+
| 101  | FastFruit Inc. | apple      |    5.20 |
| 103  | ACME           | apricot    |    2.20 |
| 101  | FastFruit Inc. | blackberry |   10.20 |
| 104  | FNK Inc.       | berry      |    7.60 |
| 107  | DK Inc.        | xxxx       |    3.60 |
| 102  | LT Supplies    | orange     |   11.20 |
| 105  | Good Set       | melon      |    8.20 |
| 101  | FastFruit Inc. | cherry     |    3.20 |
| 104  | FNK Inc.       | lemon      |    6.40 |
| 106  | Just Eat Ours  | mango      |   15.70 |
| 105  | Good Set       | xbabay     |    2.60 |
| 105  | Good Set       | xxtt       |   11.60 |
| 103  | ACME           | coconut    |    9.20 |
| 102  | LT Supplies    | banana     |   10.30 |
| 102  | LT Supplies    | grape      |    5.30 |
| 107  | DK Inc.        | xbababa    |    3.60 |
+------+----------------+------------+---------+
```

在这里的查询语句中，两个表之间的关系通过 INNER JOIN 指定。使用这种语法的时候，连接的条件使用 ON 子句给出而不是 WHERE，ON 和 WHERE 后面指定的条件相同。

使用 WHERE 子句定义连接条件比较简单明了，而 INNER JOIN 语法是 ANSI SQL 的标准规范，使用 INNER JOIN 连接语法能够确保不会忘记连接条件，而且，WHERE 子句在某些时候会影响查询的性能。

如果在一个连接查询中涉及的两个表都是同一个表，那么这种查询称为自连接查询。自连接是一种特殊的内连接，是指相互连接的表在物理上为同一张表，但可以在逻辑上分为两张表。

【例 7.48】查询供应 f_id='a1'的水果供应商提供的水果种类，SQL 语句如下：

```
mysql> SELECT f1.f_id, f1.f_name
    -> FROM fruits AS f1, fruits AS f2
```

```
    -> WHERE f1.s_id = f2.s_id AND f2.f_id = 'a1';
+------+------------+
| f_id | f_name     |
+------+------------+
| a1   | apple      |
| b1   | blackberry |
| c0   | cherry     |
+------+------------+
```

此处查询的两个表是相同的表，为了防止产生二义性，对表使用了别名，fruits 表第 1 次出现的别名为 f1，第 2 次出现的别名为 f2，使用 SELECT 语句返回列时明确指出返回以 f1 为前缀的列的全名，WHERE 连接两个表，并按照第 2 个表的 f_id 对数据进行过滤，返回所需数据。

7.4.2　外连接查询

外连接查询将查询多个表中相关联的行，内连接时，返回查询结果集合中的仅是符合查询条件和连接条件的行。但有时候需要包含没有关联的行中数据，即返回查询结果集合中的不仅包含符合连接条件的行，而且还包括左表（左外连接或左连接）、右表（右外连接或右连接）或两个边接表（全外连接）中的所有数据行。外连接分为左外连接或左连接和右外连接或右连接：

- LEFT JOIN（左连接）：返回左表中的所有记录，而右表中，只返回匹配的记录。
- RIGHT JOIN（右连接）：返回右表中的所有记录，而左表中，只返回匹配的记录。

1. LEFT JOIN 左连接

左连接的结果包括 LEFT OUTER 子句中指定的左表的所有行，而不仅仅是连接列所匹配的行。如果左表的某行在右表中没有匹配行，则在相关联的结果行中，右表的所有选择列表列均为空值。

首先创建表 orders，SQL 语句如下：

```
CREATE TABLE orders
(
 o_num   int      NOT NULL AUTO_INCREMENT,
 o_date datetime NOT NULL,
 c_id    int      NOT NULL,
 PRIMARY KEY (o_num)
) ;
```

插入需要演示的数据，SQL 语句如下：

```
INSERT INTO orders(o_num, o_date, c_id)
VALUES(30001, '2008-09-01', 10001),
(30002, '2008-09-12', 10003),
```

```
(30003, '2008-09-30', 10004),
(30004, '2008-10-03', 10005),
(30005, '2008-10-08', 10001);
```

【例 7.49】在 customers 表和 orders 表中，查询所有客户，包括没有订单的客户，SQL 语句如下：

```
mysql> SELECT customers.c_id, orders.o_num
    -> FROM customers LEFT OUTER JOIN orders
    -> ON customers.c_id = orders.c_id;
+-------+-------+
| c_id  | o_num |
+-------+-------+
| 10001 | 30001 |
| 10001 | 30005 |
| 10002 | NULL  |
| 10003 | 30002 |
| 10004 | 30003 |
+-------+-------+
```

结果显示了 5 条记录，ID 等于 10002 的客户目前并没有下订单，所以对应的 orders 表中并没有该客户的订单信息，所以该条记录只取出了 customers 表中相应的值，而从 orders 表中取出的值为空值 NULL。

2. RIGHT JOIN 右连接

右连接是左连接的反向连接，将返回右表的所有行。如果右表的某行在左表中没有匹配行，左表将返回空值。

【例 7.50】在 customers 表和 orders 表中，查询所有订单，包括没有客户的订单，SQL 语句如下：

```
mysql> SELECT customers.c_id, orders.o_num
    -> FROM customers RIGHT OUTER JOIN orders
    -> ON customers.c_id = orders.c_id;
+-------+-------+
| c_id  | o_num |
+-------+-------+
| 10001 | 30001 |
| 10003 | 30002 |
| 10004 | 30003 |
| NULL  | 30004 |
| 10001 | 30005 |
+-------+-------+
```

结果显示了 5 条记录，订单号等于 30004 的订单的客户可能由于某种原因取消了该订单，对应的 customers 表中并没有该客户的信息，所以该条记录只取出了 orders 表中相应的值，而从 customers 表中取出的值为空值 NULL。

7.4.3　复合条件连接查询

复合条件连接查询是在连接查询的过程中，通过添加过滤条件，限制查询的结果，使查询的结果更加准确。

【例 7.51】在 customers 表和 orders 表中，使用 INNER JOIN 语法查询 customers 表中 ID 为 10001 的客户的订单信息，SQL 语句如下：

```
mysql> SELECT customers.c_id, orders.o_num
    -> FROM customers INNER JOIN orders
    -> ON customers.c_id = orders.c_id AND customers.c_id = 10001;
+-------+-------+
| c_id  | o_num |
+-------+-------+
| 10001 | 30001 |
| 10001 | 30005 |
+-------+-------+
```

结果显示，在连接查询时指定查询客户 ID 为 10001 的订单信息，添加了过滤条件之后返回的结果将会变少，因此返回结果只有两条记录。

使用连接查询，并对查询的结果进行排序。

【例 7.52】在 fruits 表和 suppliers 表之间，使用 INNER JOIN 语法进行内连接查询，并对查询结果排序，SQL 语句如下：

```
mysql> SELECT suppliers.s_id, s_name,f_name, f_price
    -> FROM fruits INNER JOIN suppliers
    -> ON fruits.s_id = suppliers.s_id
    -> ORDER BY fruits.s_id;
+------+----------------+------------+----------+
| s_id | s_name         | f_name     | f_price  |
+------+----------------+------------+----------+
| 101  | FastFruit Inc. | apple      |    5.20  |
| 101  | FastFruit Inc. | blackberry |   10.20  |
| 101  | FastFruit Inc. | cherry     |    3.20  |
| 102  | LT Supplies    | grape      |    5.30  |
| 102  | LT Supplies    | banana     |   10.30  |
| 102  | LT Supplies    | orange     |   11.20  |
| 103  | ACME           | apricot    |    2.20  |
| 103  | ACME           | coconut    |    9.20  |
| 104  | FNK Inc.       | lemon      |    6.40  |
| 104  | FNK Inc.       | berry      |    7.60  |
```

```
| 105 | Good Set       | xbabay   |    2.60 |
| 105 | Good Set       | xxtt     |   11.60 |
| 105 | Good Set       | melon    |    8.20 |
| 106 | Just Eat Ours  | mango    |   15.70 |
| 107 | DK Inc.        | xxxx     |    3.60 |
| 107 | DK Inc.        | xbababa  |    3.60 |
+------+----------------+----------+---------+
```

由结果可以看到，内连接查询的结果按照 suppliers.s_id 字段进行了升序排序。

7.5 子查询

子查询是指一个查询语句嵌套在另一个查询语句内部的查询，这个特性从 MySQL 4.1 开始引入。在 SELECT 子句中先计算子查询，子查询结果作为外层另一个查询的过滤条件，查询可以基于一个表或者多个表。子查询中常用的操作符有 ANY（SOME）、ALL、IN、EXISTS。子查询可以添加到 SELECT、UPDATE 和 DELETE 语句中，而且可以进行多层嵌套。子查询中也可以使用比较运算符，如"<""<="">"">="和"!="等。本节将介绍如何在 SELECT 语句中嵌套子查询。

7.5.1 带 ANY、SOME 关键字的子查询

ANY 和 SOME 关键字是同义词，表示满足其中任一条件，它们允许创建一个表达式对子查询的返回值列表进行比较，只要满足内层子查询中的任何一个比较条件，就返回一个结果作为外层查询的条件。

下面定义两个表 tbl1 和 tbl2：

```
CREATE table tbl1 ( num1 INT NOT NULL);
CREATE table tbl2 ( num2 INT NOT NULL);
```

分别向两个表中插入数据：

```
INSERT INTO tbl1 values(1), (5), (13), (27);
INSERT INTO tbl2 values(6), (14), (11), (20);
```

ANY 关键字接在一个比较操作符的后面，表示若与子查询返回的任何值比较为 true，则返回 true。

【例 7.53】返回 tbl2 表的所有 num2 列，然后将 tbl1 中的 num1 的值与之进行比较，只要大于 num2 的任何一个值，即为符合查询条件的结果。

```
mysql> SELECT num1 FROM tbl1 WHERE num1 > ANY (SELECT num2 FROM tbl2);
+------+
```

```
| num1 |
+------+
|  13  |
|  27  |
+------+
```

在子查询中，返回的是 tbl2 表的所有 num2 列结果（6,14,11,20），然后将 tbl1 中的 num1 列的值与之进行比较，只要大于 num2 列的任意一个数即为符合条件的结果。

7.5.2 带 ALL 关键字的子查询

ALL 关键字与 ANY 和 SOME 不同，使用 ALL 时需要同时满足所有内层查询的条件。例如，修改前面的例子，用 ALL 关键字替换 ANY。

ALL 关键字接在一个比较操作符的后面，表示与子查询返回的所有值比较为 true，则返回 true。

【例 7.54】返回 tbl1 表中比 tbl2 表 num2 列所有值都大的值，SQL 语句如下：

```
mysql> SELECT num1 FROM tbl1 WHERE num1 > ALL (SELECT num2 FROM tbl2);
+------+
| num1 |
+------+
|  27  |
+------+
```

在子查询中，返回的是 tbl2 的所有 num2 列结果（6,14,11,20），然后将 tbl1 中的 num1 列的值与之进行比较，大于所有 num2 列值的 num1 值只有 27，因此返回结果为 27。

7.5.3 带 EXISTS 关键字的子查询

EXISTS 关键字后面的参数是一个任意的子查询，系统对子查询进行运算以判断它是否返回行，如果至少返回一行，那么 EXISTS 的结果为 true，此时外层查询语句将进行查询；如果子查询没有返回任何行，那么 EXISTS 返回的结果是 false，此时外层语句将不进行查询。

【例 7.55】查询 suppliers 表中是否存在 s_id=107 的供应商，如果存在，则查询 fruits 表中的记录，SQL 语句如下：

```
mysql> SELECT * FROM fruits
    -> WHERE EXISTS
    -> (SELECT s_name FROM suppliers WHERE s_id = 107);
+------+------+-------------+---------+
| f_id | s_id | f_name      | f_price |
+------+------+-------------+---------+
| a1   | 101  | apple       |  5.20   |
| a2   | 103  | apricot     |  2.20   |
```

```
| b1   | 101  | blackberry    |   10.20 |
| b2   | 104  | berry         |    7.60 |
| b5   | 107  | xxxx          |    3.60 |
| bs1  | 102  | orange        |   11.20 |
| bs2  | 105  | melon         |    8.20 |
| c0   | 101  | cherry        |    3.20 |
| l2   | 104  | lemon         |    6.40 |
| m1   | 106  | mango         |   15.70 |
| m2   | 105  | xbabay        |    2.60 |
| m3   | 105  | xxtt          |   11.60 |
| o2   | 103  | coconut       |    9.20 |
| t1   | 102  | banana        |   10.30 |
| t2   | 102  | grape         |    5.30 |
| t4   | 107  | xbababa       |    3.60 |
+------+------+---------------+---------+
```

由结果可以看到，内层查询结果表明 suppliers 表中存在 s_id=107 的记录，因此 EXISTS 表达式返回 true；外层查询语句接收 true 之后对表 fruits 进行查询，返回所有的记录。

EXISTS 关键字可以和条件表达式一起使用。

【例 7.56】查询 suppliers 表中是否存在 s_id=107 的供应商，如果存在，则查询 fruits 表中的 f_price 大于 10.20 的记录，SQL 语句如下：

```
mysql> SELECT * FROM fruits
    -> WHERE f_price>10.20 AND EXISTS
    -> (SELECT s_name FROM suppliers WHERE s_id = 107);
+--------+-------+--------+---------+
| f_id | s_id | f_name | f_price |
+--------+-------+--------+---------+
| bs1  | 102  | orange |   11.20 |
| m1   | 106  | mango  |   15.70 |
| m3   | 105  | xxtt   |   11.60 |
| t1   | 102  | banana |   10.30 |
+--------+-------+--------+---------+
```

由结果可以看到，内层查询结果表明 suppliers 表中存在 s_id=107 的记录，因此 EXISTS 表达式返回 true；外层查询语句接收 true 之后根据查询条件 f_price > 10.20 对 fruits 表进行查询，返回结果为 4 条 f_price 大于 10.20 的记录。

NOT EXISTS 与 EXISTS 使用方法相同，返回的结果相反。子查询如果至少返回一行，那么 NOT EXISTS 的结果为 false，此时外层查询语句将不进行查询；如果子查询没有返回任何行，那么 NOT EXISTS 返回的结果是 true，此时外层语句将进行查询。

【例 7.57】查询 suppliers 表中是否存在 s_id=107 的供应商，如果不存在就查询 fruits 表中的记录，SQL 语句如下：

```
mysql> SELECT * FROM fruits
    -> WHERE NOT EXISTS
    -> (SELECT s_name FROM suppliers WHERE s_id = 107);
Empty set (0.00 sec)
```

查询语句 SELECT s_name FROM suppliers WHERE s_id = 107，对 suppliers 表进行查询，返回了一条记录，NOT EXISTS 表达式返回 false，外层表达式接收 false，将不再查询 fruits 表中的记录。

> EXISTS 和 NOT EXISTS 的结果只取决于是否会返回行，而不取决于这些行的内容，所以这个子查询输入列表通常是无关紧要的。

7.5.4　带 IN 关键字的子查询

IN 关键字进行子查询时，内层查询语句仅仅返回一个数据列，这个数据列里的值将提供给外层查询语句进行比较操作。

【例 7.58】在 orderitems 表中查询 f_id 为 c0 的订单号，并根据订单号查询具有订单号的客户 c_id，SQL 语句如下：

```
mysql> SELECT c_id FROM orders WHERE o_num IN
    -> (SELECT o_num  FROM orderitems WHERE f_id = 'c0');
+-------+
| c_id  |
+-------+
| 10004 |
| 10001 |
+-------+
```

查询结果的 c_id 有两个值，分别为 10001 和 10004。上述查询过程可以分步执行，首先内层子查询查出 orderitems 表中符合条件的订单号，单独执行内查询，查询结果如下：

```
mysql> SELECT o_num  FROM orderitems WHERE f_id = 'c0';
+-------+
| o_num |
+-------+
| 30003 |
| 30005 |
+-------+
```

可以看到，符合条件的 o_num 列的值有两个：30003 和 30005，然后执行外层查询，在 orders 表中查询订单号等于 30003 或 30005 的客户 c_id。嵌套子查询语句还可以写为如下形式，实现相同的效果：

```
mysql> SELECT c_id FROM orders WHERE o_num IN (30003, 30005);
```

```
+-------+
| c_id  |
+-------+
| 10004 |
| 10001 |
+-------+
```

这个例子说明在处理 SELECT 语句的时候，MySQL 实际上执行了两个操作过程，即先执行内层子查询，再执行外层查询，内层子查询的结果作为外部查询的比较条件。

SELECT 语句中可以使用 NOT IN 关键字，其作用与 IN 正好相反。

【例 7.59】与前一个例子类似，但是在 SELECT 语句中使用 NOT IN 关键字，SQL 语句如下：

```
mysql> SELECT c_id FROM orders WHERE o_num NOT IN
    -> (SELECT o_num  FROM orderitems WHERE f_id = 'c0');
+-------+
| c_id  |
+-------+
| 10001 |
| 10003 |
| 10005 |
+-------+
```

这里返回的结果有 3 条记录，由前面可以看到，子查询返回的订单值有两个，即 30003 和 30005，但为什么这里还有值为 10001 的 c_id 呢？这是因为 c_id 等于 10001 的客户的订单不止一个，可以查看订单表 orders 中的记录。

```
mysql> SELECT * FROM orders;
+-------+---------------------+-------+
| o_num | o_date              | c_id  |
+-------+---------------------+-------+
| 30001 | 2008-09-01 00:00:00 | 10001 |
| 30002 | 2008-09-12 00:00:00 | 10003 |
| 30003 | 2008-09-30 00:00:00 | 10004 |
| 30004 | 2008-10-03 00:00:00 | 10005 |
| 30005 | 2008-10-08 00:00:00 | 10001 |
+-------+---------------------+-------+
```

可以看到，虽然排除了订单号为 30003 和 30005 的客户 c_id，但是 o_num 为 30001 的订单与 30005 都是 10001 号客户的订单，所以结果中只是排除了订单号，但是仍然有可能选择同一个客户。

子查询的功能也可以通过连接查询完成，但是子查询使得 MySQL 代码更容易阅读和编写。

7.5.5　带比较运算符的子查询

在前面介绍的带 ANY、ALL 关键字的子查询时使用了"＞"比较运算符，子查询时还可以使用其他的比较运算符，如"＜""＜=""="">="和"!="等。

【例 7.60】在 suppliers 表中查询 s_city 等于"Tianjin"的供应商 s_id，然后在 fruits 表中查询所有该供应商提供的水果的种类，SQL 语句如下：

```
SELECT s_id, f_name FROM fruits
WHERE s_id =
(SELECT s1.s_id FROM suppliers AS s1 WHERE s1.s_city = 'Tianjin');
```

该嵌套查询首先在 suppliers 表中查找 s_city 等于 Tianjin 的供应商的 s_id，单独执行子查询查看 s_id 的值，执行下面的操作过程：

```
mysql> SELECT s1.s_id FROM suppliers AS s1 WHERE s1.s_city = 'Tianjin';
+------+
| s_id |
+------+
| 101  |
+------+
```

然后在外层查询时，在 fruits 表中查找 s_id 等于 101 的供应商提供的水果的种类，查询结果如下：

```
mysql> SELECT s_id, f_name FROM fruits
    -> WHERE s_id =
    -> (SELECT s1.s_id FROM suppliers AS s1 WHERE s1.s_city = 'Tianjin');
+------+------------+
| s_id | f_name     |
+------+------------+
| 101  | apple      |
| 101  | blackberry |
| 101  | cherry     |
+------+------------+
```

结果表明，"Tianjin"地区的供应商提供的水果种类有 3 种，分别为"apple""blackberry"和"cherry"。

【例 7.61】在 suppliers 表中查询 s_city 等于"Tianjin"的供应商 s_id，然后在 fruits 表中查询所有非该供应商提供的水果的种类，SQL 语句如下：

```
mysql> SELECT s_id, f_name FROM fruits
    -> WHERE s_id <>
    -> (SELECT s1.s_id FROM suppliers AS s1 WHERE s1.s_city = 'Tianjin');
+------+---------+
| s_id | f_name  |
```

```
+------+----------+
| 103  | apricot  |
| 104  | berry    |
| 107  | xxxx     |
| 102  | orange   |
| 105  | melon    |
| 104  | lemon    |
| 106  | mango    |
| 105  | xbabay   |
| 105  | xxtt     |
| 103  | coconut  |
| 102  | banana   |
| 102  | grape    |
| 107  | xbababa  |
+------+----------+
```

该嵌套查询执行过程与前面相同，在这里使用了不等于"＜＞"运算符，因此返回的结果和前面正好相反。

7.6 合并查询结果

利用 UNION 关键字，可以给出多条 SELECT 语句，并将它们的结果组合成单个结果集。合并时，两个表对应的列数和数据类型必须相同。各个 SELECT 语句之间使用 UNION 或 UNION ALL 关键字分隔。UNION 不使用关键字 ALL，执行的时候删除重复的记录，所有返回的行都是唯一的；使用关键字 ALL 的作用是不删除重复行也不对结果进行自动排序。基本语法格式如下：

```
SELECT column,... FROM table1
UNION [ALL]
SELECT column,... FROM table2
```

【例 7.62】查询所有价格小于 9 的水果的信息，查询 s_id 等于 101 和 103 所有的水果的信息，使用 UNION 连接查询结果，SQL 语句如下：

```
SELECT s_id, f_name, f_price
FROM fruits
WHERE f_price < 9.0
UNION SELECT s_id, f_name, f_price
FROM fruits
WHERE s_id IN(101,103);
```

合并查询结果如下：

```
+------+------------+---------+
| s_id | f_name     | f_price |
+------+------------+---------+
| 101  | apple      |    5.20 |
| 103  | apricot    |    2.20 |
| 104  | berry      |    7.60 |
| 107  | xxxx       |    3.60 |
| 105  | melon      |    8.20 |
| 101  | cherry     |    3.20 |
| 104  | lemon      |    6.40 |
| 105  | xbabay     |    2.60 |
| 102  | grape      |    5.30 |
| 107  | xbababa    |    3.60 |
| 101  | blackberry |   10.20 |
| 103  | coconut    |    9.20 |
+------+------------+---------+
```

如前所述，UNION 将多个 SELECT 语句的结果组合成一个结果集合。可以分开查看每个 SELECT 语句的结果：

```
mysql> SELECT s_id, f_name, f_price
    -> FROM fruits
    -> WHERE f_price < 9.0;
+------+----------+---------+
| s_id | f_name   | f_price |
+------+----------+---------+
| 101  | apple    |    5.20 |
| 103  | apricot  |    2.20 |
| 104  | berry    |    7.60 |
| 107  | xxxx     |    3.60 |
| 105  | melon    |    8.20 |
| 101  | cherry   |    3.20 |
| 104  | lemon    |    6.40 |
| 105  | xbabay   |    2.60 |
| 102  | grape    |    5.30 |
| 107  | xbababa  |    3.60 |
+------+----------+---------+
10 rows in set (0.00 sec)

mysql> SELECT s_id, f_name, f_price
    -> FROM fruits
    -> WHERE s_id IN(101,103);
+------+----------+---------+
```

```
| s_id | f_name    | f_price |
+------+-----------+---------+
| 101  | apple     |    5.20 |
| 103  | apricot   |    2.20 |
| 101  | blackberry|   10.20 |
| 101  | cherry    |    3.20 |
| 103  | coconut   |    9.20 |
+------+-----------+---------+
5 rows in set (0.00 sec)
```

由分开查询的结果可以看到,第 1 条 SELECT 语句查询价格小于 9 的水果,第 2 条 SELECT 语句查询供应商 101 和 103 提供的水果。使用 UNION 将两条 SELECT 语句分隔开,执行完毕之后把输出结果组合成单个的结果集,并删除重复的记录。

使用 UNION ALL 包含重复的行,在前面的例子中,分开查询时,两个返回结果中有相同的记录。UNION 从查询结果集中自动去除了重复的行,如果要返回所有匹配行,而不进行删除,可以使用 UNION ALL。

【例 7.63】查询所有价格小于 9 的水果的信息,查询 s_id 等于 101 和 103 的所有水果的信息,使用 UNION ALL 连接查询结果,SQL 语句如下:

```
SELECT s_id, f_name, f_price
FROM fruits
WHERE f_price < 9.0
UNION ALL
SELECT s_id, f_name, f_price
FROM fruits
WHERE s_id IN(101,103);
```

查询结果如下:

```
+------+----------------+---------+
| s_id | f_name         | f_price |
+------+----------------+---------+
| 101  | apple          |    5.20 |
| 103  | apricot        |    2.20 |
| 104  | berry          |    7.60 |
| 107  | xxxx           |    3.60 |
| 105  | melon          |    8.20 |
| 101  | cherry         |    3.20 |
| 104  | lemon          |    6.40 |
| 105  | xbabay         |    2.60 |
| 102  | grape          |    5.30 |
| 107  | xbababa        |    3.60 |
| 101  | apple          |    5.20 |
| 103  | apricot        |    2.20 |
| 101  | blackberry     |   10.20 |
```

```
| 101 | cherry       |     3.20 |
| 103 | coconut      |     9.20 |
+------+--------------+----------+
```

由结果可以看到，这里总的记录数等于两条 SELECT 语句返回的记录数之和，连接查询结果并没有去除重复的行。

> UNION 和 UNION ALL 的区别：使用 UNION ALL 的功能是不删除重复行，加上 ALL 关键字语句执行时所需要的资源少，所以尽可能地使用它，因此知道有重复行但是想保留这些行，确定查询结果中不会有重复数据或者不需要去掉重复数据的时候，应当使用 UNION ALL 以提高查询效率。

7.7 为表和字段取别名

在前面介绍分组查询、集合函数查询和嵌套子查询章节中，读者注意到有的地方使用了 AS 关键字为查询结果中的某一列指定一个特定的名字。在内连接查询时，则对相同的表 fruits 分别指定两个不同的名字，这里可以为字段或者表取一个别名，在查询时，使用别名替代其指定的内容，本节将介绍如何为字段和表创建别名以及如何使用别名。

7.7.1 为表取别名

当表名字很长或者执行一些特殊查询时，为了方便操作或者需要多次使用相同的表时，可以为表指定别名，用这个别名替代表原来的名称。为表取别名的基本语法格式为：

表名 [AS] 表别名

"表名"为数据库中存储的数据表的名称，"表别名"为查询时指定的表的新名称，AS 关键字为可选参数。

【例 7.64】为 orders 表取别名 o，查询 30001 订单的下单日期，SQL 语句如下：

```
SELECT * FROM orders AS o
WHERE o.o_num = 30001;
```

在这里 orders AS o 代码表示为 orders 表取别名为 o，指定过滤条件时直接使用 o 代替 orders，查询结果如下：

```
+-------+---------------------+-------+
| o_num | o_date              | c_id  |
+-------+---------------------+-------+
| 30001 | 2008-09-01 00:00:00 | 10001 |
```

```
+-------+--------------------+-------+
```

【例 7.65】为 customers 和 orders 表分别取别名，并进行连接查询，SQL 语句如下：

```
mysql> SELECT c.c_id, o.o_num
    -> FROM customers AS c LEFT OUTER JOIN orders AS o
    -> ON c.c_id = o.c_id;
+-------+-------+
| c_id  | o_num |
+-------+-------+
| 10001 | 30001 |
| 10001 | 30005 |
| 10002 | NULL  |
| 10003 | 30002 |
| 10004 | 30003 |
+-------+-------+
```

由结果看到，MySQL 可以同时为多个表取别名，而且表别名可以放在不同的位置，如 WHERE 子句、SELECT 列表、ON 子句以及 ORDER BY 子句等。

在前面介绍内连接查询时指出自连接是一种特殊的内连接，在连接查询中的两个表都是同一个表，其查询语句如下：

```
mysql> SELECT f1.f_id, f1.f_name
    -> FROM fruits AS f1, fruits AS f2
    -> WHERE f1.s_id = f2.s_id AND f2.f_id = 'a1';
+-------+------------+
| f_id  | f_name     |
+-------+------------+
| a1    | apple      |
| b1    | blackberry |
| c0    | cherry     |
+-------+------------+
```

在这里，如果不使用表别名，MySQL 将不知道引用的是哪个 fruits 表实例，这是表别名非常有用的地方。

 在为表取别名时，要保证不能与数据库中的其他表的名称冲突。

7.7.2 为字段取别名

在本章和前面各章节的例子中可以看到，在使用 SELECT 语句显示查询结果时，MySQL 会显示每个 SELECT 后面指定的输出列，在有些情况下，显示的列的名称会很长或者名称不够直观，MySQL 可以指定列别名、替换字段或表达式。为字段取别名的基本语法格式为：

列名 [AS] 列别名

"列名"为表中字段定义的名称，"列别名"为字段新的名称，AS 关键字为可选参数。

【例 7.66】查询 fruits 表，为 f_name 取别名 fruit_name、f_price 取别名 fruit_price，再为 fruits 表取别名 f1，查询表中 f_price < 8 的水果名称，SQL 语句如下：

```
mysql> SELECT f1.f_name AS fruit_name, f1.f_price AS fruit_price
    -> FROM fruits AS f1
    -> WHERE f1.f_price < 8;
+----------------+--------------+
| fruit_name     | fruit_price  |
+----------------+--------------+
| apple          |       5.20   |
| apricot        |       2.20   |
| berry          |       7.60   |
| xxxx           |       3.60   |
| cherry         |       3.20   |
| lemon          |       6.40   |
| xbabay         |       2.60   |
| grape          |       5.30   |
| xbababa        |       3.60   |
+----------------+--------------+
```

也可以为 SELECT 子句中的计算字段取别名，例如，对使用 COUNT 聚合函数或者 CONCAT 等系统函数执行的结果字段取别名。

【例 7.67】查询 suppliers 表中字段 s_name 和 s_city，使用 CONCAT 函数连接这两个字段值，并取列别名为 suppliers_title。

如果没有对连接后的值取别名，其显示列名称将会不够直观，SQL 语句如下：

```
mysql> SELECT CONCAT(TRIM(s_name) , ' (', TRIM(s_city), ')')
    -> FROM suppliers
    -> ORDER BY s_name;
+------------------------------------------------------------+
| CONCAT(TRIM(s_name) , ' (', TRIM(s_city), ')')             |
+------------------------------------------------------------+
| ACME (Shanghai)                                            |
| DK Inc. (Qingdao)                                          |
| FastFruit Inc. (Tianjin)                                   |
| FNK Inc. (Zhongshan)                                       |
| Good Set (Taiyuan)                                         |
| Just Eat Ours (Beijing)                                    |
| LT Supplies (Chongqing)                                    |
+------------------------------------------------------------+
```

由结果可以看到，显示结果的列名称为 SELECT 子句后面的计算字段，实际上计算之后的列是没有名字的，这样的结果让人很不容易理解，如果为字段取一个别名，将会使结果清晰，SQL 语句如下：

```
mysql> SELECT CONCAT(TRIM(s_name) , ' (', TRIM(s_city), ')')
    -> AS suppliers_title
    -> FROM suppliers
    -> ORDER BY s_name;
+------------------------------+
| suppliers_title              |
+------------------------------+
| ACME (Shanghai)              |
| DK Inc. (Qingdao)            |
| FastFruit Inc. (Tianjin)     |
| FNK Inc. (Zhongshan)         |
| Good Set (Taiyuan)           |
| Just Eat Ours (Beijing)      |
| LT Supplies (Chongqing)      |
+------------------------------+
```

由结果可以看到，SELECT 子句计算字段值之后增加了 AS suppliers_title，它指示 MySQL 为计算字段创建一个别名 suppliers_title，显示结果为指定的列别名，这样就增强了查询结果的可读性。

表别名只在执行查询的时候使用，并不在返回结果中显示，而列别名定义之后，将返回给客户端显示，显示的结果字段为字段列的别名。

7.8 使用正则表达式查询

正则表达通常被用来检索或替换那些符合某个模式的文本内容，根据指定的匹配模式匹配文本中符合要求的特殊字符串。例如，从一个文本文件中提取电话号码，查找一篇文章中重复的单词或者替换用户输入的某些敏感词语等，这些地方都可以使用正则表达式。正则表达式强大而且灵活，可以应用于非常复杂的查询。

MySQL 中使用 REGEXP 关键字指定正则表达式的字符匹配模式，表 7.3 列出了 REGEXP 操作符中常用字符匹配列表。

表 7.3　正则表达式常用字符匹配列表

选项	说明	例子	匹配值示例
^	匹配文本的开始字符	'^b'匹配以字母 b 开头的字符串	book, big, banana, bike
$	匹配文本的结束字符	'st$'匹配以 st 结尾的字符串	test, resist, persist
.	匹配任何单个字符	'b.t'匹配任何 b 和 t 之间有一个字符的字符串	bit, bat, but,bite
*	匹配零个或多个在它前面的字符	'f*n'匹配字符 n 前面有任意个字符 f	fn, fan,faan, fabcn
+	匹配前面的字符 1 次或多次	'ba+ '匹配以 b 开头后面紧跟至少有一个 a	ba, bay, bare, battle
<字符串>	匹配包含指定的字符串的文本	'fa'匹配包含 fa 字符的文本	fan,afa,faad
[字符集合]	匹配字符集合中的任何一个字符	'[xz]' 匹配 x 或者 z	dizzy, zebra, x-ray, extra
[^]	匹配不在括号中的任何字符	'[^abc]'匹配任何不包含 a、b 或 c 的字符串	desk, fox, f8ke
字符串 {n,}	匹配前面的字符串至少 n 次	b{2}匹配 2 个或更多的 b	bbb,bbbb,bbbbbbb
字符串 {n,m}	匹配前面的字符串至少 n 次、至多 m 次。如果 n 为 0，此参数为可选参数	b{2,4}匹配最少 2 个、最多 4 个 b	bb,bbb,bbbb

下文将详细介绍在 MySQL 中如何使用正则表达式。

7.8.1　查询以特定字符或字符串开头的记录

字符 '^' 匹配以特定字符或者字符串开头的文本。

【例 7.68】在 fruits 表中，查询 f_name 字段以字母 'b' 开头的记录，SQL 语句如下：

```
mysql> SELECT * FROM fruits WHERE f_name REGEXP '^b';
+------+------+----------------+------------+
| f_id | s_id | f_name         | f_price    |
+------+------+----------------+------------+
| b1   | 101  | blackberry     | 10.20      |
| b2   | 104  | berry          | 7.60       |
| t1   | 102  | banana         | 10.30      |
+------+----------+--------------+-----------+
```

fruits 表中有 3 条记录的 f_name 字段值是以字母 b 开头，返回结果有 3 条记录。

【例 7.69】在 fruits 表中，查询 f_name 字段以 "be" 开头的记录，SQL 语句如下：

```
mysql> SELECT * FROM fruits WHERE f_name REGEXP '^be';
+------+------+--------+---------+
```

```
| f_id | s_id | f_name | f_price |
+------+------+--------+---------+
| b2   | 104  | berry  |  7.60   |
+------+------+--------+---------+
```

只有 berry 是以 "be" 开头，所以查询结果中只有 1 条记录。

7.8.2　查询以特定字符或字符串结尾的记录

字符 '$' 匹配以特定字符或者字符串结尾的文本。

【例 7.70】在 fruits 表中，查询 f_name 字段以字母 'y' 结尾的记录，SQL 语句如下：

```
mysql> SELECT * FROM fruits WHERE f_name REGEXP 'y$';
+------+------+------------+---------+
| f_id | s_id | f_name     | f_price |
+------+------+------------+---------+
| b1   | 101  | blackberry |  10.20  |
| b2   | 104  | berry      |   7.60  |
| c0   | 101  | cherry     |   3.20  |
| m2   | 105  | xbabay     |   2.60  |
+------+------+------------+---------+
```

fruits 表中有 4 条记录的 f_name 字段值是以字母 'y' 结尾，返回结果有 4 条记录。

【例 7.71】在 fruits 表中，查询 f_name 字段以字符串 "rry" 结尾的记录，SQL 语句如下：

```
mysql> SELECT * FROM fruits WHERE f_name REGEXP 'rry$';
+------+------+------------+------------+
| f_id | s_id | f_name     | f_price    |
+------+------+------------+------------+
| b1   | 101  | blackberry |  10.20     |
| b2   | 104  | berry      |   7.60     |
| c0   | 101  | cherry     |   3.20     |
+------+------+------------+------------+
```

fruits 表中有 3 条记录的 f_name 字段值是以字符串 "rry" 结尾，返回结果有 3 条记录。

7.8.3　用符号"."来替代字符串中的任意一个字符

字符 '.' 匹配任意一个字符。

【例 7.72】在 fruits 表中，查询 f_name 字段值包含字母 'a' 与 'g' 且两个字母之间只有一个字母的记录，SQL 语句如下：

```
mysql> SELECT * FROM fruits WHERE f_name REGEXP 'a.g';
+------+------+--------+---------+
| f_id | s_id | f_name | f_price |
```

```
+------+------+--------+---------+
| bs1  | 102  | orange | 11.20   |
| m1   | 106  | mango  | 15.70   |
+------+------+--------+---------+
```

查询语句中'a.g'指定匹配字符中要有字母 a 和 g，且两个字母之间包含单个字符，并不限定匹配的字符的位置和所在查询字符串的总长度，因此 orange 和 mango 都符合匹配条件。

7.8.4　使用"*"和"+"来匹配多个字符

星号'*'匹配前面的字符任意多次，包括 0 次。加号'+'匹配前面的字符至少一次。

【例 7.73】在 fruits 表中，查询 f_name 字段值以字母'b'开头，且'b'后面出现字母'a'的记录，SQL 语句如下：

```
mysql> SELECT * FROM fruits WHERE f_name REGEXP '^ba*';
+------+------+------------+-------------+
| f_id | s_id | f_name     | f_price     |
+------+------+------------+-------------+
| b1   | 101  | blackberry | 10.20       |
| b2   | 104  | berry      | 7.60        |
| t1   | 102  | banana     | 10.30       |
+------+------+------------+-------------+
```

星号'*'可以匹配任意多个字符，blackberry 和 berry 中字母 b 后面并没有出现字母 a，但是也满足匹配条件。

【例 7.74】在 fruits 表中，查询 f_name 字段值以字母'b'开头，且'b'后面出现字母'a'至少一次的记录，SQL 语句如下：

```
mysql> SELECT * FROM fruits WHERE f_name REGEXP '^ba+';
+------+------+--------+---------+
| f_id | s_id | f_name | f_price |
+------+------+--------+---------+
| t1   | 102  | banana | 10.30   |
+------+------+--------+---------+
```

'a+'匹配字母'a'至少一次，只有 banana 满足匹配条件。

7.8.5　匹配指定字符串

正则表达式可以匹配指定字符串，只要这个字符串在查询文本中即可，如果要匹配多个字符串，那么多个字符串之间要使用分隔符'|'隔开。

【例 7.75】在 fruits 表中，查询 f_name 字段值包含字符串"on"的记录，SQL 语句如下：

```
mysql> SELECT * FROM fruits WHERE f_name REGEXP 'on';
```

```
+------+------+----------+---------+
| f_id | s_id | f_name   | f_price |
+------+------+----------+---------+
| bs2  | 105  | melon    | 8.20    |
| l2   | 104  | lemon    | 6.40    |
| o2   | 103  | coconut  | 9.20    |
+------+------+----------+---------+
```

可以看到，f_name 字段的 melon、lemon 和 coconut 3 个值中都包含有字符串 "on"，满足匹配条件。

【例 7.76】在 fruits 表中，查询 f_name 字段值包含字符串 "on" 或者 "ap" 的记录，SQL 语句如下：

```
mysql> SELECT * FROM fruits WHERE f_name REGEXP 'on|ap';
+------+------+----------+---------+
| f_id | s_id | f_name   | f_price |
+------+------+----------+---------+
| a1   | 101  | apple    | 5.20    |
| a2   | 103  | apricot  | 2.20    |
| bs2  | 105  | melon    | 8.20    |
| l2   | 104  | lemon    | 6.40    |
| o2   | 103  | coconut  | 9.20    |
| t2   | 102  | grape    | 5.30    |
+------+------+----------+----------+
```

可以看到，f_name 字段的 melon、lemon 和 coconut 3 个值中都包含有字符串 "on"，apple 和 apricot 值中包含字符串 "ap"，满足匹配条件。

之前介绍过，LIKE 运算符也可以匹配指定的字符串，但与 REGEXP 不同，LIKE 匹配的字符串如果在文本中间出现，则找不到它，相应的行也不会返回。而 REGEXP 在文本内进行匹配，如果被匹配的字符串在文本中出现，REGEXP 将会找到它，相应的行也会被返回。对比结果如【例 7.77】所示。

【例 7.77】在 fruits 表中，使用 LIKE 运算符查询 f_name 字段值为 "on" 的记录，SQL 语句如下：

```
mysql> SELECT * FROM fruits WHERE f_name LIKE 'on';
Empty set (0.00 sec)
```

f_name 字段没有值为 "on" 的记录，返回结果为空。读者可以体会一下两者的区别。

7.8.6 匹配指定字符中的任意一个

方括号 "[]" 指定一个字符集合，只匹配其中任何一个字符，即为所查找的文本。

【例 7.78】在 fruits 表中，查找 f_name 字段中包含字母 'o' 或者 't' 的记录，SQL 语句如下：

```
mysql> SELECT * FROM fruits WHERE f_name REGEXP '[ot]';
+------+------+---------+---------+
| f_id | s_id | f_name  | f_price |
+------+------+---------+---------+
| a2   | 103  | apricot |    2.20 |
| bs1  | 102  | orange  |   11.20 |
| bs2  | 105  | melon   |    8.20 |
| l2   | 104  | lemon   |    6.40 |
| m1   | 106  | mango   |   15.70 |
| m3   | 105  | xxtt    |   11.60 |
| o2   | 103  | coconut |    9.20 |
+------+------+---------+---------+
```

由查询结果可以看到，所有返回的记录的 f_name 字段的值中都包含有字母 o 或者 t，或者两个都有。

方括号"[]"还可以指定数值集合。

【例 7.79】在 fruits 表，查询 s_id 字段中数值中包含 4、5 或者 6 的记录，SQL 语句如下：

```
mysql> SELECT * FROM fruits WHERE s_id REGEXP '[456]';
+-------+-------+---------+----------+
| f_id  | s_id  | f_name  | f_price  |
+-------+-------+---------+----------+
| b2    | 104   | berry   |   7.60   |
| bs2   | 105   | melon   |   8.20   |
| l2    | 104   | lemon   |   6.40   |
| m1    | 106   | mango   |  15.70   |
| m2    | 105   | xbabay  |   2.60   |
| m3    | 105   | xxtt    |  11.60   |
+-------+-------+---------+----------+
```

查询结果中，s_id 字段值中有 3 个数字中的 1 个即为匹配记录字段。

匹配集合"[456]"也可以写成"[4-6]"即指定集合区间。例如，"[a-z]"表示集合区间为 a~z 的字母，"[0-9]"表示集合区间为所有数字。

7.8.7 匹配指定字符以外的字符

"[^字符集合]"匹配不在指定集合中的任何字符。

【例 7.80】在 fruits 表中，查询 f_id 字段包含字母 a~e 和数字 1~2 以外的字符的记录，SQL 语句如下：

```
mysql> SELECT * FROM fruits WHERE f_id REGEXP '[^a-e1-2]';
```

```
+------+------+---------+---------+
| f_id | s_id | f_name  | f_price |
+------+------+---------+---------+
| b5   | 107  | xxxx    |    3.60 |
| bs1  | 102  | orange  |   11.20 |
| bs2  | 105  | melon   |    8.20 |
| c0   | 101  | cherry  |    3.20 |
| l2   | 104  | lemon   |    6.40 |
| m1   | 106  | mango   |   15.70 |
| m2   | 105  | xbabay  |    2.60 |
| m3   | 105  | xxtt    |   11.60 |
| o2   | 103  | coconut |    9.20 |
| t1   | 102  | banana  |   10.30 |
| t2   | 102  | grape   |    5.30 |
| t4   | 107  | xbababa |    3.60 |
+------+------+---------+---------+
```

返回记录中的 f_id 字段值中包含了指定字母和数字以外的值，如 s、m、o、t 等，这些字母均不在 a~e 与 1~2 之间，满足匹配条件。

7.8.8 使用{n,}或者{n,m}来指定字符串连续出现的次数

"字符串{n,}"表示至少匹配 n 次前面的字符；"字符串{n,m}"表示匹配前面的字符串不少于 n 次，不多于 m 次。例如，a{2,}表示字母 a 至少连续出现 2 次，也可以大于 2 次；a{2,4}表示字母 a 最少连续出现 2 次，最多不能超过 4 次。

【例 7.81】在 fruits 表中，查询 f_name 字段值出现字母'x'至少 2 次的记录，SQL 语句如下：

```
mysql> SELECT * FROM fruits WHERE f_name REGEXP 'x{2,}';
+------+------+---------+---------+
| f_id | s_id | f_name  | f_price |
+------+------+---------+---------+
| b5   | 107  | xxxx    |    3.60 |
| m3   | 105  | xxtt    |   11.60 |
+------+------+---------+---------+
```

可以看到，f_name 字段的"xxxx"包含了 4 个字母'x'，"xxtt"包含两个字母'x'，均为满足匹配条件的记录。

【例 7.82】在 fruits 表中，查询 f_name 字段值出现字符串"ba"最少 1 次、最多 3 次的记录，SQL 语句如下：

```
mysql> SELECT * FROM fruits WHERE f_name REGEXP 'ba{1,3}';
+------+----------+-----------+---------+
| f_id | s_id     | f_name    | f_price |
+------+----------+-----------+---------+
| m2   | 105      | xbabay    |    2.60 |
| t1   | 102      | banana    |   10.30 |
| t4   | 107      | xbababa   |    3.60 |
+------+----------+-----------+---------+
```

可以看到，"ba"在 f_name 字段的 xbabay 值中出现了 2 次、在 banana 中出现了 1 次、在 xbababa 中出现了 3 次，都满足匹配条件的记录。

7.9 实战演练——数据表查询操作

SQL 语句可以分为两部分，一部分用来创建数据库对象，另一部分用来操作这些对象，本章详细介绍了操作数据库对象的数据表查询语句。通过本章的介绍，读者可以了解到 SQL 中查询语句功能的强大，用户可以根据需要灵活使用。本章的实战演练将回顾这些查询语句。

1. 案例目的

根据不同条件对表进行查询操作，掌握数据表的查询语句。employee、dept 表结构以及表中的记录，如表 7.4~表 7.7 所示。

表 7.4　employee 表结构

字段名	字段说明	数据类型	主键	外键	非空	唯一	自增
e_no	员工编号	INT(11)	是	否	是	是	否
e_name	员工姓名	VARCHAR(100)	否	否	是	否	否
e_gender	员工性别	CHAR(2)	否	否	否	否	否
dept_no	部门编号	INT(11)	否	否	是	否	否
e_job	职位	VARCHAR(100)	否	否	是	否	否
e_salary	薪水	SMALLINT	否	否	是	否	否
hireDate	入职日期	DATE	否	否	是	否	否

表 7.5　dept 表结构

字段名	字段说明	数据类型	主键	外键	非空	唯一	自增
d_no	部门编号	INT(11)	是	是	是	是	是
d_name	部门名称	VARCHAR(50)	否	否	是	否	否
d_location	部门地址	VARCHAR(100)	否	否	否	否	否

表 7.6　employee 表中的记录

e_no	e_name	e_gender	dept_no	e_job	e_salary	hireDate
1001	SMITH	m	20	CLERK	800	2005-11-12
1002	ALLEN	f	30	SALESMAN	1600	2003-05-12
1003	WARD	f	30	SALESMAN	1250	2003-05-12
1004	JONES	m	20	MANAGER	2975	1998-05-18
1005	MARTIN	m	30	SALESMAN	1250	2001-06-12
1006	BLAKE	f	30	MANAGER	2850	1997-02-15
1007	CLARK	m	10	MANAGER	2450	2002-09-12
1008	SCOTT	m	20	ANALYST	3000	2003-05-12

（续表）

e_no	e_name	e_gender	dept_no	e_job	e_salary	hireDate
1009	KING	f	10	PRESIDENT	5000	1995-01-01
1010	TURNER	f	30	SALESMAN	1500	1997-10-12
1011	ADAMS	m	20	CLERK	1100	1999-10-05
1012	JAMES	f	30	CLERK	950	2008-06-15

表 7.7　dept 表中的记录

d_no	d_name	d_location
10	ACCOUNTING	ShangHai
20	RESEARCH	BeiJing
30	SALES	ShenZhen
40	OPERATIONS	FuJian

2. 案例操作过程

步骤 01　创建数据表 employee 和 dept。

```
CREATE TABLE dept
(
d_no          INT NOT NULL PRIMARY KEY AUTO_INCREMENT,
d_name        VARCHAR(50),
d_location    VARCHAR(100)
);
```

由于 employee 表 dept_no 依赖于父表 dept 的主键 d_no，因此需要先创建 dept 表，然后创建 employee 表。

```
CREATE TABLE employee
(
e_no          INT NOT NULL PRIMARY KEY,
e_name        VARCHAR(100) NOT NULL,
e_gender      CHAR(2) NOT NULL,
dept_no       INT NOT NULL,
e_job         VARCHAR(100) NOT NULL,
e_salary      SMALLINT NOT NULL,
hireDate      DATE,
CONSTRAINT dno_fk FOREIGN KEY(dept_no)
REFERENCES dept(d_no)
);
```

步骤 02　将指定记录分别插入两个表中。

向 dept 表中插入数据，SQL 语句如下：

```
INSERT INTO dept
```

```
VALUES (10, 'ACCOUNTING', 'ShangHai'),
(20, 'RESEARCH ', 'BeiJing '),
(30, 'SALES ', 'ShenZhen '),
(40, 'OPERATIONS ', 'FuJian ');
```

向 employee 表中插入数据，SQL 语句如下：

```
INSERT INTO employee
VALUES (1001, 'SMITH', 'm',20, 'CLERK',800,'2005-11-12'),
(1002, 'ALLEN', 'f',30, 'SALESMAN', 1600,'2003-05-12'),
(1003, 'WARD', 'f',30, 'SALESMAN', 1250,'2003-05-12'),
(1004, 'JONES', 'm',20, 'MANAGER', 2975,'1998-05-18'),
(1005, 'MARTIN', 'm',30, 'SALESMAN', 1250,'2001-06-12'),
(1006, 'BLAKE', 'f',30, 'MANAGER', 2850,'1997-02-15'),
(1007, 'CLARK', 'm',10, 'MANAGER', 2450,'2002-09-12'),
(1008, 'SCOTT', 'm',20, 'ANALYST', 3000,'2003-05-12'),
(1009, 'KING', 'f',10, 'PRESIDENT', 5000,'1995-01-01'),
(1010, 'TURNER', 'f',30, 'SALESMAN', 1500,'1997-10-12'),
(1011, 'ADAMS', 'm',20, 'CLERK', 1100,'1999-10-05'),
(1012, 'JAMES', 'm',30, 'CLERK', 950,'2008-06-15');
```

步骤 03 在 employee 表中，查询所有记录的 e_no、e_name 和 e_salary 字段值。

```
SELECT e_no, e_name, e_salary;
```

执行结果如下：

```
mysql> SELECT e_no, e_name, e_salary FROM employee;
+------+-------------+------------+
| e_no | e_name | e_salary |
+------+-------------+------------+
| 1001 | SMITH  |    800   |
| 1002 | ALLEN  |   1600   |
| 1003 | WARD   |   1250   |
| 1004 | JONES  |   2975   |
| 1005 | MARTIN |   1250   |
| 1006 | BLAKE  |   2850   |
| 1007 | CLARK  |   2450   |
| 1008 | SCOTT  |   3000   |
| 1009 | KING   |   5000   |
| 1010 | TURNER |   1500   |
| 1011 | ADAMS  |   1100   |
| 1012 | JAMES  |    950   |
+------+-----------+-----------------+
12 rows in set (0.00 sec)
```

步骤 04 在 employee 表中，查询 dept_no 等于 10 和 20 的所有记录。

```
SELECT * FROM employee WHERE dept_no IN (10, 20);
```

执行结果如下：

```
mysql> SELECT * FROM employee WHERE dept_no IN (10, 20);
+------+--------+----------+---------+-----------+----------+------------+
| e_no | e_name | e_gender | dept_no | e_job     | e_salary | hireDate   |
+------+--------+----------+---------+-----------+----------+------------+
| 1001 | SMITH  | m        |      20 | CLERK     |      800 | 2005-11-12 |
| 1004 | JONES  | m        |      20 | MANAGER   |     2975 | 1998-05-18 |
| 1007 | CLARK  | m        |      10 | MANAGER   |     2450 | 2002-09-12 |
| 1008 | SCOTT  | m        |      20 | ANALYST   |     3000 | 2003-05-12 |
| 1009 | KING   | f        |      10 | PRESIDENT |     5000 | 1995-01-01 |
| 1011 | ADAMS  | m        |      20 | CLERK     |     1100 | 1999-10-05 |
+------+--------+----------+---------+-----------+----------+------------+
6 rows in set (0.00 sec)
```

步骤 05 在 employee 表中，查询工资为 800~2500 的员工信息。

```
SELECT * FROM employee WHERE e_salary BETWEEN 800 AND 2500;
```

执行结果如下：

```
mysql> SELECT * FROM employee WHERE e_salary BETWEEN 800 AND 2500;
+------+--------+----------+---------+----------+----------+------------+
| e_no | e_name | e_gender | dept_no | e_job    | e_salary | hireDate   |
+------+--------+----------+---------+----------+----------+------------+
| 1001 | SMITH  | m        |      20 | CLERK    |      800 | 2005-11-12 |
| 1002 | ALLEN  | f        |      30 | SALESMAN |     1600 | 2003-05-12 |
| 1003 | WARD   | f        |      30 | SALESMAN |     1250 | 2003-05-12 |
| 1005 | MARTIN | m        |      30 | SALESMAN |     1250 | 2001-06-12 |
| 1007 | CLARK  | m        |      10 | MANAGER  |     2450 | 2002-09-12 |
| 1010 | TURNER | f        |      30 | SALESMAN |     1500 | 1997-10-12 |
| 1011 | ADAMS  | m        |      20 | CLERK    |     1100 | 1999-10-05 |
| 1012 | JAMES  | m        |      30 | CLERK    |      950 | 2008-06-15 |
+------+--------+----------+---------+----------+----------+------------+
8 rows in set (0.00 sec)
```

步骤 06 在 employee 表中，查询部门编号为 20 的部门中的员工信息。

```
SELECT * FROM employee WHERE dept_no = 20;
```

执行结果如下：

```
mysql> SELECT * FROM employee WHERE dept_no = 20;
+------+--------------+-------------+----------------+-------------+--------
```

```
--------+-----------+
  | e_no | e_name | e_gender | dept_no | e_job   | e_salary  |hireDate   |
  +------+------------+-----------------+------------+---------------+------
----------+-----------+
  | 1001 | SMITH  | m       |    20 | CLERK   |    800 | 2005-11-12 |
  | 1004 | JONES  | m       |    20 | MANAGER |   2975 | 1998-05-18 |
  | 1008 | SCOTT  | m       |    20 | ANALYST |   3000 | 2003-05-12 |
  | 1011 | ADAMS  | m       |    20 | CLERK   |   1100 | 1999-10-05 |
  +------+------------+-----------------+------------+---------------+------
------------+-----------+
  4 rows in set (0.00 sec)
```

步骤 07 在 employee 表中，查询每个部门最高工资的员工信息。

```
SELECT dept_no, MAX(e_salary) FROM employee GROUP BY dept_no;
```

执行结果如下：

```
mysql> SELECT dept_no, MAX(e_salary) FROM employee GROUP BY dept_no;
+---------+-------------------+
| dept_no | MAX(e_salary) |
+---------+-------------------+
|   10  |         5000 |
|   20  |         3000 |
|   30  |         2850 |
+---------+-------------------+
3 rows in set (0.00 sec)
```

步骤 08 查询员工 BLAKE 所在部门和部门所在地。

```
SELECT d_no, d_location  FROM dept WHERE d_no=
(SELECT dept_no FROM employee WHERE e_name='BLAKE');
```

执行结果如下：

```
mysql> SELECT e_name,d_no, d_location
   ->  FROM dept WHERE d_no=
   ->  (SELECT dept_no FROM employee WHERE e_name='BLAKE');
+------+------------+
| d_no | d_location |
+------+------------+
|  30 | ShenZhen   |
+------+------------+
1 row in set (0.00 sec)
```

步骤 09 使用连接查询，查询所有员工的部门和部门信息。

```
SELECT e_no, e_name, dept_no, d_name,d_location
FROM employee, dept WHERE dept.d_no=employee.dept_no;
```

执行结果如下：

```
mysql> SELECT e_no, e_name, dept_no, d_name,d_location
    -> FROM employee, dept WHERE dept.d_no=employee.dept_no;
+------+--------+---------+------------+------------+
| e_no | e_name | dept_no | d_name     | d_location |
+------+--------+---------+------------+------------+
| 1001 | SMITH  |      20 | RESEARCH   | BeiJing    |
| 1002 | ALLEN  |      30 | SALES      | ShenZhen   |
| 1003 | WARD   |      30 | SALES      | ShenZhen   |
| 1004 | JONES  |      20 | RESEARCH   | BeiJing    |
| 1005 | MARTIN |      30 | SALES      | ShenZhen   |
| 1006 | BLAKE  |      30 | SALES      | ShenZhen   |
| 1007 | CLARK  |      10 | ACCOUNTING | ShangHai   |
| 1008 | SCOTT  |      20 | RESEARCH   | BeiJing    |
| 1009 | KING   |      10 | ACCOUNTING | ShangHai   |
| 1010 | TURNER |      30 | SALES      | ShenZhen   |
| 1011 | ADAMS  |      20 | RESEARCH   | BeiJing    |
| 1012 | JAMES  |      30 | SALES      | ShenZhen   |
+------+--------+---------+------------+------------+
12 rows in set (0.00 sec)
```

步骤 10 在 employee 表中，计算每个部门各有多少名员工。

```
SELECT dept_no, COUNT(*) FROM employee GROUP BY dept_no;
```

执行结果如下：

```
mysql> SELECT dept_no, COUNT(*) FROM employee GROUP BY dept_no;
+---------+----------+
| dept_no | COUNT(*) |
+---------+----------+
|      10 |        2 |
|      20 |        4 |
|      30 |        6 |
+---------+----------+
3 rows in set (0.00 sec)
```

步骤 11 在 employee 表中，计算不同类型职工的总工资数。

```
SELECT e_job, SUM(e_salary) FROM employee GROUP BY e_job;
```

执行结果如下：

```
mysql> SELECT e_job, SUM(e_salary) FROM employee GROUP BY e_job;
+--------------+---------------------+
| e_job        | SUM(e_salary)       |
+--------------+---------------------+
| ANALYST      |         3000        |
```

```
| CLERK           |           2850  |
| MANAGER         |           8275  |
| PRESIDENT       |           5000  |
| SALESMAN        |           5600  |
+-----------------+-----------------+
5 rows in set (0.00 sec)
```

步骤 12 在 employee 表中，计算不同部门的平均工资。

```
SELECT dept_no, AVG(e_salary) FROM employee GROUP BY dept_no;
```

执行结果如下：

```
mysql> SELECT dept_no, AVG(e_salary) FROM employee GROUP BY dept_no;
+---------+---------------+
| dept_no | AVG(e_salary) |
+---------+---------------+
|    10   |  3725.0000    |
|    20   |  1968.7500    |
|    30   |  1566.6667    |
+---------+---------------+
3 rows in set (0.00 sec)
```

步骤 13 在 employee 表中，查询工资低于 1500 的员工信息。

```
SELECT * FROM employee WHERE e_salary < 1500;
```

执行过程如下：

```
mysql> SELECT * FROM employee WHERE e_salary < 1500;
+------+--------+----------+---------+----------+----------+------------+
| e_no | e_name | e_gender | dept_no | e_job    | e_salary | hireDate   |
+------+--------+----------+---------+----------+----------+------------+
| 1001 | SMITH  | m        |      20 | CLERK    |      800 | 2005-11-12 |
| 1003 | WARD   | f        |      30 | SALESMAN |     1250 | 2003-05-12 |
| 1005 | MARTIN | m        |      30 | SALESMAN |     1250 | 2001-06-12 |
| 1011 | ADAMS  | m        |      20 | CLERK    |     1100 | 1999-10-05 |
| 1012 | JAMES  | m        |      30 | CLERK    |      950 | 2008-06-15 |
+------+--------+----------+---------+----------+----------+------------+
5 rows in set (0.00 sec)
```

步骤 14 在 employee 表中，将查询记录先按部门编号由高到低排列，再按员工工资由高到低排列。

```
SELECT e_name,dept_no, e_salary
FROM employee ORDER BY dept_no DESC, e_salary DESC;
```

执行过程如下：

```
mysql> SELECT e_name,dept_no, e_salary
    -> FROM employee ORDER BY dept_no DESC, e_salary DESC;
```

```
+------------+-------------+------------+
| e_name     | dept_no     | e_salary   |
+------------+-------------+------------+
| BLAKE      |          30 |       2850 |
| ALLEN      |          30 |       1600 |
| TURNER     |          30 |       1500 |
| WARD       |          30 |       1250 |
| MARTIN     |          30 |       1250 |
| JAMES      |          30 |        950 |
| SCOTT      |          20 |       3000 |
| JONES      |          20 |       2975 |
| ADAMS      |          20 |       1100 |
| SMITH      |          20 |        800 |
| KING       |          10 |       5000 |
| CLARK      |          10 |       2450 |
+------------+-------------+--------------+
12 rows in set (0.00 sec)
```

步骤 15 在 employee 表中，查询员工姓名以字母 'A' 或 'S' 开头的员工的信息。

```
SELECT * FROM employee WHERE e_name REGEXP '^[as]';
```

执行过程如下：

```
mysql> SELECT * FROM employee WHERE e_name REGEXP '^[as]';
+------+------------+----------------+------------+----------------+------------+------------+
| e_no | e_name     | e_gender       | dept_no    | e_job          | e_salary   | hireDate   |
+------+------------+----------------+------------+----------------+------------+------------+
| 1001 | SMITH      | m              |         20 | CLERK          |        800 | 2005-11-12 |
| 1002 | ALLEN      | f              |         30 | SALESMAN       |       1600 | 2003-05-12 |
| 1008 | SCOTT      | m              |         20 | ANALYST        |       3000 | 2003-05-12 |
| 1011 | ADAMS      | m              |         20 | CLERK          |       1100 | 1999-10-05 |
+------+------------+----------------+------------+----------------+------------+------------+
4 rows in set (0.00 sec)
```

步骤 16 在 employee 表中，查询到目前为止，工龄大于等于 15 年的员工信息。

```
SELECT * FROM employee where YEAR(CURDATE()) -YEAR(hireDate) >= 15;
```

执行过程如下：

```
mysql> SELECT * FROM employee where YEAR(CURDATE()) -YEAR(hireDate) >= 15
+------+------------+----------------+------------+------------------+----------------+------------+
| e_no | e_name     | e_gender       | dept_no    | e_job            | e_salary       | hireDate
```

```
|
   +------+-------------+-------------+             +------------+-----------------+----
-----------+-------------+
   | 1004 | JONES  | m      |             20 | MANAGER  |   2975 | 1998-05-18 |
   | 1005 | MARTIN | m      |             30 | SALESMAN |   1250 | 2001-06-12 |
   | 1006 | BLAKE  | f      |             30 | MANAGER  |   2850 | 1997-02-15 |
   | 1009 | KING   | f      |             10 | PRESIDENT|   5000 | 1995-01-01 |
   | 1010 | TURNER | f      |             30 | SALESMAN |   1500 | 1997-10-12 |
   | 1011 | ADAMS  | m      |             20 | CLERK    |   1100 | 1999-10-05 |
   +------+-------------+-------------+             +------------+-----------------+----
-----------+-------------+
   6 rows in set (0.01 sec)
```

7.10 疑难解惑

疑问 1：DISTINCT 可以应用于所有的列吗？

查询结果中，如果需要对列进行降序排序，可以使用 DESC，这个关键字只能对其前面的列进行降序排列。例如，要对多列都进行降序排序，必须在每一列的列名后面加 DESC 关键字。而 DISTINCT 不同，DISTINCT 不能部分使用。换句话说，DISTINCT 关键字应用于所有列而不仅是它后面的第一个指定列。例如，查询 3 个字段 s_id、f_name、f_price，如果不同记录的这 3 个字段的组合值都不同，那么所有记录都会被查询出来。

疑问 2：ORDER BY 可以和 LIMIT 混合使用吗？

在使用 ORDER BY 子句时，应保证其位于 FROM 子句之后，如果使用 LIMIT，就必须位于 ORDER BY 之后，如果子句顺序不正确，MySQL 将产生错误消息。

疑问 3：什么时候使用引号？

在查询的时候，会看到在 WHERE 子句中使用条件，有的值加上了单引号，而有的值未加。单引号用来限定字符串，如果将值与字符串类型列进行比较，则需要限定引号；而用来与数值进行比较则不需要用引号。

疑问 4：在 WHERE 子句中必须使用圆括号吗？

任何时候使用具有 AND 和 OR 操作符的 WHERE 子句，都应该使用圆括号明确操作顺序。如果条件较多，即使能确定计算次序，默认的计算次序也可能会使 SQL 语句不易理解，因此使用括号明确操作符的次序是一个好的习惯。

疑问 5：为什么使用通配符格式正确，却没有查找出符合条件的记录？

MySQL 中存储字符串数据时，可能会不小心把两端带有空格的字符串保存到记录中，而在查看表中记录时，MySQL 不能明确地显示空格，数据库操作者不能直观地确定字符串两端是否有空格。例如，使用 LIKE '%e'匹配以字母 e 结尾的水果的名称，如果字母 e 后面多了一个空格，则 LIKE 语句不能将该记录查找出来。解决的方法是使用 TRIM 函数，将字符串两端的空格删除之后再进行匹配。

7.11 上机练练手

在已经创建的 employee 表中进行如下操作：

（1）使用 LIMIT 查询从第 3 条记录开始到第 6 条记录。

（2）查询最低工资的员工姓名。

（3）查询名字以字母 N 或者 S 结尾的记录。

（4）使用左连接方式查询 employee 表和 dept 表。

（5）查询所有 2001~2005 年入职的员工的信息，查询部门编号为 20 和 30 的员工信息并使用 UNION 合并两个查询结果。

（6）使用 LIKE 查询员工姓名中包含字母 a 的记录。

（7）使用 REGEXP 查询员工姓名中包含 T、C 或者 M 三个字母中任意一个的记录。

第 8 章

◀ 插入、更新与删除数据 ▶

存储在系统中的数据是数据库管理系统（DBMS）的核心，数据库被设计用来管理数据的存储、访问和维护数据的完整性。MySQL 中提供了功能丰富的数据库管理语句，包括有效地向数据库中插入数据的 INSERT 语句，更新数据的 UPDATE 语句以及当数据不再使用时删除数据的 DELETE 语句。本章将详细介绍在 MySQL 中如何使用这些语句操作数据。

本章学习技能

- 掌握如何向表中插入数据
- 掌握更新数据的方法
- 熟悉如何删除数据
- 掌握实战演练对数据表基本操作的方法和技巧

8.1 插入数据

在使用数据库之前，数据库中必须要有数据，MySQL 中使用 INSERT 语句向数据库表中插入新的数据记录。可以插入的方式有插入完整的记录、插入记录的一部分、插入多条记录、插入另一个查询的结果，下面将分别介绍这些内容。

8.1.1 为表的所有字段插入数据

使用基本的 INSERT 语句插入数据要求指定表名称和插入到新记录中的值。基本语法格式为：

```
INSERT INTO table_name (column_list) VALUES (value_list);
```

table_name 指定要插入数据的表名，column_list 指定要插入数据的那些列，value_list 指定每个列应对应插入的数据。注意，使用该语句时字段列和数据值的数量必须相同。

本章将使用样例表 person，创建语句如下：

```
CREATE TABLE person
```

```
(
id      INT UNSIGNED NOT NULL AUTO_INCREMENT,
name    CHAR(40) NOT NULL DEFAULT '',
age     INT NOT NULL DEFAULT 0,
info    CHAR(50) NULL,
PRIMARY KEY (id)
);
```

向表中所有字段插入值的方法有两种：一种是指定所有字段名，另一种是完全不指定字段名。

【例 8.1】在 person 表中，插入一条新记录，id 值为 1，name 值为 Green，age 值为 21，info 值为 Lawyer。

执行插入操作之前，使用 SELECT 语句查看表中的数据：

```
mysql> SELECT * FROM person;
Empty set (0.00 sec)
```

结果显示当前表为空，没有数据，接下来执行插入操作：

```
mysql> INSERT INTO person (id ,name, age , info)
    -> VALUES (1,'Green', 21, 'Lawyer');
Query OK, 1 row affected (0.00 sec)
```

语句执行完毕，查看执行结果：

```
mysql> SELECT * FROM person;
+----+--------+-----+------------+
| id | name   | age | info       |
+----+--------+-----+------------+
|  1 | Green  |  21 | Lawyer     |
+----+--------+-----+------------+
```

可以看到插入记录成功。在插入数据时，指定了 person 表的所有字段，因此将为每一个字段插入新的值。

INSERT 语句后面的列名称顺序可以不是 person 表定义时的顺序，即插入数据时，不需要按照表定义的顺序插入，只要保证值的顺序与列字段的顺序相同就可以，如【例 8.2】所示。

【例 8.2】在 person 表中，插入一条新记录，id 值为 2，name 值为 Suse，age 值为 22，info 值为 dancer，SQL 语句如下：

```
mysql> INSERT INTO person (age ,name, id , info)
    -> VALUES (22, 'Suse', 2, 'dancer');
```

语句执行完毕，查看执行结果：

```
mysql> SELECT * FROM person;
+----+--------+-----+------------+
| id | name   | age | info       |
```

```
+----+--------+-----+------------+
|  1 | Green  |  21 | Lawyer     |
|  2 | Suse   |  22 | dancer     |
+----+--------+-----+------------+
```

由结果可以看到，INSERT 语句成功插入了一条记录。

使用 INSERT 插入数据时，允许列名称列表 column_list 为空，此时，值列表中需要为表的每一个字段指定值，并且值的顺序必须和数据表中字段定义时的顺序相同，如【例 8.3】所示。

【例 8.3】在 person 表中，插入一条新记录，id 值为 3，name 值为 Mary，age 值为 24，info 值为 Musician，SQL 语句如下：

```
mysql> INSERT INTO person
    -> VALUES (3,'Mary', 24, 'Musician');
Query OK, 1 row affected (0.00 sec)
```

语句执行完毕，查看执行结果：

```
mysql> SELECT * FROM person;
+----+--------+-----+------------+
| id | name   | age | info       |
+----+--------+-----+------------+
|  1 | Green  |  21 | Lawyer     |
|  2 | Suse   |  22 | dancer     |
|  3 | Mary   |  24 | Musician   |
+----+--------+-----+------------+
```

可以看到插入记录成功。数据库中增加了一条 id 为 3 的记录，其他字段值为指定的插入值。本例的 INSERT 语句中没有指定插入列表，只有一个值列表。在这种情况下，值列表为每一个字段列指定插入值，并且这些值的顺序必须和 person 表中字段定义的顺序相同。

 虽然使用 INSERT 插入数据时可以忽略插入数据的列名称，但是值如果不包含列名称，那么 VALUES 关键字后面的值不仅要求完整而且顺序必须和表定义时列的顺序相同。如果表的结构被修改，对列进行增加、删除或者位置改变操作，这些操作将使得用这种方式插入数据时的顺序也同时改变。如果指定列名称，则不会受到表结构改变的影响。

8.1.2　为表的指定字段插入数据

为表的指定字段插入数据，就是在 INSERT 语句中只向部分字段中插入值，而其他字段的值为表定义时的默认值。

【例 8.4】在 person 表中，插入一条新记录，name 值为 Willam，age 值为 20，info 值为 sports man，SQL 语句如下：

```
mysql> INSERT INTO person (name, age,info)
    -> VALUES('Willam', 20, 'sports man');
Query OK, 1 row affected (0.00 sec)
```

提示信息表示插入一条记录成功。使用 SELECT 查询表中的记录，查询结果如下：

```
mysql> SELECT * FROM person;
+----+--------+-----+------------+
| id | name   | age | info       |
+----+--------+-----+------------+
|  1 | Green  | 21  | Lawyer     |
|  2 | Suse   | 22  | dancer     |
|  3 | Mary   | 24  | Musician   |
|  4 | Willam | 20  | sports man |
+----+--------+-----+------------+
```

可以看到插入记录成功。如查询结果显示，该 id 字段自动添加了一个整数值 4。在这里 id 字段为表的主键，不能为空，系统会自动为该字段插入自增的序列值。在插入记录时，如果某些字段没有指定插入值，MySQL 将插入该字段定义时的默认值。下面举例说明在没有指定列字段时会自动插入默认值。

【例 8.5】在 person 表中，插入一条新记录，name 值为 Laura，age 值为 25，SQL 语句如下：

```
mysql> INSERT INTO person (name, age ) VALUES ('Laura', 25);
Query OK, 1 row affected (0.00 sec)
```

语句执行完毕，查看执行结果，

```
mysql> SELECT * FROM person;
+----+--------+-----+------------+
| id | name   | age | info       |
+----+--------+-----+------------+
|  1 | Green  | 21  | Lawyer     |
|  2 | Suse   | 22  | dancer     |
|  3 | Mary   | 24  | Musician   |
|  4 | Willam | 20  | sports man |
|  5 | Laura  | 25  | NULL       |
+----+--------+-----+------------+
```

可以看到，在本例插入语句中，没有指定 info 字段值，查询结果显示，info 字段在定义时默认为 NULL，因此系统自动为该字段插入空值。

> 要保证每个插入值的类型和对应列的数据类型匹配，如果类型不同，将无法插入，并且 MySQL 会产生错误。

8.1.3 同时插入多条记录

INSERT 语句可以同时向数据表中插入多条记录，插入时指定多个值列表，每个值列表之间用逗号分隔开，基本语法格式如下：

```
INSERT INTO table_name (column_list)
VALUES (value_list1), (value_list2),...,(value_listn);
```

"value_list1,value_list2,…,value_listn;" 表示第 1,2,…,n 个插入记录的字段的值列表。

【例 8.6】在 person 表中，在 name、age 和 info 字段指定插入值，同时插入 3 条新记录，SQL 语句如下：

```
INSERT INTO person(name, age, info)
VALUES ('Evans',27, 'secretary'),
('Dale',22, 'cook'),
('Edison',28, 'singer');
```

语句执行结果如下：

```
mysql> INSERT INTO person(name, age, info)
    -> VALUES ('Evans',27, 'secretary'),
    -> ('Dale',22, 'cook'),
    -> ('Edison',28, 'singer');
Query OK, 3 rows affected (0.00 sec)
Records: 3  Duplicates: 0  Warnings: 0
```

语句执行完毕，查看执行结果：

```
mysql> SELECT * FROM person;
+----+-----------+------+------------+
| id | name      | age  | info       |
+----+-----------+------+------------+
|  1 | Green     | 21   | Lawyer     |
|  2 | Suse      | 22   | dancer     |
|  3 | Mary      | 24   | Musician   |
|  4 | Willam    | 20   | sports man |
|  5 | Laura     | 25   | NULL       |
|  6 | Evans     | 27   | secretary  |
|  7 | Dale      | 22   | cook       |
|  8 | Edison    | 28   | singer     |
+----+-----------+------+------------+
```

由结果可以看到，INSERT 语句执行后，person 表中添加了 3 条记录，其 name 和 age 字段分别为指定的值，id 字段为 MySQL 添加的默认的自增值。

使用 INSERT 同时插入多条记录时，MySQL 会返回一些在执行单行插入时没有的额外信息，这些包含数的字符串的含义如下：

- Records: 表明插入的记录条数。
- Duplicates: 表明插入时被忽略的记录, 原因可能是这些记录包含了重复的主键值。
- Warnings: 表明有问题的数据值, 例如发生数据类型转换。

【例 8.7】在 person 表中, 不指定插入列表, 同时插入 2 条新记录, SQL 语句如下:

```
INSERT INTO person
VALUES (9,'Harry',21, 'magician'),
(NULL,'Harriet',19, 'pianist');
```

语句执行结果如下:

```
mysql> INSERT INTO person
    -> VALUES (9,'Harry',21, 'magician'),
    -> (NULL,'Harriet',19, 'pianist');
Query OK, 2 rows affected (0.01 sec)
Records: 2 Duplicates: 0 Warnings: 0
```

语句执行完毕, 查看执行结果:

```
mysql> SELECT * FROM person;
+----+-----------+------+-------------+
| id | name      | age  | info        |
+----+-----------+------+-------------+
|  1 | Green     | 21   | Lawyer      |
|  2 | Suse      | 22   | dancer      |
|  3 | Mary      | 24   | Musician    |
|  4 | Willam    | 20   | sports man  |
|  5 | Laura     | 25   | NULL        |
|  6 | Evans     | 27   | secretary   |
|  7 | Dale      | 22   | cook        |
|  8 | Edison    | 28   | singer      |
|  9 | Harry     | 21   | magician    |
| 10 | Harriet   | 19   | pianist     |
+----+-----------+------+-------------+
```

由结果可以看到, INSERT 语句执行后, person 表中添加了 2 条记录, 与前面介绍单个 INSERT 语法不同, person 表名后面没有指定插入字段列表, 因此, VALUES 关键字后面的多个值列表都要为每一条记录的每一个字段列指定插入值, 并且这些值的顺序必须和 person 表中字段定义的顺序相同, 带有 AUTO_INCREMENT 属性的 id 字段插入 NULL 值, 系统会自动为该字段插入唯一的自增编号。

 一个同时插入多行记录的 INSERT 语句等同于多个单行插入的 INSERT 语句, 但是多行的 INSERT 语句在处理过程中效率更高。因为 MySQL 执行单条 INSERT 语句插入多行数据比使用多条 INSERT 语句快, 所以在插入多条记录时, 最好选择使用单条 INSERT 语句的方式插入。

8.1.4　将查询结果插入到表中

INSERT 语句用来给数据表插入记录时指定插入记录的列值。INSERT 还可以将 SELECT 语句查询的结果插入到表中，如果想要从另外一个表中合并个人信息到 person 表，不需要把每一条记录的值一个一个输入，只需要使用一条 INSERT 语句和一条 SELECT 语句组成的组合语句，即可快速地从一个或多个表向一个表中插入多行。基本语法格式如下：

```
INSERT INTO table_name1 (column_list1)
SELECT (column_list2) FROM table_name2 WHERE (condition)
```

table_name1 指定待插入数据的表；column_list1 指定待插入表中要插入数据的哪些列；table_name2 指定插入数据是从哪个表中查询出来的；column_list2 指定数据来源表的查询列，该列表必须和 column_list1 列表中的字段个数相同，数据类型相同；condition 指定 SELECT 语句的查询条件。

【例 8.8】从 person_old 表中查询所有的记录，并将其插入 person 表中。

首先，创建一个名为 person_old 的数据表，其表结构与 person 结构相同，SQL 语句如下：

```
CREATE TABLE person_old
(
id      INT UNSIGNED NOT NULL AUTO_INCREMENT,
name    CHAR(40) NOT NULL DEFAULT '',
age     INT NOT NULL DEFAULT 0,
info    CHAR(50) NULL,
PRIMARY KEY (id)
);
```

向 person_old 表中添加两条记录：

```
mysql> INSERT INTO person_old
    -> VALUES (11,'Harry',20, 'student'), (12,'Beckham',31, 'police');
Query OK, 2 rows affected (0.00 sec)
Records: 2  Duplicates: 0  Warnings: 0

mysql> SELECT * FROM person_old;
+----+----------+------+----------+
| id | name     | age  | info     |
+----+----------+------+----------+
| 11 | Harry    | 20   | student  |
| 12 | Beckham  | 31   | police   |
+----+----------+------+----------+
2 rows in set (0.02 sec)
```

可以看到，插入记录成功，person_old 表中现在有两条记录。接下来将 person_old 表中所有的记录插入 person 表中，SQL 语句如下：

```
INSERT INTO person(id, name, age, info)
SELECT id, name, age, info FROM person_old;
```

语句执行结果如下：

```
mysql> INSERT INTO person(id, name, age, info)
    -> SELECT id, name, age, info FROM person_old;
Query OK, 2 rows affected (0.00 sec)
Records: 2  Duplicates: 0  Warnings: 0
```

语句执行完毕，查看执行结果：

```
mysql> SELECT * FROM person;
+----+---------+-----+----------+
| id | name    | age | info     |
+----+---------+-----+----------+
|  1 | Green   |  21 | Lawyer   |
|  2 | Suse    |  22 | dancer   |
|  3 | Mary    |  24 | Musici   |
|  4 | Willam  |  20 | sports   |
|  5 | Laura   |  25 | NULL     |
|  6 | Evans   |  27 | secret   |
|  7 | Dale    |  22 | cook     |
|  8 | Edison  |  28 | singer   |
|  9 | Harry   |  21 | magici   |
| 10 | Harriet |  19 | pianis   |
| 11 | Harry   |  20 | student  |
| 12 | Beckham |  31 | police   |
+----+---------+-----+-------
```

由结果可以看到，INSERT 语句执行后 person 表中多了两条记录，这两条记录和 person_old 表中的记录完全相同，数据转移成功。这里的 id 字段为自增的主键，在插入的时候要保证该字段值的唯一性，如果不能确定，可以在插入的时候忽略该字段，只插入其他字段的值。

> 这个例子中使用的 person_old 表和 person 表的定义相同，事实上，MySQL 不关心 SELECT 返回的列名，它根据列的位置进行插入，SELECT 的第 1 列对应待插入表的第 1 列，第 2 列对应待插入表的第 2 列……即使不同结果的表之间也可以方便地转移数据。

8.2　更新数据

在表中有了数据之后，接下来可以对数据进行更新操作。MySQL 中使用 UPDATE 语句更新表中的记录，可以更新特定的行或者同时更新所有的行。基本语法结构如下：

```
UPDATE table_name
SET column_name1 = value1,column_name2=value2,……,column_namen=valuen
WHERE (condition);
```

column_name1,column_name2,…,column_namen 为指定更新的字段的名称； value1,
value2,…, valuen 为相对应的指定字段的更新值；condition 指定更新的记录需要满足的条件。
更新多列时，每个"列-值"对之间用逗号隔开，最后一列之后不需要逗号。

【例 8.9】在 person 表中，更新 id 值为 11 的记录，将 age 字段值改为 15，将 name 字段值
改为 LiMing，SQL 语句如下：

```
UPDATE person SET age = 15, name='LiMing' WHERE id = 11;
```

更新操作执行前可以使用 SELECT 语句查看当前的数据：

```
mysql> SELECT * FROM person WHERE id=11;
+----+--------+-----+---------+
| id | name   | age | info    |
+----+--------+-----+---------+
| 11 | Harry  | 20  | student |
+----+--------+-----+---------+
```

由结果可以看到更新之前，id 等于 11 的记录的 name 字段值为 Harry，age 字段值为 20，
下面使用 UPDATE 语句更新数据，语句执行结果如下：

```
mysql> UPDATE person SET age = 15, name='LiMing' WHERE id = 11;
Query OK, 1 row affected (0.00 sec)
Rows matched: 1  Changed: 1  Warnings: 0
```

语句执行完毕，查看执行结果：

```
mysql> SELECT * FROM person WHERE id=11;
+----+--------+-----+---------+
| id | name   | age | info    |
+----+--------+-----+---------+
| 11 | LiMing | 15  | student |
+----+--------+-----+---------+
```

由结果可以看到，id 等于 11 的记录中的 name 和 age 字段的值已经成功地被修改为指定值。

保证 UPDATE 以 WHERE 子句结束，通过 WHERE 子句指定被更新的记录所需要满足的
条件，如果忽略 WHERE 子句，MySQL 将更新表中所有的行。

【例 8.10】在 person 表中，更新 age 值为 19~22 的记录，将 info 字段值都改为 student，SQL
语句如下：

```
UPDATE person SET info='student'  WHERE id  BETWEEN 19 AND 22;
```

更新操作执行前可以使用 SELECT 语句查看当前的数据：

```
mysql> SELECT * FROM person WHERE age BETWEEN 19 AND 22;
+----+---------+------+------------+
| id | name    | age  | info       |
+----+---------+------+------------+
| 1  | Green   | 21   | Lawyer     |
| 2  | Suse    | 22   | dancer     |
| 4  | Willam  | 20   | sports man |
| 7  | Dale    | 22   | cook       |
| 9  | Harry   | 21   | magician   |
| 10 | Harriet | 19   | pianist    |
+----+---------+------+------------+
```

可以看到，这些 age 字段值为 19~22 的记录的 info 字段值各不相同。下面使用 UPDATE 语句更新数据：

```
mysql> UPDATE person SET info='student' WHERE age BETWEEN 19 AND 22;
Query OK, 6 rows affected (0.00 sec)
Rows matched: 6 Changed: 6 Warnings: 0
```

语句执行完毕，查看执行结果：

```
mysql> SELECT * FROM person WHERE age BETWEEN 19 AND 22;
+----+---------+------+------------+
| id | name    | age  | info       |
+----+---------+------+------------+
| 1  | Green   | 21   | student    |
| 2  | Suse    | 22   | student    |
| 4  | Willam  | 20   | student    |
| 7  | Dale    | 22   | student    |
| 9  | Harry   | 21   | student    |
| 10 | Harriet | 19   | student    |
+----+---------+------+------------+
```

由结果可以看到，UPDATE 执行后，成功地将表中符合条件的 6 条记录的 info 字段值均改为 student。

8.3　删除数据

从数据表中删除数据使用 DELETE 语句，允许使用 WHERE 子句指定删除条件。DELETE 语句的基本语法格式如下：

```
DELETE FROM table_name [WHERE <condition>];
```

table_name 指定要执行删除操作的表；"[WHERE <condition>]"为可选参数，指定删除条件，如果没有 WHERE 子句，DELETE 语句将删除表中的所有记录。

【例 8.11】在 person 表中，删除 id 等于 11 的记录。

执行删除操作前，使用 SELECT 语句查看当前 id=11 的记录：

```
mysql> SELECT * FROM person WHERE id=10;
+----+--------+-----+---------+
| id | name   | age | info    |
+----+--------+-----+---------+
| 11 | LiMing | 15  | student |
+----+--------+-----+---------+
```

可以看到，现在表中有 id=11 的记录，下面使用 DELETE 语句删除该记录：

```
mysql> DELETE FROM person WHERE id = 11;
Query OK, 1 row affected (0.02 sec)
```

语句执行完毕，查看执行结果：

```
mysql> SELECT * FROM person WHERE id=11;
Empty set (0.00 sec)
```

查询结果为空，说明删除操作成功。

【例 8.12】在 person 表中，使用 DELETE 语句同时删除多条记录，在前面 UPDATE 语句中将 age 字段值为 19~22 的记录的 info 字段值修改为 student，在这里删除这些记录，SQL 语句如下：

```
DELETE FROM person WHERE age BETWEEN 19 AND 22;
```

执行删除操作前，使用 SELECT 语句查看当前的数据：

```
mysql> SELECT * FROM person WHERE age BETWEEN 19 AND 22;
+----+---------+-----+---------+
| id | name    | age | info    |
+----+---------+-----+---------+
|  1 | Green   | 20  | student |
|  2 | Suse    | 21  | student |
|  4 | Willam  | 22  | student |
|  7 | Dale    | 22  | student |
|  9 | Harry   | 21  | student |
| 10 | Harriet | 19  | student |
+----+---------+-----+---------+
```

可以看到，这些 age 字段值为 19~22 的记录存在表中。下面使用 DELETE 删除这些记录：

```
mysql> DELETE FROM person WHERE age BETWEEN 19 AND 22;
Query OK, 6 rows affected (0.00 sec)
```

语句执行完毕，查看执行结果：

```
mysql> SELECT * FROM person WHERE age BETWEEN 19 AND 22;
Empty set (0.00 sec)
```

查询结果为空，删除多条记录成功。

【例 8.13】删除 person 表中所有记录，SQL 语句如下：

```
DELETE FROM person;
```

执行删除操作前，使用 SELECT 语句查看当前的数据：

```
mysql> SELECT * FROM person;
+----+---------+-----+-----------+
| id | name    | age | info      |
+----+---------+-----+-----------+
|  3 | Mary    |  24 | Musician  |
|  5 | Laura   |  25 | NULL      |
|  6 | Evans   |  27 | secretary |
| 12 | Beckham |  31 | police    |
+----+---------+-----+-----------+
```

结果显示 person 表中还有 4 条记录，执行 DELETE 语句删除这 4 条记录：

```
mysql> DELETE FROM person;
Query OK, 4 rows affected (0.00 sec)
```

语句执行完毕，查看执行结果：

```
mysql> SELECT * FROM person;
Empty set (0.00 sec)
```

查询结果为空，删除表中所有记录成功，现在 person 表中已经没有任何数据记录了。

> 如果想删除表中的所有记录，还可以使用 TRUNCATE TABLE 语句，TRUNCATE 将直接删除原来的表，并重新创建一个表，其语法结构为 TRUNCATE TABLE table_name。TRUNCATE 直接删除表而不是删除记录，因此执行速度比 DELETE 快。

8.4 实战演练——记录的插入、更新和删除

本章重点介绍了数据表中数据的插入、更新和删除操作。在 MySQL 中可以灵活地对数据进行插入与更新。MySQL 中对数据的操作没有任何提示，因此在更新和删除数据时，一定要谨慎小心，查询条件一定要准确，避免造成数据的丢失。本章的实战演练包含了对数据表中数

据的基本操作，包括记录的插入、更新和删除。

1. 案例目的

创建表 books，对数据表进行插入、更新和删除操作，掌握数据表的基本操作。books 表结构以及表中的记录如表 8.1 和表 8.2 所示。

表 8.1 books 表结构

字段名	字段说明	数据类型	主键	外键	非空	唯一	自增
id	书编号	INT(11)	是	否	是	是	是
name	书名	VARCHAR(50)	否	否	是	否	否
authors	作者	VARCHAR(100)	否	否	是	否	否
price	价格	FLOAT	否	否	是	否	否
pubdate	出版日期	YEAR	否	否	是	否	否
discount	折扣	FLOAT（3,2）	否	否	否	否	否
note	说明	VARCHAR(255)	否	否	否	否	否
num	库存	INT(11)	否	否	是	否	否

表 8.2 books 表中的记录

id	name	authors	price	pubdate	discount	note	num
1	Tale of AAA	Dickes	23	1995	0.85	novel	11
2	EmmaT	Jane lura	35	1993	0.70	joke	22
3	Story of Jane	Jane Tim	40	2001	0.80	novel	0
4	Lovey Day	George Byron	20	2005	0.85	novel	30
5	Old Land	Honore Blade	30	2010	0.60	law	0
6	The Battle	Upton Sara	33	1999	0.65	medicine	40
7	Rose Hood	Richard Kale	28	2008	0.90	cartoon	28

2. 案例操作过程

步骤 01 创建数据表 books，并按表 8.1 所示的结构定义各个字段。

```
CREATE TABLE books
(
id       INT (11) NOT NULL AUTO_INCREMENT PRIMARY KEY,
name     VARCHAR(50) NOT NULL,
authors  VARCHAR(100) NOT NULL,
price    FLOAT NOT NULL,
pubdate  YEAR NOT NULL,
discount FLOAT(3,2)NOT NULL,
note     VARCHAR(255) NULL,
num      INT(11) NOT NULL DEFAULT 0
);
```

步骤 02 将表 8.2 中的记录插入 books 表中。分别使用不同的方法插入记录，执行过程如下。

表创建好之后，使用 SELECT 语句查看表中的数据，结果如下：

```
mysql> SELECT * FROM books;
Empty set (0.00 sec)
```

可以看到，当前表中为空，没有任何数据，下面向表中插入记录。

（1）指定所有字段名称插入记录，SQL 语句如下。

```
mysql> INSERT INTO books
    -> (id, name, authors, price, pubdate,discount,note,num)
    -> VALUES(1, 'Tale of AAA', 'Dickes', 23, '1995', 0.85,'novel',11);
Query OK, 1 row affected (0.02 sec)
```

语句执行成功，插入了一条记录。

（2）不指定字段名称插入记录，SQL 语句如下。

```
mysql> INSERT INTO books
    -> VALUES (2,'EmmaT','Jane lura',35,'1993', 0.70,'joke',22);
Query OK, 1 row affected (0.01 sec)
```

语句执行成功，插入了一条记录。
使用 SELECT 语句查看当前表中的数据：

```
mysql> SELECT * FROM books;
+----+-------------+-----------+-------+---------+---------+-------+-----+
| id | name        | authors   | price | pubdate |discount | note  | num |
+----+-------------+-----------+-------+---------+---------+-------+-----+
|  1 | Tale of AAA | Dickes    |    23 | 1995|0.85| novel |  11 |
|  2 | EmmaT       | Jane lura |    35 | 1993 |0.70| joke  |  22 |
+----+-------------+-----------+-------+---------+---------+-------+-----+
2 rows in set (0.00 sec)
```

可以看到，两条语句分别成功插入了两条记录。

（3）同时插入多条记录。

使用 INSERT 语句将剩下的多条记录插入表中，SQL 语句如下：

```
mysql> INSERT INTO books
    -> VALUES(3, 'Story of Jane', 'Jane Tim', 40, '2001',0.80,'novel', 0),
    -> (4, 'Lovey Day', 'George Byron', 20, '2005',0.85,'novel', 30),
    -> (5, 'Old Land', 'Honore Blade', 30, '2010',0.60,'law',0),
    -> (6,'The Battle','Upton Sara',33,'1999',0.65,'medicine',40),
    -> (7,'Rose Hood','Richard Kale',28,'2008',0.90,'cartoon',28);
Query OK, 5 rows affected (0.00 sec)
Records: 5  Duplicates: 0  Warnings: 0
```

由结果可以看到，语句执行成功，总共插入了 5 条记录，使用 SELECT 语句查看表中所有的记录：

```
mysql> SELECT * FROM books;
+----+--------------------+--------------+-------+--------+--------+----------+-----+
| id | name               | authors      | price | pubdate |discount| note     | num |
+----+--------------------+--------------+-------+--------+--------+----------+-----+
|  1 | Tale of AAA        | Dickes       |   23  |  1995  |0.85| novel    | 11 |
|  2 | EmmaT              | Jane lura    |   35  |  1993  |0.70| joke     | 22 |
|  3 | Story of Jane      | Jane Tim     |   40  |  2001  |0.80| novel    |  0 |
|  4 | Lovey Day          | George Byron |   20  |  2005  |0.85| novel    | 30 |
|  5 | Old Land           | Honore Blade |   30  |  2010  |0.60| law      |  0 |
|  6 | The Battle         | Upton Sara   |   33  |  1999  |0.65| medicine | 40 |
|  7 | Rose Hood          | Richard Kale |   28  |  2008  |0.90| cartoon  | 28 |
+----+--------------------+--------------+-------+--------+--------+----------+-----+
7 rows in set (0.00 sec)
```

由结果可以看到，所有记录成功插入表中。

步骤 03 将小说类型（novel）的书的价格都增加 5。

执行该操作的 SQL 语句为：

```
UPDATE books SET price = price + 5 WHERE note = 'novel';
```

执行前先使用 SELECT 语句查看当前记录：

```
mysql> SELECT id, name, price, note FROM books WHERE note = 'novel';
+----+---------------------+-------+-------+
| id | name                | price | note  |
+----+---------------------+-------+-------+
|  1 | Tale of AAA         |   23  | novel |
|  3 | Story of Jane       |   40  | novel |
|  4 | Lovey Day           |   20  | novel |
+----+---------------------+-------+-------+
3 rows in set (0.00 sec)
```

使用 UPDATE 语句执行更新操作：

```
mysql> UPDATE books SET price = price + 5 WHERE note = 'novel';
Query OK, 3 rows affected (0.00 sec)
Rows matched: 3  Changed: 3  Warnings: 0
```

由结果可以看到，该语句对 3 条记录进行了更新，使用 SELECT 语句查看更新结果：

```
mysql> SELECT id, name, price, note FROM books WHERE note = 'novel';
+----+---------------------+-------+-------+
```

```
| id | name            | price | note  |
+----+-----------------+-------+-------+
| 1  | Tale of AAA     |    28 | novel |
| 3  | Story of Jane   |    45 | novel |
| 4  | Lovey Day       |    25 | novel |
+----+-----------------+-------+-------+
```

对比可知，price 的值都在原来的价格之上增加了 5。

步骤 04　将名称为 EmmaT 的书的价格改为 40，并将 note 说明改为 drama。

修改语句为：

```
UPDATE books SET price=40,note= 'drama 'WHERE name= 'EmmaT ';
```

执行修改前，使用 SELECT 语句查看当前记录：

```
mysql> SELECT name, price, note FROM books WHERE name='EmmaT';
+---------+-------+------+
| name    | price | note |
+---------+-------+------+
| EmmaT   | 35    | joke |
+---------+-------+------+
1 row in set (0.00 sec)
```

下面执行修改操作：

```
mysql> UPDATE books SET price=40,note='drama' WHERE name='EmmaT';
Query OK, 1 row affected (0.00 sec)
Rows matched: 1  Changed: 1  Warnings: 0
```

结果显示修改了一条记录，使用 SELECT 查看执行结果：

```
mysql> SELECT name, price, note FROM books WHERE name='EmmaT';
+---------+--------+-------+
| name    | price  | note  |
+---------+--------+-------+
| EmmaT   | 40     | drama |
+---------+--------+-------+
1 row in set (0.00 sec)
```

可以看到，price 和 note 字段的值已经改变，修改操作成功。

步骤 05　删除库存为 0 的记录。

删除库存为 0 的语句为：

```
DELETE FROM books WHERE num=0;
```

删除之前使用 SELECT 语句查看当前记录：

```
mysql> SELECT * FROM books WHERE num=0;
+----+---------------+----------------+---------+---------+--------+-----+
| id | name          | authors        | price   | pubdate | note   | num |
+----+---------------+----------------+---------+---------+--------+-----+
|  3 | Story of Jane | Jane Tim       |     45  | 2001    |0.80| novel  |  0 |
|  5 | Old Land      | Honore Blade   |     30  | 2010    |0.60| law    |  0 |
+----+---------------+----------------+---------+---------+--------+-----
+
2 rows in set (0.00 sec)
```

可以看到，当前有两条记录的 num 值为 0，下面使用 DELETE 语句删除这两条记录，SQL 语句如下：

```
mysql> DELETE FROM books WHERE num=0;
Query OK, 2 rows affected (0.00 sec)
```

语句执行成功，查看操作结果：

```
mysql> SELECT * FROM books WHERE num=0;
Empty set (0.00 sec)
```

可以看到，查询结果为空，表中已经没有库存量为 0 的记录。

8.5 疑难解惑

疑问 1：插入记录时可以不指定字段名称吗？

不管使用哪种 INSERT 语法，都必须给出 VALUES 的正确数目。如果不提供字段名，则必须给每个字段提供一个值，否则将产生一条错误消息。如果要在 INSERT 操作中省略某些字段，那么这些字段需要满足一定条件：该列定义为允许空值；或者表定义时给出默认值，如果不给出值，将使用默认值。

疑问 2：更新或者删除表时必须指定 WHERE 子句吗？

所有的 UPDATE 和 DELETE 语句全都在 WHERE 子句中指定了条件。如果省略 WHERE 子句，则 UPDATE 或 DELETE 将被应用到表中所有的行。因此，除非确实打算更新或者删除所有记录，否则要注意使用不带 WHERE 子句的 UPDATE 或 DELETE 语句。建议在对表进行更新和删除操作之前，使用 SELECT 语句确认需要删除的记录，以免造成无法挽回的结果。

8.6 上机练练手

创建数据表 pet，并对表进行插入、更新与删除操作，pet 表结构如表 8.3 所示。

（1）首先创建数据表 pet，使用不同的方法将表 8.4 中的记录插入到 pet 表中。

（2）使用 UPDATE 语句将名称为 Fang 的狗的主人改为 Kevin。

（3）将没有主人的宠物的 owner 字段值都改为 Duck。

（4）删除已经死亡的宠物记录。

（5）删除所有表中的记录。

表 8.3 pet 表结构

字段名	字段说明	数据类型	主键	外键	非空	唯一	自增
name	宠物名称	VARCHAR(20)	否	否	是	否	否
owner	宠物主人	VARCHAR(20)	否	否	否	否	否
species	种类	VARCHAR(20)	否	否	是	否	否
sex	性别	CHAR(1)	否	否	是	否	否
birth	出生日期	YEAR	否	否	是	否	否
death	死亡日期	YEAR	否	否	否	否	否

表 8.4 pet 表中记录

name	owner	species	sex	birth	death
Fluffy	Harold	cat	f	2003	2010
Claws	Gwen	cat	m	2004	NULL
Buffy	NULL	dog	f	2009	NULL
Fang	Benny	dog	m	2000	NULL
Bowser	Diane	dog	m	2003	2009
Chirpy	NULL	bird	f	2008	NULL

第 9 章

◀ 索 引 ▶

索引用于快速找出在某列中有一特定值的行。不使用索引，MySQL 必须从第 1 条记录开始读完整个表，直到找出相关的行。表越大，查询数据所花费的时间越多。如果表中查询的列有一个索引，MySQL 能快速到达某个位置去搜寻数据文件，而不必查看所有数据。本章将介绍与索引相关的内容，包括索引的含义和特点、索引的分类、索引的设计原则以及如何创建和删除索引。

本章学习技能

- 了解什么是索引
- 掌握创建索引的方法和技巧
- 熟悉如何删除索引
- 掌握实战演练中索引创建的方法和技巧
- 熟悉操作索引的常见问题

9.1　索引简介

索引是对数据库表中一列或多列的值进行排序的一种结构,使用索引可提高数据库中特定数据的查询速度。本节将介绍索引的含义、分类和设计原则。

9.1.1　索引的含义和特点

索引是一个单独的、存储在磁盘上的数据库结构,包含着对数据表里所有记录的引用指针。索引用于快速找出在某个或多个列中有一特定值的行,所有 MySQL 列类型都可以被索引,对相关列使用索引是提高查询操作速度的最佳途径。

例如,数据库中有 2 万条记录,现在要执行这样一个查询：SELECT * FROM table where num=10000。如果没有索引,必须遍历整个表,直到 num 等于 10000 的这一行被找到为止；如果在 num 列上创建索引,MySQL 不需要任何扫描,直接在索引里面找 10000,就可以得知这一行的位置。可见，索引的建立可以提高数据库的查询速度。

索引是在存储引擎中实现的，因此，每种存储引擎的索引都不一定完全相同，并且每种存储引擎也不一定支持所有索引类型。根据存储引擎定义每个表的最大索引数和最大索引长度。所有存储引擎支持每个表至少 16 个索引，总索引长度至少为 256 字节。大多数存储引擎有更高的限制。MySQL 中索引的存储类型有两种：BTREE 和 HASH，具体和表的存储引擎相关；MyISAM 和 InnoDB 存储引擎只支持 BTREE 索引；MEMORY/HEAP 存储引擎可以支持 HASH 和 BTREE 索引。

索引的优点主要有以下几条：

（1）通过创建唯一索引，可以保证数据库表中每一行数据的唯一性。

（2）可以大大加快数据的查询速度，这也是创建索引最主要的原因。

（3）在实现数据的参考完整性方面，可以加速表和表之间的连接。

（4）在使用分组和排序子句进行数据查询时，也可以显著减少查询中分组和排序的时间。

增加索引也有许多不利的方面，主要表现在如下几个方面：

（1）创建索引和维护索引要耗费时间，并且随着数据量的增加所耗费的时间也会增加。

（2）索引需要占磁盘空间，除了数据表占数据空间之外，每一个索引还要占一定的物理空间，如果有大量的索引，索引文件可能比数据文件更快达到最大文件尺寸。

（3）当对表中的数据进行增加、删除和修改的时候，索引也要动态地维护，这样就降低了数据的维护速度。

9.1.2　索引的分类

MySQL 的索引可以分为以下几类：

1. 普通索引和唯一索引

普通索引是 MySQL 中的基本索引类型，允许在定义索引的列中插入重复值和空值。

唯一索引，索引列的值必须唯一，但允许有空值。如果是组合索引，则列值的组合必须唯一。主键索引是一种特殊的唯一索引，不允许有空值。

2. 单列索引和组合索引

单列索引即一个索引只包含单个列，一个表可以有多个单列索引。

组合索引指在表的多个字段组合上创建的索引，只有在查询条件中使用了这些字段的左边字段时，索引才会被使用。使用组合索引时遵循最左前缀集合。

3. 全文索引

全文索引类型为 FULLTEXT，在定义索引的列上支持值的全文查找，允许在这些索引列中插入重复值和空值。全文索引可以在 CHAR、VARCHAR 或者 TEXT 类型的列上创建。MySQL

中只有 MyISAM 存储引擎支持全文索引。

4. 空间索引

空间索引是对空间数据类型的字段建立的索引，MySQL 中的空间数据类型有 4 种，分别是 GEOMETRY、POINT、LINESTRING 和 POLYGON。MySQL 使用 SPATIAL 关键字进行扩展，使得能够用于创建正规索引类似的语法创建空间索引。创建空间索引的列，必须将其声明为 NOT NULL，空间索引只能在存储引擎为 MyISAM 的表中创建。

9.1.3　索引的设计原则

索引设计不合理或者缺少索引都会对数据库和应用程序的性能造成障碍。高效的索引对于获得良好的性能非常重要。设计索引时，应该考虑以下准则：

（1）索引并非越多越好，一个表中如果有大量的索引，不仅占用磁盘空间，还会影响 INSERT、DELETE、UPDATE 等语句的性能，因为在表中的数据更改时，索引也会进行调整和更新。

（2）避免对经常更新的表进行过多的索引，并且索引中的列尽可能少。对经常用于查询的字段应该创建索引，但要避免添加不必要的字段。

（3）数据量小的表最好不要使用索引，由于数据较少，查询花费的时间可能比遍历索引的时间还要短，索引可能不会产生优化效果。

（4）在条件表达式中经常用到的不同值较多的列上建立索引，在不同值很少的列上不要建立索引。比如在学生表的"性别"字段上只有"男"与"女"两个不同值，因此就无须建立索引，建立索引后不但不会提高查询效率，反而会严重降低数据更新速度。

（5）当唯一性是某种数据本身的特征时，指定唯一索引。使用唯一索引需能确保定义的列的数据完整性，以提高查询速度。

（6）在频繁进行排序或分组（进行 group by 或 order by 操作）的列上建立索引，如果待排序的列有多个，可以在这些列上建立组合索引。

9.2　创建索引

MySQL 支持多种方法在单个或多个列上创建索引：在创建表的定义语句 CREATE TABLE 中指定索引列，使用 ALTER TABLE 语句在存在的表上创建索引，或者使用 CREATE INDEX 语句在已存在的表上添加索引。本节将详细介绍这 3 种方法。

9.2.1　创建表的时候创建索引

使用 CREATE TABLE 创建表时，除了可以定义列的数据类型，还可以定义主键约束、外键约束或者唯一性约束，不论创建哪种约束，在定义约束的同时相当于在指定列上创建了一个索引。创建表时创建索引的基本语法格式如下：

```
CREATE  TABLE  table_name [col_name data_type]
[UNIQUE|FULLTEXT|SPATIAL] [INDEX|KEY] [index_name] (col_name [length]) [ASC |
DESC]
```

UNIQUE、FULLTEXT 和 SPATIAL 为可选参数，分别表示唯一索引、全文索引和空间索引；INDEX 与 KEY 为同义词，两者作用相同，用来指定创建索引；col_name 为需要创建索引的字段列，该列必须从数据表中定义的多个列中选择；index_name 指定索引的名称，为可选参数，如果不指定，MySQL 默认 col_name 为索引值；length 为可选参数，表示索引的长度，只有字符串类型的字段才能指定索引长度；ASC 或 DESC 指定升序或者降序的索引值存储。

1. 创建普通索引

普通索引是最基本的索引类型，没有唯一性之类的限制，其作用只是加快对数据的访问速度。

【例 9.1】在 book 表中的 year_publication 字段上建立普通索引，SQL 语句如下：

```
CREATE TABLE book
(
bookid            INT NOT NULL,
bookname          VARCHAR(255) NOT NULL,
authors           VARCHAR(255) NOT NULL,
info              VARCHAR(255) NULL,
comment           VARCHAR(255) NULL,
year_publication  YEAR NOT NULL,
INDEX(year_publication)
);
```

该语句执行完毕之后，使用 SHOW CREATE TABLE 查看表结构：

```
mysql> SHOW CREATE table book \G
*** 1. row ***
      Table: book
CREATE Table: CREATE TABLE 'book' (
  'bookid' int(11) NOT NULL,
  'bookname' varchar(255) NOT NULL,
  'authors' varchar(255) NOT NULL,
  'info' varchar(255) DEFAULT NULL,
  'comment' varchar(255) DEFAULT NULL,
  'year_publication' year(4) NOT NULL,
  KEY 'year_publication' ('year_publication')
) ENGINE=InnoDB DEFAULT CHARSET=utf8
```

由结果可以看到，book1 表的 year_publication 字段上成功建立了索引，其索引名称 year_publication 为 MySQL 自动添加。使用 EXPLAIN 语句查看索引是否正在使用：

```
mysql> explain select * from book where year_publication=1990 \G
*** 1. row ***
         id: 1
 select_type: SIMPLE
      table: book
       type: ref
possible_keys: year_publication
        key: year_publication
    key_len: 1
        ref: const
       rows: 1
      Extra:
1 row in set (0.05 sec)
```

EXPLAIN 语句输出结果的各行解释如下：

（1）select_type 行指定所使用的 SELECT 查询类型，这里值为 SIMPLE，表示简单的 SELECT，不使用 UNION 或子查询。其他可能的取值有 PRIMARY、UNION、SUBQUERY 等。

（2）table 行指定数据库读取的数据表的名字，它们按被读取的先后顺序排列。

（3）type 行指定了本数据表与其他数据表之间的关联关系，可能的取值有 system、const、eq_ref、ref、range、index 和 All。

（4）possible_keys 行给出了 MySQL 在搜索数据记录时可选用的各个索引。

（5）key 行是 MySQL 实际选用的索引。

（6）key_len 行给出索引按字节计算的长度，key_len 数值越小，表示越快。

（7）ref 行给出了关联关系中另一个数据表里数据列的名字。

（8）rows 行是 MySQL 在执行这个查询时预计会从这个数据表里读出的数据行的个数。

（9）extra 行提供了与关联操作有关的信息。

可以看到，possible_keys 和 key 的值都为 year_publication，查询时使用了索引。

2. 创建唯一索引

创建唯一索引的主要原因是减少查询索引列操作的执行时间，尤其是对比较庞大的数据表。它与前面的普通索引类似，不同的就是：索引列的值必须唯一，但允许有空值。如果是组合索引，则列值的组合必须唯一。

【例 9.2】创建一个表 t1，在表中的 id 字段上使用 UNIQUE 关键字创建唯一索引。

```
CREATE TABLE t1
(
id   INT NOT NULL,
name CHAR(30) NOT NULL,
UNIQUE INDEX UniqIdx(id)
);
```

该语句执行完毕之后，使用 SHOW CREATE TABLE 查看表结构：

```
mysql> SHOW CREATE table t1 \G
*** 1. row ***
      Table: t1
CREATE Table: CREATE TABLE 't1' (
  'id' int(11) NOT NULL,
  'name' char(30) NOT NULL,
  UNIQUE KEY 'UniqIdx' ('id')
) ENGINE=InnoDB DEFAULT CHARSET=utf8
1 row in set (0.00 sec)
```

由结果可以看到，id 字段上已经成功建立了一个名为 UniqIdx 的唯一索引。

3. 创建单列索引

单列索引是在数据表中的某一个字段上创建的索引，一个表中可以创建多个单列索引。前面两个例子中创建的索引都为单列索引。

【例 9.3】创建一个表 t2，在表中的 name 字段上创建单列索引。

表结构如下：

```
CREATE TABLE t2
(
id   INT NOT NULL,
name CHAR(50) NULL,
INDEX SingleIdx(name(20))
);
```

该语句执行完毕之后，使用 SHOW CREATE TABLE 查看表结构：

```
mysql> SHOW CREATE table t2 \G
*** 1. row ***
      Table: t2
CREATE Table: CREATE TABLE 't2' (
  'id' int(11) NOT NULL,
  'name' char(50) DEFAULT NULL,
  KEY 'SingleIdx' ('name'(20))
) ENGINE=InnoDB DEFAULT CHARSET=utf8
```

由结果可以看到，id 字段上已经成功建立了一个名为 SingleIdx 的单列索引，索引长度为 20。

4. 创建组合索引

组合索引是在多个字段上创建一个索引。

【例 9.4】创建表 t3，在表中的 id、name 和 age 字段上建立组合索引，SQL 语句如下：

```
CREATE TABLE t3
(
id   INT NOT NULL,
name CHAR(30)  NOT NULL,
age  INT NOT   NULL,
info VARCHAR(255),
INDEX MultiIdx(id, name, age(100))
);
```

该语句执行完毕之后，使用 SHOW CREATE TABLE 查看表结构：

```
mysql> SHOW CREATE table t3 \G
*** 1. row ***
     Table: t3
CREATE Table: CREATE TABLE 't3' (
  'id' int(11) NOT NULL,
  'name' char(30) NOT NULL,
  'age' int(11) NOT NULL,
  'info' varchar(255) DEFAULT NULL,
  KEY 'MultiIdx' ('id','name','age')
) ENGINE=InnoDB DEFAULT CHARSET=utf8
```

由结果可以看到，id、name 和 age 字段上已经成功建立了一个名为 MultiIdx 的组合索引。

组合索引可起几个索引的作用，但是使用时并不是随便查询哪个字段都可以使用索引，而是遵从"最左前缀"：利用索引中最左边的列集来匹配行，这样的列集称为最左前缀。例如，这里由 id、name 和 age 三个字段构成的索引，索引行中按 id/name/age 的顺序存放，索引可以搜索字段组合：（id, name, age）、（id, name）或者 id。如果列不构成索引最左面的前缀，MySQL 不能使用局部索引，如（age）或者（name,age）组合则不能使用索引查询。

在 t3 表中，查询 id 和 name 字段，使用 EXPLAIN 语句查看索引的使用情况：

```
mysql> explain select * from t3 where id=1 AND name='joe' \G
*** 1. row ***
        id: 1
  select_type: SIMPLE
      table: t3
       type: ref
possible_keys: MultiIdx
        key: MultiIdx
    key_len: 94
        ref: const,const
       rows: 1
      Extra: Using where
1 row in set (0.00 sec)
```

可以看到，查询 id 和 name 字段时，使用了名称 MultiIdx 的索引，如果查询（name,age）组合或者单独查询 name 和 age 字段，结果如下：

```
*** 1. row ***
         id: 1
 select_type: SIMPLE
       table: t3
        type: ALL
possible_keys: NULL
         key: NULL
     key_len: NULL
         ref: NULL
        rows: 1
       Extra: Using where
```

此时，possible_keys 和 key 值为 NULL，并没有使用在 t3 表中创建的索引进行查询。

5. 创建全文索引

FULLTEXT 全文索引可以用于全文搜索。只有 MyISAM 存储引擎支持 FULLTEXT 索引，并且只为 CHAR、VARCHAR 和 TEXT 列创建索引。索引总是对整列进行，不支持局部（前缀）索引。

【例 9.5】创建表 t4，在表中的 info 字段上建立全文索引，SQL 语句如下：

```
CREATE TABLE t4
(
id    INT NOT NULL,
name CHAR(30) NOT NULL,
age   INT NOT NULL,
info VARCHAR(255),
FULLTEXT INDEX FullTxtIdx(info)
) ENGINE=MyISAM;
```

 因为 MySQL 5.7 中默认存储引擎为 InnoDB，所以在这里创建表时需要修改表的存储引擎为 MyISAM，不然创建索引会出错。

语句执行完毕之后，使用 SHOW CREATE TABLE 查看表结构：

```
mysql> SHOW CREATE table t4 \G
*** 1. row ***
      Table: t4
CREATE Table: CREATE TABLE 't4' (
  'id' int(11) NOT NULL,
  'name' char(30) NOT NULL,
  'age' int(11) NOT NULL,
```

```
'info' varchar(255) DEFAULT NULL,
FULLTEXT KEY 'FullTxtIdx' ('info')
) ENGINE=MyISAM DEFAULT CHARSET=utf8
```

由结果可以看到，info 字段上已经成功建立了一个名为 FullTxtIdx 的 FULLTEXT 索引。全文索引非常适合于大型数据集，对于小的数据集，它的用处比较小。

6. 创建空间索引

空间索引必须在 MyISAM 类型的表中创建，且空间类型的字段必须为非空。

【例 9.6】创建表 t5，在空间类型为 GEOMETRY 的字段上创建空间索引，SQL 语句如下：

```
CREATE TABLE t5
( g GEOMETRY NOT NULL, SPATIAL INDEX spatIdx(g) )ENGINE=MyISAM;
```

该语句执行完毕之后，使用 SHOW CREATE TABLE 查看表结构：

```
mysql> SHOW CREATE table t5 \G
*** 1. row ***
    Table: t5
CREATE Table: CREATE TABLE 't5' (
  'g' geometry NOT NULL,
  SPATIAL KEY 'spatIdx' ('g')
) ENGINE=MyISAM DEFAULT CHARSET=utf8
```

可以看到，t5 表的 g 字段上创建了名称为 spatIdx 的空间索引。注意，创建时指定空间类型字段值的非空约束，并且表的存储引擎为 MyISAM。

9.2.2 在已经存在的表上创建索引

在已经存在的表中创建索引，可以使用 ALTER TABLE 语句或者 CREATE INDEX 语句，本节将介绍如何使用 ALTER TABLE 和 CREATE INDEX 语句在已知表字段上创建索引。

1. 使用 ALTER TABLE 语句创建索引

ALTER TABLE 创建索引的基本语法如下：

```
ALTER TABLE table_name ADD [UNIQUE|FULLTEXT|SPATIAL]  [INDEX|KEY]
[index_name] (col_name[length],…) [ASC | DESC]
```

与创建表时创建索引的语法不同的是，在这里使用了 ALTER TABLE 和 ADD 关键字，ADD 表示向表中添加索引。

【例 9.7】在 book 表中的 bookname 字段上建立名为 BkNameIdx 的普通索引。

添加索引之前，使用 SHOW INDEX 语句查看指定表中创建的索引：

```
mysql> SHOW INDEX FROM book \G
```

```
*** 1. Row ***
        Table: book
    Non_unique: 1
      Key_name: year_publication
  Seq_in_index: 1
   Column_name: year_publication
     Collation: A
   Cardinality: 0
      Sub_part: NULL
        Packed: NULL
          Null:
    Index_type: BTREE
       Comment:
 Index_comment:
```

其中，各个主要参数的含义为：

（1）Table 表示创建索引的表。

（2）Non_unique 表示索引非唯一，1 代表非唯一索引，0 代表唯一索引。

（3）Key_name 表示索引的名称。

（4）Seq_in_index 表示该字段在索引中的位置，单列索引该值为 1，组合索引为每个字段在索引定义中的顺序。

（5）Column_name 表示定义索引的列字段。

（6）Sub_part 表示索引的长度。

（7）Null 表示该字段是否能为空值。

（8）Index_type 表示索引类型。

可以看到，book 表中已经存在了一个索引，即前面已经定义的名称为 year_publication 索引，该索引为非唯一索引。

下面使用 ALTER TABLE 在 bookname 字段上添加索引，SQL 语句如下：

```
ALTER TABLE book ADD INDEX BkNameIdx( bookname(30) );
```

使用 SHOW INDEX 语句查看表中的索引：

```
mysql> SHOW INDEX FROM book \G
*** 1. Row ***
        Table: book
    Non_unique: 1
      Key_name: year_publication
  Seq_in_index: 1
   Column_name: year_publication
     Collation: A
   Cardinality: 0
      Sub_part: NULL
```

```
        Packed: NULL
          Null:
    Index_type: BTREE
       Comment:
Index_comment:
*** 2. Row ***
         Table: book
    Non_unique: 1
      Key_name: BkNameIdx
  Seq_in_index: 1
   Column_name: bookname
     Collation: A
   Cardinality: 0
      Sub_part: 30
        Packed: NULL
          Null:
    Index_type: BTREE
       Comment:
Index_comment:
```

可以看到，现在表中已经有了两个索引，另一个为通过 ALTER TABLE 语句添加的名称为 BkNameIdx 的索引，该索引为非唯一索引，长度为 30。

【例 9.8】在 book 表的 bookId 字段上建立名称为 UniqidIdx 的唯一索引，SQL 语句如下：

```
ALTER TABLE book ADD UNIQUE INDEX UniqidIdx ( bookId );
```

使用 SHOW INDEX 语句查看表中的索引：

```
mysql> SHOW INDEX FROM book \G
*** 1. Row ***
         Table: book
    Non_unique: 0
      Key_name: UniqidIdx
  Seq_in_index: 1
   Column_name: bookid
     Collation: A
   Cardinality: 0
      Sub_part: NULL
        Packed: NULL
          Null:
    Index_type: BTREE
       Comment:
Index_comment:
```

可以看到 Non_unique 属性值为 0，表示名称为 UniqidIdx 的索引为唯一索引，创建唯一索引成功。

【例 9.9】在 book 表的 comment 字段上建立单列索引，SQL 语句如下：

```
ALTER TABLE book ADD INDEX BkcmtIdx ( comment(50) );
```

使用 SHOW INDEX 语句查看表中的索引：

```
*** 3. Row ***
        Table: book
   Non_unique: 1
     Key_name: BkcmtIdx
 Seq_in_index: 1
  Column_name: comment
    Collation: A
  Cardinality: 0
     Sub_part: 50
       Packed: NULL
         Null: YES
   Index_type: BTREE
      Comment:
Index_comment:
```

可以看到，语句执行之后在 book 表的 comment 字段上建立了名称为 BkcmtIdx 的索引，长度为 50，在查询时，只需要检索前 50 个字符。

【例 9.10】在 book 表的 authors 和 info 字段上建立组合索引，SQL 语句如下：

```
ALTER TABLE book ADD INDEX BkAuAndInfoIdx ( authors(30),info(50) );
```

使用 SHOW INDEX 语句查看表中的索引：

```
mysql> SHOW INDEX FROM book \G
*** 4. Row ***
        Table: book
   Non_unique: 1
     Key_name: BkAuAndInfoIdx
 Seq_in_index: 1
  Column_name: authors
    Collation: A
  Cardinality: 0
     Sub_part: 30
       Packed: NULL
         Null:
   Index_type: BTREE
      Comment:
Index_comment:
*** 5. Row ***
        Table: book
   Non_unique: 1
```

```
     Key name: BkAuAndInfoIdx
   Seq in_index: 2
   Column_name: info
      Collation: A
    Cardinality: 0
       Sub_part: 50
         Packed: NULL
           Null: YES
     Index_type: BTREE
        Comment:
Index_comment:
```

可以看到名称为 BkAuAndInfoIdx 的索引由两个字段组成，authors 字段长度为 30，在组合索引中的序号为 1，该字段不允许空值 NULL；info 字段长度为 50，在组合索引中的序号为 2，该字段可以为空值 NULL。

【例 9.11】创建表 t6，在 t6 表上使用 ALTER TABLE 创建全文索引，SQL 语句如下：

首先创建表 t6，语句如下：

```
CREATE TABLE t6
(
    id    INT NOT NULL,
    info  CHAR(255)
) ENGINE=MyISAM;
```

注意修改 ENGINE 参数为 MyISAM，MySQL 默认引擎 InnoDB 不支持全文索引。

使用 ALTER TABLE 语句在 info 字段上创建全文索引：

```
ALTER TABLE t6 ADD FULLTEXT INDEX infoFTIdx ( info );
```

使用 SHOW INDEX 语句查看索引：

```
mysql> SHOW index from t6 \G
** 1. Row ***
        Table: t6
   Non_unique: 1
     Key_name: infoFTIdx
 Seq_in_index: 1
  Column_name: info
    Collation: NULL
  Cardinality: NULL
     Sub_part: NULL
       Packed: NULL
         Null: YES
   Index_type: FULLTEXT
      Comment:
ndex_comment:
```

可以看到，t6 表中已经创建了名称为 infoFTIdx 的索引，该索引在 info 字段上创建，类型为 FULLTEXT，允许空值。

【例 9.12】创建表 t7，在 t7 的空间数据类型字段 g 上创建名称为 spatIdx 的空间索引，SQL 语句如下：

```
CREATE TABLE t7 ( g GEOMETRY NOT NULL )ENGINE=MyISAM;
```

使用 ALTER TABLE 在表 t7 的 g 字段建立空间索引：

```
ALTER TABLE t7 ADD SPATIAL INDEX spatIdx(g);
```

使用 SHOW INDEX 语句查看索引：

```
mysql> SHOW index from t7 \G
*** 1. Row ***
        Table: t7
   Non_unique: 1
     Key_name: spatIdx
 Seq_in_index: 1
  Column_name: g
    Collation: A
  Cardinality: NULL
     Sub_part: 32
       Packed: NULL
         Null:
   Index_type: SPATIAL
      Comment:
Index_comment:
```

可以看到，t7 表的 g 字段上创建了名称为 spatIdx 的空间索引。

2. 使用 CREATE INDEX 创建索引

CREATE INDEX 语句可以在已经存在的表上添加索引，MySQL 中 CREATE INDEX 被映射到一个 ALTER TABLE 语句上，基本语法结构为：

```
CREATE [UNIQUE|FULLTEXT|SPATIAL] INDEX index_name
ON table_name (col_name[length],…) [ASC | DESC]
```

可以看到 CREATE INDEX 语句和 ALTER INDEX 语句的语法基本一样，只是关键字不同。

在这里，使用相同的表 book，假设该表中没有任何索引值，创建 book 表语句如下：

```
CREATE TABLE book
(
    bookid          INT NOT NULL,
    bookname        VARCHAR(255) NOT NULL,
    authors         VARCHAR(255) NOT NULL,
    info            VARCHAR(255) NULL,
```

```
    comment              VARCHAR(255) NULL,
    year_publication      YEAR NOT NULL
);
```

 读者可以将该数据库中的 book 表删除，按上面的语句重新建立，然后进行下面的操作。

【例 9.13】在 book 表中的 bookname 字段上建立名为 BkNameIdx 的普通索引，SQL 语句如下：

```
CREATE INDEX BkNameIdx ON book(bookname);
```

语句执行完毕之后，将在 book 表中创建名称为 BkNameIdx 的普通索引。读者可以使用 SHOW INDEX 或者 SHOW CREATE TABLE 语句查看 book 表中的索引，其索引内容与前面介绍的相同。

【例 9.14】在 book 表的 bookId 字段上建立名称为 UniqidIdx 的唯一索引，SQL 语句如下：

```
CREATE UNIQUE INDEX UniqidIdx  ON book ( bookId );
```

语句执行完毕之后，将在 book 表中创建名称为 UniqidIdx 的唯一索引。

【例 9.15】在 book 表的 comment 字段上建立单列索引，SQL 语句如下：

```
CREATE INDEX BkcmtIdx ON book(comment(50) );
```

语句执行完毕之后，将在 book 表的 comment 字段上建立一个名为 BkcmtIdx 的单列索引，长度为 50。

【例 9.16】在 book 表的 authors 和 info 字段上建立组合索引，SQL 语句如下：

```
CREATE INDEX BkAuAndInfoIdx ON book ( authors(20),info(50) );
```

语句执行完毕之后，将在 book 表的 authors 和 info 字段上建立一个名为 BkAuAndInfoIdx 的组合索引，authors 的索引序号为 1、长度为 20，info 的索引序号为 2、长度为 50。

【例 9.17】删除表 t6，重新建立表 t6，在 t6 表中使用 CREATE INDEX 语句，在 CHAR 类型的 info 字段上创建全文索引。

首先删除表 t6，并重新建立该表，分别输入下面的语句：

```
mysql> drop table t6;
Query OK, 0 rows affected (0.00 sec)

mysql> CREATE TABLE t6
    -> (
    -> id   INT NOT NULL,
    -> info  CHAR(255)
    -> ) ENGINE=MyISAM;
```

```
Query OK, 0 rows affected (0.00 sec)
```

使用 CREATE INDEX 在 t6 表的 info 字段上创建名称为 infoFTIdx 的全文索引：

```
CREATE FULLTEXT INDEX infoFTIdx ON t6(info);
```

语句执行完毕之后，将在 t6 表中创建名称为 infoFTIdx 的索引。该索引在 info 字段上创建，类型为 FULLTEXT，允许空值。

【例 9.18】删除表 t7，重新创建表 t7，在 t7 表中使用 CREATE INDEX 语句，在空间数据类型字段 g 上创建名称为 spatIdx 的空间索引。

首先删除表 t7，并重新建立该表，分别输入下面的语句：

```
mysql> drop table t7;
Query OK, 0 rows affected (0.00 sec)

mysql> CREATE TABLE t7 ( g GEOMETRY NOT NULL )ENGINE=MyISAM;
Query OK, 0 rows affected (0.00 sec)
```

使用 CREATE INDEX 语句在表 t7 的 g 字段建立空间索引：

```
CREATE SPATIAL INDEX spatIdx ON t7 (g);
```

语句执行完毕之后，将在 t7 表中创建名称为 spatIdx 的空间索引，该索引在 g 字段上创建。

9.3 删除索引

MySQL 中删除索引使用 ALTER TABLE 或者 DROP INDEX 语句，两者可实现相同的功能，DROP INDEX 语句在内部被映射到一个 ALTER TABLE 语句中。

1. 使用 ALTER TABLE 删除索引

ALTER TABLE 删除索引的基本语法格式如下：

```
ALTER TABLE table_name DROP INDEX index_name;
```

【例 9.19】删除 book 表中的名称为 UniqidIdx 的唯一索引。

首先查看 book 表中是否有名称为 UniqidIdx 的索引，输入 SHOW 语句：

```
mysql> SHOW CREATE table book \G
*** 1. row ***
      Table: book
CREATE Table: CREATE TABLE 'book' (
  'bookid' int(11) NOT NULL,
  'bookname' varchar(255) NOT NULL,
  'authors' varchar(255) NOT NULL,
  'info' varchar(255) DEFAULT NULL,
```

```
'year_publication' year(4) NOT NULL,
UNIQUE KEY 'UniqidIdx' ('bookid'),
KEY 'BkNameIdx' ('bookname'),
KEY 'BkAuAndInfoIdx' ('authors'(20),'info'(50))
) ENGINE=InnoDB DEFAULT CHARSET=utf8
```

查询结果可以看到，book 表中有名称为 UniqidIdx 的唯一索引，该索引在 bookid 字段上创建。下面删除该索引，输入删除语句：

```
mysql> ALTER TABLE book DROP INDEX UniqidIdx;
Query OK, 0 rows affected (0.02 sec)
Records: 0  Duplicates: 0  Warnings: 0
```

语句执行完毕，使用 SHOW 语句查看索引是否被删除：

```
mysql> SHOW CREATE table book \G
*** 1. row ***
     Table: book
CREATE Table: CREATE TABLE 'book' (
  'bookid' int(11) NOT NULL,
  'bookname' varchar(255) NOT NULL,
  'authors' varchar(255) NOT NULL,
  'info' varchar(255) DEFAULT NULL,
  'year_publication' year(4) NOT NULL,
  KEY 'BkNameIdx' ('bookname'),
  KEY 'BkAuAndInfoIdx' ('authors'(20), 'info'(50))
) ENGINE=InnoDB DEFAULT CHARSET=utf8
```

由结果可以看到，book 表中已经没有名称为 UniqidIdx 的唯一索引，删除索引成功。

添加 AUTO_INCREMENT 约束字段的唯一索引不能被删除。

2. 使用 DROP INDEX 语句删除索引

DROP INDEX 删除索引的基本语法格式如下：

```
DROP INDEX index_name ON table_name;
```

【例 9.20】删除 book 表中名称为 BkAuAndInfoIdx 的组合索引，SQL 语句如下：

```
mysql> DROP INDEX BkAuAndInfoIdx ON book;
Query OK, 0 rows affected (0.02 sec)
Records: 0  Duplicates: 0  Warnings: 0
```

语句执行完毕，使用 SHOW 语句查看索引是否被删除：

```
mysql> SHOW CREATE table book \G
*** 1. row ***
     Table: book
CREATE Table: CREATE TABLE 'book' (
  'bookid' int(11) NOT NULL,
  'bookname' varchar(255) NOT NULL,
```

```
'authors' varchar(255) NOT NULL,
'info' varchar(255) DEFAULT NULL,
'year_publication' year(4) NOT NULL,
KEY 'BkNameIdx' ('bookname')
) ENGINE=InnoDB DEFAULT CHARSET=utf8
1 row in set (0.00 sec)
```

可以看到，book 表中已经没有名称为 BkAuAndInfoIdx 的组合索引，删除索引成功。

删除表中的列时，如果要删除的列为索引的组成部分，则该列也会从索引中删除。如果组成索引的所有列都被删除，那么整个索引将被删除。

9.4 实战演练——创建索引

本章全面介绍了什么是索引，以及 MySQL 中索引的种类和各种索引的创建方法，如创建表的同时创建索引，以及使用 ALTER TABLE 或者 CREATE INDEX 语句创建索引。索引是提高数据库性能的一个强有力的工具，因此读者要掌握好索引的创建。在这里，通过一个实战演练，让读者重温本章的重点。

1. 案例目的

创建数据库 index_test，按照下面的表结构（见表 9.1 和表 9.2）在 index_test 数据库中创建两个数据表 test_table1 和 test_table2，并按照操作过程完成对数据表的基本操作。

表 9.1　test_table1 表结构

字段名	数据类型	主键	外键	非空	唯一	自增
id	int(11)	否	否	是	是	是
name	CHAR(100)	否	否	是	否	否
address	CHAR(100)	否	否	否	否	否
description	CHAR(100)	否	否	否	否	否

表 9.2　test_table2 表结构

字段名	数据类型	主键	外键	非空	唯一	自增
id	int(11)	是	否	是	是	否
firstname	CHAR(50)	否	否	是	否	否
middlename	CHAR(50)	否	否	是	否	否
lastname	CHAR(50)	否	否	是	否	否
birth	DATE	否	否	是	否	否
title	CHAR(100)	否	否	否	否	否

2. 案例操作过程

步骤 01 登录 MySQL 数据库。

打开 Windows 命令行，输入登录用户名和密码：

```
C:\>mysql -h localhost -u root -p
Enter password: **
```

步骤 02 创建数据库 index_test。

创建数据库 index_test 的语句如下：

```
mysql> CREATE database index_test;
Query OK, 1 row affected (0.00 sec)
```

结果显示创建成功，在 index_test 数据库中创建表，必须先选择该数据库，输入语句如下：

```
mysql> USE index_test;
Database changed
```

结果显示选择数据库成功。

步骤 03 创建表 test_table1。

```
CREATE TABLE test_table1
(
id          INT NOT NULL  PRIMARY KEY AUTO_INCREMENT,
name        CHAR(100) NOT NULL,
address     CHAR(100) NOT NULL,
description CHAR(100) NOT NULL,
UNIQUE INDEX UniqIdx(id),
INDEX MultiColIdx(name(20), address(30)),
INDEX ComIdx( description(30) )
);
```

使用 SHOW 语句查看索引信息：

```
mysql> SHOW CREATE table test_table1 \G
*** 1. row ***
     Table: test_table1
CREATE Table: CREATE TABLE 'test_table1' (
  'id' int(11) NOT NULL AUTO_INCREMENT,
  'name' char(100) NOT NULL,
  'address' char(100) NOT NULL,
  'description' char(100) NOT NULL,
  UNIQUE KEY 'UniqIdx' ('id'),
  KEY 'MultiColIdx' ('name'(20), 'address' (30)),
  KEY 'ComIdx' ('description' (30))
) ENGINE=InnoDB DEFAULT CHARSET=utf8
```

由结果可以看到，test_table1 表中成功创建了 3 个索引，分别是：在 id 字段上名称为 UniqIdx 的唯一索引；在 name 和 address 字段上的组合索引，两个索引列的长度分别为 20 个字符和 30 个字符；在 description 字段上的长度为 30 的普通索引。

步骤 04 创建表 test_table2，存储引擎为 MyISAM。

```
CREATE TABLE test_table2
(
id        INT NOT NULL  PRIMARY KEY AUTO_INCREMENT,
firstname  CHAR(100) NOT NULL,
middlename CHAR(100) NOT NULL,
lastname   CHAR(100) NOT NULL,
birth      DATE NOT NULL,
title      CHAR(100) NULL
) ENGINE=MyISAM;
```

步骤 05 使用 ALTER TABLE 语句在表 test_table2 的 birth 字段上建立名称为 ComDateIdx 的普通索引。

```
mysql> ALTER TABLE test_table2 ADD INDEX ComDateIdx(birth);
Query OK, 0 rows affected (0.01 sec)
Records: 0  Duplicates: 0  Warnings: 0
```

步骤 06 使用 ALTER TABLE 语句在表 test_table2 的 id 字段上添加名称为 UniqIdx2 的唯一索引，并以降序排列。

```
mysql> ALTER TABLE test_table2 ADD UNIQUE INDEX UniqIdx2 (id DESC) ;
Query OK, 0 rows affected (0.03 sec)
Records: 0  Duplicates: 0  Warnings: 0
```

步骤 07 使用 CREATE INDEX 在 firstname、middlename 和 lastname 三个字段上建立名称为 MultiColIdx2 的组合索引。

```
mysql> CREATE INDEX MultiColIdx2 ON test_table2(firstname, middlename,
lastname);
Query OK, 0 rows affected (0.05 sec)
Records: 0  Duplicates: 0  Warnings: 0
```

步骤 08 使用 CREATE INDEX 在 title 字段上建立名称为 FTIdx 的全文索引。

```
mysql> CREATE FULLTEXT INDEX FTIdx ON test_table2(title);
Query OK, 0 rows affected (0.02 sec)
Records: 0  Duplicates: 0  Warnings: 0
```

步骤 09 使用 ALTER TABLE 语句删除表 test_table1 中名称为 UniqIdx 的唯一索引。

```
mysql> ALTER TABLE test_table1 DROP INDEX UniqIdx;
Query OK, 0 rows affected (0.02 sec)
Records: 0  Duplicates: 0  Warnings: 0
```

步骤 10 使用 DROP INDEX 语句删除表 test_table2 中名称为 MultiColIdx2 的组合索引。

```
mysql> DROP INDEX MultiColIdx2 ON test_table2;
```

```
Query OK, 0 rows affected (0.01 sec)
Records: 0 Duplicates: 0 Warnings: 0
```

9.5 疑难解惑

疑问 1：索引对数据库性能如此重要，应该如何使用它？

为数据库选择正确的索引是一项复杂的任务。如果索引列较少，则需要的磁盘空间和维护开销都较少。如果在一个大表上创建了多种组合索引，索引文件也会膨胀很快。另一方面，索引较多，可覆盖更多的查询。可能需要试验若干不同的设计，才能找到最有效的索引。可以添加、修改和删除索引，而不影响数据库架构或应用程序设计。因此，应尝试多个不同的索引，从而建立最优的索引。

疑问 2：尽量使用短索引。

对字符串类型的字段进行索引，如果可能应该指定一个前缀长度。例如，有一个 CHAR(255) 的列，如果在前 10 个或 30 个字符内多数值是唯一的，就不需要对整个列进行索引。短索引不仅可以提高查询速度，还可以节省磁盘空间、减少 I/O 操作。

9.6 上机练练手

在 index_test 数据库中创建数据表 writers，writers 表结构如表 9.3 所示，按要求进行操作。

表 9.3　writers 表结构

字段名	数据类型	主键	外键	非空	唯一	自增
w_id	SMALLINT(11)	是	否	是	是	是
w_name	VARCHAR(255)	否	否	是	否	否
w_address	VARCHAR(255)	否	否	否	否	否
w_age	CHAR(2)	否	否	是	否	否
w_note	VARCHAR(255)	否	否	否	否	否

（1）在数据库 index_test 中创建表 writers，存储引擎为 MyISAM，创建表的同时在 w_id 字段上添加名称为 UniqIdx 的唯一索引。

（2）使用 ALTER TABLE 语句在 w_name 字段上建立名称为 nameIdx 的普通索引。

（3）使用 CREATE INDEX 语句在 w_address 和 w_age 字段上建立名称为 MultiIdx 的组合索引。

（4）使用 CREATE INDEX 语句在 w_note 字段上建立名称为 FTIdx 的全文索引。

（5）删除名称为 FTIdx 的全文索引。

第 10 章

◀ 存储过程和函数 ▶

简单地说，存储过程就是一条或者多条 SQL 语句的集合，可视为批文件，但是其作用不仅限于批处理。本章主要介绍如何创建存储过程和存储函数以及变量的使用，如何调用、查看、修改、删除存储过程和存储函数等。

本章学习技能

- 掌握如何创建存储过程
- 掌握如何创建存储函数
- 熟悉变量的使用方法
- 熟悉如何定义条件和处理程序
- 了解光标的使用方法
- 掌握流程控制的使用
- 掌握如何调用存储过程和函数
- 熟悉如何查看存储过程和函数
- 掌握修改存储过程和函数的方法
- 熟悉如何删除存储过程和函数
- 掌握实战演练中创建存储过程和函数的方法和技巧

10.1　创建存储过程和函数

存储程序可以分为存储过程和函数，MySQL 中创建存储过程和函数使用的语句分别是 CREATE PROCEDURE 和 CREATE FUNCTION。使用 CALL 语句来调用存储过程，只能用输出变量返回值。函数可以从语句外调用（通过引用函数名），也能返回标量值。存储过程也可以调用其他存储过程。

10.1.1　创建存储过程

创建存储过程需要使用 CREATE PROCEDURE 语句，基本语法格式如下：

```
CREATE PROCEDURE sp_name ( [proc_parameter] )
[characteristics ...] routine_body
```

CREATE PROCEDURE 为用来创建存储函数的关键字；sp_name 为存储过程的名称；proc_parameter 为指定存储过程的参数列表，列表形式如下：

```
[ IN | OUT | INOUT ] param_name type
```

其中，IN 表示输入参数，OUT 表示输出参数，INOUT 表示既可以输入也可以输出；param_name 表示参数名称；type 表示参数的类型，该类型可以是 MySQL 数据库中的任意类型。

characteristics 指定存储过程的特性，有以下取值：

- LANGUAGE SQL：说明 routine_body 部分是由 SQL 语句组成的，当前系统支持的语言为 SQL，SQL 是 LANGUAGE 特性的唯一值。

- [NOT] DETERMINISTIC：指明存储过程执行的结果是否正确。DETERMINISTIC 表示结果是确定的。每次执行存储过程时，相同的输入会得到相同的输出。NOT DETERMINISTIC 表示结果是不确定的，相同的输入可能得到不同的输出。如果没有指定任意一个值，默认为 NOT DETERMINISTIC。

- { CONTAINS SQL | NO SQL | READS SQL DATA | MODIFIES SQL DATA }：指明子程序使用 SQL 语句的限制。CONTAINS SQL 表明子程序包含 SQL 语句，但是不包含读写数据的语句；NO SQL 表明子程序不包含 SQL 语句；READS SQL DATA 说明子程序包含读数据的语句；MODIFIES SQL DATA 表明子程序包含写数据的语句。默认情况下，系统会指定为 CONTAINS SQL。

- SQL SECURITY { DEFINER | INVOKER }：指明谁有权限来执行。DEFINER 表示只有定义者才能执行。INVOKER 表示拥有权限的调用者可以执行。默认情况下，系统指定为 DEFINER。

- COMMENT 'string'：注释信息，可以用来描述存储过程或函数。

routine_body 是 SQL 代码的内容，可以用 BEGIN…END 来表示 SQL 代码的开始和结束。

编写存储过程并不是一件简单的事情，可能存储过程中需要复杂的 SQL 语句，并且要有创建存储过程的权限；但是使用存储过程将简化操作，减少冗余的操作步骤，同时，还可以减少操作过程中的失误，提高效率，因此存储过程是非常有用的，而且应该尽可能地学会使用。

下面的代码演示了存储过程的内容，名称为 AvgFruitPrice，返回所有水果的平均价格，输入代码如下：

```
CREATE PROCEDURE AvgFruitPrice ()
BEGIN
```

```
SELECT AVG(f_price) AS avgprice
FROM fruits;
END;
```

上述代码中，此存储过程名为 AvgFruitPrice，使用 CREATE PROCEDURE AvgFruitPrice ()
语句定义。此存储过程没有参数，但是后面的()仍然需要。BEGIN 和 END 语句用来限定存储
过程体，过程本身仅是一个简单的 SELECT 语句（AVG 为求字段平均值的函数）。

【例 10.1】创建查看 fruits 表的存储过程，代码如下：

```
CREATE PROCEDURE Proc()
    BEGIN
      SELECT * FROM fruits;
    END ;
```

这行代码创建了一个查看 fruits 表的存储过程，每次调用这个存储过程的时候都会执行
SELECT 语句查看表的内容，代码的执行过程如下：

```
MySQL> DELIMITER //
MySQL> CREATE PROCEDURE Proc()
    -> BEGIN
    -> SELECT * FROM fruits;
    -> END //
Query OK, 0 rows affected (0.00 sec)


MySQL> DELIMITER ;
```

这个存储过程和使用 SELECT 语句查看表的效果得到的结果是一样的，当然存储过程也
可以是很多语句的复杂组合，就好像这个例子刚开始给出的那个语句一样，其本身也可以调用
其他的函数来组成更加复杂的操作。

> "DELIMITER //"语句的作用是将 MySQL 的结束符设置为//，因为 MySQL 默认的语句结
> 束符号为分号';'，为了避免与存储过程中 SQL 语句结束符相冲突，需要使用 DELIMITER
> 改变存储过程的结束符，并以"END //"结束存储过程。存储过程定义完毕之后再使用
> "DELIMITER ;"恢复默认结束符。DELIMITER 也可以指定其他符号作为结束符。

【例 10.2】创建名称为 CountProc 的存储过程，代码如下：

```
CREATE PROCEDURE CountProc (OUT param1 INT)
BEGIN
SELECT COUNT(*) INTO param1 FROM fruits;
END;
```

上述代码的作用是创建一个获取 fruits 表记录条数的存储过程，名称是 CountProc，COUNT(*) 计算后把结果放入参数 param1 中。代码的执行结果如下：

```
mysql> DELIMITER //
mysql> CREATE PROCEDURE CountProc(OUT param1 INT)
 -> BEGIN
 -> SELECT COUNT(*) INTO param1 FROM fruits;
 -> END //
Query OK, 0 rows affected (0.00 sec)
mysql> DELIMITER ;
```

 当使用 DELIMITER 命令时，应该避免使用反斜杠（'\'）字符，因为反斜杠是 MySQL 的转义字符。

10.1.2 创建存储函数

创建存储函数，需要使用 CREATE FUNCTION 语句，基本语法格式如下：

```
CREATE FUNCTION func_name ( [func_parameter] )
 RETURNS type
[characteristic ...] routine_body
```

CREATE FUNCTION 为用来创建存储函数的关键字；func_name 表示存储函数的名称；func_parameter 为存储过程的参数列表，参数列表形式如下：

```
[ IN | OUT | INOUT ] param_name type
```

其中，IN 表示输入参数，OUT 表示输出参数，INOUT 表示既可以输入也可以输出；param_name 表示参数名称；type 表示参数的类型，该类型可以是 MySQL 数据库中的任意类型。

RETURNS type 语句表示函数返回数据的类型；characteristic 指定存储函数的特性，取值与创建存储过程时相同，这里不再赘述。

【例 10.3】创建存储函数，名称为 NameByZip，该函数返回 SELECT 语句的查询结果，数值类型为字符串型，代码如下：

```
CREATE FUNCTION NameByZip ()
 RETURNS CHAR(50)
 RETURN  (SELECT s_name FROM suppliers WHERE s_call= '48075');
```

创建一个存储函数 NameByZip，参数定义为空，返回一个 CHAR 类型的结果。代码的执行结果如下：

```
mysql> DELIMITER //
mysql> CREATE FUNCTION NameByZip()
-> RETURNS CHAR(50)
```

```
-> RETURN   (SELECT s_name FROM suppliers WHERE s_call= '48075');
-> //
Query OK, 0 rows affected (0.12 sec)

mysql> DELIMITER ;
```

　　如果在存储函数中的 RETURN 语句返回一个类型不同于函数的 RETURNS 子句中指定类型的值，返回值将被强制为恰当的类型。比如，如果一个函数返回一个 ENUM 或 SET 值，但是 RETURN 语句返回一个整数，对于 SET 成员集的相应的 ENUM 成员，从函数返回的值是字符串。

> 　　指定参数为 IN、OUT 或 INOUT 只对 PROCEDURE 是合法的。（FUNCTION 中总是默认为 IN 参数。）RETURNS 子句只能对 FUNCTION 做指定，对函数而言是强制的。它用来指定函数的返回类型，而且函数体必须包含一个 RETURN value 语句。

10.1.3　变量的使用

　　变量可以在子程序中声明并使用，这些变量的作用范围是在 BEGIN…END 程序中的。本小节主要介绍如何定义变量和为变量赋值。

1. 定义变量

　　在存储过程中使用 DECLARE 语句定义变量，语法格式如下：

```
DECLARE var_name[,varname]… date_type [DEFAULT value];
```

　　var_name 为局部变量的名称。DEFAULT value 子句给变量提供一个默认值。值除了可以被声明为一个常数之外，还可以被指定为一个表达式。如果没有 DEFAULT 子句，初始值为 NULL。

　　【例 10.4】定义名称为 myparam 的变量，类型为 INT 类型，默认值为 100，代码如下：

```
DECLARE  myparam  INT  DEFAULT 100;
```

2. 为变量赋值

　　定义变量之后，为变量赋值可以改变变量的默认值，MySQL 中使用 SET 语句为变量赋值，语法格式如下：

```
SET var_name = expr [, var_name = expr] ...;
```

　　在存储程序中的 SET 语句是一般 SET 语句的扩展版本。被参考变量可能是子程序内声明的变量，或者是全局服务器变量，如系统变量或者用户变量。

　　在存储程序中的 SET 语句作为预先存在的 SET 语法的一部分来实现。这允许 SET a=x, b=y,…这样的扩展语法。其中不同的变量类型（局域声明变量及全局变量）可以被混合起来。

这也允许把局部变量和一些只对系统变量有意义的选项合并起来。

【例 10.5】声明 3 个变量，分别为 var1、var2 和 var3，数据类型为 INT，使用 SET 为变量赋值，代码如下：

```
DECLARE var1, var2, var3 INT;
SET var1 = 10, var2 = 20;
SET var3 = var1 + var2;
```

MySQL 中还可以通过 SELECT ... INTO 为一个或多个变量赋值，语法如下：

```
SELECT col_name[,…] INTO var_name[,…] table_expr;
```

这个 SELECT 语法把选定的列直接存储到对应位置的变量。col_name 表示字段名称；var_name 表示定义的变量名称；table_expr 表示查询条件表达式，包括表名称和 WHERE 子句。

【例 10.6】声明变量 fruitname 和 fruitprice，通过 SELECT ... INTO 语句查询指定记录并为变量赋值，代码如下：

```
DECLARE fruitname CHAR(50);
DECLARE fruitprice DECIMAL(8,2);

SELECT f_name,f_price INTO fruitname, fruitprice
FROM fruits WHERE f_id ='a1';
```

10.1.4　定义条件和处理程序

特定条件需要特定处理。这些条件可以联系到错误，以及子程序中的一般流程控制。定义条件是事先定义程序执行过程中遇到的问题，处理程序定义了在遇到这些问题时应当采取的处理方式，并且保证存储过程或函数在遇到警告或错误时能继续执行。这样可以增强存储程序处理问题的能力，避免程序异常停止运行。本小节将使用 DECLARE 关键字来定义条件和处理程序。

1. 定义条件

定义条件使用 DECLARE 语句，语法格式如下：

```
DECLARE condition_name CONDITION FOR [condition_type]

[condition_type]:
SQLSTATE [VALUE] sqlstate_value | mysql_error_code
```

其中，condition_name 参数表示条件的名称；condition_type 参数表示条件的类型；sqlstate_value 和 mysql_error_code 都可以表示 MySQL 的错误，sqlstate_value 为长度为 5 的字符串类型错误代码，mysql_error_code 为数值类型错误代码。例如：ERROR 1142（42000）中，sqlstate_value 的值是 42000，mysql_error_code 的值为 1142。

这个语句指定需要特殊处理的条件。它将一个名字和指定的错误条件关联起来。这个名字可以随后被用在定义处理程序的 DECLARE HANDLER 语句中。

【例 10.7】定义"ERROR 1148(42000)"错误，名称为 command_not_allowed。可以用两种不同的方法来定义，代码如下：

```
//方法一: 使用 sqlstate_value
DECLARE  command_not_allowed CONDITION FOR SQLSTATE '42000';
//方法二: 使用 mysql_error_code
DECLARE  command_not_allowed CONDITION  FOR  1148
```

2. 定义处理程序

定义处理程序时，使用 DECLARE 语句的语法如下：

```
DECLARE handler_type HANDLER FOR condition_value[,...] sp_statement
handler_type:
    CONTINUE | EXIT | UNDO

condition_value:
    SQLSTATE [VALUE] sqlstate_value
  | condition_name
  | SQLWARNING
  | NOT FOUND
  | SQLEXCEPTION
  | mysql_error_code
```

其中，handler_type 为错误处理方式，参数取 3 个值：CONTINUE、EXIT 和 UNDO。CONTINUE 表示遇到错误不处理，继续执行；EXIT 遇到错误马上退出；UNDO 表示遇到错误后撤回之前的操作，MySQL 中暂时不支持这样的操作。

condition_value 表示错误类型，可以有以下取值：

- SQLSTATE [VALUE] sqlstate_value 包含 5 个字符的字符串错误值。
- condition_name 表示 DECLARE CONDITION 定义的错误条件名称。
- SQLWARNING 匹配所有以 01 开头的 SQLSTATE 错误代码。
- NOT FOUND 匹配所有以 02 开头的 SQLSTATE 错误代码。
- SQLEXCEPTION 匹配所有没有被 SQLWARNING 或 NOT FOUND 捕获的 SQLSTATE 错误代码。
- mysql_error_code 匹配数值类型错误代码。

sp_statement 参数为程序语句段，表示在遇到定义的错误时，需要执行的存储过程或函数。

【例 10.8】定义处理程序的几种方式如下：

```
//方法一: 捕获 sqlstate_value
DECLARE CONTINUE HANDLER FOR SQLSTATE '42S02' SET @info='NO_SUCH_TABLE';

//方法二: 捕获 mysql_error_code
DECLARE CONTINUE HANDLER FOR 1146 SET @info=' NO_SUCH_TABLE ';
```

```
//方法三: 先定义条件, 然后调用
DECLARE  no_such_table CONDITION  FOR  1146;
DECLARE CONTINUE HANDLER FOR NO_SUCH_TABLE SET @info=' NO_SUCH_TABLE ';

//方法四: 使用 SQLWARNING
DECLARE EXIT HANDLER FOR SQLWARNING SET @info='ERROR';

//方法五: 使用 NOT FOUND
DECLARE EXIT HANDLER FOR NOT FOUND SET @info=' NO_SUCH_TABLE ';

//方法六: 使用 SQLEXCEPTION
DECLARE EXIT HANDLER FOR SQLEXCEPTION SET @info='ERROR';
```

上述代码是 6 种定义处理程序的方法。

第一种方法是捕获 sqlstate_value 值。如果遇到 sqlstate_value 值为 "42S02"，执行 CONTINUE 操作，并且输出 "NO_SUCH_TABLE" 信息。

第二种方法是捕获 mysql_error_code 值。如果遇到 mysql_error_code 值为 1146，就执行 CONTINUE 操作，并且输出 "NO_SUCH_TABLE" 信息。

第三种方法是先定义条件，再调用条件。这里先定义 no_such_table 条件，遇到 1146 错误就执行 CONTINUE 操作。

第四种方法是使用 SQLWARNING。SQLWARNING 捕获所有以 01 开头的 sqlstate_value 值，然后执行 EXIT 操作，并且输出 "ERROR" 信息。

第五种方法是使用 NOT FOUND。NOT FOUND 捕获所有以 02 开头的 sqlstate_value 值，然后执行 EXIT 操作，并且输出 "NO_SUCH_TABLE" 信息。

第六种方法是使用 SQLEXCEPTION。SQLEXCEPTION 捕获所有没有被 SQLWARNING 或 NOT FOUND 捕获的 sqlstate_value 值，然后执行 EXIT 操作，并且输出 "ERROR" 信息。

【例 10.9】定义条件和处理程序，具体执行的过程如下:

```
mysql> CREATE TABLE test.t (s1 int,primary key (s1));
Query OK, 0 rows affected (0.00 sec)

mysql> DELIMITER //

mysql> CREATE PROCEDURE handlerdemo ()
    ->  BEGIN
    ->  DECLARE CONTINUE HANDLER FOR SQLSTATE '23000' SET @x2 = 1;
    ->   SET @x = 1;
    ->   INSERT INTO test.t VALUES (1);
    ->   SET @x = 2;
    ->   INSERT INTO test.t VALUES (1);
    ->   SET @x = 3;
    -> END;
    -> //
Query OK, 0 rows affected (0.00 sec)
```

```
mysql> DELIMITER ;

/*调用存储过程*/
mysql> CALL handlerdemo();
Query OK, 0 rows affected (0.00 sec)
/*查看调用过程结果*/
mysql> SELECT @x;
    +------+
    | @x   |
    +------+
    | 3    |
    +------+
    1 row in set (0.00 sec)
```

@x 是一个用户变量，执行结果@x 等于 3，这表明 MySQL 被执行到程序的末尾。如果
"DECLARE CONTINUE HANDLER FOR SQLSTATE '23000' SET @x2 = 1;"这一行不在，第
2 个 INSERT 因 PRIMARY KEY 强制而失败之后，MySQL 可能已经采取默认（EXIT）路径，
并且 SELECT @x 可能已经返回 2。

　　　　"@var_name"表示用户变量，使用 SET 语句为其赋值。用户变量与连接有关，一个客
　　　　户端定义的变量不能被其他客户端看到或使用。当客户端退出时，该客户端连接的所有变
　　　　量将自动释放。

10.1.5　光标的使用

　　查询语句可能返回多条记录，如果数据量非常大，需要在存储过程和存储函数中使用光标
来逐条读取查询结果集中的记录。应用程序可以根据需要滚动或浏览其中的数据。本小节将介
绍如何声明、打开、使用和关闭光标。

　　光标必须在声明处理程序之前被声明,并且变量和条件还必须在声明光标或处理程序之前
被声明。

1. 声明光标

　　MySQL 中使用 DECLARE 关键字来声明光标，其语法的基本形式如下：

```
DECLARE cursor_name CURSOR FOR select_statement
```

　　其中，cursor_name 参数表示光标的名称；select_statement 参数表示 SELECT 语句的内容，
返回一个用于创建光标的结果集。

　　【例 10.10】声明名称为 cursor_fruit 的光标，代码如下：

```
DECLARE cursor_fruit CURSOR FOR SELECT f_name, f_price FROM fruits ;
```

上面的示例中，光标的名称为 cursor_fruit，SELECT 语句部分从 fruits 表中查询出 f_name 和 f_price 字段的值。

2. 打开光标

打开光标的语法如下：

```
OPEN cursor_name{光标名称}
```

这个语句打开先前声明的名称为 cursor_name 的光标。

【例 10.11】打开名称为 cursor_fruit 的光标，代码如下：

```
OPEN  cursor_fruit ;
```

3. 使用光标

使用光标的语法如下：

```
FETCH cursor_name INTO var_name [, var_name] ...{参数名称}
```

其中，cursor_name 参数表示光标的名称；var_name 参数表示将光标中的 SELECT 语句查询出来的信息存入该参数中，var_name 必须在声明光标之前就定义好。

【例 10.12】使用名称为 cursor_fruit 的光标。将查询出来的数据存入 fruit_name 和 fruit_price 这两个变量中，代码如下：

```
FETCH  cursor_fruit INTO fruit_name, fruit_price ;
```

上面的示例将光标 cursor_fruit 中查询出来的信息存入 fruit_name 和 fruit_price。注意 fruit_name 和 fruit_price 必须在前面已经定义。

4. 关闭光标

关闭光标的语法如下：

```
CLOSE cursor_name{光标名称}
```

这个语句关闭先前打开的光标。

如果未被明确地关闭，那么光标将在它被声明的复合语句的末尾被关闭。

【例 10.13】关闭名称为 cursor_fruit 的光标，代码如下：

```
CLOSE  cursor_fruit;
```

 MySQL 中光标只能在存储过程和函数中使用。

10.1.6 流程控制的使用

流程控制语句用来根据条件控制语句的执行。MySQL 中用来构造控制流程的语句有

IF 语句、CASE 语句、LOOP 语句、LEAVE 语句、ITERATE 语句、REPEAT 语句和 WHILE 语句。

　　每个流程中可能包含一个单独语句，或者是使用 BEGIN ... END 构造的复合语句，构造可以被嵌套。本节将介绍这些控制流程语句。

1. IF 语句

　　IF 语句包含多个条件判断，根据判断的结果为 true 或 false 执行相应的语句，语法格式如下：

```
IF expr_condition THEN statement_list
    [ELSEIF expr_condition THEN statement_list] ...
    [ELSE statement_list]
END IF
```

　　IF 实现了一个基本的条件构造。如果 expr_condition 求值为真（true），相应的 SQL 语句列表被执行；如果没有 expr_condition 匹配，则 ELSE 子句里的语句列表被执行。statement_list 可以包括一个或多个语句。

　　MySQL 中还有一个 IF() 函数，它不同于这里描述的 IF 语句。

　　【例 10.14】IF 语句的示例，代码如下：

```
IF val IS NULL
  THEN SELECT 'val is NULL';
  ELSE SELECT 'val is not NULL';
END IF;
```

　　该示例判断 val 值是否为空，如果 val 值为空，输出字符串"val is NULL"；否则输出字符串"val is not NULL"。IF 语句都需要使用 END IF 来结束。

2. CASE 语句

　　CASE 是另一个进行条件判断的语句，有两种语句格式，CASE 语句的第 1 种格式如下：

```
CASE case_expr
    WHEN when_value THEN statement_list
    [WHEN when_value THEN statement_list] ...
    [ELSE statement_list]
END CASE
```

　　其中，case_expr 参数表示条件判断的表达式，决定了中哪一个 WHEN 子句会被执行；when_value 参数表示表达式可能的值，如果某个 when_value 表达式与 case_expr 表达式结果相同，则执行对应 THEN 关键字后的 statement_list 中的语句；statement_list 参数表示不同 when_value 值的执行语句。

【例 10.15】使用 CASE 流程控制语句的第 1 种格式，判断 val 值等于 1、等于 2，或者两者都不等，语句如下：

```
CASE val
  WHEN 1 THEN SELECT 'val is 1';
  WHEN 2 THEN SELECT 'val is 2';
  ELSE SELECT 'val is not 1 or 2';
END CASE;
```

当 val 值为 1 时，输出字符串"val is 1"；当 val 值为 2 时，输出字符串"val is 2"；否则输出字符串"val is not 1 or 2"。

CASE 语句的第 2 种格式如下：

```
CASE
    WHEN expr_condition THEN statement_list
    [WHEN expr_condition THEN statement_list] ...
    [ELSE statement_list]
END CASE
```

其中，expr_condition 参数表示条件判断语句；statement_list 参数表示不同条件的执行语句。该语句中，WHEN 语句将被逐个执行，直到某个 expr_condition 表达式为真，则执行对应 THEN 关键字后面的 statement_list 语句。如果没有条件匹配， ELSE 子句里的语句被执行。

这里介绍的用在存储程序里的 CASE 语句与"控制流程函数"里描述的 SQL CASE 表达式的 CASE 语句有轻微不同。这里的 CASE 语句不能有 ELSE NULL 子句，并且用 END CASE 替代 END 来终止。

【例 10.16】使用 CASE 流程控制语句的第 2 种格式，判断 val 是否为空、小于 0、大于 0 或者等于 0，语句如下：

```
CASE
  WHEN val is NULL THEN SELECT 'val is NULL';
  WHEN val < 0 THEN SELECT 'val is less than 0';
  WHEN val > 0 THEN SELECT 'val is greater than 0';
  ELSE SELECT 'val is 0';
END CASE;
```

当 val 值为空时，输出字符串"val is NULL"；当 val 值小于 0 时，输出字符串"val is less than 0"；当 val 值大于 0 时，输出字符串"val is greater than 0"；否则，输出字符串"val is 0"。

3. LOOP 语句

LOOP 循环语句用来重复执行某些语句，与 IF 和 CASE 语句相比，LOOP 只是创建一个循环操作的过程，并不进行条件判断。LOOP 内的语句一直重复执行，直到循环被退出，跳出循环过程，使用 LEAVE 子句，LOOP 语句的基本格式如下：

```
[loop_label:] LOOP
    statement_list
END LOOP [loop_label]
```

loop_label 表示 LOOP 语句的标注名称，该参数可以省略；statement_list 参数表示需要循环执行的语句。

【例 10.17】使用 LOOP 语句进行循环操作，id 值小于等于 10 之前，将重复执行循环过程，代码如下：

```
DECLARE id INT DEFAULT 0;
add_loop: LOOP
SET id = id + 1;
  IF id >= 10 THEN  LEAVE add_loop;
  END IF;
END LOOP add_ loop;
```

该示例循环执行 id 加 1 的操作。当 id 值小于 10 时，循环重复执行；当 id 值大于或者等于 10 时，使用 LEAVE 语句退出循环。LOOP 循环都以 END LOOP 结束。

4. LEAVE 语句

LEAVE 语句用来退出任何被标注的流程控制构造，LEAVE 语句基本格式如下：

```
LEAVE label
```

其中，label 参数表示循环的标志。LEAVE 和 BEGIN…END 或循环一起被使用。

【例 10.18】使用 LEAVE 语句退出循环，代码如下：

```
add_num: LOOP
SET @count=@count+1;
IF @count=50 THEN LEAVE add_num ;
END LOOP add_num ;
```

该示例循环执行 count 加 1 的操作。当 count 的值等于 50 时，使用 LEAVE 语句跳出循环。

5. ITERATE 语句

ITERATE 语句将执行顺序转到语句段开头处，语句基本格式如下：

```
ITERATE label
```

ITERATE 只可以出现在 LOOP、REPEAT 和 WHILE 语句内。ITERATE 的意思为"再次循环"，label 参数表示循环的标志。ITERATE 语句必须跟在循环标志前面。

【例 10.19】ITERATE 语句示例，代码如下：

```
CREATE PROCEDURE doiterate()
BEGIN
DECLARE p1 INT DEFAULT 0;
my_loop: LOOP
```

```
    SET p1= p1 + 1;
    IF p1 < 10 THEN ITERATE my_loop;
    ELSEIF p1 > 20 THEN LEAVE my_loop;
    END IF;
    SELECT 'p1 is between 10 and 20';
END LOOP my_loop;
END
```

首先定义 p1=0，当 p1 的值小于 10 时重复执行 p1 加 1 操作；当 p1 大于等于 10 并且小于等于 20 时，打印消息 "p1 is between 10 and 20"；当 p1 大于 20 时，退出循环。

6. REPEAT 语句

REPEAT 语句创建一个带条件判断的循环过程，每次语句执行完毕之后，会对条件表达式进行判断，若表达式为真，则循环结束；否则重复执行循环中的语句。REPEAT 语句的基本格式如下：

```
[repeat_label:] REPEAT
    statement_list
UNTIL expr_condition
END REPEAT [repeat_label]
```

repeat_label 为 REPEAT 语句的标注名称，该参数可以省略；REPEAT 语句内的语句或语句群被重复，直至 expr_condition 为真。

【例 10.20】REPEAT 语句示例，id 值等于 10 之前，将重复执行循环过程，代码如下：

```
DECLARE id INT DEFAULT 0;
REPEAT
SET id = id + 1;
UNTIL  id >= 10
END REPEAT;
```

该示例循环执行 id 加 1 的操作。当 id 值小于 10 时，循环重复执行；当 id 值大于或者等于 10 时，退出循环。REPEAT 循环都以 END REPEAT 结束。

7. WHILE 语句

WHILE 语句创建一个带条件判断的循环过程，与 REPEAT 不同，WHILE 在执行语句执行时，先对指定的表达式进行判断，如果为真，就执行循环内的语句，否则退出循环。WHILE 语句的基本格式如下：

```
[while_label:] WHILE expr_condition DO
    statement_list
END WHILE [while_label]
```

while_label 为 WHILE 语句的标注名称；expr_condition 为进行判断的表达式，如果表达式结果为真，WHILE 语句内的语句或语句群被执行，直至 expr_condition 为假，退出循环。

【例 10.21】WHILE 语句示例，i 值小于 10 时，将重复执行循环过程，代码如下：

```
DECLARE i INT DEFAULT 0;
WHILE i < 10 DO
SET i = i + 1;
END WHILE;
```

10.2 调用存储过程和函数

存储过程已经定义好了，接下来需要知道如何调用这些过程和函数。存储过程和函数有多种调用方法。存储过程必须使用 CALL 语句调用，并且存储过程和数据库相关，如果要执行其他数据库中的存储过程，需要指定数据库名称，例如 CALL dbname.procname。存储函数的调用与 MySQL 中预定义的函数的调用方式相同。本节介绍存储过程和存储函数的调用，主要包括调用存储过程的语法、调用存储函数的语法，以及存储过程和存储函数的调用实例。

10.2.1 调用存储过程

存储过程是通过 CALL 语句进行调用的，语法如下：

```
CALL sp_name([parameter[,...]])
```

CALL 语句调用一个先前用 CREATE PROCEDURE 创建的存储过程，其中 sp_name 为存储过程名称，parameter 为存储过程的参数。

【例 10.22】定义名为 CountProc1 的存储过程，然后调用这个存储过程。

定义存储过程：

```
mysql> DELIMITER //
mysql> CREATE PROCEDURE CountProc1 (IN sid INT, OUT num INT)
    -> BEGIN
    ->  SELECT COUNT(*) INTO num FROM fruits WHERE s_id = sid;
    -> END //
Query OK, 0 rows affected (0.00 sec)

mysql>  DELIMITER ;
```

调用存储过程：

```
mysql> CALL CountProc1 (101, @num);
Query OK, 1 row affected (0.00 sec)
```

查看返回结果：

```
mysql> select @num;
```

```
+------+
| @num |
+------+
|    3 |
+------+
1 row in set (0.02 sec)
```

该存储过程返回了指定 s_id=101 的水果商提供的水果种类，返回值存储在 num 变量中，使用 SELECT 查看，返回结果为 3。

10.2.2 调用存储函数

在 MySQL 中，存储函数的使用方法与 MySQL 内部函数的使用方法是一样的。换言之，用户自己定义的存储函数与 MySQL 内部函数是一个性质的。区别在于，存储函数是用户自己定义的，而内部函数是 MySQL 的开发者定义的。

【例 10.23】定义存储函数 CountProc2，然后调用这个函数，代码如下：

```
mysql> DELIMITER //
mysql> CREATE FUNCTION  CountProc2 (sid INT)
    -> RETURNS INT
    -> BEGIN
    -> RETURN (SELECT COUNT(*) FROM fruits WHERE s_id = sid);
    -> END //
Query OK, 0 rows affected (0.00 sec)
mysql>  DELIMITER ;
```

调用存储函数：

```
mysql> SELECT CountProc2(101);
+--------------------+
| Countproc(101) |
+--------------------+
|                3 |
+--------------------+
1 row in set (0.00 sec)
```

可以看到，该例与上一个例子中返回的结果相同。虽然存储函数和存储过程的定义稍有不同，但可以实现相同的功能，读者应该在实际应用中灵活选择。

10.3 查看存储过程和函数

MySQL 存储了存储过程和函数的状态信息，用户可以使用 SHOW STATUS 语句或 SHOW

CREATE 语句来查看，也可直接从系统的 information_schema 数据库中查询。本节将通过实例来介绍这 3 种方法。

10.3.1　使用 SHOW STATUS 语句查看存储过程和函数的状态

SHOW STATUS 语句可以查看存储过程和函数的状态，其基本语法结构如下：

```
SHOW {PROCEDURE | FUNCTION} STATUS [LIKE 'pattern']
```

这个语句是一个 MySQL 的扩展。它返回子程序的特征，如数据库、名字、类型、创建者及创建和修改日期。如果没有指定样式，根据使用的语句，所有存储程序或存储函数的信息都被列出。PROCEDURE 和 FUNCTION 分别表示查看存储过程和函数；LIKE 语句表示匹配存储过程或函数的名称。

【例 10.24】SHOW STATUS 语句示例，代码如下：

```
SHOW PROCEDURE STATUS LIKE 'C%'\G
```

代码执行如下：

```
mysql> SHOW PROCEDURE STATUS LIKE 'C%'\G
*** 1. row ***
              Db: test
            Name: CountProc
            Type: PROCEDURE
         Definer: root@localhost
        Modified: 2011-08-23 20:32:47
         Created: 2011-08-23 20:32:47
   Security_type: DEFINER
         Comment:
character_set_client: utf8
collation_connection: utf8_general_ci
  Database Collation: utf8_general_ci
1 row in set (0.00 sec)
```

"SHOW PROCEDURE STATUS LIKE 'C%'\G" 语句获取数据库中所有名称以字母 'C' 开头的存储过程的信息。通过上面的语句可以看到：这个存储函数所在的数据库为 test、存储函数的名称为 CountProc 等一些相关信息。

10.3.2　使用 SHOW CREATE 语句查看存储过程和函数的定义

除了 SHOW STATUS 之外，MySQL 还可以使用 SHOW CREATE 语句查看存储过程和函数的状态。

```
SHOW CREATE {PROCEDURE | FUNCTION} sp_name
```

这个语句是一个 MySQL 的扩展。类似于 SHOW CREATE TABLE，它返回一个可用来重新创建已命名子程序的确切字符串。PROCEDURE 和 FUNCTION 分别表示查看存储过程和函数；sp_name 参数表示匹配存储过程或函数的名称。

【例 10.25】SHOW CREATE 语句示例，代码如下：

```
SHOW CREATE FUNCTION test.CountProc \G
```

代码执行如下：

```
mysql> SHOW CREATE FUNCTION test.CountProc \G
*** 1. row ***
          Function: CountProc
          sql_mode:
   Create Function: CREATE DEFINER=`root`@`localhost` FUNCTION `CountProc`(sid
INT) RETURNS int(11)
BEGIN
     RETURN (SELECT COUNT(*) FROM fruits WHERE s_id = sid);
   END
character_set_client: utf8
collation_connection: utf8_general_ci
  Database Collation: utf8_general_ci
1 row in set (0.00 sec)
```

执行上面的语句可以得到一些信息，包括存储函数的名称为 CountProc、sql_mode 为 sql 的模式、Create Function 为存储函数的具体定义语句，以及数据库设置的一些信息。

10.3.3 从 information_schema.Routines 表中查看存储过程和函数的信息

MySQL 中存储过程和函数的信息存储在 information_schema 数据库下的 Routines 表中。可以通过查询该表的记录来查询存储过程和函数的信息。其基本语法形式如下：

```
SELECT * FROM information_schema.Routines
WHERE ROUTINE_NAME=' sp_name ' ;
```

其中，ROUTINE_NAME 字段中存储的是存储过程和函数的名称；sp_name 参数表示存储过程或函数的名称。

【例 10.26】从 Routines 表中查询名称为 CountProc 的存储函数的信息，代码如下：

```
SELECT * FROM information_schema.Routines
WHERE ROUTINE_NAME='CountProc'  AND  ROUTINE_TYPE = 'FUNCTION' \G
```

代码执行结果如下：

```
mysql> SELECT * FROM information_schema.Routines
    -> WHERE ROUTINE_NAME='CountProc'  AND  ROUTINE_TYPE = 'FUNCTION' \G
*** 1. row ***
          SPECIFIC_NAME: CountProc
         ROUTINE_CATALOG: def
```

```
       ROUTINE_SCHEMA: test
         ROUTINE_NAME: CountProc
         ROUTINE_TYPE: FUNCTION
            DATA_TYPE: int
CHARACTER_MAXIMUM_LENGTH: NULL
 CHARACTER_OCTET_LENGTH: NULL
     NUMERIC_PRECISION: 10
         NUMERIC_SCALE: 0
    CHARACTER_SET_NAME: NULL
        COLLATION_NAME: NULL
        DTD_IDENTIFIER: int(11)
         ROUTINE_BODY: SQL
    ROUTINE_DEFINITION: BEGIN
RETURN (SELECT COUNT(*) FROM fruits WHERE s_id = sid);
    END
        EXTERNAL_NAME: NULL
    EXTERNAL_LANGUAGE: NULL
      PARAMETER_STYLE: SQL
     IS_DETERMINISTIC: NO
      SQL_DATA_ACCESS: CONTAINS SQL
            SQL_PATH: NULL
        SECURITY_TYPE: DEFINER
              CREATED: 2011-08-23 20:40:08
         LAST_ALTERED: 2011-08-23 20:40:08
             SQL_MODE:
      ROUTINE_COMMENT:
              DEFINER: root@localhost
  CHARACTER_SET_CLIENT: utf8
  COLLATION_CONNECTION: utf8_general_ci
   DATABASE_COLLATION: utf8_general_ci
1 row in set (0.00 sec)
```

在 information_schema 数据库下的 Routines 表中，存储所有存储过程和函数的定义。使用 SELECT 语句查询 Routines 表中的存储过程和函数的定义时，一定要使用 ROUTINE_NAME 字段指定存储过程或函数的名称，否则将查询出所有的存储过程或函数的定义。如果有存储过程和存储函数名称相同，就需要同时指定 ROUTINE_TYPE 字段表明查询的是哪种类型的存储程序。

10.4　修改存储过程和函数

使用 ALTER 语句可以修改存储过程或函数的特性，本节将介绍如何使用 ALTER 语句修改存储过程和函数。

```
ALTER {PROCEDURE | FUNCTION} sp_name [characteristic ...]
```

其中，sp_name 参数表示存储过程或函数的名称；characteristic 参数指定存储函数的特性，可能的取值有：

- CONTAINS SQL　表示子程序包含 SQL 语句，但不包含读或写数据的语句。
- NO SQL　表示子程序中不包含 SQL 语句。
- READS SQL DATA　表示子程序中包含读数据的语句。
- MODIFIES SQL DATA　表示子程序中包含写数据的语句。
- SQL SECURITY { DEFINER | INVOKER }　指明谁有权限来执行。
- DEFINER　表示只有定义者自己才能够执行。
- INVOKER　表示调用者可以执行。
- COMMENT 'string'　表示注释信息。

> 修改存储过程使用 ALTER PROCEDURE 语句，修改存储函数使用 ALTER FUNCTION 语句。但是，这两个语句的结构是一样的，语句中的所有参数也是一样的。而且，它们与创建存储过程或函数的语句中的参数也是基本一样的。

【例 10.27】修改存储过程 CountProc 的定义。将读写权限改为 MODIFIES SQL DATA，并指明调用者可以执行，代码如下：

```
ALTER  PROCEDURE  CountProc
MODIFIES SQL DATA
SQL SECURITY INVOKER ;
```

执行代码，并查看修改后的信息。结果显示如下：

```
//执行 ALTER PROCEDURE 语句
mysql> ALTER  PROCEDURE  CountProc
    -> MODIFIES SQL DATA
    -> SQL SECURITY INVOKER ;
Query OK, 0 rows affected (0.00 sec)
//查询修改后的 CountProc 表信息
mysql> SELECT SPECIFIC_NAME,SQL_DATA_ACCESS,SECURITY_TYPE
    ->  FROM information_schema.Routines
    -> WHERE ROUTINE_NAME='CountProc' AND ROUTINE_TYPE='PROCEDURE';
+----------------------+--------------------------+-----------------
-------+
| SPECIFIC_NAME | SQL_DATA_ACCESS  | SECURITY_TYPE |
+----------------------+--------------------------+-----------------
-------+
| CountProc     | MODIFIES SQL DATA | INVOKER      |
+----------------------+--------------------------+-----------------
-------+
1 row in set (0.00 sec)
```

结果显示，存储过程修改成功。从查询的结果可以看出，访问数据的权限（SQL_DATA_ACCESS）已经变成 MODIFIES SQL DATA，安全类型（SECURITY_TYPE）已经变成 INVOKER。

【例 10.28】修改存储函数 CountProc 的定义。将读写权限改为 READS SQL DATA，并加上注释信息"FIND NAME"，代码如下：

```
ALTER  FUNCTION  CountProc
READS SQL DATA
COMMENT 'FIND NAME' ;
```

执行代码，并查看修改后的信息。结果显示如下：

```
//执行 ALTER FUNCTION 语句
mysql> ALTER  FUNCTION  CountProc
    -> READS SQL DATA
    -> COMMENT 'FIND NAME' ;
Query OK, 0 rows affected (0.00 sec)
//查询修改后 f 表的信息
mysql> SELECT SPECIFIC_NAME,SQL_DATA_ACCESS,ROUTINE_COMMENT
FROM information_schema.Routines
WHERE ROUTINE_NAME='CountProc'  AND  ROUTINE_TYPE = 'FUNCTION' ;
+-----------------------------+---------------------------------+---------
---------------------+
| SPECIFIC_NAME    | SQL_DATA_ACCESS  | ROUTINE_COMMENT |
+-----------------------------+---------------------------------+---------
---------------------+
| CountProc        | READS SQL DATA   | FIND NAME       |
+-----------------------------+---------------------------------+---------
---------------------+
1 row in set (0.01 sec)
```

存储函数修改成功。从查询的结果可以看出，访问数据的权限（SQL_DATA_ACCESS）已经变成 READS SQL DATA，函数注释（ROUTINE_COMMENT）已经变成 FIND NAME。

10.5　删除存储过程和函数

删除存储过程和函数，可以使用 DROP 语句，其语法结构如下：

```
DROP {PROCEDURE | FUNCTION} [IF EXISTS] sp_name
```

这个语句被用来移除一个存储过程或函数。sp_name 为要移除的存储过程或函数的名称。

IF EXISTS 子句是一个 MySQL 的扩展。如果程序或函数不存储，那么它可以防止发生错误，产生一个用 SHOW WARNINGS 查看的警告。

【例 10.29】删除存储过程和存储函数，代码如下：

```
DROP PROCEDURE CountProc;
DROP FUNCTION CountProc;
```

语句的执行结果如下：

```
mysql> DROP PROCEDURE CountProc;
Query OK, 0 rows affected (0.00 sec)
mysql> DROP FUNCTION CountProc;
Query OK, 0 rows affected (0.00 sec)
```

上面语句的作用就是删除存储过程 CountProc 和存储函数 CountProc。

10.6 实战演练——创建存储过程和函数

通过这一章的学习，读者应该掌握了如何创建存储过程和存储函数、变量的定义和使用、光标的作用和用途，以及 MySQL 的控制语句。所有的存储过程和存储函数都存储在服务器上，只要调用就可以在服务器上执行。

1. 案例目的

通过实例掌握存储过程和函数的创建和使用。

2. 案例操作过程

步骤 01 创建一个名称为 sch 的数据表，表结构如表 10.1 所示，将表 10.2 中的数据插入 sch 表中。

表 10.1　sch 表结构

字段名	数据类型	主键	外键	非空	唯一	自增
id	INT(10)	是	否	是	是	否
name	VARCHAR (50)	否	否	是	否	否
glass	VARCHAR(50)	否	否	是	否	否

表 10.2　sch 表内容

id	name	glass
1	xiaoming	glass 1
2	xiaojun	glass 2

创建一个 sch 表，并且向 sch 表中插入表 10.2 中的数据，代码如下：

```
CREATE TABLE sch(id INT (10) , name VARCHAR(50),glass VARCHAR(50));
INSERT INTO sch VALUE(1,'xiaoming','glass 1'), (2,'xiaojun','glass 2');
```

通过命令 DESC 命令查看创建的表格，结果如下：

```
mysql> DESC sch;
```

```
+--------+---------------+------+-------+---------+-------+
| Field  | Type          | Null | Key   | Default | Extra |
+--------+---------------+------+-------+---------+-------+
| id     | int(10)       | YES  |       | NULL    |       |
| name   | varchar(50)   | YES  |       | NULL    |       |
| glass  | varchar(50)   | YES  |       | NULL    |       |
+--------+---------------+------+-------+---------+-------+
3 rows in set (0.00 sec)
```

通过 SELECT * FROM sch 来查看插入表格的内容，结果如下：

```
+------+-----------+-----------+
| id   | name      | glass     |
+------+-----------+-----------+
|    1 | xiaoming  | glass 1   |
|    2 | xiaojun   | glass 2   |
+------+-----------+-----------+
```

步骤 02 创建一个存储函数用来统计表 sch 中的记录数。

创建一个可以统计表格内记录条数的存储函数，函数名为 count_sch()，代码如下：

```
CREATE FUNCTION count_sch()
RETURNS INT
RETURN (SELECT COUNT(*) FROM sch);
```

执行的结果如下：

```
mysql> DELIMITER //
mysql> CREATE FUNCTION count_sch()
    -> RETURNS INT
    -> RETURN (SELECT COUNT(*) FROM sch);
    -> //
Query OK, 0 rows affected (0.12 sec)
mysql> SELECT count_sch() //
mysql> DELIMITER ;
+-------------+
| count_sch() |
+-------------+
|      2      |
+-------------+
1 row in set (0.05 sec)
```

创建的存储函数名称为 count_sch，通过 SELCET count_sch()查看函数执行的情况，这个表中只有两条记录，得到的结果也是两条记录，说明存储函数成功执行。

步骤 03 创建一个存储过程，通过调用存储函数的方法来获取表 sch 中的记录数和 sch 表中 id 的和。

创建一个存储过程 add_id，同时使用前面创建的存储函数返回表 sch 中的记录数，计算出表中所有的 id 之和。代码如下：

```
CREATE PROCEDURE add_id(out count INT)
BEGIN
DECLARE itmp INT;
DECLARE cur_id CURSOR FOR SELECT id FROM sch;
DECLARE EXIT HANDLER FOR NOT FOUND CLOSE cur_id;

SELECT count_sch() INTO count;

SET @sum=0;
OPEN cur_id;
REPEAT
FETCH cur_id INTO itmp;
IF itmp<10
THEN SET  @sum= @sum+itmp;
END IF;
UNTIL 0 END REPEAT;
CLOSE cur_id;

END ;
```

这个存储过程的代码中使用到变量的声明、光标、流程控制、在存储过程中调用存储函数等知识点，结果应该是两条记录，id 之和为 3，记录条数是通过上面的存储函数 count_sch() 获取的，是在存储过程中调用了存储函数。代码的执行情况如下：

```
mysql> DELIMITER //
mysql> CREATE PROCEDURE add_id(out count INT)
    -> BEGIN
    -> DECLARE itmp INT;
    -> DECLARE cur_id CURSOR FOR SELECT id FROM sch;
    -> DECLARE EXIT HANDLER FOR NOT FOUND CLOSE cur_id;
    -> SELECT count_sch() INTO count;
    -> SET @sum=0;
    -> OPEN cur_id;
    -> REPEAT
    -> FETCH cur_id INTO itmp;
    -> IF itmp<10
    -> THEN SET  @sum= @sum+itmp;
    -> END IF;
    -> UNTIL 0 END REPEAT;
    -> CLOSE cur_id;
    -> END //
Query OK, 0 rows affected (0.00 sec)
```

```
mysql> SELECT @a, @sum //
+------+--------+
| @a   | @sum   |
+------+--------+
|    2 |      3 |
+------+--------+
1 row in set (0.00 sec)
mysql> DELIMITER ;
```

表 sch 中只有两条记录，所有 id 的和为 3，和预想的执行结果完全相同。这个存储过程创建了一个 cur_id 的光标，使用这个光标来获取每条记录的 id，使用 REPEAT 循环语句来实现所有 id 号相加。

10.7 疑难解惑

疑问 1：MySQL 存储过程和函数有什么区别？

在本质上它们都是存储程序。函数只能通过 return 语句返回单个值或者表对象；而存储过程不允许执行 return，但是可以通过 out 参数返回多个值。函数限制比较多，不能用临时表，只能用表变量，还有一些函数都不可用，等等；而存储过程的限制相对就比较少。函数可以嵌入 SQL 语句中使用，可以在 SELECT 语句中作为查询语句的一个部分调用；而存储过程一般是作为一个独立的部分来执行。

疑问 2：存储过程中的代码可以改变吗？

目前，MySQL 还不提供对已存在的存储过程代码的修改。如果必须要修改存储过程，就必须使用 DROP 语句删除之后再重新编写代码，或者创建一个新的存储过程。

疑问 3：存储过程中可以调用其他存储过程吗？

存储过程包含用户定义的 SQL 语句集合，可以使用 CALL 语句调用存储过程，当然在存储过程中也可以使用 CALL 语句调用其他存储过程，但是不能使用 DROP 语句删除其他存储过程。

疑问 4：存储过程的参数不能与数据表中的字段名相同。

在定义存储过程参数列表时，应注意把参数名与数据库表中的字段名区别开来，否则将出现无法预期的结果。

疑问 5：存储过程的参数可以使用中文吗？

一般情况下，可能会出现存储过程中传入中文参数的情况。例如，某个存储过程根据用户的名字查找该用户的信息，传入的参数值可能是中文。这时需要在定义存储过程的时候，在后面加上 character set gbk，不然调用存储过程中使用中文参数会出错，比如定义 userInfo 存储过程，代码如下：

```
CREATE PROCEDURE useInfo(IN u_name VARCHAR(50) character set gbk, OUT u_age INT)
```

10.8 上机练练手

（1）写一个 Hello World 的存储过程和函数。

（2）写一个完整的包括参数、变量、变量赋值、条件判断、UPDATE 语句、SELECT 返回结果集的存储过程。

（3）创建一个执行动态 SQL 的存储过程。

（4）创建实现功能相同的存储函数，比较它们之间的不同点在什么地方。

第 11 章

◀ 视 图 ▶

数据库中的视图是一个虚拟表。同真实的表一样,视图包含一系列带有名称的行和列数据。行和列数据来自由定义视图查询所引用的表,并且在引用视图时动态生成。本章将通过一些实例来介绍视图的含义、视图的作用、创建视图、查看视图、修改视图、更新视图和删除视图等 MySQL 的数据库知识。

本章学习技能

- 了解视图的含义和作用
- 掌握创建视图的方法
- 熟悉如何查看视图
- 掌握修改视图的方法
- 掌握更新视图的方法
- 掌握删除视图的方法
- 掌握实战演练中视图应用的方法和技巧

11.1 视图概述

视图是从一个或者多个表中导出的,视图的行为与表非常相似,但视图是一个虚拟表。在视图中用户可以使用 SELECT 语句查询数据,以及使用 INSERT、UPDATE 和 DELETE 修改记录。从 MySQL 5.0 开始可以使用视图,视图可以使用户操作方便,而且可以保障数据库系统的安全。

11.1.1 视图的含义

视图是一个虚拟表,是从数据库中一个或多个表中导出来的表。视图还可以从已经存在的视图的基础上定义。

视图一经定义便存储在数据库中,与其相对应的数据并没有像表那样在数据库中再存储一份，通过视图看到的数据只是存放在基本表中的数据。对视图的操作与对表的操作一样，可以对其进行查询、修改和删除。当对通过视图看到的数据进行修改时，相应的基本表的数据也要发生变化；同时，若基本表的数据发生变化，则这种变化也可以自动反映到视图中。

假设有一个 student 表和一个 stu_info 表，在 student 表中包含了学生的 id 号和姓名，stu_info 表中包含了学生的 id 号、班级和家庭住址，现在公布分班信息，只需要 id 号、姓名和班级，这该如何解决呢？通过学习后面的内容就可以找到完美的解决方案。

表设计如下：

```
CREATE TABLE student
(
  s_id  INT,
  name  VARCHAR(40)
);

CREATE TABLE stu_info
(
  s_id   INT,
  glass  VARCHAR(40),
  addr   VARCHAR(90)
);
```

通过 DESC 命令可以查看表的设计，可以获得字段、字段的定义、是否为主键、是否为空、默认值和扩展信息。

视图提供了一个很好的解决方法，视图中的信息为表的部分信息，其他信息不取，这样既能满足要求也不破坏表原来的结构。

11.1.2 视图的作用

与直接从数据表中读取相比，视图有以下优点。

1. 简单化

看到的就是需要的。视图不仅可以简化用户对数据的理解，也可以简化他们的操作。那些被经常使用的查询可以被定义为视图，从而使得用户不必为以后的操作每次指定全部的条件。

2. 安全性

通过视图，用户只能查询和修改他们所能见到的数据。数据库中的其他数据则既看不见也取不到。数据库授权命令可以使每个用户对数据库的检索限制到特定的数据库对象上，但不能授权到数据库特定行和特定列上。通过视图，用户可以被限制在数据的不同子集上：

（1）使用权限可被限制在基表的行的子集上。

（2）使用权限可被限制在基表的列的子集上。

（3）使用权限可被限制在基表的行和列的子集上。

（4）使用权限可被限制在多个基表的连接所限定的行上。

（5）使用权限可被限制在基表中的数据的统计汇总上。

（6）使用权限可被限制在另一视图的一个子集上，或是一些视图和基表合并后的子集上。

3. 逻辑数据独立性

视图可帮助用户屏蔽真实表结构变化带来的影响。

11.2 创建视图

视图中包含了 SELECT 查询的结果，因此视图的创建基于 SELECT 语句和已存在的数据表，既可以建立在一张表上，也可以建立在多张表上。本节主要介绍创建视图的方法。

11.2.1 创建视图的语法形式

创建视图使用 CREATE VIEW 语句，基本语法格式如下：

```
CREATE [OR REPLACE] [ALGORITHM = {UNDEFINED | MERGE | TEMPTABLE}]
VIEW view_name [(column_list)]
AS SELECT_statement
[WITH [CASCADED | LOCAL] CHECK OPTION]
```

其中，CREATE 表示创建新的视图；REPLACE 表示替换已经创建的视图；ALGORITHM 表示视图选择的算法；view_name 为视图的名称，column_list 为属性列；SELECT_statement 表示 SELECT 语句；WITH [CASCADED | LOCAL] CHECK OPTION 参数表示视图在更新时保证在视图的权限范围之内。

ALGORITHM 的取值有 3 个，分别是 UNDEFINED | MERGE | TEMPTABLE，UNDEFINED 表示 MySQL 将自动选择算法；MERGE 表示将使用的视图语句与视图定义合并起来，使得视图定义的某一部分取代语句对应的部分；TEMPTABLE 表示将视图的结果存入临时表，然后用临时表来执行语句。

CASCADED 与 LOCAL 为可选参数，CASCADED 为默认值，表示更新视图时要满足所有相关视图和表的条件；LOCAL 表示更新视图时满足该视图本身定义的条件即可。

该语句要求具有针对视图的 CREATE VIEW 权限，以及针对由 SELECT 语句选择的每一列上的某些权限。对于在 SELECT 语句中其他地方使用的列，必须具有 SELECT 权限。如果还有 OR REPLACE 子句，就必须在视图上具有 DROP 权限。

视图属于数据库。在默认情况下，将在当前数据库创建新视图。要想在给定数据库中明确创建视图，创建时应将名称指定为 db_name.view_name。

11.2.2　在单表上创建视图

MySQL 可以在单个数据表上创建视图。

【例 11.1】在 t 表上创建一个名为 view_t 的视图，代码如下：

首先创建基本表并插入数据，语句如下：

```
CREATE TABLE t (quantity INT, price INT);
INSERT INTO t VALUES(3, 50);
```

语句执行如下：

```
mysql> CREATE TABLE t (quantity INT, price INT);
Query OK, 0 rows affected (0.93 sec)

mysql> INSERT INTO t VALUES(3, 50);
Query OK, 3 rows affected (0.14 sec)
Records: 1  Duplicates: 0  Warnings: 0
```

创建视图语句为：

```
CREATE VIEW view_t AS SELECT quantity, price, quantity *price FROM t;
```

语句执行如下：

```
mysql> CREATE VIEW view_t AS SELECT quantity, price, quantity *price FROM t;
Query OK, 0 rows affected (0.01 sec)
mysql> SELECT * FROM view_t;
+----------+-------+-----------------+
| quantity | price | quantity *price |
+----------+-------+-----------------+
|     3    |  50   |       150       |
+----------+-------+-----------------+
1 row in set (0.00 sec)
```

默认情况下创建的视图和基本表的字段是一样的，也可以通过指定视图字段的名称来创建视图。

【例 11.2】在 t 表格上创建一个名为 view_t2 的视图，代码如下：

```
mysql> CREATE VIEW view_t2(qty, price, total ) AS SELECT quantity, price, quantity *price FROM t;
Query OK, 0 rows affected (0.01 sec)
```

语句执行成功，查看 view_t2 视图中的数据：

```
mysql> SELECT * FROM view_t2;
+------+-------+------+
| qty  | price | total |
+------+-------+------+
```

```
|    3 |   50 |  150 |
+------+-------+------+
1 row in set (0.00 sec)
```

可以看到，view_t2 和 view_t 两个视图中的字段名称不同，但数据却是相同的。因此，在使用视图的时候，可能用户根本就不需要了解基本表的结构，更接触不到实际表中的数据，从而保证了数据库的安全。

11.2.3　在多表上创建视图

MySQL 中也可以在两个或者两个以上的表上创建视图，可以使用 CREATE VIEW 语句实现。

【例 11.3】在表 student 和表 stu_info 上创建视图 stu_glass。

首先向两个表中插入数据，输入语句如下：

```
mysql> INSERT INTO student VALUES(1,'wanglin1'),(2,'gaoli'),(3,'zhanghai');
Query OK, 3 rows affected (0.00 sec)
Records: 3  Duplicates: 0  Warnings: 0

mysql> INSERT INTO stu_info VALUES(1, 'wuban','henan'),(2,'liuban','hebei'),
(3,'qiban','shandong');
Query OK, 3 rows affected (0.02 sec)
Records: 3  Duplicates: 0  Warnings: 0
```

创建视图 stu_glass，语句如下：

```
CREATE VIEW stu_glass (id,name, glass) AS SELECT student.s_id,student.name ,
stu_info.glass
FROM student ,stu_info WHERE student.s_id=stu_info.s_id;
```

代码的执行结果如下：

```
mysql> CREATE VIEW stu_glass (id,name, glass) AS SELECT student.s_id,
student.name ,stu_info.glass
    -> FROM student ,stu_info WHERE student.s_id=stu_info.s_id;
Query OK, 0 rows affected (0.00 sec)

mysql> SELECT * FROM stu_glass;
+------+----------+--------+
| id   | name     | glass  |
+------+----------+--------+
|    1 | wanglin1 | wuban  |
|    2 | gaoli    | liuban |
|    3 | zhanghai | qiban  |
+------+----------+--------+
3 rows in set (0.00 sec)
```

这个例子就解决了刚开始提出的那个问题，通过这个视图可以很好地保护基本表中的数据。这个视图中的信息很简单，只包含了 id、姓名和班级，id 字段对应 student 表中的 s_id 字段，name 字段对应 student 表中的 name 字段，glass 字段对应 stu_info 表中的 glass 字段。

11.3 查看视图

查看视图是查看数据库中已存在的视图的定义。查看视图必须要有 SHOW VIEW 权限，MySQL 数据库下的 user 表中保存着这个信息。查看视图的方法包括 DESCRIBE、SHOW TABLE STATUS 和 SHOW CREATE VIEW，本节将介绍查看视图的各种方法。

11.3.1 使用 DESCRIBE 语句查看视图基本信息

DESCRIBE 可以用来查看视图，具体的语法如下：

```
DESCRIBE 视图名;
```

【例 11.4】通过 DESCRIBE 语句查看视图 view_t 的定义，代码如下：

```
DESCRIBE view_t;
```

代码执行结果如下：

```
mysql> DESCRIBE view_t;
+-----------------+------------+------+-----+---------+-------+
| Field           | Typ        | Null | Key | Default | Extra |
+-----------------+------------+------+-----+---------+-------+
| quantity        | int(11)    | YES  |     | NULL    |       |
| price           | int(11)    | YES  |     | NULL    |       |
| quantity *price | bigint(21) | YES  |     | NULL    |       |
+-----------------+------------+------+-----+---------+-------+
3 rows in set (0.00 sec)
```

结果显示出了视图的字段定义、字段的数据类型、是否为空、是否为主/外键、默认值和额外信息。

DESCRIBE 一般情况下都简写成 DESC，输入这个命令的执行结果和输入 DESCRIBE 的执行结果是一样的。

11.3.2 使用 SHOW TABLE STATUS 语句查看视图基本信息

查看视图的信息可以通过 SHOW TABLE STATUS 的方法，具体的语法如下：

```
SHOW TABLE STATUS LIKE '视图名';
```

【例 11.5】下面将通过一个例子来学习使用 SHOW TABLE STATUS 命令查看视图信息，代码如下：

```
SHOW TABLE STATUS LIKE 'view_t' \G
```

执行结果如下：

```
mysql> SHOW TABLE STATUS LIKE 'view_t' \G
*** 1. row ***
          Name: view_t
        Engine: NULL
       Version: NULL
    Row_format: NULL
          Rows: NULL
 Avg_row_length: NULL
   Data_length: NULL
Max_data_length: NULL
  Index_length: NULL
     Data_free: NULL
Auto_increment: NULL
   Create_time: NULL
   Update_time: NULL
    Check_time: NULL
     Collation: NULL
      Checksum: NULL
Create_options: NULL
       Comment: VIEW
1 row in set (0.01 sec)
```

执行结果显示，Comment 的值为 VIEW，说明该表为视图；其他的信息均为 NULL，说明这是一个虚表。用同样的语句来查看一下数据表 t 的信息，执行结果如下：

```
mysql> SHOW TABLE STATUS LIKE 't' \G
*** 1. row ***
          Name: t
        Engine: InnoDB
       Version: 10
    Row_format: Compact
          Rows: 1
 Avg_row_length: 16384
   Data_length: 16384
Max_data_length: 0
  Index_length: 0
     Data_free: 9437184
Auto_increment: NULL
   Create_time: 2016-03-04 14:04:55
   Update_time: NULL
```

```
       Check_time: NULL
        Collation: utf8_general_ci
         Checksum: NULL
  Create_options:
          Comment:
1 row in set (0.00 sec)
```

从查询的结果来看，这里的信息包含存储引擎、创建时间等，Comment 信息为空。这就是视图和表的区别。

11.3.3 使用 SHOW CREATE VIEW 语句查看视图详细信息

使用 SHOW CREATE VIEW 语句可以查看视图详细定义，语法如下：

```
SHOW CREATE VIEW 视图名;
```

【例 11.6】使用 SHOW CREATE VIEW 查看视图的详细定义，代码如下：

```
SHOW CREATE VIEW view_t \G
```

执行结果如下：

```
mysql> SHOW CREATE VIEW view_t \G
*** 1. row ***
            View: view_t
     Create View: CREATE ALGORITHM=UNDEFINED DEFINER='root'@'localhost' SQL
SECURITY DEFINER VIEW 'view_t'
  AS select 't'.'quantity' AS 'quantity','t'.'price' AS 'price',('t'.'quantity'
* 't'. 'price') AS 'quantity *price' from 't'
character_set_client: utf8
collation_connection: utf8_general_ci
1 row in set (0.00 sec)
```

执行结果显示视图的名称、创建视图的语句等信息。

11.3.4 在 views 表中查看视图详细信息

在 MySQL 中，information_schema 数据库下的 views 表中存储了所有视图的定义。通过对 views 表的查询，可以查看数据库中所有视图的详细信息，查询语句如下：

```
SELECT * FROM information_schema.views;
```

【例 11.7】在 views 表中查看视图的详细定义，代码如下：

```
mysql> SELECT * FROM information_schema.views\G
*** 1. row ***
     TABLE_CATALOG: def
      TABLE_SCHEMA: chapter11db
        TABLE_NAME: stu_glass
```

```
          VIEW_DEFINITION: select 'chapter11db'.'student'.'s_id' AS 'id',
'chapter11db'.'student'.'name' AS 'name','chapter11db'.'stu_info'. 'glass' AS
'glass' from 'chapter11db'. 'student' join 'chapter11db'. 'stu_info' where
('chapter11db'. 'student'. 's_id' = 'chapter11db'. 'stu_info'. 's_id')
              CHECK_OPTION: NONE
              IS_UPDATABLE: YES
                   DEFINER: root@localhost
             SECURITY_TYPE: DEFINER
      CHARACTER_SET_CLIENT: utf8
      COLLATION_CONNECTION: utf8_general_ci
      *** 2. row ***
             TABLE_CATALOG: def
              TABLE_SCHEMA: chapter11db
                TABLE_NAME: view_t
          VIEW_DEFINITION: select 'chapter11db'. 't'. 'quantity' AS 'quantity',
'chapter11db'. 't'. 'price' AS 'price',('chapter11db'. 't'. 'quantity' *
'chapter11db'. 't'. 'price') AS 'quantity *price' from 'chapter11db'. 't'
              CHECK_OPTION: NONE
              IS_UPDATABLE: YES
                   DEFINER: root@localhost
             SECURITY_TYPE: DEFINER
      CHARACTER_SET_CLIENT: utf8
      COLLATION_CONNECTION: utf8_general_ci
      *** 3. row ***
             TABLE_CATALOG: def
              TABLE_SCHEMA: chapter11db
                TABLE_NAME: view_t2
          VIEW_DEFINITION: select 'chapter11db'. 't'. 'quantity' AS 'qty',
'chapter11db'. 't'. 'price' AS 'price',( 'chapter11db'. 't'. 'quantity' *
'chapter11db'. 't'. 'price') AS 'total' from 'chapter11db'. 't'
              CHECK_OPTION: NONE
              IS_UPDATABLE: YES
                   DEFINER: root@localhost
             SECURITY_TYPE: DEFINER
      CHARACTER_SET_CLIENT: utf8
      COLLATION_CONNECTION: utf8_general_ci
      3 rows in set (0.03 sec)
```

　　查询的结果显示当前以及定义的所有视图的详细信息，在这里也可以看到前面定义的 3 个名称为 stu_glass、view_t 和 view_t2 视图的详细信息。

11.4 修改视图

修改视图是指修改数据库中存在的视图，当基本表的某些字段发生变化的时候，可以通过修改视图来保持与基本表的一致性。MySQL 中通过 CREATE OR REPLACE VIEW 语句和 ALTER 语句来修改视图。

11.4.1 使用 CREATE OR REPLACE VIEW 语句修改视图

在 MySQL 中修改视图可以使用 CREATE OR REPLACE VIEW 语句，语法如下：

```
CREATE [OR REPLACE] [ALGORITHM = {UNDEFINED | MERGE | TEMPTABLE}]
    VIEW view_name [(column_list)]
    AS SELECT_statement
    [WITH [CASCADED | LOCAL] CHECK OPTION]
```

可以看到，修改视图的语句和创建视图的语句是完全一样的。当视图已经存在时，修改语句对视图进行修改；当视图不存在时，创建视图。下面通过一个实例来说明。

【例 11.8】修改视图 view_t，代码如下：

```
CREATE OR REPLACE VIEW view_t AS SELECT * FROM t;
```

首先通过 DESC 查看一下更改之前的视图，以便与更改之后的视图进行对比。执行的结果如下：

```
mysql> DESC view_t;
+---------------+-----------+------+-----+---------+-------+
| Field         | Type      | Null | Key | Default | Extra |
+---------------+-----------+------+-----+---------+-------+
| quantity      | int(11)   | YES  |     | NULL    |       |
| price         | int(11)   | YES  |     | NULL    |       |
| quantity*price| bigint(21)| YES  |     | NULL    |       |
+---------------+-----------+------+-----+---------+-------+
3 rows in set (0.00 sec)

mysql> CREATE OR REPLACE VIEW view_t AS SELECT * FROM t;
Query OK, 0 rows affected (0.05 sec)

mysql> DESC view_t;
+----------+---------+------+-----+---------+-------+
| Field    | Type    | Null | Key | Default | Extra |
+----------+---------+------+-----+---------+-------+
| quantity | int(11) | YES  |     | NULL    |       |
| price    | int(11) | YES  |     | NULL    |       |
+----------+---------+------+-----+---------+-------+
```

```
2 rows in set (0.00 sec)
```

从执行的结果来看，相比原来的视图 view_t，新的视图 view_t 少了 1 个字段。

11.4.2 使用 ALTER 语句修改视图

ALTER 语句是 MySQL 提供的另外一种修改视图的方法，语法如下：

```
ALTER [ALGORITHM = {UNDEFINED | MERGE | TEMPTABLE}]
   VIEW view_name [(column_list)]
   AS SELECT_statement
   [WITH [CASCADED | LOCAL] CHECK OPTION]
```

这个语法中的关键字和前面视图的关键字是一样的，这里就不再介绍。

【例 11.9】使用 ALTER 语句修改视图 view_t，代码如下：

```
ALTER VIEW view_t AS SELECT quantity FROM t;
```

执行结果如下：

```
mysql> DESC view_t;
+----------+---------+------+-----+---------+-------+
| Field    | Type    | Null | Key | Default | Extra |
+----------+---------+------+-----+---------+-------+
| quantity | int(11) | YES  |     | NULL    |       |
| price    | int(11) | YES  |     | NULL    |       |
+----------+---------+------+-----+---------+-------+
2 rows in set (0.06 sec)

mysql> ALTER VIEW view_t AS SELECT quantity FROM t;
Query OK, 0 rows affected (0.05 sec)

mysql> DESC view_t;
+--------+---------+------+-----+---------+-------+
| Field  | Type    | Null | Key | Default | Extra |
+--------+---------+------+-----+---------+-------+
| quantity| int(11) | YES |     | NULL    |       |
+--------+---------+------+-----+---------+-------+
1 rows in set (0.01 sec)
```

通过 ALTER 语句同样可以达到修改视图 view_t 的目的，从上面的执行过程来看，视图 view_t 只剩下一个 quantity 字段，修改成功。

11.5 更新视图

更新视图是指通过视图来插入、更新、删除表中的数据，因为视图是一个虚拟表，其中没有数据。通过视图更新的时候都是转到基本表上进行更新的，如果对视图增加或者删除记录，实际上是对其基本表增加或者删除记录。本节将介绍视图更新的 3 种方法：INSERT、UPDATE 和 DELETE。

【例 11.10】使用 UPDATE 语句更新视图 view_t，代码如下：

```
UPDATE view_t SET quantity=5;
```

执行视图更新之前，查看基本表和视图的信息，执行结果如下：

```
mysql> SELECT * FROM view_t;
+----------+
| quantity |
+----------+
|     3    |
+---------+
1 row in set (0.00 sec)

mysql> SELECT * FROM t;
+--------+-------+
| quantity| price |
+--------+-------+
|    3 |  50 |
+--------+-------+
1 row in set (0.00 sec)
```

使用 UPDATE 语句更新视图 view_t，执行过程如下：

```
mysql> UPDATE view_t SET quantity=5;
Query OK, 1 row affected (0.00 sec)
Rows matched: 1  Changed: 1  Warnings: 0
```

查看视图更新之后基本表的内容：

```
mysql> SELECT * FROM t;
+----------+-------+
| quantity | price |
+----------+-------+
|     5 |  50 |
+----------+-------+
1 row in set (0.02 sec)
```

```
mysql> SELECT * FROM view_t;
+----------+
| quantity |
+----------+
|        5 |
+----------+
1 row in set (0.00 sec)

mysql> SELECT * FROM view_t2;
+------+-------+-------+
| qty  | price | total |
+------+-------+-------+
|    5 |    50 |   250 |
+------+-------+-------+
1 row in set (0.00 sec)
```

对视图 view_t 更新后，基本表 t 的内容也更新了。同样，当对基本表 t 更新后，另外一个视图 view_t2 中的内容也会更新。

【例 11.11】使用 INSERT 语句在基本表 t 中插入一条记录，代码如下：

```
INSERT INTO t VALUES (3,5);
```

执行结果如下：

```
mysql> INSERT INTO t VALUES(3,5);
Query OK, 1 row affected (0.04 sec)

mysql> SELECT * FROM t;
+----------+-------+
| quantity | price |
+----------+-------+
|        5 |    50 |
|        3 |     5 |
+----------+-------+
2 rows in set (0.00 sec)

mysql> SELECT * FROM view_t2;
+------+-------+-------+
| qty  | price | total |
+------+-------+-------+
|    5 |    50 |   250 |
|    3 |     5 |    15 |
+------+-------+-------+
2 rows in set (0.00 sec)
```

向表 t 中插入一条记录，通过 SELECT 查看表 t 和视图 view_t2，可以看到其中的内容也跟着更新，视图更新的不仅仅是数量和单价，总价也会更新。

【例 11.12】使用 DELETE 语句删除视图 view_t2 中的一条记录，代码如下：

```
DELETE FROM view_t2 WHERE price=5;
```

执行结果如下：

```
mysql> DELETE FROM view_t2 WHERE price=5;
Query OK, 1 row affected (0.03 sec)
mysql> SELECT * FROM view_t2;
+------+-------+-------+
| qty  | price | total |
+------+-------+-------+
|  5   |  50   |  250  |
+------+-------+-------+
1 row in set (0.00 sec)

mysql> SELECT * FROM t;
+----------+-------+
| quantity | price |
+----------+-------+
|     5    |  50   |
+----------+-------+
1 row in set (0.02 sec)
```

在视图 view_t2 中删除 price=5 的记录，视图中的删除操作最终是通过删除基本表中相关的记录实现的，查看删除操作之后的表 t 和视图 view_t2，可以看到通过视图删除其所依赖的基本表中的数据。

当视图中包含有如下内容时，视图的更新操作将不能被执行：

（1）视图中不包含基表中被定义为非空的列。

（2）在定义视图的 SELECT 语句后的字段列表中使用了数学表达式。

（3）在定义视图的 SELECT 语句后的字段列表中使用聚合函数。

（4）在定义视图的 SELECT 语句中使用了 DISTINCT、UNION、TOP、GROUP BY 或 HAVING 子句。

11.6 删除视图

当视图不再需要时，可以将其删除，删除一个或多个视图可以使用 DROP VIEW 语句，语法如下：

```
DROP VIEW [IF EXISTS]
    view_name [, view_name] ...
    [RESTRICT | CASCADE]
```

其中，view_name 是要删除的视图名称，可以添加多个需要删除的视图名称，各个名称之间使用逗号分隔开。删除视图必须拥有 DROP 权限。

【例 11.13】删除 stu_glass 视图，代码如下：

```
DROP VIEW IF EXISTS stu_glass;
```

执行结果：

```
mysql> DROP VIEW IF EXISTS stu_glass;
Query OK, 0 rows affected (0.00 sec)
```

如果名称为 stu_glass 的视图存在，该视图将被删除。使用 SHOW CREATE VIEW 语句查看操作结果：

```
mysql> SHOW CREATE VIEW stu_glass;
ERROR 1146 (42S02): Table 'chapter11db.stu_glass' doesn't exist
```

可以看到，stu_glass 视图已经不存在，删除成功。

11.7　实战演练——视图应用

本章介绍了 MySQL 数据库中视图的含义和作用，并且讲解了创建视图、修改视图和删除视图的方法。创建视图和修改视图是本章的重点。这两部分的内容比较多，而且比较复杂，希望读者能够认真学习，并且在计算机上进行操作。在创建视图之后一定要查看视图的结构，确保创建的视图是正确的；修改过视图后也要查看视图的结构，以保证修改是正确的。

1. 案例目的

掌握视图的创建、查询、更新和删除操作。

假如 HenanHebei 的 3 个学生参加 Tsinghua University、Peking University 的自学考试，现在需要用数据对其考试的结果进行查询和管理，Tsinghua University 的分数线为 40，Peking University 的分数线为 41。学生表包含了学生的学号、姓名、家庭地址和电话号码；报名表包含学号、姓名、所在学校和报名的学校，表结构以及表中的内容分别如表 11.1~表 11.6 所示。

表 11.1　stu 表结构

字段名	数据类型	主键	外键	非空	唯一	自增
s_id	INT	是	否	是	是	否
s_name	VARCHAR(20)	否	否	是	否	否
addr	VARCHAR(50)	否	否	是	否	否
tel	VARCHAR(50)	否	否	是	否	否

表 11.2　sign 表结构

字段名	数据类型	主键	外键	非空	唯一	自增
s_id	INT	是	否	是	是	否
s_name	VARCHAR(20)	否	否	是	否	否
s_sch	VARCHAR(50)	否	否	是	否	否
s_sign_sch	VARCHAR(50)	否	否	是	否	否

表 11.3　stu_mark 表结构

字段名	数据类型	主键	外键	非空	唯一	自增
s_id	INT	是	否	是	是	否
s_name	VARCHAR(20)	否	否	是	否	否
mark	INT	否	否	是	否	否

表 11.4　stu 表内容

s_id	s_name	addr	tel
1	XiaoWang	Henan	0371-1234**78
2	XiaoLi	Hebei	134722*****
3	XiaoTian	Henan	0371-1234**70

表 11.5　sign 表内容

s_id	s_name	s_sch	s_sign_sch
1	XiaoWang	Middle School1	Peking University
2	XiaoLi	Middle School2	Tsinghua University
3	XiaoTian	Middle School3	Tsinghua University

表 11.6　stu_mark 表内容

s_id	s_name	mark
1	XiaoWang	80
2	XiaoLi	71
3	XiaoTian	70

2. 案例操作过程

步骤 01　创建学生表 stu，插入 3 条记录。

登录数据库后进入 test 数据库，创建学生表，代码如下：

```
CREATE TABLE stu
(
s_id INT PRIMARY KEY,
s_name VARCHAR(20) NOT NULL,
addr VARCHAR(50) NOT NULL,
tel VARCHAR(50) NOT NULL
);
```

```
INSERT INTO stu
VALUES(1,'XiaoWang','Henan','0371-1234**78'),
(2,'XiaoLi','Hebei','134722*****'),
(3,'XiaoTian','Henan','0371-1234**70');
```

执行结果如下：

```
mysql> CREATE TABLE stu
    -> (
    -> s_id INT PRIMARY KEY,
    -> s_name VARCHAR(20) NOT NULL,
    -> addr VARCHAR(50) NOT NULL,
    -> tel VARCHAR(50) NOT NULL
    -> );
Query OK, 0 rows affected (0.02 sec)

mysql> INSERT INTO stu
    -> VALUES(1,'XiaoWang','Henan','0371-12345678'),
    -> (2,'XiaoLi','Hebei','13889072345'),
    -> (3,'XiaoTian','Henan','0371-12345670');
Query OK, 3 rows affected (0.00 sec)
Records: 3  Duplicates: 0  Warnings: 0

mysql> SELECT * FROM stu;
+------+----------+-------+--------------------+
| s_id | s_name   | addr  | tel                |
+------+----------+-------+--------------------+
|    1 | XiaoWang | Henan | 0371-1234**78      |
|    2 | XiaoLi   | Hebei | 134722****         |
|    3 | XiaoTian | Henan | 0371-1234**70      |
+------+----------+-------+--------------------+
3 rows in set (0.00 sec)
```

通过上面的代码执行后，在当前的数据库中创建了一个表 stu，通过插入语句向表 stu 中插入了 3 条记录。stu 表的主键为 s_id。

步骤 02　创建报名表 sign，插入 3 条记录。

创建报名表，代码如下：

```
CREATE TABLE sign
(
s_id INT PRIMARY KEY,
s_name VARCHAR(20) NOT NULL,
s_sch VARCHAR(50) NOT NULL,
s_sign_sch VARCHAR(50) NOT NULL
);
```

```
INSERT INTO sign
VALUES(1,'XiaoWang','Middle School1','Peking University'),
(2,'XiaoLi','Middle School2','Tsinghua University'),
(3,'XiaoTian','Middle School3','Tsinghua University');
```

执行结果如下：

```
mysql> CREATE TABLE sign
    -> (
    -> s_id INT PRIMARY KEY,
    -> s_name VARCHAR(20) NOT NULL,
    -> s_sch VARCHAR(50) NOT NULL,
    -> s_sign_sch VARCHAR(50) NOT NULL
    -> );
Query OK, 0 rows affected (0.00 sec)

mysql> INSERT INTO sign
    -> VALUES(1,'XiaoWang','Middle School1','Peking University'),
    -> (2,'XiaoLi','Middle School2','Tsinghua University'),
    -> (3,'XiaoTian','Middle School3','Tsinghua University');
Query OK, 3 rows affected (0.00 sec)
Records: 3  Duplicates: 0  Warnings: 0

mysql> SELECT * FROM sign;
+------+----------+----------------+--------------------+
| s_id | s_name   | s_sch          | s_sign_sch         |
+------+----------+----------------+--------------------+
|    1 | XiaoWang | Middle School1 | Peking University  |
|    2 | XiaoLi   | Middle School2 | Tsinghua University |
|    3 | XiaoTian | Middle School3 | Tsinghua University |
+------+----------+----------------+--------------------+
3 rows in set (0.00 sec)
```

创建一个 sign 表，同时向表中插入了 3 条报考记录。

步骤 03　创建成绩表 stu_mark，插入 3 条记录。

创建成绩登记表，代码如下：

```
CREATE TABLE stu_mark
(
s_id INT PRIMARY KEY ,
s_name VARCHAR(20) NOT NULL,
mark INT NOT NULL
);
INSERT INTO stu_mark VALUES(1,'XiaoWang',80),(2,'XiaoLi',71), (3,'XiaoTian',70);
```

执行结果如下：

```
mysql> CREATE TABLE stu_mark
    -> (
    -> s_id INT PRIMARY KEY ,
    -> s_name VARCHAR(20) NOT NULL,
    -> mark INT NOT NULL
    ->);
Query OK, 0 rows affected (0.14 sec)

mysql> INSERT INTO stu_mark VALUES(1,'XiaoWang',80),(2,'XiaoLi',71),
(3,'XiaoTian',70);
Query OK, 3 rows affected (0.37 sec)
Records: 3  Duplicates: 0  Warnings: 0

mysql> SELECT * FROM stu_mark;
+------+------------+------+
| s_id | s_name     | mark |
+------+------------+------+
|    1 | XiaoWang   |   80 |
|    2 | XiaoLi     |   71 |
|    3 | XiaoTian   |   70 |
+------+------------+------+
3 rows in set (0.00 sec)
```

创建 stu_mark 表，向学生的成绩表插入 3 条成绩记录。

步骤 04　创建考上 Peking University 的学生的视图。

创建考上 Peking University 的学生的视图，代码如下：

```
CREATE VIEW beida (id,name,mark,sch)
AS SELECT stu_mark.s_id,stu_mark.s_name,stu_mark.mark, sign.s_sign_sch
FROM stu_mark ,sign
WHERE stu_mark.s_id=sign.s_id AND stu_mark.mark>=41 AND sign.s_sign_sch='Peking
University';
```

执行结果如下：

```
mysql> CREATE VIEW beida (id,name,mark,sch)
    -> AS SELECT stu_mark.s_id,stu_mark.s_name,stu_mark.mark, sign.s_sign_sch
    -> FROM stu_mark ,sign
    -> WHERE stu_mark.s_id=sign.s_id AND stu_mark.mark>=41 AND
sign.s_sign_sch='Peking University';
Query OK, 0 rows affected (0.00 sec)

mysql> SELECT *FROM beida;
+----+------------+-------+---------------------+
```

```
| id | name       | mark | sch                  |
+----+------------+------+----------------------+
| 1  | XiaoWang   | 80   | Peking University    |
+----+------------+------+----------------------+
1 row in set (0.00 sec)
```

视图 beida 包含了考上 Peking University 的学号、姓名、成绩和报考的学校名称，其中，报考的学校名称为 Peking University。通过 SELECT 语句进行查看，可以获得成绩在 Peking University 分数线之上的学生信息。

步骤 05 创建考上 Tsinghua University 的学生的视图。

创建考上 Tsinghua University 的学生的视图，代码如下：

```
CREATE VIEW qinghua (id,name,mark,sch)
AS SELECT stu_mark.s_id, stu_mark.s_name, stu_mark.mark, sign.s_sign_sch
FROM stu_mark ,sign
WHERE stu_mark.s_id=sign.s_id  AND stu_mark.mark>=40 AND
sign.s_sign_sch='Tsinghua University';
```

执行结果如下：

```
mysql> CREATE VIEW qinghua (id,name,mark,sch)
    -> AS SELECT stu_mark.s_id, stu_mark.s_name, stu_mark.mark, sign.s_sign_sch
    -> FROM stu_mark ,sign
    -> WHERE stu_mark.s_id=sign.s_id AND stu_mark.mark>=40 AND
sign.s_sign_sch='Tsinghua University
Query OK, 0 rows affected (0.01 sec)

mysql> SELECT * FROM qinghua ;
+----+-----------+------+----------------------+
| id | name      | mark | sch                  |
+----+-----------+------+----------------------+
| 2  | XiaoLi    | 71   | Tsinghua University  |
| 3  | XiaoTian  | 70   | Tsinghua University  |
+----+-----------+------+----------------------+
2 rows in set (0.00 sec)
```

视图 qinghua 只包含了成绩在 Tsinghua University 分数线之上的学生的信息，这些信息包括学号、姓名、成绩和报考学校。

步骤 06 在录入的时候，XiaoTian 的成绩录入错误，多录了 50 分，对其录入成绩进行更正。

更新 XiaoTian 的成绩，代码如下：

```
UPDATE stu_mark SET mark = mark-50 WHERE stu_mark.s_name ='XiaoTian';
```

执行结果如下：

```
mysql> UPDATE stu_mark SET mark = mark-50 WHERE stu_mark.s_name ='XiaoTian';
Query OK, 1 row affected (0.16 sec)
Rows matched: 1  Changed: 1  Warnings: 0
```

XiaoTian 的录入成绩发生了错误，当更新 XiaoTian 的成绩后，视图中是否还有 XiaoTian 被 Tsinghua University 录取的信息呢？

步骤 07　查看更新过后视图和表的情况。

查看更新后的表和视图情况，代码如下：

```
SELECT * FROM stu_mark;
SELECT * FROM qinghua;
SELECT * FROM beida;
```

执行结果如下：

```
mysql> SELECT * FROM stu_mark;
+------+-----------+-------+
| s_id | s_name    | mark  |
+------+-----------+-------+
|    1 | XiaoWang  |    80 |
|    2 | XiaoLi    |    71 |
|    3 | XiaoTian  |    20 |
+------+-----------+-------+
3 rows in set (0.00 sec)

mysql> SELECT * FROM qinghua;
+----+--------+------+---------------------------+
| id | name   | mark | sch                       |
+----+--------+------+---------------------------+
|  2 | XiaoLi |   71 | Tsinghua University       |
+----+--------+------+---------------------------+
1 row in set (0.16 sec)

mysql> SELECT * FROM beida;
+----+-----------+-------+----------------------+
| id | name      | mark  | sch                  |
+----+-----------+-------+----------------------+
|  1 | XiaoWang  |    80 | Peking University    |
+----+-----------+-------+----------------------+
1 row in set (0.00 sec)
```

从结果来看视图 qinghua 中已经不存在 XiaoTian 的信息了，说明更新成绩基本表 stu_mark 后，视图 qinghua 的内容也相应地更新了。

步骤 08　查看视图的创建信息。

查看创建的视图，执行的结果如下：

```
mysql> SELECT * FROM information_schema.views\G
*** 1. row ***
      TABLE_CATALOG: def
       TABLE_SCHEMA: chapter11db
         TABLE_NAME: beida
    VIEW_DEFINITION: select 'chapter11db'. 'stu_mark'. 's_id' AS 'id',
'chapter11db'. 'stu_mark'. 's_name' AS 'name', 'chapter11db'. 'stu_mark'. 'mark'
AS 'mark', 'chapter11db'. 'sign'. 's_sign_sch' AS 'sch' from 'chapter11db'.
'stu_mark' join 'chapter11db'. 'sign' where (('chapter11db'. 'stu_mark'. 's_id'
= 'chapter11db'. 'sign'. 's_id') and ('chapter11db'. 'stu_mark'. 'mark' >= 41) and
('chapter11db'. 'sign'. 's_sign_sch' = 'Peking University'))
       CHECK_OPTION: NONE
       IS_UPDATABLE: YES
            DEFINER: root@localhost
      SECURITY_TYPE: DEFINER
 CHARACTER_SET_CLIENT: utf8
COLLATION_CONNECTION: utf8_general_ci
*** 2. row ***
      TABLE_CATALOG: def
       TABLE_SCHEMA: chapter11db
         TABLE_NAME: qinghua
    VIEW_DEFINITION: select 'chapter11db'. 'stu_mark'. 's_id' AS 'id',
'chapter11db'. 'stu_mark'. 's_name' AS 'name', 'chapter11db'. 'stu_mark'.
'mark' AS 'mark', 'chapter11db'. 'sign'. 's_sign_sch' AS 'sch' from 'chapter11db'.
'stu_mark' join 'chapter11db'. 'sign' where (('chapter11db'. 'stu_mark'. 's_id'
= 'chapter11db'. 'sign'. 's_id') and ('chapter11db'. 'stu_mark'. 'mark' >= 40) and
('chapter11db'. 'sign'. 's_sign_sch' = 'Tsinghua University'))
       CHECK_OPTION: NONE
       IS_UPDATABLE: YES
            DEFINER: root@localhost
      SECURITY_TYPE: DEFINER
 CHARACTER_SET_CLIENT: utf8
COLLATION_CONNECTION: utf8_general_ci
*** 3. row ***
      TABLE_CATALOG: def
       TABLE_SCHEMA: chapter11db
         TABLE_NAME: view_t
    VIEW_DEFINITION: select 'chapter11db'. 't'. 'quantity' AS 'quantity' from
'chapter11db'. 't'
       CHECK_OPTION: NONE
       IS_UPDATABLE: YES
            DEFINER: root@localhost
      SECURITY_TYPE: DEFINER
 CHARACTER_SET_CLIENT: utf8
```

```
COLLATION_CONNECTION: utf8_general_ci
*** 4. row ***
      TABLE_CATALOG: def
       TABLE_SCHEMA: chapter11db
         TABLE_NAME: view_t2
     VIEW_DEFINITION: select 'chapter11db'. 't'. 'quantity' AS 'qty',
'chapter11db'. 't'. 'price' AS 'price',( 'chap ter11db'. 't'. 'quantity' *
'chapter11db'. 't'. 'price') AS 'total' from 'chapter11db'. 't'
         CHECK_OPTION: NONE
         IS_UPDATABLE: YES
              DEFINER: root@localhost
        SECURITY_TYPE: DEFINER
CHARACTER_SET_CLIENT: utf8
COLLATION_CONNECTION: utf8_general_ci
4 rows in set (0.06 sec)
```

这里包含了所有的视图信息，里面有刚刚创建的 beida 和 qinghua 的视图信息，包括所属的数据库、创建的视图语句等。

步骤 09 删除创建的视图。

删除 beida、qinghua 视图，执行的过程如下：

```
mysql> DROP VIEW beida;
Query OK, 0 rows affected (0.00 sec)

mysql> DROP VIEW qinghua;
Query OK, 0 rows affected (0.00 sec)
```

语句执行完毕，qinghua 和 beida 的两个视图分别被成功地删除。

11.8 疑难解惑

疑问 1：MySQL 中视图和表的区别以及联系是什么？

（1）两者的区别

① 视图是已经编译好的 SQL 语句，是基于 SQL 语句的结果集的可视化表，而表不是。

② 视图没有实际的物理记录，而表有。

③ 表是内容，视图是窗口。

④ 表占用物理空间，而视图不占用物理空间，只是逻辑概念的存在。表可以及时修改，但视图只能用创建的语句来修改。

⑤ 视图是查看数据表的一种方法，可以查询数据表中某些字段构成的数据，只是一些

SQL 语句的集合。从安全的角度来说，视图可以防止用户接触数据表，因而用户不知道表结构。

⑥ 表属于全局模式中的表，是实表；视图属于局部模式的表，是虚表。

⑦ 视图的建立和删除只影响视图本身，不影响对应的基本表。

（2）两者的联系

视图是在基本表之上建立的表，它的结构（所定义的列）和内容（所有记录）都来自基本表，依据基本表存在而存在。一个视图既可以对应一个基本表，也可以对应多个基本表。视图是基本表的抽象和在逻辑意义上建立的新关系。

11.9　上机练练手

（1）如何在一个表上创建视图？

（2）如果在多个表上建立视图？

（3）如何更改视图？

（4）如何去查看视图的详细信息？

（5）如何更新视图的内容？

（6）如何理解视图和基本表之间的关系、用户操作的权限？

第 12 章

◀ MySQL触发器 ▶

MySQL 的触发器和存储过程一样，都是嵌入到 MySQL 的一段程序。触发器由事件来触发某个操作，这些事件包括 INSERT、UPDATAE 和 DELETE 语句。如果定义了触发程序，当数据库执行这些语句的时候就会激发触发器执行相应的操作,触发程序是与表有关的命名数据库对象，当表上出现特定事件时，将激活该对象。本章通过实例来介绍触发器的含义、如何创建触发器、查看触发器、触发器的使用方法以及如何删除触发器。

本章学习技能

- 了解什么是触发器
- 掌握创建触发器的方法
- 掌握查看触发器的方法
- 掌握触发器的使用技巧
- 掌握删除触发器的方法
- 熟练掌握实战演练中使用触发器的方法和技巧

12.1 创建触发器

触发器（trigger）是一个特殊的存储过程，不同的是，执行存储过程要使用 CALL 语句来调用，而触发器的执行不需要使用 CALL 语句来调用，也不需要手动启动，只要当一个预定义的事件发生的时候,就会被 MySQL 自动调用。比如当对 fruits 表进行操作（INSERT、DELETE或 UPDATE）时就会激活它执行。

触发器可以查询其他表，而且可以包含复杂的 SQL 语句。它们主要用于满足复杂的业务规则或要求。例如，可以根据客户当前的账户状态，控制是否允许插入新订单。本节将介绍如何创建触发器。

12.1.1　创建只有一个执行语句的触发器

创建一个触发器的语法如下：

```
CREATE TRIGGER trigger_name trigger_time trigger_event
ON tbl_name FOR EACH ROW trigger_stmt
```

其中，trigger_name 标识触发器名称，用户自行指定；trigger_time 标识触发时机，可以指定为 before 或 after；trigger_event 标识触发事件，包括 INSERT、UPDATE 和 DELETE；tbl_name 标识建立触发器的表名，即在哪张表上建立触发器；trigger_stmt 是触发器执行语句。

【例 12.1】创建一个单执行语句的触发器，代码如下：

```
CREATE TABLE account (acct_num INT, amount DECIMAL(10,2));
CREATE TRIGGER ins_sum BEFORE INSERT ON account
    FOR EACH ROW SET @sum = @sum + NEW.amount;
```

首先创建一个 account 表，表中有两个字段，分别为：acct_num 字段（定义为 INT 类型），amount 字段（定义成浮点类型）；接着创建一个名为 ins_sum 的触发器，触发的条件是向数据表 account 插入数据之前，对新插入的 amount 字段值进行求和计算。

代码执行如下：

```
mysql> CREATE TABLE account (acct_num INT, amount DECIMAL(10,2));
Query OK, 0 rows affected (0.00 sec)

mysql> CREATE TRIGGER ins_sum BEFORE INSERT ON account
    -> FOR EACH ROW SET @sum = @sum + NEW.amount;
Query OK, 0 rows affected (0.00 sec)

mysql>SET @sum =0;
mysql> INSERT INTO account VALUES(1,1.00), (2,2.00);
Query OK, 2 rows affected (0.01 sec)
Records: 2  Duplicates: 0  Warnings: 0
mysql> SELECT @sum;
+------+
| @sum |
+------+
| 3.00 |
+------+
1 row in set (0.00 sec)
```

首先创建一个 account 表，在向表 account 插入数据之前，计算所有新插入的 account 表的 amount 值之和，触发器的名称为 ins_sum，条件是在向表插入数据之前触发。

12.1.2　创建有多个执行语句的触发器

创建多个执行语句的触发器的语法如下：

```
CREATE TRIGGER trigger_name trigger_time trigger_event
    ON tbl_name FOR EACH ROW
    BEGIN
     语句执行列表
    END
```

其中，trigger_name 标识触发器的名称，用户自行指定；trigger_time 标识触发时机，可以指定为 before 或 after；trigger_event 标识触发事件，包括 INSERT、UPDATE 和 DELETE；tbl_name 标识建立触发器的表名，即在哪张表上建立触发器；触发器程序可以使用 BEGIN 和 END 作为开始和结束，中间包含多条语句。

【例 12.2】创建一个包含多个执行语句的触发器，代码如下：

```
CREATE TABLE test1(a1 INT);
CREATE TABLE test2(a2 INT);
CREATE TABLE test3(a3 INT NOT NULL AUTO_INCREMENT PRIMARY KEY);
CREATE TABLE test4(
  a4 INT NOT NULL AUTO_INCREMENT PRIMARY KEY,
  b4 INT DEFAULT 0
);

DELIMITER //

CREATE TRIGGER testref BEFORE INSERT ON test1
  FOR EACH ROW BEGIN
    INSERT INTO test2 SET a2 = NEW.a1;
    DELETE FROM test3 WHERE a3 = NEW.a1;
    UPDATE test4 SET b4 = b4 + 1 WHERE a4 = NEW.a1;
  END
//

DELIMITER ;

INSERT INTO test3 (a3) VALUES
  (NULL), (NULL), (NULL), (NULL), (NULL),
  (NULL), (NULL), (NULL), (NULL), (NULL);

INSERT INTO test4 (a4) VALUES
  (0), (0), (0), (0), (0), (0), (0), (0), (0), (0);
```

上面的代码是创建了一个名为 testref 的触发器，这个触发器的触发条件是在向表 test1 插入数据前执行触发器的语句，具体执行的代码如下：

```
mysql> INSERT INTO test1 VALUES
    -> (1), (3), (1), (7), (1), (8), (4), (4);
Query OK, 8 rows affected (0.01 sec)
Records: 8  Duplicates: 0  Warnings: 0
```

4 个表中的数据如下：

```
mysql> SELECT * FROM test1;
+------+
| a1   |
+------+
|    1 |
|    3 |
|    1 |
|    7 |
|    1 |
|    8 |
|    4 |
|    4 |
+------+
8 rows in set (0.00 sec)

mysql> SELECT * FROM test2;
+------+
| a2   |
+------+
|    1 |
|    3 |
|    1 |
|    7 |
|    1 |
|    8 |
|    4 |
|    4 |
+------+
8 rows in set (0.00 sec)

mysql> SELECT * FROM test3;
+----+
| a3 |
+----+
| 2 |
| 5 |
```

```
|  6 |
|  9 |
| 10 |
+----+
5 rows in set (0.00 sec)

mysql> SELECT * FROM test4;
+----+------+
| a4 | b4   |
+----+------+
|  1 |    3 |
|  2 |    0 |
|  3 |    1 |
|  4 |    2 |
|  5 |    0 |
|  6 |    0 |
|  7 |    1 |
|  8 |    1 |
|  9 |    0 |
| 10 |    0 |
+----+------+
10 rows in set (0.00 sec)
```

执行结果显示，在向表 test1 插入记录的时候，test2、test3、test4 都发生了变化。从这个例子看 INSERT 触发了触发器，向 test2 中插入了 test1 中的值，删除了 test3 中相同的内容，同时更新了 test4 中的 b4，即与插入的值相同的个数。

12.2　查看触发器

查看触发器是指查看数据库中已存在的触发器的定义、状态和语法信息等。可以通过命令来查看已经创建的触发器。本节将介绍两种查看触发器的方法，分别是 SHOW TRIGGERS 和在 triggers 表中查看触发器信息。

12.2.1　SHOW TRIGGERS 语句查看触发器信息

通过 SHOW TRIGGERS 查看触发器的语句如下：

```
SHOW TRIGGERS;
```

【例 12.3】通过 SHOW TRIGGERS 命令查看一个触发器，代码如下：

```
SHOW TRIGGERS;
```

创建一个简单的触发器，名称为 trig_update，每次向 account 表更新数据之后都会向名称为 myevent 的数据表中插入一条记录。数据表 myevent 定义如下：

```
CREATE TABLE myevent
(
id int(11) DEFAULT NULL,
evt_name char(20) DEFAULT NULL
) ;
```

创建触发器的执行代码如下：

```
mysql> CREATE TRIGGER trig_update AFTER UPDATE ON account
    -> FOR EACH ROW INSERT INTO myevent VALUES (1,'after update');
Query OK, 0 rows affected (0.00 sec)
```

使用 SHOW TRIGGERS 命令查看触发器：

```
 mysql> SHOW TRIGGERS;
 +-------------+--------+---------+------------------------------------
----
 +--------+---------+---------+---------------+-----------------------+----
----
 ------------+------------------+
 | Trigger     | Event  | Table   | Statement
 | Timing | Created | sql_mode | Definer       | character_set_client | collati
n_connection | Database Collation |
 +-------------+--------+---------+------------------------------------
----
 +--------+---------+---------+---------------+-----------------------+----
----
 ------------+------------------+
 | ins_sum     | INSERT | account | SET @sum = @sum + NEW.amount
 | BEFORE | NULL   |          | root@localhost | latin1               | latin1_
wedish_ci   | latin1_swedish_ci |
 | trig_update | UPDATE | account | INSERT INTO myevent VALUES (1,'after update')
 | AFTER  | NULL   |          | root@localhost | latin1               | latin1_
wedish_ci   | latin1_swedish_ci |
 +-------------+--------+---------+------------------------------------
----
 +--------+---------+---------+---------------+-----------------------+----
----
 ------------+------------------+
 2 rows in set (0.00 sec)
```

可以看到，信息显示比较混乱。在 SHOW TRIGGERS 命令的后面添加上 '\G'，显示信息会比较有条理，执行情况如下：

```
mysql>  SHOW TRIGGERS \G
*** 1. row ***
          Trigger: ins_sum
            Event: INSERT
            Table: account
        Statement: SET @sum = @sum + NEW.amount
           Timing: BEFORE
          Created: NULL
         sql_mode:
          Definer: root@localhost
character_set_client: latin1
collation_connection: latin1_swedish_ci
  Database Collation: latin1_swedish_ci
*** 2. row ***
          Trigger: trig_update
            Event: UPDATE
            Table: account
        Statement: INSERT INTO myevent VALUES (1,'after update')
           Timing: AFTER
          Created: NULL
         sql_mode:
          Definer: root@localhost
character_set_client: latin1
collation_connection: latin1_swedish_ci
  Database Collation: latin1_swedish_ci
2 rows in set (0.00 sec)
```

　　Trigger 表示触发器的名称，在这里两个触发器的名称分别为 ins_sum 和 trig_update；Event 表示激活触发器的事件，这里的两个触发事件为插入操作 INSERT 和更新操作 UPDATE；Table 表示激活触发器的操作对象表，这里都为 account 表；Timing 表示触发器触发的时间，分别为插入操作之前（BEFORE）和更新操作之后（AFTER）；Statement 表示触发器执行的操作，还有一些其他信息，比如 sql 的模式、触发器的定义账户和字符集等，这里不再一一介绍。

> SHOW TRIGGERS 语句查看当前创建的所有触发器信息，在触发器较少的情况下，使用该语句会很方便。如果要查看特定触发器的信息，可以直接从 information_schema 数据库中的 triggers 表中查找。在 12.2.2 小节中，将会介绍这种方法。

12.2.2　在 triggers 表中查看触发器信息

　　在 MySQL 中所有触发器的定义都存在 INFORMATION_SCHEMA 数据库的 TRIGGERS 表格中，可以通过查询命令 SELECT 来查看，具体的语法如下：

```
SELECT * FROM INFORMATION_SCHEMA.TRIGGERS WHERE condition;
```

【例 12.4】通过 SELECT 命令查看触发器，代码如下：

```
SELECT * FROM INFORMATION_SCHEMA.TRIGGERS WHERE TRIGGER_NAME= 'trig_update'\G
```

上述命令通过 WHERE 来指定查看特定名称的触发器，下面是指定触发器名称的执行情况：

```
*** 1. row ***
          TRIGGER_CATALOG: def
           TRIGGER_SCHEMA: chapter12
             TRIGGER_NAME: trig_update
       EVENT_MANIPULATION: UPDATE
     EVENT_OBJECT_CATALOG: def
      EVENT_OBJECT_SCHEMA: chapter12
       EVENT_OBJECT_TABLE: account
             ACTION_ORDER: 0
         ACTION_CONDITION: NULL
         ACTION_STATEMENT: INSERT INTO myevent VALUES (1,'after update')
       ACTION_ORIENTATION: ROW
            ACTION_TIMING: AFTER
ACTION_REFERENCE_OLD_TABLE: NULL
ACTION_REFERENCE_NEW_TABLE: NULL
  ACTION_REFERENCE_OLD_ROW: OLD
  ACTION_REFERENCE_NEW_ROW: NEW
                  CREATED: NULL
                 SQL_MODE:
                  DEFINER: root@localhost
     CHARACTER_SET_CLIENT: latin1
     COLLATION_CONNECTION: latin1_swedish_ci
       DATABASE_COLLATION: latin1_swedish_ci
1 row in set (0.03 sec)
```

从上面的执行结果可以得到：TRIGGER_SCHEMA 表示触发器所在的数据库；TRIGGER_NAME 后面是触发器的名称；EVENT_OBJECT_TABLE 表示在哪个数据表上触发；ACTION_STATEMENT 表示触发器触发的时候执行的具体操作；ACTION_ORIENTATION 是 ROW，表示在每条记录上都触发；ACTION_TIMING 表示触发的时刻是 AFTER，剩下的是和系统相关的信息。

也可以不指定触发器名称，这样将查看所有的触发器，命令如下：

```
SELECT * FROM INFORMATION_SCHEMA.TRIGGERS \G
```

这个命令会显示 TRIGGERS 表中所有的触发器信息。

12.3　使用触发器

触发程序是与表有关的命名数据库对象，当表上出现特定事件时，将激活该对象。在某些触发程序的用法中，可用于检查插入到表中的值，或对更新涉及的值进行计算。

触发程序与表相关，当对表执行 INSERT、DELETE 或 UPDATE 语句时，将激活触发程序。可以将触发程序设置为在执行语句之前或之后激活。例如，可以在从表中删除每一行之前或在更新每一行之后激活触发程序。

【例 12.5】创建一个在 account 表插入记录之后更新 myevent 数据表的触发器，代码如下：

```
CREATE TRIGGER trig_insert AFTER INSERT ON account
FOR EACH ROW INSERT INTO myevent VALUES (2,'after insert');
```

上面的代码创建了一个 trig_insert 的触发器，在向表 account 插入数据之后会向表 myevent 插入一组数据，代码执行如下：

```
mysql> CREATE TRIGGER trig_insert AFTER INSERT ON account
    -> FOR EACH ROW INSERT INTO myevent VALUES (2, 'after insert ');
Query OK, 0 rows affected (0.06 sec)

mysql> INSERT INTO account VALUES (1,1.00), (2,2.00);
Query OK, 2 rows affected (0.02 sec)
Records: 2  Duplicates: 0  Warnings: 0

mysql> SELECT * FROM myevent;
+------+--------------+
| id   | name         |
+------+--------------+
|    2 | after insert |
|    2 | after insert |
+------+--------------+
2 rows in set (0.00 sec)
```

从执行的结果来看，是创建了一个名称为 trig_insert 的触发器，是在向 account 插入记录之后进行触发的，执行的操作是向表 myevent 插入一条记录。

12.4　删除触发器

使用 DROP TRIGGER 语句可以删除 MySQL 中已经定义的触发器，删除触发器语句基本语法格式如下：

```
DROP TRIGGER [schema_name.]trigger_name
```

其中，schema_name 表示数据库名称，是可选的。如果省略了 schema，将从当前数据库中舍弃触发程序；trigger_name 是要删除的触发器的名称。

【例 12.6】删除一个触发器，代码如下：

```
DROP TRIGGER test.ins;
```

上面的代码中 test 是触发器所在的数据库，ins 是一个触发器的名称。代码执行如下：

```
mysql> DROP TRIGGER ins_sum;
Query OK, 0 rows affected (0.00 sec)
```

触发器 ins 删除成功。

12.5 实战演练——触发器的使用

本章介绍了 MySQL 数据库触发器的定义和作用、创建触发器、查看触发器、使用触发器和删除触发器等内容。创建触发器和使用触发器是本章的重点内容。在创建触发器的时候一定要弄清楚触发器的结构，在使用触发器的时候，要清楚触发器触发的时间（BEFORE 或 AFTER）和触发的条件（INSERT、DELETE 或 UPDATE）。在创建触发器后，要清楚怎么修改触发器。

1. 案例目的

掌握触发器的创建和调用方法。

下面是创建触发器的实例，每更新一次 persons 表的 num 字段后，都要更新 sales 表对应的 sum 字段。其中，persons 表结构如表 12.1 所示，sales 表结构如表 12.2 所示，persons 表内容如表 12.3 所示，按照操作过程完成操作。

表 12.1　persons 表结构

字段名	数据类型	主键	外键	非空	唯一	自增
name	varchar (40)	否	否	是	否	否
num	int(11)	否	否	是	否	否

表 12.2　sales 表结构

字段名	数据类型	主键	外键	非空	唯一	自增
name	varchar (40)	否	否	是	否	否
sum	int(11)	否	否	是	否	否

表 12.3　persons 表内容

name	num
xiaoxiao	20
xiaohua	69

2. 案例操作过程

步骤 01　创建一个业务统计表 persons。

创建一个业务统计表 persons，代码如下：

```
CREATE TABLE persons (name VARCHAR(40), num int);
```

步骤 02　创建一个销售额表 sales。

创建一个销售额表 sales，代码如下：

```
CREATE TABLE sales (name VARCHAR(40), sum int);
```

步骤 03　创建一个触发器。

创建一个触发器，在更新过 persons 表的 num 字段后，更新 sales 表的 sum 字段，代码如下：

```
CREATE TRIGGER num_sum AFTER INSERT ON persons
FOR EACH ROW INSERT INTO sales VALUES (NEW.name,7*NEW.num);
```

步骤 04　向 persons 表中插入记录。

插入新记录后，更新销售额表。

```
INSERT INTO persons VALUES ('xiaoxiao',20),( 'xiaohua',69);
```

执行的过程如下：

```
mysql> CREATE TABLE persons (name VARCHAR(40), num int);
Query OK, 0 rows affected (0.01 sec)

mysql> CREATE TABLE sales (name VARCHAR(40), num int);
Query OK, 0 rows affected (0.00 sec)

mysql> CREATE TRIGGER num_sum AFTER INSERT ON persons
    -> FOR EACH ROW INSERT INTO sales VALUES (NEW.name,7*NEW.num);
Query OK, 0 rows affected (0.00 sec)

mysql> INSERT INTO persons VALUES ('xiaoxiao',20),('xiaohua',69);
Query OK, 2 rows affected (0.00 sec)
Records: 2  Duplicates: 0  Warnings: 0

mysql> SELECT * FROM persons;
+----------+------+
| name     | num  |
+----------+------+
| xiaoxiao |   20 |
| xiaohua  |   69 |
+----------+------+
4 rows in set (0.00 sec)
```

```
mysql> SELECT *FROM sales;
+----------+--------+
| name     | num    |
+----------+--------+
| xiaoxiao | 140    |
| xiaohua  | 483    |
+----------+--------+
4 rows in set (0.00 sec)
```

从执行的结果来看，在 persons 表插入记录之后，num_sum 触发器计算插入到 persons 表中的数据，并将结果插入到 sales 表中相应的位置。

12.6 疑难解惑

疑问 1：使用触发器时需要特别注意什么事项？

在使用触发器的时候需要注意，对于相同的表，相同的事件只能创建一个触发器，比如对表 account 创建了一个 BEFORE INSERT 触发器，那么如果要再次对表 account 创建一个 BEFORE INSERT 触发器，MySQL 将会报错，此时，只可以在表 account 上创建 AFTER INSERT 或者 BEFORE UPDATE 类型的触发器。灵活地运用触发器将为操作省去很多麻烦。

疑问 2：是否要及时删除不再需要的触发器？

触发器定义之后，每次执行触发事件，都会激活触发器并执行触发器中的语句。如果需求发生变化，而触发器没有进行相应的改变或者删除，则触发器仍然会执行旧的语句，从而会影响新的数据的完整性。因此，要将不再使用的触发器及时删除。

12.7 上机练练手

（1）创建 INSERT 事件的触发器。

（2）创建 UPDATE 事件的触发器。

（3）创建 DELETE 事件的触发器。

（4）查看触发器。

（5）删除触发器。

第 13 章
◄ MySQL用户管理 ►

MySQL 是一个多用户数据库，具有功能强大的访问控制系统，可以为不同用户指定允许的权限。MySQL 用户可以分为普通用户和 root 用户。root 用户是超级管理员，拥有所有权限，包括创建用户、删除用户和修改用户的密码等管理权限；普通用户只拥有被授予的各种权限。用户管理包括管理用户账户、权限等。本章将向读者介绍 MySQL 用户管理中的相关知识点，包括权限表、账户管理和权限管理。

本章学习技能

- 了解什么是权限表
- 掌握权限表的用法
- 掌握账户管理的方法
- 掌握权限管理的方法
- 掌握访问控制的用法
- 熟练掌握实战演练中新建用户的方法和技巧

13.1 权 限 表

MySQL 服务器通过权限表来控制用户对数据库的访问，权限表存放在 MySQL 数据库中，由 MySQL_install_db 脚本初始化。存储账户权限信息表主要有 user、db、host、tables_priv、columns_priv 和 procs_priv。本节将为读者介绍这些表的内容和作用。

13.1.1 user 表

user 表是 MySQL 中最重要的一个权限表，记录允许连接到服务器的账号信息，里面的权限是全局级的。例如：一个用户在 user 表中被授予了 DELETE 权限，则该用户可以删除 MySQL 服务器上所有数据库中的任何记录。MySQL 5.7 中 user 表有 42 个字段，如表 13.1 所示，这些字段可以分为 4 类，分别是用户列、权限列、安全列和资源控制列。本节将为读者介绍 user 表中各字段的含义。

表 13.1　user 表结构

字段名	数据类型	默认值
Host	char(60)	
User	char(16)	
Password	char(41)	
Select_priv	enum('N','Y')	N
Insert_priv	enum('N','Y')	N
Update_priv	enum('N','Y')	N
Delete_priv	enum('N','Y')	N
Create_priv	enum('N','Y')	N
Drop_priv	enum('N','Y')	N
Reload_priv	enum('N','Y')	N
Shutdown_priv	enum('N','Y')	N
Process_priv	enum('N','Y')	N
File_priv	enum('N','Y')	N
Grant_priv	enum('N','Y')	N
References_priv	enum('N','Y')	N
Index_priv	enum('N','Y')	N
Alter_priv	enum('N','Y')	N
Show_db_priv	enum('N','Y')	N
Super_priv	enum('N','Y')	N
Create_tmp_table_priv	enum('N','Y')	N
Lock_tables_priv	enum('N','Y')	N
Execute_priv	enum('N','Y')	N
Repl_slave_priv	enum('N','Y')	N
Repl_client_priv	enum('N','Y')	N
Create_view_priv	enum('N','Y')	N
Show_view_priv	enum('N','Y')	N
Create_routine_priv	enum('N','Y')	N
Alter_routine_priv	enum('N','Y')	N
Create_user_priv	enum('N','Y')	N
Event_priv	enum('N','Y')	N
Trigger_priv	enum('N','Y')	N
Create_tablespace_priv	enum('N','Y')	N
ssl_type	enum('','ANY','X509','SPECIFIED')	
ssl_cipher	blob	NULL
x509_issuer	blob	NULL
x509_subject	blob	NULL
max_questions	int(11) unsigned	0
max_updates	int(11) unsigned	0

（续表）

字段名	数据类型	默认值
max_connections	int(11) unsigned	0
max_user_connections	int(11) unsigned	0
plugin	char(64)	
authentication_string	text	NULL

1. 用户列

user 表的用户列包括 Host、User、Password，分别表示主机名、用户名和密码。其中，User 和 Host 为 User 表的联合主键。当用户与服务器之间建立连接时，输入的账户信息中的用户名称、主机名和密码必须匹配 User 表中对应的字段，只有 3 个值都匹配的时候，才允许连接的建立。这 3 个字段的值就是创建账户时保存的账户信息。修改用户密码时，实际就是修改 user 表的 Password 字段值。

2. 权限列

权限列的字段决定了用户的权限，描述了在全局范围内允许对数据和数据库进行的操作。包括查询权限、修改权限等普通权限，还包括了关闭服务器、超级权限和加载用户等高级权限。普通权限用于操作数据库；高级权限用于数据库管理。

User 表中对应的权限是针对所有用户数据库的。这些字段值的类型为 ENUM，可以取的值只能为 Y 和 N，Y 表示该用户有对应的权限；N 表示用户没有对应的权限。查看 user 表的结构可以看到，这些字段的值默认都是 N。如果要修改权限，可以使用 GRANT 语句或 UPDATE 语句更改 user 表的这些字段来修改用户对应的权限。

3. 安全列

安全列只有 6 个字段，其中两个是 ssl 相关的，两个是 x509 相关的，另外两个是授权插件相关的。Ssl 用于加密；x509 标准可用于标识用户；Plugin 字段标识可以用于验证用户身份的插件，如果该字段为空，服务器使用内建授权验证机制验证用户身份。读者可以通过 SHOW VARIABLES LIKE 'have_openssl' 语句来查询服务器是否支持 ssl 功能。

4. 资源控制列

资源控制列的字段用来限制用户使用的资源，包含 4 个字段，分别为：

（1）max_questions——用户每小时允许执行的查询操作次数。

（2）max_updates——用户每小时允许执行的更新操作次数。

（3）max_connections——用户每小时允许执行的连接操作次数。

（4）max_user_connections——用户允许同时建立的连接次数。

一个小时内用户查询或者连接数量超过资源控制限制，用户将被锁定，直到下一个小时才可以在此执行对应的操作。可以使用 GRANT 语句更新这些字段的值。

13.1.2 db 表和 host 表

db 表和 host 表是 MySQL 数据中非常重要的权限表。Db 表中存储了用户对某个数据库的操作权限，决定用户能从哪个主机存取哪个数据库。Host 表中存储了某个主机对数据库的操作权限，配合 db 权限表对给定主机上数据库级操作权限做更细致的控制。这个权限表不受 GRANT 和 REVOKE 语句的影响。Db 表比较常用，host 表一般很少使用。Db 表和 host 表结构相似，字段大致可以分为两类：用户列和权限列。Db 表和 host 表的结构分别如表 13.2 和表 13.3 所示。

表 13.2　db 表结构

字段名	数据类型	默认值
Host	char(60)	
Db	char(64)	
User	char(16)	
Select_priv	enum('N','Y')	N
Insert_priv	enum('N','Y')	N
Update_priv	enum('N','Y')	N
Delete_priv	enum('N','Y')	N
Create_priv	enum('N','Y')	N
Drop_priv	enum('N','Y')	N
Grant_priv	enum('N','Y')	N
References_priv	enum('N','Y')	N
Index_priv	enum('N','Y')	N
Alter_priv	enum('N','Y')	N
Create_tmp_table_priv	enum('N','Y')	N
Lock_tables_priv	enum('N','Y')	N
Create_view_priv	enum('N','Y')	N
Show_view_priv	enum('N','Y')	N
Create_routine_priv	enum('N','Y')	N
Alter_routine_priv	enum('N','Y')	N
Execute_priv	enum('N','Y')	N
Event_priv	enum('N','Y')	N
Trigger_priv	enum('N','Y')	N

表 13.3　host 表结构

字段名	数据类型	默认值
Host	char(60)	
Db	char(64)	
Select_priv	enum('N','Y')	N
Insert_priv	enum('N','Y')	N
Update_priv	enum('N','Y')	N

（续表）

字段名	数据类型	默认值
Delete_priv	enum('N','Y')	N
Create_priv	enum('N','Y')	N
Drop_priv	enum('N','Y')	N
Grant_priv	enum('N','Y')	N
References_priv	enum('N','Y')	N
Index_priv	enum('N','Y')	N
Alter_priv	enum('N','Y')	N
Create_tmp_table_priv	enum('N','Y')	N
Lock_tables_priv	enum('N','Y')	N
Create_view_priv	enum('N','Y')	N
Show_view_priv	enum('N','Y')	N
Create_routine_priv	enum('N','Y')	N
Alter_routine_priv	enum('N','Y')	N
Execute_priv	enum('N','Y')	N
Trigger_priv	enum('N','Y')	N

1. 用户列

db 表用户列有 3 个字段，分别是 Host、User、Db，标识从某个主机连接某个用户对某个数据库的操作权限，这 3 个字段的组合构成了 db 表的主键。host 表不存储用户名称，用户列只有 2 个字段，分别是 Host 和 Db，表示从某个主机连接的用户对某个数据库的操作权限，其主键包括 Host 和 Db 两个字段。host 很少用到，一般情况下 db 表就可以满足权限控制需求了。

2. 权限列

db 表和 host 表的权限列大致相同，表中 Create_routine_priv 和 Alter_routine_priv 这两个字段表明用户是否有创建和修改存储过程的权限。

user 表中的权限是针对所有数据库的，如果希望用户只对某个数据库有操作权限，那么需要将 user 表中对应的权限设置为 N，然后在 db 表中设置对应数据库的操作权限。例如，有一个名称为 Zhangting 的用户分别从名称为 large.domain.com 和 small.domain.com 的两个主机连接到数据库，并需要操作 books 数据库。这时，可以将用户名称 Zhangting 添加到 db 表中，而 db 表中的 host 字段值为空，然后将两个主机地址分别作为两条记录的 host 字段值添加到 host 表中，并将两个表的数据库字段设置为相同的值 books。当有用户连接到 MySQL 服务器时，db 表中没有用户登录的主机名称，则 MySQL 会从 host 表中查找相匹配的值，并根据查询的结果决定用户的操作是否被允许。

13.1.3 tables_priv 表和 columns_priv 表

tables_priv 表用来对表设置操作权限，columns_priv 表用来对表的某一列设置权限。

tables_priv 表和 columns_priv 表的结构分别如表 13.4 和表 13.5 所示。

表 13.4　tables_priv 表结构

字段名	数据类型	默认值
Host	char(60)	
Db	char(64)	
User	char(16)	
Table_name	char(64)	
Grantor	char(77)	
Timestamp	timestamp	CURRENT_TIMESTAMP
Table_priv	set('Select','Insert','Update','Delete','Create','Drop',' Grant', 'References','Index','Alter','Create View','Show view','Trigger'）	
Column_priv	set('Select','Insert','Update','References')	

表 13.5　columns_priv 表结构

字段名	数据类型	默认值
Host	char(60)	
Db	char(64)	
User	char(16)	
Table_name	char(64)	
Column_name	char(64)	
Timestamp	timestamp	CURRENT_TIMESTAMP
Column_priv	set('Select','Insert','Update','References')	

tables_priv 表有 8 个字段，分别是 Host、Db、User、Table_name、Grantor、Timestamp、Table_priv 和 Column_priv，各个字段说明如下：

（1）Host、Db、User 和 Table_name 四个字段分别表示主机名、数据库名、用户名和表名。

（2）Grantor 表示修改该记录的用户。

（3）Timestamp 字段表示修改该记录的时间。

（4）Table_priv 表示对表的操作权限，包括 Select、Insert、Update、Delete、Create、Drop、Grant、References、Index 和 Alter 等。

（5）Column_priv 字段表示对表中列的操作权限，包括 Select、Insert、Update 和 References。

columns_priv 表只有 7 个字段，分别是 Host、Db、User、Table_name、Column_name、Timestamp、Column_priv。其中，Column_name 用来指定对哪些数据列具有操作权限。

13.1.4　procs_priv 表

procs_priv 表可以对存储过程和存储函数设置操作权限。procs_priv 的表结构如表 13.6 所示。

表 13.6 procs_priv 表结构

字段名	数据类型	默认值
Host	char(60)	
Db	char(64)	
User	char(16)	
Routine_name	char(64)	
Routine_type	enum('FUNCTION','PROCEDURE')	NULL
Grantor	char(77)	
Proc_priv	set('Execute','Alter Routine','Grant')	
Timestamp	timestamp	CURRENT_TIMESTAMP

procs_priv 表包含 8 个字段，分别是 Host、Db、User、Routine_name、Routine_type、Grantor、Proc_priv 和 Timestamp，各个字段的说明如下：

（1）Host、Db 和 User 字段分别表示主机名、数据库名和用户名。Routine_name 表示存储过程或函数的名称。

（2）Routine_type 表示存储过程或函数的类型。Routine_type 字段有两个值，分别是 FUNCTION 和 PROCEDURE。FUNCTION 表示这是一个函数，PROCEDURE 表示这是一个存储过程。

（3）Grantor 是插入或修改该记录的用户。

（4）Proc_priv 表示拥有的权限，包括 Execute、Alter Routine、Grant 三种。

（5）Timestamp 表示记录更新时间。

13.2 账户管理

MySQL 提供许多语句用来管理用户账号，这些语句可以用来管理包括登录和退出 MySQL 服务器、创建用户、删除用户、密码管理和权限管理等内容。MySQL 数据库的安全性需要通过账户管理来保证。本节将介绍 MySQL 中如何对账户进行管理。

13.2.1 登录和退出 MySQL 服务器

读者已经知道登录 MySQL 时，使用 MySQL 命令并在后面指定登录主机以及用户名和密码。本小节将详细介绍 MySQL 命令的常用参数以及登录、退出 MySQL 服务器的方法。

通过 MySQL –help 命令可以查看 MySQL 命令帮助信息。MySQL 命令的常用参数如下：

（1）-h 主机名，可以使用该参数指定主机名或 ip，如果不指定，默认是 localhost。

（2）-u 用户名，可以使用该参数指定用户名。

（3）-p 密码，可以使用该参数指定登录密码。如果该参数后面有一段字段，则该段字符串将作为用户的密码直接登录。如果后面没有内容，在登录的时候就会提示输入密码。注意：该参数后面的字符串和-p 之前不能有空格。

（4）-P 端口号，该参数后面接 MySQL 服务器的端口号，默认为 3306。

（5）数据库名，可以在命令的最后指定数据库名。

（6）-e 执行 SQL 语句。如果指定了该参数，就将在登录后执行-e 后面的命令或 SQL 语句并退出。

【例 13.1】使用 root 用户登录到本地 MySQL 服务器的 test 库中，命令如下：

```
mysql -h localhost -u root -p test
```

命令执行如下：

```
C:\ > MySQL -h localhost -u root -p test
Enter password: **
Welcome to the MySQL monitor.  Commands end with ; or \g.
Your MySQL connection id is 5
Server version: 5.7.18 MySQL Community Server (GPL)

Copyright (c) 2000, 2015, Oracle and/or its affiliates. All rights reserved.

Oracle is a registered trademark of Oracle Corporation and/or its
affiliates. Other names may be trademarks of their respective
owners.

Type 'help;' or '\h' for help. Type '\c' to clear the current input statement.
MySQL>
```

执行命令时会提示 Enter password:，如果没有设置密码，可以直接按 Enter 键。密码正确就可以直接登录到服务器下面的 test 数据库中了。

【例 13.2】使用 root 用户登录到本地 MySQL 服务器的 MySQL 数据库中，同时执行一条查询语句。命令如下：

```
MySQL -h localhost -u root -p MySQL -e "DESC person;"
```

命令执行如下：

```
C:\ > MySQL -h localhost -u root -p MySQL -e "DESC person;"
Enter password: **
+-------+-------------------+------+-----+---------+----------------+
| Field | Type              | Null | Key | Default | Extra          |
+-------+-------------------+------+-----+---------+----------------+
| id    | int(10) unsigned  | NO   | PRI | NULL    | auto_increment |
| name  | char(40)          | NO   |     |         |                |
| age   | int(11)           | NO   |     | 0       |                |
| info  | char(50)          | YES  |     | NULL    |                |
+-------+-------------------+------+-----+---------+----------------+
```

按照提示输入密码，命令执行完成后查询出 person 表的结构，查询返回之后会自动退出 MySQL。

13.2.2　新建普通用户

创建新用户，必须有相应的权限来执行创建操作。在 MySQL 数据库中，有两种方式创建新用户：一种是使用 CREATE USER 或 GRANT 语句；另一种是直接操作 MySQL 授权表。最好的方法是使用 GRANT 语句，因为这样更精确，错误少。下面分别介绍这两种创建到用户的方法。

1. 使用 CREATE USER 语句创建新用户

执行 CREATE USER 或 GRANT 语句时，服务器会修改相应的用户授权表，添加或者修改用户及其权限。CREATE USER 语句的基本语法格式如下：

```
CREATE USER user_specification
    [, user_specification] ...

user_specification:
    user@host
    [
        IDENTIFIED BY [PASSWORD] 'password'
      | IDENTIFIED WITH auth_plugin [AS 'auth_string']
    ]
```

user 表示创建的用户名称；host 表示允许登录的用户主机名称；IDENTIFIED BY 表示用来设置用户的密码；[PASSWORD]表示使用哈希值设置密码，该参数可选；'password'表示用户登录时使用的普通明文密码；IDENTIFIED WITH 语句为用户指定一个身份验证插件；auth_plugin 是插件的名称，可以是一个带单引号的字符串，或者带引号的字符串；auth_string 是可选的字符串参数，传递给身份验证插件，由插件解释该参数的意义。

CREATE USER 语句会添加一个新的 MySQL 账户。使用 CREATE USER 语句的用户必须有全局的 CREATE USER 权限或 MySQL 数据库的 INSERT 权限。每添加一个用户，CREATE USER 语句会在 MySQL.user 表中添加一条新记录，但是新创建的账户没有任何权限。如果添加的账户已经存在，CREATE USER 语句会返回一个错误。

【例 13.3】使用 CREATE USER 创建一个用户，用户名是 jeffrey，密码是 mypass，主机名是 localhost，命令如下：

```
CREATE USER 'jeffrey'@'localhost' IDENTIFIED BY 'mypass';
```

如果只指定用户名部分 'jeffrey'，主机名部分则默认为 '%'（对所有的主机开放权限）。

user_specification 告诉 MySQL 服务器当用户登录时怎么验证用户的登录授权。如果指定用户登录不需要密码，可以省略 IDENTIFIED BY 部分：

```
CREATE USER 'jeffrey'@'localhost';
```

此种情况下，MySQL 服务端使用内建的身份验证机制，用户登录时不能指定密码。

如果要创建指定密码的用户，需要 IDENTIFIED BY 指定明文密码值：

```
CREATE USER 'jeffrey'@'localhost' IDENTIFIED BY 'mypass';
```

此种情况下，MySQL 服务端使用内建的身份验证机制，用户登录时必须指定密码。

为了避免指定明文密码，如果知道密码的散列值，可以通过 PASSWORD 关键字使用密码的哈希值设置密码。

密码的哈希值可以使用 password()函数获取，例如：

```
MySQL> SELECT password('mypass');
+----------------------------------------------------------------+
| password('mypass')                                             |
+----------------------------------------------------------------+
| *6C8989366EAF75BB670AD8EA7A7FC1176A95CEF4  |
+----------------------------------------------------------------+
1 row in set (0.00 sec)
```

*6C8989366EAF75BB670AD8EA7A7FC1176A95CEF4 就是 mypass 的哈希值。接下来执行下面的语句：

```
CREATE USER 'jeffrey'@'localhost'
IDENTIFIED BY PASSWORD '*6C8989366EAF75BB670AD8EA7A7FC1176A95CEF4';
```

用户 jeffrey 的密码将被设定为 mypass。

对于使用插件认证连接的用户，服务器调用指定名称的插件，客户端需要提供验证方法所需要的凭据。如果创建用户时或者连接服务器时，服务器找不到对应的插件，将返回一个错误，IDENTIFIED WITH 语法格式如下：

```
CREATE USER 'jeffrey'@'localhost'
IDENTIFIED WITH my_auth_plugin;
```

> IDENTIFIED WITH 只能在 MySQL 5.5.7 及以上版本中使用。IDENTIFIED BY 和
> IDENTIFIED WITH 是互斥的，所以对于一个账户来说只能使用一个验证方法。CREATE
> USER 语句的操作会被记录到服务器日志文件或者操作历史文件中，如~/.MySQL_history。
> 这意味着对这些文件有读取权限的人，都可以读取新添加用户的明文密码。

MySQL 的某些版本中会引入授权表的结构变化，添加新的特权或功能。每当更新 MySQL 到一个新的版本时，应该更新授权表，以确保它们有最新的结构，确认可以使用任何新功能。

2. 使用 GRANT 语句创建新用户

CREATE USER 语句可以用来创建账户，通过该语句可以在 user 表中添加一条新的记录，但是 CREATE USER 语句创建的新用户没有任何权限，还需要使用 GRANT 语句赋予用户权

限。而 GRANT 语句不仅可以创建新用户，还可以在创建的同时对用户授权。GRANT 还可以指定账户的其他特点，如使用安全连接、限制使用服务器资源等。使用 GRANT 语句创建新用户时必须有 GRANT 权限。GRANT 语句是添加新用户并授权他们访问 MySQL 对象的首选方法，GRANT 语句的基本语法格式如下：

```
GRANT privileges ON db.table
TO user@host  [IDENTIFIED BY 'password'] [, user [IDENTIFIED BY 'password'] ]
[WITH GRANT OPTION];
```

其中，privileges 表示赋予用户的权限类型；db.table 表示用户的权限所作用的数据库中的表；IDENTIFIED BY 关键字用来设置密码；'password'表示用户密码；WITH GRANT OPTION 为可选参数，表示对新建立的用户赋予 GRANT 权限，即该用户可以对其他用户赋予权限。

【例 13.4】使用 GRANT 语句创建一个新的用户 testUser，密码为 testpwd，并授予用户对所有数据表的 SELECT 和 UPDATE 权限。GRANT 语句及其执行结果如下：

```
MySQL> GRANT SELECT,UPDATE  ON *.* TO 'testUser'@'localhost'
    -> IDENTIFIED BY 'testpwd';
Query OK, 0 rows affected (0.03 sec)
```

执行结果显示执行成功，使用 SELECT 语句查询用户 testUser 的权限：

```
MySQL> SELECT Host,User,Select_priv,Update_priv FROM MySQL.user where
user='testUser';
   +-----------+----------+-------------+--------------+
   | Host    | User   | Select_priv | Update_priv |
   +-----------+----------+-------------+--------------+
   | localhost | testUser | Y      | Y      |
   +-----------+----------+-------------+--------------+
1 row in set (0.00 sec)
```

查询结果显示用户 testUser 被创建成功，其 SELECT 和 UPDATE 权限字段值均为'Y'。

> User 表中的 user 和 host 字段区分大小写，在查询的时候要指定正确的用户名称或者主机名。

3. 直接操作 MySQL 用户表

通过前面的介绍，不管是 CREATE USER 或者 GRANT，在创建新用户时，实际上都是在 user 表中添加一条新的记录。因此，可以使用 INSERT 语句向 user 表中直接插入一条记录来创建一个新的用户。使用 INSERT 语句，必须拥有对 MySQL.user 表的 INSERT 权限。使用 INSERT 语句创建新用户的基本语法格式如下：

```
INSERT INTO MySQL.user(Host, User, Password, [privilegelist])
VALUES('host', 'username', PASSWORD('password'), privilegevaluelist);
```

Host、User、Password 分别为 user 表中的主机、用户名称和密码字段；privilegelist 表示用户的权限，可以有多个权限；PASSWORD()函数为密码加密函数；privilegevaluelist 为对应的权限的值，只能取'Y'或者'N'。

【例 13.5】使用 INSERT 创建一个新账户，其用户名称为 customer1，主机名称为 localhost，密码为 customer1，INSERT 语句如下：

```
INSERT INTO user (Host,User,Password)
VALUES('localhost','customer1',PASSWORD('customer1'));
```

语句执行结果如下：

```
MySQL> INSERT INTO user (Host,User,Password)
    -> VALUES('localhost','customer1',PASSWORD('customer1'));
ERROR 1364 (HY000): Field 'ssl_cipher' doesn't have a default value
```

语句执行失败，查看警告信息：

```
MySQL> SHOW WARNINGS;
+---------+------+------------------------------------------------+
| Level   | Code | Message                                        |
+---------+------+------------------------------------------------+
| Warning | 1364 | Field 'ssl_cipher' doesn't have a default value  |
| Warning | 1364 | Field 'x509_issuer' doesn't have a default value |
| Warning | 1364 | Field 'x509_subject' doesn't have a default value |
+---------+------+------------------------------------------------+
```

因为 ssl_cipher、x509_issuer 和 x509_subject 三个字段在 user 表定义中没有设置默认值，所以在这里提示错误信息。影响 INSERT 语句的执行，使用 SELECT 语句查看 user 表中的记录：

```
MySQL> SELECT host,user,password FROM user ;
+-----------+----------+-------------------------------------------+
| host      | user     | password                                  |
+-----------+----------+-------------------------------------------+
| localhost | root     | *0801D10217B06C5A9F32430C1A34E030D41A0257 |
| localhost | jeffrey  | *6C8989366EAF75BB670AD8EA7A7FC1176A95CEF4 |
| localhost | testUser | *22CBF14EBDE8814586FF12332FA2B6023A7603BB |
+-----------+----------+-------------------------------------------+
3 rows in set (0.00 sec)
```

可以看到新用户 customer1 并没有添加到 user 表中，表示添加新用户失败。

13.2.3　删除普通用户

在 MySQL 数据库中，可以使用 DROP USER 语句删除用户，也可以直接通过 DELETE 从 mysql.user 表中删除对应的记录来删除用户。

1. 使用 DROP USER 语句删除用户

DROP USER 语句语法如下：

```
DROP USER user [, user];
```

DROP USER 语句用于删除一个或多个 MySQL 账户。要使用 DROP USER，必须拥有 MySQL 数据库的全局 CREATE USER 权限或 DELETE 权限。使用与 GRANT 或 REVOKE 相同的格式为每个账户命名。例如，"'jeffrey'@'localhost'" 账户名称的用户和主机部分与用户表记录的 User 和 Host 列值相对应。

使用 DROP USER，可以删除一个账户及其权限，操作如下：

```
DROP USER 'user'@'localhost';
DROP USER;
```

第 1 条语句可以删除 user 在本地登录的权限；第 2 条语句可以删除来自所有授权表的账户权限记录。

【例 13.6】使用 DROP USER 删除账户 "'jeffrey'@'localhost'"，DROP USER 语句如下：

```
DROP USER 'jeffrey'@'localhost';
```

执行过程如下：

```
MySQL> DROP USER 'jeffrey'@'localhost';
Query OK, 0 rows affected (0.00 sec)
```

可以看到语句执行成功，查看执行结果：

```
MySQL> SELECT host,user,password FROM user ;
+-----------+-----------+-------------------------------------------+
| host      | user      | password                                  |
+-----------+-----------+-------------------------------------------+
| localhost | root      | *0801D10217B06C5A9F32430C1A34E030D41A0257 |
| localhost | customer1 | *73DA97747611396FD898E4A7E42B1097B0780646 |
| localhost | testUser  | *22CBF14EBDE8814586FF12332FA2B6023A7603BB |
+-----------+-----------+-------------------------------------------+
3 rows in set (0.00 sec)
```

user 表中已经没有名称为 jeffrey、主机名为 localhost 的账户，即 "Jeffrey '@' localhost" 的用户账号已经被删除。

DROP USER 不能自动关闭任何打开的用户对话。如果用户有打开的对话，此时取消用户，命令则不会生效，直到用户对话被关闭后才能生效。一旦对话被关闭，用户也被取消，此用户再次试图登录时将会失败。

2. 使用 DELETE 语句删除用户

DELETE 语句基本语法格式如下：

```
DELETE FROM MySQL.user WHERE host='hostname' and user='username'
```

host 和 user 为 user 表中的两个字段，两个字段的组合确定所要删除的账户记录。

【例 13.7】使用 DELETE 删除用户 'customer1 '@' localhost'，DELETE 语句如下：

```
DELETE FROM MySQL.user WHERE host= 'localhost' and user='customer1';
```

执行结果如下：

```
MySQL> DELETE FROM MySQL.user WHERE host='localhost' and user='customer1';
Query OK, 1 row affected (0.00 sec)
```

可以看到语句执行成功，'customer1 '@' localhost' 的用户账号已经被删除。读者可以使用 SELECT 语句查询 user 表中的记录，确认删除操作是否成功。

13.2.4 root 用户修改自己的密码

root 用户的安全对于保证 MySQL 的安全非常重要，因为 root 用户拥有很高的权限。修改 root 用户密码的方式有多种，本小节将介绍几种常用的修改 root 用户密码的方法。

1. 使用 mysqladmin 命令在命令行指定新密码

mysqladmin 命令的基本语法格式如下：

```
mysqladmin -u username -h localhost -p password "newpwd"
```

username 为要修改密码的用户名称，在这里指定为 root 用户；参数-h 是指需要修改的、对应哪个主机用户的密码，该参数可以不写，默认是 localhost；-p 表示输入当前密码；password 为关键字，后面双引号内的内容"newpwd"为新设置的密码。执行完上面的语句，root 用户的密码将被修改为 newpwd。

【例 13.8】使用 mysqladmin 将 root 用户的密码修改为"rootpwd"，可在 Windows 的命令行窗口中执行如下命令：

```
mysqladmin -u root -p password "rootpwd"
Enter password:
```

按照要求输入 root 用户原来的密码，执行完毕后，新的密码将被设定。root 用户登录时将使用新的密码。

2. 修改 MySQL 数据库的 user 表

因为所有账户信息都保存在 user 表中，所以可以通过直接修改 user 表来改变 root 用户的密码。root 用户登录到 MySQL 服务器后，使用 UPDATE 语句修改 MySQL 数据库的 user 表的 password 字段，从而修改用户的密码。使用 UPDATA 语句修改 root 用户密码的语句如下：

```
UPDATE mysql.user set Password=PASSWORD("rootpwd") WHERE User="root" and
Host="localhost";
```

PASSWORD() 函数用来加密用户密码。执行 UPDATE 语句后，需要执行 FLUSH PRIVILEGES 语句重新加载用户权限。

【例 13.9】使用 UPDATE 语句将 root 用户的密码修改为"rootpwd2"。

使用 root 用户登录到 MySQL 服务器后，执行如下语句：

```
MySQL> UPDATE mysql.user set Password=password("rootpwd2")
    -> WHERE User="root" and Host="localhost";
Query OK, 1 row affected (0.00 sec)
Rows matched: 1  Changed: 1  Warnings: 0
MySQL> FLUSH PRIVILEGES;
Query OK, 0 rows affected (0.11 sec)
```

执行完 UPDATE 语句后，root 的密码被修改成了 rootpwd2。使用 FLUSH PRIVILEGES 语句重新加载权限，就可以使用新的密码登录 root 用户了。

3. 使用 SET 语句修改 root 用户的密码

SET PASSWORD 语句可以用来重新设置其他用户的登录密码或者自己使用的账户的密码。使用 SET 语句修改自身密码的语法结构如下：

```
SET PASSWORD=PASSWORD("rootpwd");
```

新密码必须使用 PASSWORD() 函数加密。

【例 13.10】使用 SET 语句将 root 用户的密码修改为"rootpwd3"。

使用 root 用户登录到 MySQL 服务器后，执行如下语句：

```
MySQL> SET PASSWORD=password("rootpwd3");
Query OK, 0 rows affected (0.00 sec)
```

SET 语句执行成功，root 用户的密码被成功设置为 rootpwd3。为了使更改生效，需要重新启动 MySQL 或者使用 FLUSH PRIVILEGES;语句刷新权限，重新加载权限表。

13.2.5　root 用户修改普通用户密码

root 用户拥有很高的权限，不仅可以修改自己的密码，还可以修改其他用户的密码。root

用户登录 MySQL 服务器后，可以通过 SET 语句修改 mysql.user 表，以及 GRANT 语句修改用户的密码。本小节将向读者介绍 root 用户修改普通用户密码的方法。

1. 使用 SET 语句修改普通用户的密码

使用 SET 语句修改其他用户密码的语法格式如下：

```
SET PASSWORD FOR 'user'@'host' = PASSWORD('somepassword');
```

只有 root 可以通过更新 MySQL 数据库的用户来更改其他用户的密码。如果使用普通用户修改，可省略 FOR 子句更改自己的密码：

```
SET PASSWORD = PASSWORD('somepassword');
```

【例 13.11】使用 SET 语句将 testUser 用户的密码修改为"newpwd"。

使用 root 用户登录到 MySQL 服务器后，执行如下语句：

```
MySQL> SET PASSWORD FOR 'testUser'@'localhost'=PASSWORD("newpwd");
Query OK, 0 rows affected (0.00 sec)
```

SET 语句执行成功，testUser 用户的密码被成功设置为 newpwd。

2. 使用 UPDATE 语句修改普通用户的密码

使用 root 用户登录到 MySQL 服务器后，可以使用 UPDATE 语句修改 MySQL 数据库中 user 表的 password 字段，从而修改普通用户的密码。使用 UPDATA 语句修改用户密码的语法如下：

```
UPDATE MySQL.user SET Password=PASSWORD("pwd")
WHERE User="username" AND Host="hostname";
```

PASSWORD() 函数用来加密用户密码。执行 UPDATE 语句后，需要执行 FLUSH PRIVILEGES 语句重新加载用户权限。

【例 13.12】使用 UPDATE 语句将 testUser 用户的密码修改为"newpwd2"。

使用 root 用户登录到 MySQL 服务器后，执行如下语句：

```
MySQL> UPDATE MySQL.user SET Password=PASSWORD("newpwd2")
    -> WHERE User="testUser" AND Host="localhost";
Query OK, 1 row affected (0.00 sec)
Rows matched: 1  Changed: 1  Warnings: 0
MySQL> FLUSH PRIVILEGES;
Query OK, 0 rows affected (0.11 sec)
```

执行完 UPDATE 语句后，testUser 的密码被修改成了 newpwd2。使用 FLUSH PRIVILEGES 重新加载权限，就可以使用新的密码登录 testUser 用户了。

3. 使用 GRANT 语句修改普通用户密码

除了前面介绍的方法，还可以在全局级别使用 GRANT USAGE 语句(*.*)指定某个账户的密码而不影响账户当前的权限，使用 GRANT 语句修改密码，必须拥有 GRANT 权限。一般情况下最好使用该方法来指定或修改密码：

```
MySQL> GRANT USAGE ON *.* TO 'someuser'@'%' IDENTIFIED BY 'somepassword';
```

【例 13.13】使用 GRANT 语句将 testUser 用户的密码修改为"newpwd3"。

使用 root 用户登录到 MySQL 服务器后，执行如下语句：

```
MySQL> GRANT USAGE ON *.* TO 'testUser'@'localhost' IDENTIFIED BY 'newpwd3';
Query OK, 0 rows affected (0.00 sec)
```

执行完 GRANT 语句后，testUser 的密码被修改成了 newpwd3。可以使用新密码登录 MySQL 服务器。

如果使用 GRANT ... IDENTIFIED BY 语句或 mysqladmin password 命令设置密码，它们均会加密密码。在这种情况下，不需要使用 PASSWORD()函数。

13.2.6　普通用户修改密码

普通用户登录 MySQL 服务器后，通过 SET 语句设置自己的密码。

SET 语句修改自己密码的基本语法如下：

```
SET PASSWORD = PASSWORD(''newpassword'');
```

其中，PASSWORD()函数对密码进行加密，"newpassword"是设置的新密码。

【例 13.14】testUser 用户使用 SET 语句将自身的密码修改为"newpwd4"。

使用 testUser 用户登录到 MySQL 服务器后，执行如下语句：

```
MySQL> SET PASSWORD = PASSWORD("newpwd4");
Query OK, 0 rows affected (0.00 sec)
```

SET 语句执行成功，testUser 用户的密码被成功设置为 newpwd4。可以使用新密码登录 MySQL 服务器。

13.2.7　root 用户密码丢失的解决办法

对于 root 用户密码丢失这种特殊情况，MySQL 实现了对应的处理机制。可以通过特殊方法登录到 MySQL 服务器，然后在 root 用户下重新设置密码。

1. 使用--skip-grant-tables 选项启动 MySQL 服务

以 skip-grant-tables 选项启动时，MySQL 服务器将不加载权限判断，任何用户都能访问数据库。在 Windows 操作系统中，可以使用 mysqld 或 mysqld-nt 来启动 MySQL 服务进程。如

果 MySQL 的目录已经添加到环境变量中，可以直接使用 mysqld、mysqld-nt 命令启动 MySQL
服务，否则需要先在命令行下切换到 MySQL 的 bin 目录。

mysqld 命令如下：

```
mysqld --skip-grant-tables
```

mysqld-nt 命令如下：

```
mysqld-nt --skip-grant-tables
```

在 Linux 操作系统中，使用 mysqld_safe 来启动 MySQL 服务。也可以使用/etc/init.d/mysql
命令来启动 MySQL 服务。

mysqld_safe 命令如下：

```
mysqld_safe --skip-grant-tables user=mysql
```

/etc/init.d/mysql 命令如下：

```
/etc/init.d/mysql start-mysqld --skip-grant-tables
```

启动 MySQL 服务后，就可以使用 root 用户登录了。

2. 使用 root 用户登录，重新设置密码

在这里使用的平台为 Windows 7，操作步骤如下：

步骤 01 使用 net stop MySQL 命令停止 MySQL 服务进程。

```
C:\ >net stop MySQL
MySQL 服务正在停止.
MySQL 服务已成功停止。
```

步骤 02 在命令行输入 mysqld --skip-grant-tables 选项启动 MySQL 服务。

```
C:\>mysqld --skip-grant-tables
```

 命令运行之后，用户无法输入指令，此时如果在任务管理器中可以看到名称为 mysqld 的
进程，则表示可以使用 root 用户登录 MySQL 了。

步骤 03 打开另外一个命令行窗口，输入不加密码的登录命令。

```
C:\>mysql -u root
Welcome to the MySQL monitor.  Commands end with ; or \g.
Your MySQL connection id is 1
Server version: 5.7.18 MySQL Community Server (GPL)

Copyright (c) 2000, 2015, Oracle and/or its affiliates. All rights reserved.

Oracle is a registered trademark of Oracle Corporation and/or its
affiliates. Other names may be trademarks of their respective
```

```
owners.

Type 'help;' or '\h' for help. Type '\c' to clear the current input statement.
mysql>
```

登录成功以后，可以使用 UPDATE 语句或者使用 mysqladmin 命令重新设置 root 密码，设置密码语句如下：

```
mysql> UPDATE mysql.user SET Password=PASSWORD('newpwd') WHERE User='root' and
Host='localhost';
```

设置 root 密码的方法参见第 13.2.4 小节 "root 用户修改自己的密码"。

3. 加载权限表

修改密码完成后，必须使用 FLUSH PRIVILEGES 语句加载权限表。加载权限表后，新的密码才会生效，同时 MySQL 服务器开始权限验证。输入语句如下：

```
mysql> FLUSH PRIVILEGES;
```

修改密码完成后，将输入 mysqld --skip-grant-tables 命令的命令行窗口关闭，接下来就可以使用新设置的密码登录 MySQL 了。

13.3　权限管理

权限管理主要是对登录到 MySQL 的用户进行权限验证。所有用户的权限都存储在 MySQL 的权限表中，不合理的权限规划会给 MySQL 服务器带来安全隐患。数据库管理员要对所有用户的权限进行合理规划管理。MySQL 权限系统的主要功能是证实连接到一台给定主机的用户，并且赋予该用户在数据库上的 SELECT、INSERT、UPDATE 和 DELETE 权限。本节将为读者介绍 MySQL 权限管理的内容。

13.3.1　MySQL 的各种权限

账户权限信息被存储在 MySQL 数据库的 user、db、host、tables_priv、columns_priv 和 procs_priv 表中。在 MySQL 启动时，服务器将这些数据库表中权限信息的内容读入内存。

GRANT 和 REVOKE 语句所涉及的权限的名称如表 13.7 所示，还有在授权表中每个权限的表列名称和每个权限有关的操作对象等。

表 13.7　GRANT 和 REVOKE 语句中可以使用的权限

权限	user 表中对应的列	权限的范围
CREATE	Create_priv	数据库、表或索引
DROP	Drop_priv	数据库、表或视图
GRANT OPTION	Grant_priv	数据库、表或存储过程

（续表）

权限	user 表中对应的列	权限的范围
REFERENCES	References_priv	数据库或表
EVENT	Event_priv	数据库
ALTER	Alter_priv	数据库
DELETE	Delete_priv	表
INDEX	Index_priv	表
INSERT	Insert_priv	表
SELECT	Select_priv	表或列
UPDATE	Update_priv	表或列
CREATE TEMPORARY TABLES	Create_tmp_table_priv	表
LOCK TABLES	Lock_tables_priv	表
TRIGGER	Trigger_priv	表
CREATE VIEW	Create_view_priv	视图
SHOW VIEW	Show_view_priv	视图
ALTER ROUTINE	Alter_routine_priv	存储过程和函数
CREATE ROUTINE	Create_routine_priv	存储过程和函数
EXECUTE	Execute_priv	存储过程和函数
FILE	File_priv	访问服务器上的文件
CREATE TABLESPACE	Create_tablespace_priv	服务器管理
CREATE USER	Create_user_priv	服务器管理
PROCESS	Process_priv	存储过程和函数
RELOAD	Reload_priv	访问服务器上的文件
REPLICATION CLIENT	Repl_client_priv	服务器管理
REPLICATION SLAVE	Repl_slave_priv	服务器管理
SHOW DATABASES	Show_db_priv	服务器管理
SHUTDOWN	Shutdown_priv	服务器管理
SUPER	Super_priv	服务器管理

（1）CREATE 和 DROP 权限，可以创建新数据库和表，或删除（移掉）已有数据库和表。如果将 MySQL 数据库中的 DROP 权限授予某用户，用户可以删掉 MySQL 访问权限保存的数据库。

（2）SELECT、INSERT、UPDATE 和 DELETE 权限允许在一个数据库现有的表上实施操作。

（3）SELECT 权限只有在它们真正从一个表中检索行时才被用到。

（4）INDEX 权限允许创建或删除索引，INDEX 适用已有表。如果具有某个表的 CREATE 权限，可以在 CREATE TABLE 语句中包括索引定义。

（5）ALTER 权限，可以使用 ALTER TABLE 来更改表的结构和重新命名表。

（6）CREATE ROUTINE 权限用来创建保存的程序（函数和程序），ALTER ROUTINE 权限用来更改和删除保存的程序，EXECUTE 权限用来执行保存的程序。

（7）GRANT 权限允许授权给其他用户。可用于数据库、表和保存的程序。

（8）FILE 权限给予用户使用 LOAD DATA INFILE 和 SELECT ... INTO OUTFILE 语句读或写服务器上的文件，任何被授予 FILE 权限的用户都能读或写 MySQL 服务器上的任何文件。（说明用户可以读任何数据库目录下的文件，因为服务器可以访问这些文件。）FILE 权限允许用户在 MySQL 服务器具有写权限的目录下创建新文件，但不能覆盖已有文件。

其余的权限用于管理性操作，它使用 mysqladmin 程序或 SQL 语句实施。表 13.8 显示每个权限允许执行的 mysqladmin 命令。

表 13.8　不同权限下可以使用的 mysqladmin 命令

权限	权限拥有者允许执行的命令
RELOAD	flush-hosts,flush-logs,flush-privileges,flush-status,flush-tables,flush-threads,refresh,reload
SHUTDOWN	shutdown
PROCESS	processlist
SUPER	kill

（1）reload 命令告诉服务器将授权表重新读入内存；flush-privileges 是 reload 的同义词；refresh 命令清空所有表并关闭/打开记录文件；其他 flush-xxx 命令执行类似 refresh 的功能，但是范围更有限，并且在某些情况下可能更好用。例如，如果只是想清空记录文件，flush-logs 是比 refresh 更好的选择。

（2）shutdown 命令关掉服务器，只能从 mysqladmin 发出命令。

（3）processlist 命令显示在服务器内执行的线程的信息（其他账户相关的客户端执行的语句）。kill 命令杀死服务器线程。用户总是能显示或杀死自己的线程，但是需要 PROCESS 权限来显示或杀死其他用户和 SUPER 权限启动的线程。

（4）kill 命令能用来终止其他用户或更改服务器的操作方式。

总的来说，只授予权限给需要他们的那些用户。

13.3.2　授权

授权就是为某个用户授予权限。合理的授权可以保证数据库的安全。MySQL 中可以使用 GRANT 语句为用户授予权限。授予的权限可以分为多个层级。

1. 全局层级

全局权限适用于一个给定服务器中的所有数据库。这些权限存储在 mysql.user 表中。GRANT ALL ON *.*和 REVOKE ALL ON *.*只授予和撤销全局权限。

2. 数据库层级

数据库权限适用于一个给定数据库中的所有目标。这些权限存储在 mysql.db 和 mysql.host 表中。GRANT ALL ON db_name.和 REVOKE ALL ON db_name.*只授予和撤销数据库权限。

3. 表层级

表权限适用于一个给定表中的所有列。这些权限存储在 mysql.talbes_priv 表中。GRANT ALL ON db_name.tbl_name 和 REVOKE ALL ON db_name.tbl_name 只授予和撤销表权限。

4. 列层级

列权限适用于一个给定表中的单一列。这些权限存储在 mysql.columns_priv 表中。当使用 REVOKE 时，必须指定与被授权列相同的列。

5. 子程序层级

CREATE ROUTINE、ALTER ROUTINE、EXECUTE 和 GRANT 权限适用于已存储的子程序。这些权限可以被授予为全局层级和数据库层级。除了 CREATE ROUTINE 外，这些权限可以被授予子程序层级，并存储在 mysql.procs_priv 表中。

在 MySQL 中，必须是拥有 GRANT 权限的用户才可以执行 GRANT 语句。

要使用 GRANT 或 REVOKE，必须拥有 GRANT OPTION 权限，并且必须用于正在授予或撤销的权限。GRANT 的语法如下：

```
GRANT priv_type [(columns)] [, priv_type [(columns)]] ...
ON [object_type] table1, table2,…, tablen
TO user [IDENTIFIED BY [PASSWORD] 'password']
[, user [IDENTIFIED BY [PASSWORD] 'password']] ...
   [WITH GRANT OPTION]

object_type = TABLE  |  FUNCTION  |  PROCEDURE
```

其中，priv_type 参数表示权限类型；columns 参数表示权限作用于哪些列上，不指定该参数，表示作用于整个表；table1,table2,…,tablen 表示授予权限的列所在的表；object_type 指定授权作用的对象类型包括 TABLE（表）、FUNCTION（函数）和 PROCEDURE（存储过程），当从旧版本的 MySQL 升级时，要使用 object_tpye 子句，必须升级授权表；user 参数表示用户账户，由用户名和主机名构成，形式是 "'username'@'hostname'"；IDENTIFIED BY 参数用于设置密码。

WITH 关键字后可以跟一个或多个 with_option 参数。这个参数有 5 个选项，意义如下：

（1）GRANT OPTION：被授权的用户可以将这些权限赋予别的用户。

（2）MAX_QUERIES_PER_HOUR count：设置每个小时可以执行 count 次查询。

（3）MAX_UPDATES_PER_HOUR count：设置每小时可以执行 count 次更新。

（4）MAX_CONNECTIONS_PER_HOUR count：设置每小时可以建立 count 个连接。

（5）MAX_USER_CONNECTIONS count：设置单个用户可以同时建立 count 个连接 。

【例 13.15】使用 GRANT 语句创建一个新的用户 grantUser，密码为 "grantpwd"。用户 grantUser 对所有的数据有查询、插入权限，并授于 GRANT 权限。GRANT 语句及其执行结果如下：

```
MySQL> GRANT SELECT,INSERT ON *.* TO 'grantUser'@'localhost'
    -> IDENTIFIED BY 'grantpwd'
    -> WITH GRANT OPTION;
Query OK, 0 rows affected (0.03 sec)
```

结果显示执行成功，使用 SELECT 语句查询用户 testUser2 的权限：

```
MySQL> SELECT Host,User,Select_priv,Insert_priv, Grant_priv FROM mysql.user
where user='grantUser';
+-----------+----------+-------------+-------------+-------------+
| Host      | User     | Select_priv | Insert_priv | Grant_priv |
+-----------+----------+-------------+-------------+-------------+
| localhost | testUser2 | Y          | Y           | Y           |
+-----------+----------+-------------+-------------+-------------+
1 row in set (0.00 sec)
```

查询结果显示用户 test User 2 被创建成功，并被赋予 SELECT、INSERT 和 GRANT 权限，其相应字段值均为 'Y'。

被授予 GRANT 权限的用户可以登录 MySQL 并创建其他用户账户，在这里为名称是 grantUser 的用户。读者可以使用 grantUser 登录，并按照【例 13.4】中的过程创建并授权其他账户。

13.3.3　收回权限

收回权限就是取消已经赋予用户的某些权限。收回用户不必要的权限可以在一定程度上保证系统的安全性。MySQL 中使用 REVOKE 语句取消用户的某些权限。使用 REVOKE 收回权限之后，用户账户的记录将从 db、host、tables_priv 和 columns_priv 表中删除，但是用户账号记录仍然在 user 表中保存。（删除 user 表中的账户记录，使用 DROP USER 语句，可参见 13.2.3 小节。）

在将用户账户从 user 表删除之前，应该收回相应用户的所有权限，REVOKE 语句有两种语法格式。

（1）第一种语法是收回所有用户的所有权限，用于取消对于已命名的用户的所有全局层级、数据库层级、表层级和列层级的权限，其语法如下：

```
REVOKE ALL PRIVILEGES, GRANT OPTION
FROM 'user'@'host' [, 'user'@'host' ...]
```

REVOKE 语句必须和 FROM 语句一起使用，FROM 语句指明需要收回权限的账户。

（2）另一种为长格式的 REVOKE 语句，基本语法如下：

```
REVOKE priv_type [(columns)] [, priv_type [(columns)]] ...
ON  table1, table2,…, tablen
```

```
FROM 'user'@'host'[, 'user'@ 'host' ...]
```

该语法收回指定的权限。其中，priv_type 参数表示权限类型；columns 参数表示权限作用于哪些列上，如果不指定该参数，表示作用于整个表；table1,table2,…,tablen 表示从哪个表中收回权限；'user'@'host'参数表示用户账户，由用户名和主机名构成。

要使用 REVOKE 语句，必须拥有 MySQL 数据库的全局 CREATE USER 权限或 UPDATE 权限。

【例 13.16】使用 REVOKE 语句取消用户 testUser 的更新权限。REVOKE 语句及其执行结果如下：

```
MySQL> REVOKE UPDATE ON *.* FROM 'testUser'@'localhost';
Query OK, 0 rows affected (0.00 sec)
```

执行结果显示执行成功，使用 SELECT 语句查询用户 test 的权限：

```
MySQL> SELECT Host,User,Select_priv,Update_priv,Grant_priv FROM MySQL.user
where user='testUser';
+-----------+------+-------------+-------------+------------+
| Host      | User | Select_priv | Update_priv | Grant_priv |
+-----------+------+-------------+-------------+------------+
| localhost | test | Y           | N           | Y          |
+-----------+------+-------------+-------------+------------+
1 row in set (0.00 sec)
```

查询结果显示用户 testUser 的 Update_priv 字段值为 "N"，UPDATE 权限已经被收回。

> 当从旧版本的 MySQL 升级时，如果要使用 EXECUTE、CREATE VIEW、SHOW VIEW、CREATE USER、CREATE ROUTINE 和 ALTER ROUTINE 权限，必须首先升级授权表。

13.3.4 查看权限

SHOW GRANTS 语句可以显示指定用户的权限信息。使用 SHOW GRANT 查看账户信息的基本语法格式如下：

```
SHOW GRANTS FOR 'user'@ 'host' ;
```

其中，user 表示登录用户的名称，host 表示登录的主机名称或者 IP 地址。在使用该语句时，要确保指定的用户名和主机名都要用单引号括起来，并使用 '@' 符号将两个名字分隔开。

【例 13.17】使用 SHOW GRANTS 语句查询用户 testUser 的权限信息。SHOW GRANTS 语句及其执行结果如下：

```
MySQL> SHOW GRANTS FOR 'testUser'@'localhost';
+-----------------------------------------------------------------------+
```

```
| Grants for testUser@localhost                                              |
+----------------------------------------------------------------------------+
| GRANT SELECT ON *.* TO 'testUser'@'localhost' IDENTIFIED BY PASSWORD
'*53835E70E1FC57BE1A455169C761A8778D307C81' WITH GRANT OPTION      |
+----------------------------------------------------------------------------+
1 row in set (0.00 sec)
```

返回结果的第 1 行显示了 user 表中的账户信息；接下来的行以 GRANT SELECT ON 关键字开头，表示用户被授予了 SELECT 权限；*.*表示 SELECT 权限作用于所有数据库的所有数据表；IDENTIFIED BY PASSWORD 关键字后面为用户加密后的密码。

在这里，只是定义了个别的用户权限，GRANT 可以显示更加详细的权限信息，包括全局级的和非全局级的权限，如果表层级或者列层级的权限被授予用户，它们也能在结果中显示出来。

在前面创建用户时，查看新建的账户时使用 SELECT 语句，也可以通过 SELECT 语句查看 user 表中的各个权限字段以确定用户的权限信息，其基本语法格式如下：

```
SELECT privileges_list FROM user WHERE user='username', host= 'hostname';
```

其中，privileges_list 为想要查看的权限字段，可以为 Select_priv、Insert_priv 等。读者可以根据需要选择要查询的字段。

13.4 访问控制

正常情况下，并不希望每个用户都可以执行所有的数据库操作。当 MySQL 允许一个用户执行各种操作时，它将首先核实该用户向 MySQL 服务器发送的连接请求，然后确认用户的操作请求是否被允许。本节将向读者介绍 MySQL 中的访问控制过程。MySQL 的访问控制分为两个阶段：连接核实阶段和请求核实阶段。

13.4.1 连接核实阶段

当连接 MySQL 服务器时，服务器基于用户的身份以及用户是否能通过正确的密码身份验证来接受或拒绝连接。也就是说，客户端用户连接请求中会提供用户名称、主机地址名和密码，MySQL 使用 user 表中的 3 个字段（Host、User 和 Password）执行身份检查，服务器只有在 user 表记录的 Host 和 User 字段匹配客户端主机名和用户名，并且提供正确的密码时才接受连接。如果连接核实没有通过，服务器完全拒绝访问；否则，服务器接受连接，然后进入阶段 2 等待用户请求。

13.4.2 请求核实阶段

建立了连接之后，服务器进入访问控制的阶段 2。对在此连接上的每个请求，服务器检查用户要执行的操作，然后检查是否有足够的权限来执行它。这正是在授权表中的权限列发挥作用的地方。这些权限可以来自 user、db、host、tables_priv 或 columns_priv 表。

确认权限时，MySQL 首先检查 user 表，如果指定的权限没有在 user 表中被授权，MySQL 将检查 db 表。db 表是下一安全层级，其中的权限限定于数据库层级，在该层级的 SELECT 权限允许用户查看指定数据库所有表中的数据；如果在该层级没有找到限定的权限，则 MySQL 继续检查 tables_priv 表以及 columns_priv 表。如果所有权限表都检查完毕，但还是没有找到允许的权限操作，那么 MySQL 将返回错误信息，用户请求的操作不能执行，操作失败。

请求核实的过程如图 13.1 所示。

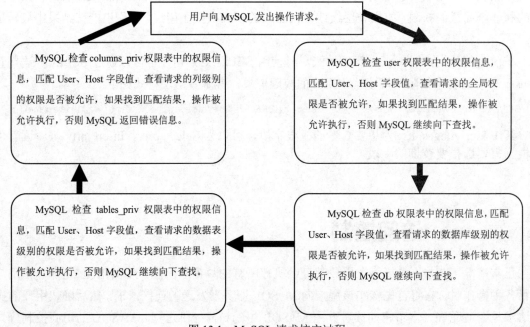

图 13.1　MySQL 请求核实过程

MySQL 通过向下层级的顺序检查权限表（从 user 表到 columns_priv 表），但并不是所有的权限都要执行该过程。例如，一个用户登录到 MySQL 服务器之后只执行对 MySQL 的管理操作，此时，只涉及管理权限，因此 MySQL 只检查 user 表。另外，如果请求的权限操作不被允许，MySQL 也不会继续检查下一层级的表。

13.5　实战演练——综合管理用户权限

本章详细介绍了 MySQL 如何管理用户对服务器的访问控制和 root 用户如何对每一个账户

授予权限。这些被授予的权限分为不同的层级，可以是全局层级、数据库层级、表层级或者列层级等，读者可以灵活地将混合权限授予各个需要的用户。通过本章的内容，读者将学会如何创建账户、如何对账户授权、如何收回权限以及如何删除账户。下面的实战演练将帮助读者完成这些操作。

1. 案例目的

掌握创建用户和授权的方法。

2. 案例操作过程

步骤 01　打开 MySQL 客户端工具，输入登录命令，登录 MySQL。

```
C:\>mysql -u root -p
Enter password: **
```

输入正确密码，按回车键，出现欢迎信息表示登录成功。

步骤 02　选择 MySQL 数据库为当前数据库。

```
MySQL> use mysql;
Database changed
```

出现 Database changed 信息表明切换数据库成功。

步骤 03　创建新账户，用户名称为 newAdmin，密码为 pw1，允许其从本地主机访问 MySQL。

使用 GRANT 语句创建新账户，创建过程如下：

```
MySQL> GRANT SELECT, UPDATE(id, name, age)
    -> ON test_db.person_old
    -> TO 'newAdmin'@'localhost' IDENTIFIED BY 'pw1'
    -> WITH MAX_CONNECTIONS_PER_HOUR 30;
Query OK, 0 rows affected (0.06 sec)
```

提示消息可以看到，语句执行成功。

步骤 04　分别从 user 表中查看新账户的账户信息，从 tables_priv 和 columns_priv 表中查看权限信息。

用户账户创建完成之后，账户信息已经保存在 user 表，权限信息则分别保存在 tables_priv 和 columns_priv 中，查询 user 名称为 newAdmin 的账户信息，执行过程如下：

```
SELECT host, user, select_priv, update_priv FROM user WHERE user='newAdmin';

SELECT host, db, user, table_name, table_priv, column_priv
FROM tables_priv WHERE user='newAdmin';

SELECT host, db, user, table_name, column_name, column_priv
```

```
FROM columns_priv WHERE user='newAdmin';
```

3 条 SQL 语句的查询结果分别如下：

```
MySQL> SELECT host, user, select_priv, update_priv FROM user WHERE
user='newAdmin';
+-----------+-------------+-------------+-------------+
| host      | user        | select_priv | update_priv |
+-----------+-------------+-------------+-------------+
| localhost | newAdmin    | N           | N           |
+-----------+-------------+-------------+-------------+
1 row in set (0.00 sec)

MySQL> SELECT host, db, user, table_name, table_priv, column_priv
    -> FROM tables_priv WHERE user='newAdmin';
+-----------+------+----------+------------+------------+-------------+
| host      | db   | user     | table_name | table_priv | column_priv |
+-----------+------+----------+------------+------------+-------------+
| localhost | test | newAdmin | person     | Select     | Update      |
+-----------+------+----------+------------+------------+-------------+
1 row in set (0.00 sec)

MySQL> SELECT host, db, user, table_name, column_name, column_priv
    -> FROM columns_priv WHERE user='newAdmin';
+-----------+------+----------+------------+-------------+-------------+
| host      | db   | user     | table_name | column_name | column_priv |
+-----------+------+----------+------------+-------------+-------------+
| localhost | test | newAdmin | person     | id          | Update      |
| localhost | test | newAdmin | person     | name        | Update      |
| localhost | test | newAdmin | person     | age         | Update      |
+-----------+------+----------+------------+-------------+-------------+
3 rows in set (0.00 sec)
```

步骤 05 使用 SHOW GRANTS 语句查看 newAdmin 的权限信息。

查看 newAdmin 账户的权限信息，输入语句如下：

```
SHOW GRANTS FOR 'newAdmin'@'localhost';
```

执行结果如下：

```
+----------------------------------------------------------------------+
| Grants for newAdmin@localhost                                        |
+----------------------------------------------------------------------+
| GRANT USAGE ON *.* TO 'newAdmin'@'localhost' IDENTIFIED BY PASSWORD '*2B602296
A79E0A8784ACC5C88D92E46588CCA3C3' WITH MAX_CONNECTIONS_PER_HOUR 30     |
| GRANT SELECT, UPDATE (age, id, name) ON `test`.`person` TO
'newAdmin'@'localhost'        |
```

```
+-------------------------------------------------------------------------+
2 rows in set (0.00 sec)
```

步骤 06　使用 newAdmin 用户登录 MySQL。

退出当前登录，使用 EXIT 命令，语句如下：

```
MySQL> exit
Bye
```

使用 newAdmin 账户登录 MySQL，语句如下：

```
C:\>MySQL -u newAdmin -p
Enter password: ***
```

输入密码正确后，出现"MySQL>"提示符，登录成功。

步骤 07　使用 newAdmin 用户查看 test_db 数据库中 person_dd 表中的数据。

newAdmin 用户被授予 test 数据库中 person 表中 3 个字段上的查询权限，因此可以执行 SELECT 语句查看这几个字段的值，执行过程如下：

```
MySQL> SELECT * FROM test_db.person_dd LIMIT 5;
+----+--------+-----+------------+
| id | name   | age | info       |
+----+--------+-----+------------+
|  1 | Green  |  21 | Lawyer     |
|  2 | Suse   |  22 | dancer     |
|  3 | Mary   |  24 | Musician   |
|  4 | Willam |  20 | sports man |
|  5 | Laura  |  25 | NULL       |
+----+--------+-----+------------+
5 rows in set (0.00 sec)
```

可以看到，查询结果显示了表中的前 5 条记录。

步骤 08　使用 newAdmin 用户向 person_dd 表中插入一条新记录，查看语句执行结果。

插入新记录，输入语句如下：

```
INSERT INTO test_db.person_old(name, age,info) VALUES('gaga', 30);
```

执行结果如下：

```
ERROR 1142 (42000): INSERT command denied to user 'newAdmin'@'localhost' for
table 'person'
```

可以看到，语句不能执行，错误信息表明 newAdmin 用户不能对 person 表进行插入操作。因此，用户不可以执行没有被授权的操作语句。

步骤 09　退出当前登录，使用 root 用户重新登录，收回 newAdmin 账户的权限。

输入退出命令：

```
exit
```

重新以 root 用户登录 MySQL，并选择 MySQL 数据库为当前数据库。

输入语句收回 newAdmin 账户的权限，执行过程如下：

```
REVOKE SELECT, UPDATE ON test.person FROM 'newAdmin'@'localhost';
```

执行结果如下：

```
MySQL> REVOKE SELECT, UPDATE ON test.person FROM 'newAdmin'@'localhost';
Query OK, 0 rows affected (0.00 sec)
```

步骤 10 删除 newAdmin 的账户信息。

删除指定账户，可以使用 DROP USER 语句，输入如下：

```
DROP USER 'newAdmin'@'localhost';
```

语句执行成功之后，tables_priv 和 columns_priv 中相关的记录将被删除。

13.6 疑难解惑

疑问 1：已经将一个账户的信息从数据库中完全删除，为什么该用户还能登录数据库？

出现这种情况的原因有多种，最有可能的是在 user 数据表中存在匿名账户。在 user 表中匿名账户的 User 字段值为空字符串，这会允许任何人连接到数据库，检测是否存在匿名登录用户的方法是输入以下语句：

```
SELECT * FROM user WHERE User='';
```

如果有记录返回，就说明存在匿名用户，需要删除该记录，以保证数据库的访问安全，删除语句为：

```
DELETE FROM user WHERE user='';
```

这样一来，该账户肯定不能登录 MySQL 服务器了。

疑问 2：应该使用哪种方法创建用户？

本章介绍了创建用户的几种方法：GRANT 语句、CREATE USER 语句和直接操作 user 表。一般情况下，最好使用 GRANT 或者 CREATE USER 语句，而不要直接将用户信息插入 user 表，因为 user 表中存储了全局级别的权限以及其他的账户信息，如果意外破坏了 user 表中的记录，则可能会对 MySQL 服务器造成很大影响。

13.7　上机练练手

创建数据库 Team，定义数据表 player，语句如下：

```
CREATE DATABASE Team;
user Team;
CREATE TABLE player
{
playid    INT PRIMARY KEY,
playname  VARCHAR(30) NOT NULL,
teamnum   INT NOT NULL UNIQUE,
info      VARCHAR(50)
};
```

执行以下操作：

（1）创建一个新账户，用户名为 account1，该用户通过本地主机连接数据库，密码为 oldpwd1。授权该用户对 Team 数据库中 player 表的 SELECT 和 INSERT 权限，并且授权该用户对 player 表的 info 字段的 UPDATE 权限。

（2）创建 SQL 语句，更改 account1 用户的密码为 newpwd2。

（3）创建 SQL 语句，使用 FLUSH PRIVILEGES 重新加载权限表。

（4）创建 SQL 语句，查看授权给 account1 用户的权限。

（5）创建 SQL 语句，收回 account1 用户的权限。

（6）创建 SQL 语句，将 account1 用户的账号信息从系统中删除。

第 14 章

◀ 数据备份与恢复 ▶

尽管采取了一些管理措施来保证数据库的安全,但是不确定的意外情况总是有可能造成数据的损失,例如意外的停电、管理员不小心的操作失误都可能会造成数据的丢失。保证数据安全最重要的一个措施是确保对数据进行定期备份。如果数据库中的数据丢失或者出现错误,可以使用备份的数据进行恢复,这样就尽可能地降低了意外原因导致的损失。MySQL 提供了多种方法对数据进行备份和恢复。本章将介绍数据备份、数据恢复、数据迁移和数据导入导出的相关知识。

本章学习技能

- 了解什么是数据备份
- 掌握各种数据备份的方法
- 掌握各种数据恢复的方法
- 掌握数据库迁移的方法
- 掌握表的导入和导出方法
- 熟练掌握实战演练中数据备份与恢复的方法和技巧

14.1 数据备份

数据备份是数据库管理员非常重要的工作之一。系统意外崩溃或者硬件的损坏都可能导致数据库的丢失,因此 MySQL 管理员应该定期地备份数据库,使得在意外情况发生时尽可能减少损失。本节将介绍数据备份的 3 种方法。

14.1.1　使用 mysqldump 命令备份

mysqldump 是 MySQL 提供的一个非常有用的数据库备份工具。mysqldump 命令执行时,可以将数据库备份成一个文本文件,该文件实际上包含了多个 CREATE 和 INSERT 语句,使用这些语句可以重新创建表和插入数据。

mysqldump 备份数据库语句的基本语法格式如下：

```
mysqldump  –u user –h host –p password dbname[tbname, [tbname...]]> filename.sql
```

user 表示用户名称；host 表示登录用户的主机名称；password 为登录密码；dbname 为需要备份的数据库名称；tbname 为 dbname 数据库中需要备份的数据表，可以指定多个需要备份的表；右箭头符号 ">" 告诉 mysqldump 将备份数据表的定义和数据写入备份文件；filename.sql 为备份文件的名称。

1. 使用 mysqldump 备份单个数据库中的所有表

【例 14.1】使用 mysqldump 命令备份数据库中的所有表。

为了更好地理解 mysqldump 工具如何工作，本章给出一个完整的数据库例子。首先登录 MySQL，按下面的数据库结构创建 booksDB 数据库和各个表，并插入数据记录。数据库和表定义如下：

```
CREATE DATABASE booksDB;
use booksDB;

CREATE TABLE books
(
bk_id INT NOT NULL PRIMARY KEY,
bk_title VARCHAR(50) NOT NULL,
copyright YEAR NOT NULL
);
INSERT INTO books
VALUES (11078, 'Learning MySQL', 2010),
(11033, 'Study Html', 2011),
(11035, 'How to use php', 2003),
(11072, 'Teach yourself javascript', 2005),
(11028, 'Learning C++', 2005),
(11069, 'MySQL professional', 2009),
(11026, 'Guide to MySQL 5.7', 2008),
(11041, 'Inside VC++', 2011);

CREATE TABLE authors
(
auth_id INT NOT NULL PRIMARY KEY,
auth_name VARCHAR(20),
auth_gender CHAR(1)
);
INSERT INTO authors
VALUES (1001, 'WriterX' ,'f'),
(1002, 'WriterA' ,'f'),
(1003, 'WriterB' ,'m'),
(1004, 'WriterC' ,'f'),
```

```
(1011, 'WriterD' ,'f'),
(1012, 'WriterE' ,'m'),
(1013, 'WriterF' ,'m'),
(1014, 'WriterG' ,'f'),
(1015, 'WriterH' ,'f');

CREATE TABLE authorbook
(
auth_id INT NOT NULL,
bk_id INT NOT NULL,
PRIMARY KEY (auth_id, bk_id),
FOREIGN KEY (auth_id) REFERENCES authors (auth_id),
FOREIGN KEY (bk_id) REFERENCES books (bk_id)
);

INSERT INTO authorbook
VALUES (1001, 11033), (1002, 11035), (1003, 11072), (1004, 11028),
(1011, 11078), (1012, 11026), (1012, 11041), (1014, 11069);
```

完成数据插入后打开操作系统命令行输入窗口，输入备份命令：

```
C:\ >mysqldump -u root -p booksdb > C:/backup/booksdb_20160301.sql
Enter password: **
```

输入密码之后，MySQL 便对数据库进行了备份，在 C:\backup 文件夹下面查看刚才备份过的文件，使用文本查看器打开文件可以看到部分文件内容大致如下：

```
-- MySQL dump 10.13  Distrib 5.7.18, for Win32 (x86)
--
-- Host: localhost    Database: booksDB
-- -------------------------------------------------------
-- Server version    5.7.18

/*!40101 SET @OLD_CHARACTER_SET_CLIENT=@@CHARACTER_SET_CLIENT */;
/*!40101 SET @OLD_CHARACTER_SET_RESULTS=@@CHARACTER_SET_RESULTS */;
/*!40101 SET @OLD_COLLATION_CONNECTION=@@COLLATION_CONNECTION */;
/*!40101 SET NAMES utf8 */;
/*!40103 SET @OLD_TIME_ZONE=@@TIME_ZONE */;
/*!40103 SET TIME_ZONE='+00:00' */;
/*!40014 SET @OLD_UNIQUE_CHECKS=@@UNIQUE_CHECKS, UNIQUE_CHECKS=0 */;
/*!40014 SET @OLD_FOREIGN_KEY_CHECKS=@@FOREIGN_KEY_CHECKS, FOREIGN_KEY_
CHECKS=0 */;
/*!40101 SET @OLD_SQL_MODE=@@SQL_MODE, SQL_MODE=
'NO_AUTO_VALUE_ON_ZERO' */;
/*!40111 SET @OLD_SQL_NOTES=@@SQL_NOTES, SQL_NOTES=0 */;

--
```

```
-- Table structure for table 'authorbook'
--

DROP TABLE IF EXISTS 'authorbook';
/*!40101 SET @saved_cs_client = @@character_set_client */;
/*!40101 SET character_set_client = utf8 */;
CREATE TABLE 'authorbook' (
  'auth_id' int(11) NOT NULL,
  'bk_id' int(11) NOT NULL,
  PRIMARY KEY ('auth_id', 'bk_id'),
  KEY 'bk_id' ('bk_id'),
  CONSTRAINT 'authorbook_ibfk_1' FOREIGN KEY ('auth_id')
  REFERENCES 'authors' ('auth_id'),
  CONSTRAINT 'authorbook_ibfk_2' FOREIGN KEY ('bk_id')
REFERENCES 'books' ('bk_id')
) ENGINE=InnoDB DEFAULT CHARSET=utf8;
/*!40101 SET character_set_client = @saved_cs_client */;


--
-- Dumping data for table 'authorbook'
--

LOCK TABLES 'authorbook' WRITE;
/*!40000 ALTER TABLE 'authorbook' DISABLE KEYS */;
INSERT INTO 'authorbook' VALUES
(1012,11026),(1004,11028),(1001,11033),(1002,11035),(1012,
11041),(1014,11069),(1003,11072),(1011,11078);
/*!40000 ALTER TABLE 'authorbook' ENABLE KEYS */;
UNLOCK TABLES;
...
…省略部分内容
...
/*!40103 SET TIME_ZONE=@OLD_TIME_ZONE */;

/*!40101 SET SQL_MODE=@OLD_SQL_MODE */;
/*!40014 SET FOREIGN_KEY_CHECKS=@OLD_FOREIGN_KEY_CHECKS */;
/*!40014 SET UNIQUE_CHECKS=@OLD_UNIQUE_CHECKS */;
/*!40101 SET CHARACTER_SET_CLIENT=@OLD_CHARACTER_SET_CLIENT */;
/*!40101 SET CHARACTER_SET_RESULTS=@OLD_CHARACTER_SET_RESULTS */;
/*!40101 SET COLLATION_CONNECTION=@OLD_COLLATION_CONNECTION */;
/*!40111 SET SQL_NOTES=@OLD_SQL_NOTES */;
-- Dump completed on 2011-08-18 10:44:08
```

可以看到，备份文件包含了一些信息，文件开头首先表明了备份文件使用的 mysqldump
工具的版本号；然后是备份账户的名称和主机信息，以及备份的数据库的名称，最后是 MySQL

服务器的版本号，在这里为 5.7.18。

备份文件接下来的部分是一些 SET 语句，这些语句将一些系统变量值赋给用户定义变量，以确保被恢复的数据库的系统变量和原来备份时的变量相同，例如：

```
/*!40101 SET @OLD_CHARACTER_SET_CLIENT=@@CHARACTER_SET_CLIENT */;
```

该 SET 语句将当前系统变量 character_set_client 的值赋给用户定义变量@old_character_set_client。其他变量与此类似。

备份文件的最后几行使用 SET 语句恢复服务器系统变量原来的值，例如：

```
/*!40101 SET CHARACTER_SET_CLIENT=@OLD_CHARACTER_SET_CLIENT */;
```

该语句将用户定义的变量@old_character_set_client 中保存的值赋给实际的系统变量 character_set_client。

备份文件中的"--"字符开头的行为注释语句；以"/*!"开头、"*/"结尾的语句为可执行的 MySQL 注释，这些语句可以被 MySQL 执行，但在其他数据库管理系统将被作为注释忽略，这可以提高数据库的可移植性。

另外，备份文件开始的一些语句以数字开头，这些数字代表了 MySQL 版本号，该数字告诉我们，这些语句只有在指定的 MySQL 版本或者比该版本高的情况下才能执行。例如 40101，表明这些语句只有在 MySQL 版本号为 4.01.01 或者更高的条件下才可以被执行。

2. 使用 mysqldump 备份数据库中的某个表

在前面 mysqldump 语法中介绍过，mysqldump 还可以备份数据中的某个表，其语法格式为：

```
mysqldump -u user -h host -p dbname [tbname, [tbname...]] > filename.sql
```

tbname 表示数据库中的表名，多个表名之间用空格隔开。

备份表和备份数据库中所有表的语句中不同的地方在于，要在数据库名称 dbname 之后指定需要备份的表名称。

【例 14.2】备份 booksDB 数据库中的 books 表，输入语句如下：

```
mysqldump -u root -p booksDB books > C:/backup/books_20160301.sql
```

该语句创建名称为 books_20160301.sql 的备份文件，文件中包含了前面介绍的 SET 语句等内容，不同的是，该文件只包含 books 表的 CREATE 和 INSERT 语句。

3. 使用 mysqldump 备份多个数据库

如果要使用 mysqldump 备份多个数据库，需要使用--databases 参数。备份多个数据库的语句格式如下：

```
mysqldump -u user -h host -p --databases [dbname, [dbname...]] > filename.sql
```

使用--databases 参数之后，必须指定至少一个数据库的名称，多个数据库名称之间用空格隔开。

【例 14.3】使用 mysqldump 备份 booksDB 和 test 数据库，输入语句如下：

```
mysqldump -u root -p --databases  booksDB test> C:\backup\books_testDB_2
0160301.sql
```

该语句创建名称为 books_testDB_20160301.sql 的备份文件，文件中包含了创建两个数据库 booksDB 和 test_db 所必需的所有语句。

另外，使用--all-databases 参数可以备份系统中所有的数据库，语句如下：

```
mysqldump  -u user -h host -p --all-databases > filename.sql
```

使用参数--all-databases 时，不需要指定数据库名称。

【例 14.4】使用 mysqldump 备份服务器中的所有数据库，输入语句如下：

```
mysqldump  -u root -p --all-databases > C:/backup/alldbinMySQL.sql
```

该语句创建名称为 alldbinMySQL.sql 的备份文件，文件中包含了对系统中所有数据库的备份信息。

 如果在服务器上进行备份，并且表均为 MyISAM 表，应考虑使用 mysqlhotcopy，因为可以更快地进行备份和恢复。

mysqldump 还有一些其他选项可以用来制定备份过程，例如--opt 选项，该选项将打开--quick 、--add-locks、--extended-insert 等多个选项。使用--opt 选项可以提供最快速的数据库转储。

mysqldump 其他常用选项如下：

- --add-drop-database: 在每个 CREATE DATABASE 语句前添加 DROP DATABASE 语句。
- --add-drop-tables: 在每个 CREATE TABLE 语句前添加 DROP TABLE 语句。
- --add-locking: 用 LOCK TABLES 和 UNLOCK TABLES 语句引用每个表转储。重载转储文件时插入得更快。
- --all--database, -A: 转储所有数据库中的所有表。与使用--database 选项相同，在命令行中命名所有数据库。
- --comments[=0|1]: 如果设置为 0，禁止转储文件中的其他信息，例如程序版本、服务器版本和主机。--skip-comments 与--comments=0 的结果相同。默认值为 1，即包括额外信息。
- --compact: 产生少量输出。该选项禁用注释并启用--skip-add-drop-tables 、--no-set-names、--skip-disable-keys 和--skip-add-locking 选项。
- --compatible=name: 产生与其他数据库系统或旧的 MySQL 服务器更兼容的输出。值可以为 ansi、MySQL323、MySQL40、postgresql、oracle、mssql、db2、maxdb、no_key_options、no_tables_options 或者 no_field_options。

- --complete-insert，-c：使用包括列名的完整的 INSERT 语句。
- ---debug[=debug_options]，-# [debug_options]：写调试日志。
- --delete，-D：导入文本文件前清空表。
- --default-character-set=charset：使用 charsetas 默认字符集。如果没有指定，mysqldump 使用 utf8。
- --delete-master-logs：在主复制服务器上，完成转储操作后删除二进制日志。该选项自动启用-master-data。
- --extended-insert，-e：使用包括几个 VALUES 列表的多行 INSERT 语法。这样使转储文件更小，重载文件时可以加速插入。
- --flush-logs，-F：开始转储前刷新 MySQL 服务器日志文件。该选项要求 RELOAD 权限。
- --force，-f：在表转储过程中，即使出现 SQL 错误也继续。
- --lock-all-tables，-x：对所有数据库中的所有表加锁。在整体转储过程中通过全局锁定来实现。该选项自动关闭--single-transaction 和--lock-tables。
- --lock-tables，-l：开始转储前锁定所有表。用 READ LOCAL 锁定表以允许并行插入 MyISAM 表。对于事务表（例如 InnoDB 和 BDB），--single-transaction 是一个更好的选项，因为它根本不需要锁定表。
- --no-create-db，-n：该选项禁用 CREATE DATABASE /*!32312 IF NOT EXISTS*/ db_name 语句，如果给出--database 或--all--database 选项，则包含到输出中。
- --no-create-info，-t：只导出数据，而不添加 CREATE TABLE 语句。
- --no-data，-d：不写表的任何行信息，只转储表的结构。
- --opt：该选项是速记，等同于指定 --add-drop-tables--add-locking、--create-option、--disable-keys--extended-insert、--lock-tables-quick 和--set-charset。它可以快速进行转储操作并产生一个能很快装入 MySQL 服务器的转储文件。该选项默认开启，但可以用--skip-opt 禁用。要想禁用使用-opt 启用的选项，可以使用--skip 形式，例如--skip-add-drop-tables 或--skip-quick。
- --password[=password]，-p[password]：当连接服务器时使用的密码。如果使用短选项形式（-p），选项和密码之间不能有空格。如果在命令行中--password 或-p 选项后面没有密码值，则提示输入一个密码。
- --port=port_num，-P port_num：用于连接的 TCP/IP 端口号。
- --protocol={TCP | SOCKET | PIPE | MEMORY}：使用的连接协议。
- --replace，-r --replace 和—ignore：控制替换或复制唯一键值已有记录的输入记录的处理。如果指定--replace，新行替换有相同的唯一键值的已有行；如果指定--ignore，复制已有的唯一键值的输入行被跳过。如果不指定这两个选项，当发现一个复制键值时会出现一个错误，并且忽视文本文件的剩余部分。
- --silent，-s：沉默模式。只有出现错误时才输出。
- --socket=path，-S path：当连接 localhost 时使用的套接字文件（为默认主机）。

- --user=user_name，-u user_name：当连接服务器时 MySQL 使用的用户名。
- --verbose，-v：冗长模式。打印出程序操作的详细信息。
- --version，-V：显示版本信息并退出。
- --xml，-X：产生 XML 输出。

mysqldump 提供许多选项，包括用于调试和压缩的，在这里只是列举最有用的。运行帮助命令 mysqldump --help，可以获得特定版本的完整选项列表。

如果运行 mysqldump 没有--quick 或--opt 选项，mysqldump 在转储结果前将整个结果集装入内存。如果转储大数据库可能会出现问题。该选项默认启用，但可以用--skip-opt 禁用。如果使用最新版本的 mysqldump 程序备份数据，并用于恢复到比较旧版本的 MySQL 服务器中，则不要使用--opt 或-e 选项。

14.1.2　直接复制整个数据库目录

因为 MySQL 表保存为文件方式，所以可以直接复制 MySQL 数据库的存储目录及文件进行备份。MySQL 的数据库目录位置不一定相同，在 Windows 平台下，MySQL 5.7 存放数据库的目录通常默认为"C:\Documents and Settings\All Users\Application Data\MySQL\MySQL Server 5.7\data"或者其他用户自定义目录；在 Linux 平台下，数据库目录位置通常为/var/lib/MySQL/，不同 Linux 版本下目录会有所不同，读者应在自己使用的平台下查找该目录。

这是一种简单、快速、有效的备份方式。要想保持备份的一致性，备份前需要对相关表执行 LOCK TABLES 操作，然后对表执行 FLUSH TABLES。这样当复制数据库目录中的文件时，允许其他客户继续查询表。需要 FLUSH TABLES 语句来确保开始备份前将所有激活的索引页写入硬盘。当然，也可以停止 MySQL 服务再进行备份操作。

这种方法虽然简单，但并不是最好的方法。因为这种方法对 InnoDB 存储引擎的表不适用。使用这种方法备份的数据最好恢复到相同版本的服务器中，不同的版本可能不兼容。

在 MySQL 版本号中，第一个数字表示主版本号，主版本号相同的 MySQL 数据库文件格式相同。

14.1.3　使用 mysqlhotcopy 工具快速备份

mysqlhotcopy 是一个 Perl 脚本，最初由 Tim Bunce 编写并提供。它使用 LOCK TABLES、FLUSH TABLES 和 cp 或 scp 来快速备份数据库。它是备份数据库或单个表的最快途径，但它只能运行在数据库目录所在的机器上，并且只能备份 MyISAM 类型的表。mysqlhotcopy 在UNIX 系统中运行。

mysqlhotcopy 命令语法格式如下：

```
mysqlhotcopy db_name_1, ... db_name_n /path/to/new_directory
```

db_name_1,…,db_name_n 分别为需要备份的数据库的名称；/path/to/new_directory 指定备份文件目录。

【例 14.5】使用 mysqlhotcopy 备份 test 数据库到/usr/backup 目录下，输入语句如下：

```
mysqlhotcopy -u root -p test /usr/backup
```

要想执行 mysqlhotcopy，必须可以访问备份的表文件，具有那些表的 SELECT 权限、RELOAD 权限（以便能够执行 FLUSH TABLES）和 LOCK TABLES 权限。

> mysqlhotcopy 只是将表所在的目录复制到另一个位置，只能用于备份 MyISAM 和 ARCHIVE 表。备份 InnoDB 类型的数据表时会出现错误信息。由于它复制本地格式的文件，因此也不能移植到其他硬件或操作系统下。

14.2 数据恢复

管理人员操作的失误、计算机故障以及其他意外情况都会导致数据的丢失和破坏。当数据丢失或意外破坏时，可以通过恢复已经备份的数据尽量减少数据丢失和破坏造成的损失。本节将介绍数据恢复的方法。

14.2.1 使用 MySQL 命令恢复

对于已经备份的包含 CREATE、INSERT 语句的文本文件，可以使用 MySQL 命令导入到数据库中。本小节将介绍 MySQL 命令导入 sql 文件的方法。

备份的 sql 文件中包含 CREATE、INSERT 语句（有时也会有 DROP 语句）。MySQL 命令可以直接执行文件中的这些语句。其语法如下：

```
mysql -u user -p [dbname] < filename.sql
```

user 是执行 backup.sql 中语句的用户名；-p 表示输入用户密码；dbname 是数据库名。如果 filename.sql 文件为 mysqldump 工具创建的包含创建数据库语句的文件，执行的时候不需要指定数据库名。

【例 14.6】使用 MySQL 命令将 C:\backup\booksdb_20160301.sql 文件中的备份导入到数据库中，输入语句如下：

```
mysql -u root -p booksDB < C:/backup/booksdb_20160301.sql
```

执行该语句前，必须先在 MySQL 服务器中创建 booksDB 数据库，如果不存在恢复过程将会出错。命令执行成功之后 booksdb_20160301.sql 文件中的语句就会在指定的数据库中恢复以前的表。

如果已经登录 MySQL 服务器，还可以使用 source 命令导入 sql 文件。source 语句语法如下：

```
source filename
```

【例 14.7】使用 root 用户登录到服务器，然后使用 source 导入本地的备份文件 booksdb_20160301.sql，输入语句如下：

```
--选择要恢复到的数据库
mysql> use booksDB;
Database changed

--使用 source 命令导入备份文件
mysql> source C:\backup\booksDB_20160301.sql
```

命令执行后，会列出备份文件 booksDB_20160301.sql 中每一条语句的执行结果。source 命令执行成功后，booksDB_20160301.sql 中的语句会全部导入现有数据库中。

 执行 source 命令前，必须使用 use 语句选择数据库。不然，恢复过程中会出现"ERROR 1046 (3D000): No database selected"的错误。

14.2.2　直接复制到数据库目录

如果数据库通过复制数据库文件备份，可以直接复制备份的文件到 MySQL 数据目录下实现恢复。通过这种方式恢复时，必须保存备份数据的数据库和待恢复的数据库服务器的主版本号相同。而且这种方式只对 MyISAM 引擎的表有效，对于 InnoDB 引擎的表不可用。

执行恢复以前关闭 MySQL 服务，将备份的文件或目录覆盖 MySQL 的 data 目录，启动 MySQL 服务。对于 Linux/UNIX 操作系统来说，复制完文件需要将文件的用户和组更改为 MySQL 运行的用户和组，通常用户是 MySQL，组也是 MySQL。

14.2.3　mysqlhotcopy 快速恢复

mysqlhotcopy 备份后的文件也可以用来恢复数据库，在 MySQL 服务器停止运行时，将备份的数据库文件复制到 MySQL 存放数据的位置（MySQL 的 data 文件夹），重新启动 MySQL 服务即可。如果以根用户执行该操作，必须指定数据库文件的所有者，输入语句如下：

```
chown -R mysql.mysql /var/lib/mysql/dbname
```

【例 14.8】从 Mysqlhotcopy 复制的备份恢复数据库，输入语句如下：

```
cp -R  /usr/backup/test usr/local/mysql/data
```

执行完该语句，重启服务器，MySQL 将恢复到备份状态。

如果需要恢复的数据库已经存在，则在使用 DROP 语句删除已经存在的数据库之后恢复才能成功。另外，MySQL 不同版本之间必须兼容，恢复之后的数据才可以使用。

14.3 数据库迁移

数据库迁移就是把数据从一个系统移动到另一个系统上。数据迁移有以下原因：

（1）需要安装新的数据库服务器。

（2）MySQL 版本更新。

（3）数据库管理系统的变更（如从 Microsoft SQL Server 迁移到 MySQL）。

本节将讲解数据库迁移的方法。

14.3.1 相同版本的 MySQL 数据库之间的迁移

相同版本的 MySQL 数据库之间的迁移就是在主版本号相同的 MySQL 数据库之间进行数据库移动。迁移过程其实就是在源数据库备份和目标数据库恢复过程的组合。

在讲解数据库备份和恢复时，已经知道最简单的方式是通过复制数据库文件目录，但是此种方法只适用于 MyISAM 引擎的表。对于 InnoDB 表，不能用直接复制文件的方式备份数据库，因此最常用和最安全的方式是使用 mysqldump 命令导出数据，然后在目标数据库服务器使用 MySQL 命令导入。

【例 14.9】将 www.abc.com 主机上的 MySQL 数据库全部迁移到 www.bcd.com 主机上。在 www.abc.com 主机上执行的命令如下：

```
mysqldump -h www.bac.com -uroot -ppassword dbname |
mysql -h www.bcd.com -uroot -ppassword
```

mysqldump 导入的数据直接通过管道符"｜"传给 MySQL 命令导入到主机 www.bcd.com 数据库中，dbname 为需要迁移的数据库名称，如果要迁移全部数据库，可使用参数 --all-databases。

14.3.2 不同版本的 MySQL 数据库之间的迁移

因为数据库升级等原因，需要将较旧版本 MySQL 数据库中的数据迁移到较新版本的数据库中。MySQL 服务器升级时，需要先停止服务，然后卸载旧版本，并安装新版的 MySQL，这种更新方法很简单，如果想保留旧版本中的用户访问控制信息，则需要备份 MySQL 中的 MySQL 数据库，在新版本 MySQL 安装完成之后，重新读入 MySQL 备份文件中的信息。

旧版本与新版本的 MySQL 可能使用不同的默认字符集，例如 MySQL 4.x 中大多使用 latin1 作为默认字符集，而 MySQL 5.x 的默认字符集为 utf8。如果数据库中有中文数据的，迁移过程中需要对默认字符集进行修改，不然可能无法正常显示结果。

新版本会对旧版本有一定兼容性。从旧版本的 MySQL 向新版本的 MySQL 迁移时，对于 MyISAM 引擎的表，可以直接复制数据库文件，也可以使用 mysqlhotcopy 工具、mysqldump 工具。对于 InnoDB 引擎的表，一般只能使用 mysqldump 将数据导出。然后使用 MySQL 命令导入到目标服务器上。从新版本向旧版本 MySQL 迁移数据时要特别小心，最好使用 mysqldump 命令导出，然后导入目标数据库中。

14.3.3　不同数据库之间的迁移

不同类型的数据库之间的迁移，是指把 MySQL 的数据库转移到其他类型的数据库，例如从 MySQL 迁移到 ORACLE，从 ORACLE 迁移到 MySQL，从 MySQL 迁移到 SQLServer 等。

迁移之前，需要了解不同数据库的架构，比较它们之间的差异。不同数据库中定义相同类型的数据的关键字可能会不同。例如，MySQL 中日期字段分为 DATE 和 TIME 两种，而 ORACLE 日期字段只有 DATE。另外，数据库厂商并没有完全按照 SQL 标准来设计数据库系统，导致不同的数据库系统的 SQL 语句有所差别。例如，MySQL 几乎完全支持标准 SQL 语言，而 Microsoft SQL Server 使用的是 T-SQL 语言，T-SQL 中有一些非标准的 SQL 语句，因此在迁移时必须对这些语句进行语句映射处理。

数据库迁移可以使用一些工具，例如在 Windows 系统下，可以使用 MyODBC 实现 MySQL 和 SQL Server 之间的迁移。MySQL 官方提供的工具 MySQL Migration Toolkit 也可以在不同数据库间进行数据迁移。

14.4　表的导出和导入

有时会需要将 MySQL 数据库中的数据导出到外部存储文件中，MySQL 数据库中的数据可以导出成 sql 文本文件、xml 文件或者 html 文件。同样这些导出文件也可以导入到 MySQL 数据库中。本节将介绍数据导出和导入的常用方法。

14.4.1　使用 SELECT…INTO OUTFILE 导出文本文件

MySQL 数据库导出数据时，允许使用包含导出定义的 SELECT 语句进行数据的导出操作。该文件被创建到服务器主机上，因此必须拥有文件写入权限（FILE 权限）才能使用此语法。"SELECT…INTO OUTFILE 'filename'" 形式的 SELECT 语句可以把被选择的行写入一个文件中，filename 不能是一个已经存在的文件。SELECT…INTO OUTFILE 语句基本格式如下：

```
SELECT columnlist FROM table WHERE condition  INTO OUTFILE 'filename'
```

```
[OPTIONS]

  --OPTIONS 选项
    FIELDS   TERMINATED BY 'value'
FIELDS  [OPTIONALLY] ENCLOSED BY 'value'
FIELDS  ESCAPED BY 'value'
LINES   STARTING BY 'value'
LINES   TERMINATED BY 'value'
```

可以看到 SELECT columnlist FROM table WHERE condition 为一个查询语句，查询结果返回满足指定条件的一条或多条记录；INTO OUTFILE 语句的作用就是把前面 SELECT 语句查询出来的结果导出到名称为"filename"的外部文件中。[OPTIONS]为可选参数选项，OPTIONS 部分的语法包括 FIELDS 和 LINES 子句，可能的取值有：

- FIELDS TERMINATED BY 'value'：设置字段之间的分隔字符，可以为单个或多个字符，默认情况下为制表符 '\t' 。
- FIELDS [OPTIONALLY] ENCLOSED BY 'value'：设置字段的包围字符，只能为单个字符，如果使用了 OPTIONALLY 则只有 CHAR 和 VERCHAR 等字符数据字段被包括。
- FIELDS ESCAPED BY 'value'：设置如何写入或读取特殊字符，只能为单个字符，即设置转义字符，默认值为 '\' 。
- LINES STARTING BY 'value'：设置每行数据开头的字符，可以为单个或多个字符，默认情况下不使用任何字符。
- LINES TERMINATED BY 'value'：设置每行数据结尾的字符，可以为单个或多个字符，默认值为 '\n' 。

FIELDS 和 LINES 两个子句都是自选的，但是如果两个都被指定了，FIELDS 必须位于 LINES 的前面。

SELECT…INTO OUTFILE 语句可以非常快速地把一个表转储到服务器上。如果想要在服务器主机之外的部分客户主机上创建结果文件，不能使用 SELECT…INTO OUTFILE。在这种情况下，应该在客户主机上使用比如"MySQL –e "SELECT ..." > file_name"的命令来生成文件。

SELECT…INTO OUTFILE 是 LOAD DATA INFILE 的补语。用于语句的 OPTIONS 部分的语法包括部分 FIELDS 和 LINES 子句，这些子句与 LOAD DATA INFILE 语句同时使用。

【例 14.10】使用 SELECT…INTO OUTFILE 将 test 数据库中的 person 表中的记录导出到文本文件，输入命令如下：

```
SELECT * FROM test.person INTO OUTFILE "C:\person0.txt";
```

由于指定了 INTO OUTFILE 子句，SELECT 将查询出来的 3 个字段的值保存到 C:\person0.txt 文件中，打开文件内容如下：

```
1    Green   21   Lawyer
```

```
2    Suse     22   dancer
3    Mary     24   Musician
4    Willam   20   sports man
5    Laura    25   \N
6    Evans    27   secretary
7    Dale     22   cook
8    Edison   28   singer
9    Harry    21   magician
10   Harriet  19   pianist
```

可以看到默认情况下，MySQL 使用制表符"\t"分隔不同的字段，字段没有被其他字符
括起来。另外，在 Windows 平台下，使用记事本打开该文件，显示的格式与这里并不相同，
这是因为 Windows 系统下回车换行符为"\r\n"，默认换行符为"\n"，因此可能会在 person.txt
中看到类似黑色方块的字符，所有的记录也会在同一行显示。

另外，注意到第 5 行中有一个字段值"\N"，表示该字段的值为 NULL。默认情况下，如
果遇到 NULL 值，将会返回"\N"，代表空值，反斜线"\"表示转义字符，如果使用 ESCAPED
BY 选项，则 N 前面为指定的转义字符。

【例 14.11】使用 SELECT…INTO OUTFILE 将 test 数据库中 person 表中的记录导出到文
本文件，使用 FIELDS 选项和 LINES 选项，要求字段之间使用逗号","间隔，所有字段值用
双引号括起来，定义转义字符为单引号"\"，执行的命令如下：

```
SELECT * FROM  test.person INTO OUTFILE "C:\person1.txt"
FIELDS
TERMINATED BY ','
ENCLOSED BY '\"'
ESCAPED BY '\''
LINES
TERMINATED BY '\r\n';
```

该语句将把 person 表中所有记录导入到 C 盘目录下的 person1.txt 文本文件中。

FIELDS TERMINATED BY ','表示字段之间用逗号分隔；ENCLOSED BY '\"'表示每个字段
用双引号括起来；ESCAPED BY '\''表示将系统默认的转义字符替换为单引号；LINES
TERMINATED BY '\r\n'表示每行以回车换行符结尾，保证每一条记录占一行。

执行成功后，在目录 C:\下生成一个 person1.txt 文件，打开文件内容如下：

```
"1","Green","21","Lawyer"
"2","Suse","22","dancer"
"3","Mary","24","Musician"
"4","Willam","20","sports man"
"5","Laura","25",'N'
"6","Evans","27","secretary"
"7","Dale","22","cook"
"8","Edison","28","singer"
```

```
"9","Harry","21","magician"
"10","Harriet","19","pianist"
```

可以看到，所有的字段值都被双引号包括；第 5 条记录中空值的表示形式为"N"，即使用单引号替换了反斜线转义字符。

【例 14.12】使用 SELECT…INTO OUTFILE 将 test 数据库中的 person 表中的记录导出到文本文件，使用 LINES 选项，要求每行记录以字符串">"开始，以"<end>"字符串结尾，执行的命令如下：

```
SELECT * FROM test.person INTO OUTFILE "C:\person2.txt"
LINES
STARTING BY '> '
TERMINATED BY '<end>';
```

执行成功后，在目录 C:\下生成一个 person2.txt 文件，打开文件内容如下：

```
> 1 Green   21  Lawyer <end>> 2 Suse    22   dancer <end>> 3 Mary    24
Musician <end>> 4  Willam  20  sports man <end>> 5 Laura   25   \N <end>> 6
Evans   27  secretary <end>> 7 Dale    22   cook <end>> 8   Edison  28
singer <end>> 9 Harry   21  magician <end>> 10 Harriet 19  pianist <end>
```

可以看到，虽然将所有的字段值导出到文本文件中，但是所有的记录没有分行区分，出现这种情况是因为 TERMINATED BY 选项替换了系统默认的"\n"换行符，如果希望换行显示，则需要修改导出语句，输入下面的语句：

```
SELECT * FROM test.person INTO OUTFILE "C:\person2.txt"
LINES
STARTING BY '> '
TERMINATED BY '<end>\r\n';
```

执行完语句之后，换行显示每条记录，结果如下：

```
> 1  Green   21  Lawyer <end>
> 2  Suse    22  dancer <end>
> 3  Mary    24  Musician <end>
> 4  Willam  20  sports man <end>
> 5  Laura   25  \N <end>
> 6  Evans   27  secretary <end>
> 7  Dale    22  cook <end>
> 8  Edison  28  singer <end>
> 9  Harry   21  magician <end>
> 10 Harriet 19  pianist <end>
```

14.4.2　使用 mysqldump 命令导出文本文件

除了使用 SELECT…INTO OUTFILE 语句导出文本文件之外，还可以使用 mysqldump。本章开始介绍了使用 mysqldump 备份数据库，该工具不仅可以将数据导出为包含 CREATE、

INSERT 的 sql 文件，也可以导出为纯文本文件。

　　mysqldump 创建一个包含创建表的 CREATE TABLE 语句的 tablename.sql 文件和一个包含其数据的 tablename.txt 文件。mysqldump 导出文本文件的基本语法格式如下：

```
mysqldump -T path-u root -p dbname [tables] [OPTIONS]

--OPTIONS 选项
--fields-terminated-by=value
--fields-enclosed-by=value
--fields-optionally-enclosed-by=value
--fields-escaped-by=value
--lines-terminated-by=value
```

　　只有指定了-T 参数才可以导出纯文本文件；path 表示导出数据的目录；tables 为指定要导出的表名称，如果不指定，将导出数据库 dbname 中所有的表；[OPTIONS]为可选参数选项，这些选项需要结合-T 选项使用。使用 OPTIONS 常见的取值有：

- --fields-terminated-by=value：设置字段之间的分隔字符，可以为单个或多个字符，默认情况下为制表符"\t"。
- --fields-enclosed-by=value：设置字段的包围字符。
- --fields-optionally-enclosed-by=value：设置字段的包围字符，只能为单个字符，只能包括 CHAR 和 VERCHAR 等字符数据字段。
- --fields-escaped-by=value：控制如何写入或读取特殊字符，只能为单个字符，即设置转义字符，默认值为反斜线"\"。
- --lines-terminated-by=value：设置每行数据结尾的字符，可以为单个或多个字符，默认值为"\n"。

 与 SELECT…INTO OUTFILE 语句中 OPTIONS 各个参数设置不同，这里 OPTIONS 各个选项等号后面的 value 值不要用引号括起来。

　　【例 14.13】使用 mysqldump 将 test 数据库中 person 表中的记录导出到文本文件，执行的命令如下：

```
mysqldump -T C:\test person -u root-p
```

　　语句执行成功，系统 C 盘目录下面将会有两个文件，分别为 person.sql 和 person.txt。person.sql 包含创建 person 表的 CREATE 语句，其内容如下：

```
/*!40103 SET TIME_ZONE='+00:00' */;
/*!40101 SET @OLD_SQL_MODE=@@SQL_MODE, SQL_MODE='' */;
/*!40111 SET @OLD_SQL_NOTES=@@SQL_NOTES, SQL_NOTES=0 */;


--
```

```
-- Table structure for table `person`
--

DROP TABLE IF EXISTS `person`;
/*!40101 SET @saved_cs_client = @@character_set_client */;
/*!40101 SET character_set_client = utf8 */;
CREATE TABLE `person` (
  `id` int(10) unsigned NOT NULL AUTO_INCREMENT,
  `name` char(40) NOT NULL DEFAULT '',
  `age` int(11) NOT NULL DEFAULT '0',
  `info` char(50) DEFAULT NULL,
  PRIMARY KEY (`id`)
) ENGINE=InnoDB AUTO_INCREMENT=11 DEFAULT CHARSET=utf8;
/*!40101 SET character_set_client = @saved_cs_client */;


/*!40103 SET TIME_ZONE=@OLD_TIME_ZONE */;


/*!40101 SET SQL_MODE=@OLD_SQL_MODE */;
/*!40101 SET CHARACTER_SET_CLIENT=@OLD_CHARACTER_SET_CLIENT */;
/*!40101 SET CHARACTER_SET_RESULTS=@OLD_CHARACTER_SET_RESULTS */;
/*!40101 SET COLLATION_CONNECTION=@OLD_COLLATION_CONNECTION */;
/*!40111 SET SQL_NOTES=@OLD_SQL_NOTES */;


-- Dump completed on 2011-08-19 15:02:16
```

备份文件中的信息在 14.1.1 小节介绍过。

person.txt 包含数据包中的数据，其内容如下：

```
1    Green      21    Lawyer
2    Suse       22    dancer
3    Mary       24    Musician
4    Willam     20    sports man
5    Laura      25    \N
6    Evans      27    secretary
7    Dale       22    cook
8    Edison     28    singer
9    Harry      21    magician
10   Harriet    19    pianist
```

【例 14.14】使用 mysqldump 命令将 test 数据库中 person 表中的记录导出到文本文件，使用 FIELDS 选项，要求字段之间使用逗号 "," 间隔，所有字符类型字段值用双引号括起来，定义转义字符为问号 "?"，每行记录以回车换行符 "\r\n" 结尾，执行的命令如下：

```
C:\>mysqldump -T C:\backup test person -u root -p --fields-terminated-by=,
--fields-optionally-enclosed-by=\" --fields-escaped-by=? --lines-terminated-by=\r\n
```

上面语句要在一行中输入，语句执行成功，系统 C:\backup 目录下面将会有两个文件，分别为 person.sql 和 person.txt。person.sql 包含创建 person 表的 CREATE 语句，其内容与前面例子中的相同，person.txt 文件的内容与上一个例子不同，显示如下：

```
1,"Green",21,"Lawyer"
2,"Suse",22,"dancer"
3,"Mary",24,"Musician"
4,"Willam",20,"sports man"
5,"Laura",25,?N
6,"Evans",27,"secretary"
7,"Dale",22,"cook"
8,"Edison",28,"singer"
9,"Harry",21,"magician"
10,"Harriet",19,"pianist"
```

可以看到，只有字符类型的值被双引号括了起来，而数值类型的值没有；第 5 行记录中的 NULL 值表示为 "?N"，使用问号 "?" 替代了系统默认的反斜线转义字符 "\"。

14.4.3　使用 MySQL 命令导出文本文件

MySQL 是一个功能丰富的工具命令，使用 MySQL 还可以在命令行模式下执行 SQL 指令，将查询结果导入文本文件中。相比 mysqldump，MySQL 工具导出的结果可读性更强。

如果 MySQL 服务器是单独的机器，用户是在一个 client 上进行操作，用户要把数据结果导入 client 机器上。可以使用 MySQL -e 语句。

使用 MySQL 导出数据文本文件语句的基本格式如下：

```
mysql -u root -p --execute= "SELECT 语句" dbname > filename.txt
```

该命令使用--execute 选项，表示执行该选项后面的语句并退出，后面的语句必须用双引号括起来，dbname 为要导出的数据库名称；导出的文件中不同列之间使用制表符分隔，第 1 行包含了各个字段的名称。

【例 14.15】使用 MySQL 语句，导出 test 数据库中 person 表中的记录到文本文件，输入语句如下：

```
mysql -u root -p --execute="SELECT * FROM person;" test > C:\person3.txt
```

语句执行完毕之后，系统 C 盘目录下面将会有名称为 person3.txt 的文本文件，其内容如下：

```
id   name     age    info
1    Green    21     Lawyer
2    Suse     22     dancer
3    Mary     24     Musician
4    Willam   20     sports man
5    Laura    25     NULL
6    Evans    27     secretary
7    Dale     22     cook
8    Edison   28     singer
```

```
9    Harry      21      magician
10   Harriet    19      pianist
```

可以看到，person3.txt 文件中包含了每个字段的名称和各条记录，该显示格式与 MySQL 命令行下 SELECT 查询结果显示相同。

使用 MySQL 命令还可以指定查询结果的显示格式，如果某行记录字段很多，可能一行不能完全显示，可以使用--vertical 参数，将每条记录分为多行显示。

【例 14.16】使用 MySQL 命令导出 test 数据库 person 表中的记录到文本文件，使用--vertical 参数显示结果，输入语句如下：

```
mysql -u root -p --vertical --execute="SELECT * FROM person;" test > C:\person4.txt
```

语句执行之后，C:\person4.txt 文件中的内容如下：

```
*** 1. row ***
  id: 1
name: Green
 age: 21
info: Lawyer
*** 2. row ***
  id: 2
name: Suse
 age: 22
info: dancer
*** 3. row ***
  id: 3
name: Mary
 age: 24
info: Musician
*** 4. row ***
  id: 4
name: Willam
 age: 20
info: sports man
*** 5. row ***
  id: 5
name: Laura
 age: 25
info: NULL
*** 6. row ***
  id: 6
name: Evans
 age: 27
info: secretary
*** 7. row ***
  id: 7
```

```
name: Dale
 age: 22
info: cook
*** 8. row ***
  id: 8
name: Edison
 age: 28
info: singer
*** 9. row ***
  id: 9
name: Harry
 age: 21
info: magician
*** 10. row ***
  id: 10
name: Harriet
 age: 19
info: pianist
```

可以看到，SELECT 的查询结果导出到文本文件之后，显示格式发生了变化，如果 person 表中记录内容很长，这样显示将会更加容易阅读。

MySQL 可以将查询结果导出到 html 文件中，使用--html 选项即可。

【例 14.17】使用 MySQL 命令导出 test 数据库中 person 表中的记录到 html 文件，输入语句如下：

```
mysql -u root -p --html --execute="SELECT * FROM person;" test > C:\person5.html
```

语句执行成功，将在 C 盘创建文件 person5.html，该文件在浏览器中的显示如图 14.1 所示。

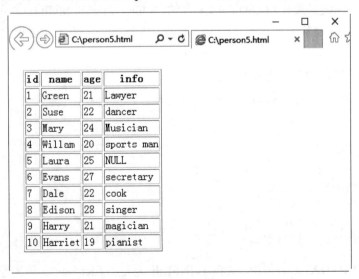

图 14.1　使用 MySQL 导出数据到 html 文件

397

要将表数据导出到 xml 文件中，可使用--xml 选项。

【例 14.18】使用 MySQL 命令导出 test 数据库中 person 表中的记录到 xml 文件，输入语句如下：

```
mysql -u root -p --xml --execute="SELECT * FROM person;" test > C:\person6.xml
```

语句执行成功，将在 C 盘创建文件 person6.xml，该文件在浏览器中显示如图 14.2 所示。

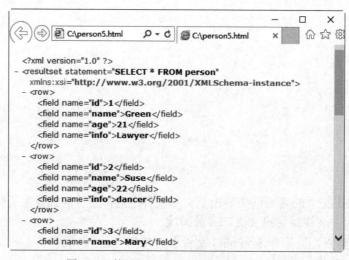

图 14.2　使用 MySQL 导出数据到 xml 文件

14.4.4　使用 LOAD DATA INFILE 方式导入文本文件

MySQL 允许将数据导出到外部文件，也可以从外部文件导入数据。MySQL 提供了一些导入数据的工具，这些工具有 LOAD DATA 语句、source 命令和 MySQL 命令。LOAD DATA INFILE 语句用于高速地从一个文本文件中读取行，并装入一个表中。文件名称必须为文字字符串。本小节将介绍 LOAD DATA 语句的用法。

LOAD DATA 语句的基本格式如下：

```
LOAD DATA  INFILE 'filename.txt' INTO TABLE tablename [OPTIONS] [IGNORE number
LINES]

-- OPTIONS 选项
    FIELDS  TERMINATED BY 'value'
FIELDS  [OPTIONALLY] ENCLOSED BY 'value'
FIELDS  ESCAPED BY 'value'
LINES  STARTING BY 'value'
LINES  TERMINATED BY 'value'
```

可以看到 LOAD DATA 语句中，关键字 INFILE 后面的 filename 文件为导入数据的来源；tablename 表示待导入的数据表名称；[OPTIONS]为可选参数选项，OPTIONS 部分的语法包括

FIELDS 和 LINES 子句，其可能的取值有：

- FIELDS　TERMINATED BY 'value'：设置字段之间的分隔字符，可以为单个或多个字符，默认情况下为制表符 "\t"。
- FIELDS　[OPTIONALLY] ENCLOSED BY 'value'：设置字段的包围字符，只能为单个字符。如果使用了 OPTIONALLY，则只有 CHAR 和 VERCHAR 等字符数据字段被包括。
- FIELDS　ESCAPED BY 'value'：控制如何写入或读取特殊字符，只能为单个字符，即设置转义字符，默认值为 "\"。
- LINES　STARTING BY 'value'：设置每行数据开头的字符，可以为单个或多个字符，默认情况下不使用任何字符。
- LINES　TERMINATED BY 'value'：设置每行数据结尾的字符，可以为单个或多个字符，默认值为 "\n"。

IGNORE number LINES 选项表示忽略文件开始处的行数，number 表示忽略的行数。执行 LOAD DATA 语句需要 FILE 权限。

【例 14.19】使用 LOAD DATA 命令将 C:\person0.txt 文件中的数据导入 test 数据库中的 person 表，输入语句如下：

```
LOAD DATA  INFILE 'C:\person0.txt' INTO TABLE test.person;
```

恢复之前，将 person 表中的数据全部删除，登录 MySQL，使用 DELETE 语句，语句如下：

```
mysql> USE test;
Database changed;
mysql> DELETE FROM person;
Query OK, 10 rows affected (0.00 sec)
```

从 person0.txt 文件中恢复数据，语句如下：

```
mysql> LOAD DATA  INFILE 'C:\person0.txt' INTO TABLE test.person;
Query OK, 10 rows affected (0.00 sec)
Records: 10  Deleted: 0  Skipped: 0  Warnings: 0

mysql> SELECT * FROM person;
+----+---------+------+------------+
| id | name    | age  | info       |
+----+---------+------+------------+
|  1 | Green   |  21  | Lawyer     |
|  2 | Suse    |  22  | dancer     |
|  3 | Mary    |  24  | Musician   |
|  4 | Willam  |  20  | sports man |
|  5 | Laura   |  25  | NULL       |
|  6 | Evans   |  27  | secretary  |
|  7 | Dale    |  22  | cook       |
|  8 | Edison  |  28  | singer     |
```

```
|  9 | Harry   | 21 | magician   |
| 10 | Harriet | 19 | pianist    |
+----+---------+------+-------------+
10 rows in set (0.00 sec)
```

可以看到，语句执行成功之后，原来的数据重新恢复到了 person 表中。

【例 14.20】使用 LOAD DATA 命令将 C:\person1.txt 文件中的数据导入 test 数据库中的 person 表，使用 FIELDS 选项和 LINES 选项，要求字段之间使用逗号 "，" 间隔，所有字段值用双引号括起来，定义转义字符为单引号 "\"，每行记录以回车换行符 "\r\n" 结尾，输入语句如下：

```
LOAD DATA INFILE 'C:\person1.txt' INTO TABLE test.person
FIELDS
TERMINATED BY ','
ENCLOSED BY '\"'
ESCAPED BY '\''
LINES
TERMINATED BY '\r\n';
```

恢复之前，将 person 表中的数据全部删除，使用 DELETE 语句，执行过程如下：

```
mysql> DELETE FROM person;
Query OK, 10 rows affected (0.00 sec)
```

从 person1.txt 文件中恢复数据，执行过程如下：

```
mysql> LOAD DATA  INFILE 'C:\person1.txt' INTO TABLE test.person
    -> FIELDS
    -> TERMINATED BY ','
    -> ENCLOSED BY '\"'
    -> ESCAPED BY '\''
    -> LINES
    -> TERMINATED BY '\r\n';
Query OK, 10 rows affected (0.00 sec)
Records: 10  Deleted: 0  Skipped: 0  Warnings: 0
```

语句执行成功，使用 SELECT 语句查看 person 表中的记录，结果与前一个例子相同。

14.4.5　使用 mysqlimport 命令导入文本文件

使用 mysqlimport 可以导入文本文件，并且不需要登录 MySQL 客户端。mysqlimport 命令提供许多与 LOAD DATA INFILE 语句相同的功能，大多数选项直接对应 LOAD DATA INFILE 子句。使用 mysqlimport 语句需要指定所需的选项、导入的数据库名称以及导入的数据文件的路径和名称。mysqlimport 命令的基本语法格式如下：

```
mysqlimport -u root-p dbname filename.txt [OPTIONS]
```

```
--OPTIONS 选项
--fields-terminated-by=value
--fields-enclosed-by=value
--fields-optionally-enclosed-by=value
--fields-escaped-by=value
--lines-terminated-by=value
--ignore-lines=n
```

dbname 为导入的表所在的数据库名称。注意，mysqlimport 命令不指定导入数据库的表名称，数据表的名称由导入文件名称确定，即文件名作为表名，导入数据之前该表必须存在。[OPTIONS]为可选参数选项，其常见的取值有：

- --fields-terminated-by= 'value'：设置字段之间的分隔字符，可以为单个或多个字符，默认情况下为制表符"\t"。
- --fields-enclosed-by= 'value'：设置字段的包围字符。
- --fields-optionally-enclosed-by= 'value'：设置字段的包围字符，只能为单个字符，包括 CHAR 和 VERCHAR 等字符数据字段。
- --fields-escaped-by= 'value'：控制如何写入或读取特殊字符，只能为单个字符，即设置转义字符，默认值为反斜线"\"。
- --lines-terminated-by= 'value'：设置每行数据结尾的字符，可以为单个或多个字符，默认值为"\n"。
- --ignore-lines=n：忽视数据文件的前 n 行。

【例 14.21】使用 mysqlimport 命令将 C:\backup 目录下的 person.txt 文件内容导入 test 数据库中，字段之间使用逗号","间隔，字符类型字段值用双引号括起来，将转义字符定义为问号"?"，每行记录以回车换行符"\r\n"结尾，执行的命令如下：

```
C:\ >mysqlimport -u root -p test C:\backup/person.txt --fields-terminated-by=,
--fields-optionally-enclosed-by=\" --fields-escaped-by=? --lines-terminated
-by=\r\n
```

上面的语句要在一行中输入。语句执行成功，将把 person.txt 中的数据导入数据库。

除了前面介绍的几个选项之外，mysqlimport 支持许多选项，常见的选项有：

- --columns=column_list, -c column_list: 该选项采用逗号分隔的列名作为其值。列名的顺序指示如何匹配数据文件列和表列。
- --compress, -C: 压缩在客户端和服务器之间发送的所有信息（如果二者均支持压缩）。
- -d, --delete: 导入文本文件前清空表。
- --force, -f: 忽视错误。例如，某个文本文件的表不存在，就会继续处理其他文件。不使用--force，如果表不存在，则 mysqlimport 退出。
- --host=host_name, -h host_name: 将数据导入给定主机上的 MySQL 服务器。默认主机是 localhost。

- --ignore，-i: 参见--replace 选项的描述。
- --ignore-lines=n: 忽视数据文件的前 n 行。
- --local，-L: 从本地客户端读入输入文件。
- --lock-tables, -l: 处理文本文件前锁定所有表以便写入。这样可以确保所有表在服务器上保持同步。
- --password[=password]，-p[password]: 当连接服务器时使用的密码。如果使用短选项形式（-p），选项和密码之间不能有空格。如果在命令行中--password 或-p 选项后面没有密码值，则提示输入一个密码。
- --port=port_num，-P port_num: 用于连接的 TCP/IP 端口号。
- --protocol={TCP | SOCKET | PIPE | MEMORY}: 使用的连接协议。
- --replace，-r --replace 和—ignore: 控制复制唯一键值已有记录的输入记录的处理。如果指定--replace，新行替换有相同的唯一键值的已有行；如果指定--ignore，复制已有的唯一键值的输入行被跳过；如果不指定这两个选项，当发现一个复制键值时会出现一个错误，并且忽视文本文件的剩余部分。
- --silent，-s: 沉默模式。只有出现错误时才输出信息。
- --user=user_name，-u user_name: 当连接服务器时 MySQL 使用的用户名。
- --verbose，-v: 冗长模式。打印出程序操作的详细信息。
- --version，-V: 显示版本信息并退出。

14.5 实战演练——数据的备份与恢复

备份有助于保护数据库，通过备份可以完整保存 MySQL 中各个数据库的特定状态。在系统出现故障、数据丢失或者不合理操作对数据库造成灾难时，可以通过备份恢复数据库中的数据。作为 MySQL 的管理人员，应该定期地备份所有活动的数据库，以免发生数据丢失。因此，无论怎样强调数据库的备份工作都不过分。本章实战演练将向读者提供数据库备份与恢复的方法与过程。

1. 案例目的

按照操作过程完成对 test 数据库的备份和恢复。

步骤 01 使用 mysqldump 命令将 suppliers 表备份到文件 C:\bktestdir\suppliers_bk.sql。

步骤 02 使用 MySQL 命令恢复 suppliers 表到 test 数据库中。

步骤 03 使用 SELECT… INTO OUTFILE 语句导出 suppliers 表中的记录，导出文件位于目录 C:\bktestdir 下，名称为 suppliers_out.txt。

步骤 04 使用 LOAD DATA INFILE 语句导入 suppliers_out.txt 数据到 suppliers 表。

步骤 05 使用 mysqldump 命令将 suppliers 表中的记录导出到文件 C:\bktestdir\suppliers_html.html。

2. 案例操作过程

步骤 01　使用 mysqldump 命令将 suppliers 表备份到文件 C:\bktestdir\suppliers_bk.sql。

首先创建系统目录，在系统 C 盘下面新建文件夹 bktestdir，然后打开命令行窗口，输入如下语句：

```
C:\ >mysqldump -u root -p test suppliers > C:\bktestdir\suppliers_bk.sql
Enter password: **
```

语句执行完毕，打开目录 C:\bktestdir，可以看到已经创建好的备份文件 suppliers_bk.sql，内容如下：

```
-- MySQL dump 10.13  Distrib 5.7.18, for Win32 (x86)
--
-- Host: localhost    Database: test
-- -------------------------------------------------------
-- Server version    5.7.18

/*!40101 SET @OLD_CHARACTER_SET_CLIENT=@@CHARACTER_SET_CLIENT */;
/*!40101 SET @OLD_CHARACTER_SET_RESULTS=@@CHARACTER_SET_RESULTS */;
/*!40101 SET @OLD_COLLATION_CONNECTION=@@COLLATION_CONNECTION */;
/*!40101 SET NAMES utf8 */;
/*!40103 SET @OLD_TIME_ZONE=@@TIME_ZONE */;
/*!40103 SET TIME_ZONE='+00:00' */;
/*!40014 SET @OLD_UNIQUE_CHECKS=@@UNIQUE_CHECKS, UNIQUE_CHECKS=0 */;
/*!40014 SET @OLD_FOREIGN_KEY_CHECKS=@@FOREIGN_KEY_CHECKS, FOREIGN_KEY_
CHECKS=0 */;
/*!40101 SET @OLD_SQL_MODE=@@SQL_MODE, SQL_MODE='NO_AUTO_VALUE_ON_ZERO'*/;
/*!40111 SET @OLD_SQL_NOTES=@@SQL_NOTES, SQL_NOTES=0 */;


--
-- Table structure for table 'suppliers'
--

DROP TABLE IF EXISTS 'suppliers';
/*!40101 SET @saved_cs_client = @@character_set_client */;
/*!40101 SET character_set_client = utf8 */;
CREATE TABLE 'suppliers' (
  's_id' int(11) NOT NULL AUTO_INCREMENT,
  's_name' char(50) NOT NULL,
  's_city' char(50) DEFAULT NULL,
  's_zip' char(10) DEFAULT NULL,
  's_call' char(50) NOT NULL,
```

```
   PRIMARY KEY ('s_id')
 ) ENGINE=InnoDB AUTO_INCREMENT=108 DEFAULT CHARSET=utf8;
 /*!40101 SET character_set_client = @saved_cs_client */;


 --
 -- Dumping data for table 'suppliers'
 --


 LOCK TABLES 'suppliers' WRITE;
 /*!40000 ALTER TABLE 'suppliers' DISABLE KEYS */;
 INSERT INTO 'suppliers' VALUES (101,'FastFruit Inc.','Tianjin','463400',
'48075'),(102,'LT Supplies',' Chongqing','100023','44333'),(103,'ACME',
'Shanghai','100024','90046'),(104,'FNK Inc.','Zhongshan','212021','11111'),
 (105,'Good Set','Taiyuang','230009','22222'),(106,'Just Eat Ours','Beijing',
'010','45678'),(107,'DK Inc.','Qingdao',  '230009','33332');
 /*!40000 ALTER TABLE 'suppliers' ENABLE KEYS */;
 UNLOCK TABLES;
 /*!40103 SET TIME_ZONE=@OLD_TIME_ZONE */;


 /*!40101 SET SQL_MODE=@OLD_SQL_MODE */;
 /*!40014 SET FOREIGN_KEY_CHECKS=@OLD_FOREIGN_KEY_CHECKS */;
 /*!40014 SET UNIQUE_CHECKS=@OLD_UNIQUE_CHECKS */;
 /*!40101 SET CHARACTER_SET_CLIENT=@OLD_CHARACTER_SET_CLIENT */;
 /*!40101 SET CHARACTER_SET_RESULTS=@OLD_CHARACTER_SET_RESULTS */;
 /*!40101 SET COLLATION_CONNECTION=@OLD_COLLATION_CONNECTION */;
 /*!40111 SET SQL_NOTES=@OLD_SQL_NOTES */;


 -- Dump completed on 2011-08-20 15:07:44
```

步骤 **02** 使用备份文件 suppliers_bk.sql 中的数据恢复 suppliers 表。

为了验证恢复之后数据的正确性，删除 suppliers 表中的所有记录，登录 MySQL，输入语句：

```
mysql> USE test;
Database changed
mysql> DELETE FROM suppliers;
Query OK, 7 rows affected (0.00 sec)
```

此时，suppliers 表中不再有任何数据记录，在 MySQL 命令行输入恢复语句：

```
mysql> source C:\bktestdir\suppliers_bk.sql;
```

语句执行过程中会出现多行提示信息，执行成功之后使用 SELECT 语句查询 suppliers 表，
内容如下：

```
mysql> SELECT * FROM suppliers;
+------+----------------+------------+--------+--------+
| s_id | s_name         | s_city     | s_zip  | s_call |
+------+----------------+------------+--------+--------+
| 101  | FastFruit Inc. | Tianjin    | 463400 | 48075  |
| 102  | LT Supplies    | Chongqing  | 100023 | 44333  |
| 103  | ACME           | Shanghai   | 100024 | 90046  |
| 104  | FNK Inc.       | Zhongshan  | 212021 | 11111  |
| 105  | Good Set       | Taiyuang   | 230009 | 22222  |
| 106  | Just Eat Ours  | Beijing    | 010    | 45678  |
| 107  | DK Inc.        | Qingdao    | 230009 | 33332  |
+------+----------------+------------+--------+--------+
7 rows in set (0.00 sec)
```

由查询结果可以看到，恢复操作成功。

步骤 03 使用 SELECT…INTO OUTFILE 语句导出 suppliers 表中的记录，导出文件位于目录 C:\bktestdir 下，名称为 suppliers_out.txt。

执行过程如下：

```
mysql> SELECT * FROM test.suppliers INTO OUTFILE
"C:\bktestdir\suppliers_out.txt"
    -> FIELDS
    -> TERMINATED BY ','
    -> ENCLOSED BY '\"'
    -> LINES
    -> STARTING BY '<'
    -> TERMINATED BY '>\r\n';
Query OK, 7 rows affected (0.00 sec)
```

TERMINATED BY ','指定不同字段之间使用逗号分隔开；ENCLOSED BY '\"'指定字段值使用双引号包括；STARTING BY '< '指定每行记录以左箭头符号开始；TERMINATED BY '>\r\n';指定每行记录以右箭头符号和回车换行符结束。语句执行完毕，打开目录 C:\bktestdir，可以看到已经创建好的导出文件 suppliers_out.txt，内容如下：

```
<"101","FastFruit Inc.","Tianjin","463400","48075">
<"102","LT Supplies","Chongqing","100023","44333">
<"103","ACME","Shanghai","100024","90046">
<"104","FNK Inc.","Zhongshan","212021","11111">
<"105","Good Set","Taiyuang","230009","22222">
<"106","Just Eat Ours","Beijing","010","45678">
<"107","DK Inc.","Qingdao","230009","33332">
```

步骤 04 使用 LOAD DATA INFILE 语句导入 suppliers_out.txt 数据到 suppliers 表。

首先使用 DELETE 语句删除 suppliers 表中的所有记录，然后输入导入语句：

```
mysql> LOAD DATA INFILE 'C:\bktestdir\suppliers_out.txt' INTO TABLE
test.suppliers
    -> FIELDS
    -> TERMINATED BY ','
    -> ENCLOSED BY '\"'
    -> LINES
    -> STARTING BY '<'
    -> TERMINATED BY '>\r\n';
Query OK, 7 rows affected (0.00 sec)
Records: 7  Deleted: 0  Skipped: 0  Warnings: 0
```

语句执行之后，suppliers_out.txt 文件中的数据将导入 suppliers 表中，由于导出 txt 文件时指定了一些特殊字符，因此恢复语句也要指定这些字符，已确保恢复后数据的完整性和正确性。

步骤 05 使用 mysqldump 命令将 suppliers 表中的记录导出到文件 C:\bktestdir\suppliers_html.html。

导出表数据到 html 文件，使用 MySQL 命令时需要指定--html 选项，在 Windows 命令行窗口输入导出语句：

```
mysql -u root -p --html --execute="SELECT * FROM suppliers;" test >
C:\bktestdir\suppliers_html.html
```

语句执行完毕，打开目录 C:\bktestdir，可以看到已经创建好的导出文件 suppliers_html.html，读者可以使用浏览器打开该文件，在浏览器中显示格式和内容如表 14.1 所示。

表 14.1 浏览器中显示导出文件的内容

s_id	s_name	s_city	s_zip	s_call
101	FastFruit Inc.	Tianjin	463400	48075
102	LT Supplies	Chongqing	100023	44333
103	ACME	Shanghai	100024	90046
104	FNK Inc.	Zhongshan	212021	11111
105	Good Set	Taiyuang	230009	22222
106	Just Eat Ours	Beijing	010	45678
107	DK Inc.	Qingdao	230009	33332

14.6　疑难解惑

疑问 1：mysqldump 备份的文件只能在 MySQL 中使用吗？

mysqldump 备份的文本文件实际是数据库的一个副本，使用该文件不仅可以在 MySQL 中恢复数据库，而且通过对该文件的简单修改，可以使用该文件在 SQL Server 或者 Sybase 等其他数据库中恢复数据库。这在某种程度上实现了数据库之间的迁移。

疑问 2：如何选择备份工具？

直接复制数据文件是最为直接、快速的备份方法，缺点是基本上不能实现增量备份。备份时必须确保没有使用这些表。如果在复制一个表的同时服务器正在修改它，则复制无效。备份文件时，最好关闭服务器，然后重新启动服务器。为了保证数据的一致性，需要在备份文件前执行以下 SQL 语句：

```
FLUSH TABLES WITH READ LOCK;
```

也就是把内存中的数据都刷新到磁盘中，同时锁定数据表，以保证复制过程中不会有新的数据写入。这种方法备份出来的数据恢复也很简单，直接复制回原来的数据库目录下即可。

mysqlhotcopy 是一个 PERL 程序，它使用 LOCK TABLES、FLUSH TABLES 和 cp 或 scp 来快速备份数据库。它是备份数据库或单个表最快的途径，但它只能运行在数据库文件所在的机器上，并且 Mysqlhotcopy 只能用于备份 MyISAM 表。Mysqlhotcopy 适合于小型数据库的备份，数据量不大，可以使用 mysqlhotcopy 程序每天进行一次完全备份。

mysqldump 将数据表导成 SQL 脚本文件，在不同的 MySQL 版本之间升级时相对比较合适，这也是最常用的备份方法。mysqldump 比直接复制要慢些。

疑问 3：使用 mysqldump 备份整个数据库成功，把表和数据库都删除了，但使用备份文件却不能恢复数据库？

出现这种情况，是因为备份的时候没有指定--databases 参数。默认情况下，如果只指定数据库名称，mysqldump 备份的是数据库中所有的表，而不包括数据库的创建语句，例如：

```
mysqldump -u root -p booksDB > c:\backup\booksDB_20160101.sql
```

该语句只备份了 booksDB 数据库下所有的表，读者打开该文件，可以看到文件中不包含创建 booksDB 数据库的 CREATE DATABASE 语句，因此如果把 booksDB 也删除了，使用该 sql 文件不能恢复以前的表，恢复时会出现 ERROR 1046 (3D000): No database selected 的错误信息。必须在 MySQL 命令行下创建 booksDB 数据库，并使用 use 语句选择 booksDB 之后才可以恢复。而下面的语句，数据库删除之后，可以正常恢复备份时的状态。

```
mysqldump -u root -p --databases booksDB > C:\backup\books_DB_20160101.sql
```

该语句不仅备份了所有数据库下的表结构，而且包括创建数据库的语句。

14.7　上机练练手

（1）同时备份 test 数据库中的 fruits 和 suppliers 表，然后删除两个表中的内容并恢复。

（2）将 test 数据库中不同的数据表中的数据，导出到 xml 文件或者 html 文件，并查看文件内容。

（3）使用 MySQL 命令导出 fruits 表中的记录，并将查询结果以垂直方式显式写入导出文件。

第 15 章

◀ MySQL日志 ▶

MySQL 日志记录了 MySQL 数据库日常操作和错误信息。MySQL 有不同类型的日志文件（各自存储了不同类型的日志），从日志当中可以查询到 MySQL 数据库的运行情况、用户操作、错误信息等，可以为 MySQL 管理和优化提供必要的信息。对于 MySQL 的管理工作而言，这些日志文件是不可缺少的。本章将介绍 MySQL 各种日志的作用以及日志的管理。

本章学习技能
- 了解什么是 MySQL 日志
- 掌握二进制日志的用法
- 掌握错误日志的用法
- 掌握查询通用日志的方法
- 掌握慢查询日志的方法
- 熟练掌握实战演练中日志的操作方法和技巧

15.1 日志简介

MySQL 日志主要分为 4 类，使用这些日志文件，可以查看 MySQL 内部发生的事情。这 4 类日志分别是：

- 错误日志：记录 MySQL 服务的启动、运行或停止 MySQL 服务时出现的问题。
- 查询日志：记录建立的客户端连接和执行的语句。
- 二进制日志：记录所有更改数据的语句，可以用于数据复制。
- 慢查询日志：记录所有执行时间超过 long_query_time 的所有查询或不使用索引的查询。

默认情况下，所有日志创建于 MySQL 数据目录中。通过刷新日志，可以强制 MySQL 关闭和重新打开日志文件（或者在某些情况下切换到一个新的日志）。当执行一个 FLUSH LOGS 语句或执行 mysqladmin flush-logs 或 mysqladmin refresh 时，将刷新日志。

如果正使用 MySQL 复制功能，在复制服务器上可以维护更多日志文件，这种日志称为接替日志。

启动日志功能会降低 MySQL 数据库的性能。例如，在查询非常频繁的 MySQL 数据库系统中，如果开启了通用查询日志和慢查询日志，MySQL 数据库会花费很多时间记录日志。同时，日志会占用大量的磁盘空间。

15.2 二进制日志

二进制日志主要记录 MySQL 数据库的变化。二进制日志以一种有效的格式，并且是事务安全的方式包含更新日志中可用的所有信息。二进制日志包含所有更新了数据或者已经潜在更新了数据（例如，没有匹配任何行的一个 DELETE）的语句。语句以"事件"的形式保存，描述数据更改。

二进制日志还包含关于每个更新数据库的语句的执行时间信息。它不包含没有修改任何数据的语句。如果想要记录所有语句（例如，为了识别有问题的查询），需要使用一般查询日志。使用二进制日志的主要目的是最大可能地恢复数据库，因为二进制日志包含备份后进行的所有更新。本节将介绍二进制日志相关的内容。

15.2.1 启动和设置二进制日志

默认情况下，二进制日志是关闭的，可以通过修改 MySQL 的配置文件来启动和设置二进制日志。

my.ini 中[MySQLd]组下面有几个设置是关于二进制日志的：

```
log-bin [=path/ [filename] ]
expire_logs_days = 10
max_binlog_size = 100M
```

log-bin 定义开启二进制日志；path 表明日志文件所在的目录路径；filename 指定了日志文件的名称，如文件的全名为 filename.000001、filename.000002 等，除了上述文件之外，还有一个名称为 filename.index 的文件，文件内容为所有日志的清单，可以使用记事本打开该文件。

expire_logs_days 定义了 MySQL 清除过期日志的时间，即二进制日志自动删除的天数。默认值为 0，表示"没有自动删除"。当 MySQL 启动或刷新二进制日志时可能删除该文件。

max_binlog_size 定义了单个文件的大小限制，如果二进制日志写入的内容大小超出给定值，日志就会发生滚动（关闭当前文件，重新打开一个新的日志文件）。不能将该变量设置为大于 1GB 或小于 4096B。默认值是 1GB。

如果正在使用大的事务，二进制日志文件大小还可能会超过 max_binlog_size 定义的大小。

在 my.ini 配置文件中的[MySQLd]组下，添加以下几个参数与参数值：

```
[mysqld]
```

```
log-bin
expire_logs_days = 10
max_binlog_size = 100M
```

添加完毕之后，关闭并重新启动 MySQL 服务进程，即可打开二进制日志，然后可以通过 SHOW VARIABLES 语句来查询日志设置。

【例 15.1】使用 SHOW VARIABLES 语句查询日志设置，执行的语句及结果如下：

```
mysql> SHOW VARIABLES LIKE 'log_%' ;
+--------------------------------+----------------------------------------+
| Variable_name                  | Value                                  |
+--------------------------------+----------------------------------------+
| log_bin                        | ON                                     |
| log_bin_trust_function_creators | OFF                                   |
| log_error                      | C:\Documents and Settings\All Users.WINDOWS
\ApplicationQL\mysql Server 5.7\Data\Kevin.err                           |
| log_output                     | FILE                                   |
| log_queries_not_using_indexes  | OFF                                    |
| log_slave_updates              | OFF                                    |
| log_slow_queries               | OFF                                    |
| log_warnings                   | 1                                      |
+--------------------------------+----------------------------------------+
8 rows in set (0.00 sec)
```

通过上面的查询结果可以看出，log_bin 变量的值为 ON，表明二进制日志已经打开。MySQL 重新启动之后，读者可以在自己机器上的 MySQL 的数据文件夹下面看到新生成的文件后缀为 .000001 和 .index 的两个文件，文件名称为默认主机名称。例如，在笔者的机器上的文件名称为 Kevin-bin.000001 和 Kevin-bin.index。

如果想改变日志文件的目录和名称，可以对 my.ini 中的 log-bin 参数修改如下：

```
[mysqld]
log-bin="D:/mysql/log/binlog"
```

关闭并重新启动 MySQL 服务之后，新的二进制日志文件将出现在 D:\MySQL\log 文件夹下面，名称分别为 binlog.000001 和 binlog.index。读者可以根据情况灵活设置。

数据库文件最好不要与日志文件放在同一个磁盘上，这样，当数据库文件所在的磁盘发生故障时，可以使用日志文件恢复数据。

15.2.2　查看二进制日志

MySQL 二进制日志存储了所有的变更信息，MySQL 二进制日志是经常用到的。当 MySQL 创建二进制日志文件时，首先创建一个以"filename"为名称、以".index"为后缀的文件，再创建一个以"filename"为名称、以".000001"为后缀的文件。当 MySQL 服务重新启动一次，以".000001"为后缀的文件就会增加一个，并且后缀名加 1 递增；如果日志长度超过了 max_binlog_size 的上限（默认是 1GB）也会创建一个新的日志文件。

show binary logs 语句可以查看当前的二进制日志文件个数及其文件名。MySQL 二进制日志并不能直接查看，如果要查看日志内容，可以通过 mysqlbinlog 命令查看。

【例 15.2】使用 SHOW BINARY LOGS 查看二进制日志文件个数及文件名，执行命令及结果如下：

```
mysql> SHOW BINARY LOGS;
+---------------------+---------------+
| Log_name            | File_size     |
+---------------------+---------------+
| binlog.000001       |       107 |
+---------------------+---------------+
1 row in set (0.00 sec)
```

可以看到，当前只有一个二进制日志文件。日志文件的个数与 MySQL 服务启动的次数相同。每启动一次 MySQL 服务，将会产生一个新的日志文件。

【例 15.3】使用 mysqlbinlog 查看二进制日志，执行命令及结果如下：

```
C:\> mysqlbinlog D:/mysql/log/binlog.000001
/*!40019 SET @@session.max_insert_delayed_threads=0*/;
/*!50003 SET @OLD_COMPLETION_TYPE=@@COMPLETION_TYPE,COMPLETION_TYPE=0*/;
DELIMITER /*!*/;
# at 4
#160130 15:27:48 server id 1  end_log_pos 107   Start: binlog v 4, server v
5.7.18-log created 160330
# Warning: this binlog is either in use or was not closed properly.
ROLLBACK/*!*/;
BINLOG '
9JBcTg8BAAAAZwAAAGsAAAABAAQANS41LjEzLWxvZwAAAAAAAAAAAAAAAAAAAAAAAA
AAAAAAAAA
AAAAAAAAAAAAAAAAAAAD0kFxOEzgNAAgAEgAEBAQEEgAAVAAEGggAAAAICAgCAA==
'/*!*/;
# at 107
#160330 15:34:17 server id 1  end_log_pos 175   Query   thread_id=2
exec_time=0
error_code=0
SET TIMESTAMP=1314689657/*!*/;
SET @@session.pseudo_thread_id=2/*!*/;
SET @@session.foreign_key_checks=1, @@session.sql_auto_is_null=0,
@@session.unique_checks=1,
  @@session
SET @@session.sql_mode=0/*!*/;
```

```
SET @@session.auto_increment_increment=1, @@session.auto_increment_
offset=1/*!*/;
/*!\C gb2312 *//*!*/;
SET @@session.character_set_client=24,@@session.collation_connection=24,
@@session.collation_server=24/
SET @@session.lc_time_names=0/*!*/;
SET @@session.collation_database=DEFAULT/*!*/;
BEGIN
/*!*/;
# at 175
#160330 15:34:17 server id 1  end_log_pos 289   Query   thread_id=2
exec_time=0
error_code=0
use test/*!*/;
SET TIMESTAMP=1314689657/*!*/;
UPDATE fruits set f_price = 5.00  WHERE f_id = 'a1'
/*!*/;
# at 289
#160330 15:34:17 server id 1  end_log_pos 316   Xid = 14
COMMIT/*!*/;
DELIMITER ;
# End of log file
ROLLBACK /* added by mysqlbinlog */;
/*!50003 SET COMPLETION_TYPE=@OLD_COMPLETION_TYPE*/;
```

这是一个简单的日志文件，日志中记录了一些用户的操作。从文件内容中可以看到，用户对 fruits 表进行了更新操作，语句为："UPDATE fruits set f_price = 5.00　WHERE f_id = 'a1';"。

15.2.3　删除二进制日志

MySQL 的二进制文件可以配置自动删除，同时 MySQL 也提供了安全的手动删除二进制文件的方法：RESET MASTER 删除所有的二进制日志文件；PURGE MASTER LOGS 只删除部分二进制日志文件。本小节将介绍这两种二进制日志删除的方法。

1. 使用 RESET MASTER 语句删除所有二进制日志文件

RESTE MASTER 语法如下：

```
RESET MASTER;
```

执行完该语句后，所有二进制日志将被删除，MySQL 会重新创建二进制日志，新的日志文件扩展名将重新从 000001 开始编号。

2. 使用 PURGE MASTER LOGS 语句删除指定日志文件

PURGE MASTER LOGS 语法如下：

```
PURGE {MASTER | BINARY} LOGS TO 'log_name'
PURGE {MASTER | BINARY} LOGS BEFORE 'date'
```

第 1 种方法指定文件名，执行该命令将删除文件名编号比指定文件名编号小的所有日志文件。第 2 种方法指定日期，执行该命令将删除指定日期以前的所有日志文件。

【例 15.4】使用 PURGE MASTER LOGS 删除创建时间比 binlog.000003 早的所有日志文件。

首先，为了演示语句操作过程，准备多个日志文件，读者可以对 MySQL 服务进行多次重新启动。例如，这里有如下 10 个日志文件：

```
mysql> SHOW binary logs;
+-----------------+------------+
| Log_name        | File_size  |
+-----------------+------------+
| binlog.000001   |      335   |
| binlog.000002   |      126   |
| binlog.000003   |      126   |
| binlog.000004   |      126   |
| binlog.000005   |      126   |
| binlog.000006   |      126   |
| binlog.000007   |      126   |
| binlog.000008   |      126   |
| binlog.000009   |      126   |
| binlog.000010   |      107   |
+-----------------+------------+
10 rows in set (0.00 sec)
```

执行删除命令：

```
mysql> PURGE MASTER LOGS TO "binlog.000003";
Query OK, 0 rows affected (0.07 sec)
```

执行完成后，使用 SHOW binary logs 语句查看二进制日志：

```
mysql> SHOW binary logs;
+-----------------+-------------+
| Log_name        | File_size   |
+-----------------+-------------+
| binlog.000003   |      126    |
| binlog.000004   |      126    |
| binlog.000005   |      126    |
| binlog.000006   |      126    |
| binlog.000007   |      126    |
```

```
| binlog.000008 |        126 |
| binlog.000009 |        126 |
| binlog.000010 |        107 |
+-----------------+--------------+
8 rows in set (0.00 sec)
```

可以看到，binlog.000001、binlog.000002 两个日志文件被删除了。

【例 15.5】使用 PURGE MASTER LOGS 删除 2016 年 1 月 30 日前创建的所有日志文件，执行命令及结果如下：

```
mysql> PURGE MASTER LOGS BEFORE '20160130';
Query OK, 0 rows affected (0.05 sec)
```

语句执行之后，2016 年 1 月 30 日之前创建的日志文件都将被删除，但 2016 年 1 月 30 日的日志会被保留（读者可根据自己机器中创建日志的时间修改命令参数）。使用 mysqlbinlog 可以查看指定日志的创建时间，如【例 15.3】所示，部分日志内容如下：

```
C:\> mysqlbinlog D:\mysql\log\mysql-bin.000001
/*!40019 SET @@session.max_insert_delayed_threads=0*/;
/*!50003 SET @OLD_COMPLETION_TYPE=@@COMPLETION_TYPE,COMPLETION_TYPE=0*/;
DELIMITER /*!*/;
# at 4
#160130 15:27:48 server id 1  end_log_pos 107   Start: binlog v 4, server v
5.7.18-log created 160330
# Warning: this binlog is either in use or was not closed properly.
ROLLBACK/*!*/;
BINLOG '
```

其中，160130 为日志创建的时间，即 2016 年 1 月 30 日。

15.2.4　使用二进制日志恢复数据库

如果 MySQL 服务器启用了二进制日志，在数据库出现意外丢失数据时，就可以使用 mysqlbinlog 工具从指定的时间点开始（例如，最后一次备份）直到现在，或另一个指定的时间点的日志中恢复数据。

要想从二进制日志恢复数据，需要知道当前二进制日志文件的路径和文件名。一般可以从配置文件（my.cnf 或者 my.ini，文件名取决于 MySQL 服务器的操作系统）中找到路径。

mysqlbinlog 恢复数据的语法如下：

```
mysqlbinlog [option] filename |mysql -uuser -ppass
```

option 是一些可选的选项，filename 是日志文件名。比较重要的两对 option 参数是 --start-date、--stop-date 和--start-position、--stop-position。--start-date、--stop-date 可以指定恢复数据库的起始时间点和结束时间点。--start-position、--stop-position 可以指定恢复数据的开始位置和结束位置。

【例 15.6】使用 mysqlbinlog 恢复 MySQL 数据库到 2016 年 1 月 30 日 15:27:48 时的状态，执行命令及结果如下：

```
mysqlbinlog --stop-date="2016-01-30 15:27:48"
D:\mysql\log\binlog\binlog.000008 | mysql -uuser -ppass
```

该命令执行成功后，会根据 binlog.000008 日志文件恢复 2016 年 01 月 30 日 15:27:48 以前的所有操作。这种方法对于意外操作非常有效，比如因操作不当误删了数据表。

15.2.5　暂时停止二进制日志功能

如果在 MySQL 的配置文件中配置启动了二进制日志，MySQL 会一直记录二进制日志。修改配置文件，可以停止二进制日志，但是需要重启 MySQL 数据库。MySQL 提供了暂时停止二进制日志的功能。通过 SET SQL_LOG_BIN 语句可以使用 MySQL 暂停或者启动二进制日志。

SET SQL_LOG_BIN 的语法如下：

```
SET sql_log_bin = {0|1}
```

执行如下语句将暂停记录二进制日志：

```
SET sql_log_bin = 0;
```

执行如下语句将恢复记录二进制日志：

```
SET sql_log_bin = 1;
```

15.3 错误日志

错误日志文件包含了当 mysqld 启动和停止时，以及服务器在运行过程中发生任何严重错误时的相关信息。在 MySQL 中，错误日志也是非常有用的，MySQL 会将启动和停止数据库信息以及一些错误信息记录到错误日志文件中。

15.3.1　启动和设置错误日志

在默认情况下，错误日志会记录到数据库的数据目录下。如果没有在配置文件中指定文件名，则文件名默认为 hostname.err。例如，MySQL 所在的服务器主机名为 MySQL-db，记录错误信息的文件名为 MySQL-db.err。如果执行了 FLUSH LOGS，错误日志文件会重新加载。

错误日志的启动和停止以及指定日志文件名都可以通过修改 my.ini（或者 my.cnf）来配置。错误日志的配置项是 log-error。在[mysqld]下配置 log-error，则启动错误日志。如果需要指定文件名，则配置项如下：

```
[mysqld]
log-error=[path / [file_name] ]
```

path 为日志文件所在的目录路径，file_name 为日志文件名。修改配置项后，需要重启 MySQL 服务以生效。

15.3.2　查看错误日志

通过错误日志可以监视系统的运行状态，便于及时发现故障、修复故障。MySQL 错误日志是以文本文件形式存储的，可以使用文本编辑器直接查看 MySQL 错误日志。

如果不知道日志文件的存储路径，可以使用 SHOW VARIABLES 语句查询错误日志的存储路径。SHOW VARIABLES 语句如下：

```
SHOW VARIABLES LIKE 'log_error';
```

【例 15.7】使用记事本查看 MySQL 错误日志。

首先，通过 SHOW VARIABLES 语句查询错误日志的存储路径和文件名：

```
mysql> SHOW VARIABLES LIKE 'log_error';
+----------------+-------------------------------------------------+
| Variable_name  | Value                                           |
+----------------+-------------------------------------------------+
| log_error      | C:\Documents and Settings\All Users.WINDOWS\Application
Data\M5\Data\Kevin.err  |
+----------------+-------------------------------------------------+
1 row in set (0.00 sec)
```

可以看到错误的文件是 Kevin.err，位于 MySQL 默认的数据目录下，使用记事本打开该文件，可以看到 MySQL 的错误日志：

```
160330 16:45:14 [Note] Plugin 'FEDERATED' is disabled.
160330 16:45:14 InnoDB: The InnoDB memory heap is disabled
160330 16:45:14 InnoDB: Mutexes and rw_locks use Windows interlocked functions
160330 16:45:14 InnoDB: Compressed tables use zlib 1.2.3
160330 16:45:15 InnoDB: Initializing buffer pool, size = 46.0M
160330 16:45:15 InnoDB: Completed initialization of buffer pool
160330 16:45:15 InnoDB: highest supported file format is Barracuda.
160330 16:45:15 InnoDB: Waiting for the background threads to start
160330 16:45:16 InnoDB: 1.1.7 started; log sequence number 1679264
160330 16:45:16 [Note] Event Scheduler: Loaded 0 events
160330 16:45:16 [Note] C:\Program Files\MySQL\MySQL Server 5.7\bin\MySQLd: ready
for connections.
Version: '5.7.18-log'  socket: ''  port: 3306  MySQL Community Server (GPL)
```

以上是错误日志文件的一部分，这里面记载了系统的一些错误。

15.3.3　删除错误日志

MySQL 的错误日志是以文本文件的形式存储在文件系统中的，可以直接删除。

对于 MySQL 5.5.7 以前的版本，flush logs 可以将错误日志文件重命名为 filename.err_old，并创建新的日志文件。但是从 MySQL 5.5.7 版本开始，flush logs 只是重新打开日志文件，并不做日志备份和创建的操作。如果日志文件不存在，MySQL 启动或者执行 flush logs 时会创建新的日志文件。

在运行状态下删除错误日志文件后，MySQL 并不会自动创建日志文件。flush logs 在重新加载日志的时候，如果文件不存在，则会自动创建。所以在删除错误日志之后，如果要重建日志文件，则需要在服务器端执行以下命令：

```
mysqladmin -u root -p flush-logs
```

或者在客户端登录 MySQL 数据库，执行 flush logs 语句：

```
mysql> flush logs;
Query OK, 0 rows affected (0.23 sec)
```

15.4　通用查询日志

通用查询日志记录 MySQL 的所有用户操作，包括启动和关闭服务、执行查询和更新语句等。本节将为读者介绍通用查询日志的启动、查看、删除等内容。

15.4.1　启动和设置通用查询日志

MySQL 服务器默认情况下并没有开启通用查询日志。如果需要通用查询日志，可以通过修改 my.ini（或 my.cnf）配置文件来开启。在 my.ini（或 my.cnf）的[mysqld]组下加入 log 选项，形式如下：

```
[mysqld]
log[=path / [filename]]
```

path 为日志文件所在目录路径，file_name 为日志文件名。如果不指定目录和文件名，通用查询日志将默认存储在 MySQL 数据目录中的 hostname.log 文件中。hostname 是 MySQL 数据库的主机名。这里在[mysqld]下面增加选项 log，后面不指定参数值。格式如下：

```
[mysqld]
log
```

15.4.2　查看通用查询日志

通用查询日志中记录了用户的所有操作。通过查看通用查询日志，可以了解用户对 MySQL

进行的操作。通用查询日志是以文本文件的形式存储在文件系统中的，可以使用文本编辑器直接打开通用日志文件进行查看，Windows 下可以使用记事本，Linux 下可以使用 vim、gedit 等。

【例 15.8】使用记事本查看 MySQL 通用查询日志。

使用记事本打开 D:\MySQL-5.7.18-win32\data\目录下的 my-PC.log，可以看到如下内容：

```
C:\Program Files\MySQL\MySQL Server 5.7\bin\mysqld, Version: 5.7.18-log (MySQL
Community Server
(GPL)). started with:
TCP Port: 3306, Named Pipe: (null)
Time                 Id Command    Argument
160330 17:24:32       1 Connect     root@localhost on
   1 Query        select @@version_comment limit 1
160330 17:24:36       1 Query       SELECT DATABASE()
   1 Init DB       test
160330 17:24:53       1 Query       SELECT * FROM fruits
160330 17:24:55       1 Quit
```

上面是笔者打开的通用查询日志的一部分，可以看到 MySQL 启动信息和用户 root 连接服务器与执行查询语句的记录。读者的文件内容可能与这里不同。

15.4.3　删除通用查询日志

通用查询日志是以文本文件的形式存储在文件系统中的。通用查询日志记录用户的所有操作，因此在用户查询、更新频繁的情况下，通用查询日志会增长得很快。数据库管理员可以定期删除比较早的通用日志，以节省磁盘空间。本小节将介绍通用日志的删除方法。

可以用直接删除日志文件的方式删除通用查询日志。要重新建立新的日志文件，可使用语句 mysqladmin -flush logs。

【例 15.9】直接删除 MySQL 通用查询日志。执行步骤如下：

步骤 01　查看 my.ini（或者 my.cnf）通用查询日志的文件目录，在 my.ini 中通用查询日志配置如下：

```
[mysqld]
log
```

可以看到，配置文件中没有指定日志文件名和存储目录，通用查询日志文件存储在 MySQL 默认数据目录中。

步骤 02　在数据目录中找到日志文件所在目录 C:\Documents and Settings\All Users.WINDOWS\ Application Data\MySQL\MySQL Server 5.7\data\，删除该后缀为.err 的文件。

步骤 03　通过 mysqladmin –flush logs 命令建立新的日志文件，执行如下命令：

```
C:\> mysqladmin -u root -p flush-logs
```

步骤 **04**　执行完该命令后可以看到，C:\Documents and Settings\All Users.WINDOWS\Application Data\MySQL\MySQL Server 5.7\data\目录中已经建立了新的日志文件 Kevin.log。

15.5　慢查询日志

慢查询日志是记录查询时长超过指定时间的日志。慢查询日志主要用来记录执行时间较长的查询语句。通过慢查询日志，可以找出执行时间较长、执行效率较低的语句，然后进行优化。本节将讲解慢查询日志相关的内容。

15.5.1　启动和设置慢查询日志

MySQL 中慢查询日志默认是关闭的，可以通过配置文件 my.ini 或者 my.cnf 中的 log-slow-queries 选项打开，也可以在 MySQL 服务启动的时候使用--log-slow-queries[=file_name] 启动慢查询日志。启动慢查询日志时，需要在 my.ini 或者 my.cnf 文件中配置 long_query_time 选项指定记录阈值，如果某条查询语句的查询时间超过了这个值，那么这个查询过程将被记录到慢查询日志文件中。

在 my.ini 或者 my.cnf 开启慢查询日志的配置如下：

```
[mysqld]
log-slow-queries[=path / [filename] ]
long_query_time=n
```

path 为日志文件所在目录路径，filename 为日志文件名。如果不指定目录和文件名称，默认存储在数据目录中，文件为 hostname-slow.log，hostname 是 MySQL 服务器的主机名。参数 n 是时间值，单位是秒。如果没有设置 long_query_time 选项，默认时间为 10 秒。

15.5.2　查看慢查询日志

MySQL 的慢查询日志是以文本形式存储的，可以直接使用文本编辑器查看。在慢查询日志中，记录着执行时间较长的查询语句，用户可以从慢查询日志中获取执行效率较低的查询语句，为查询优化提供重要的依据。

【例 15.10】查看慢查询日志。使用文本编辑器打开数据目录下的 Kevin-slow.log 文件，文件部分如下：

```
C:\Program Files\MySQL\MySQL Server 5.7\bin\mysqld, Version: 5.7.18-log (MySQL
Community Server
(GPL)). started with:
TCP Port: 3306, Named Pipe: (null)
```

```
Time Id Command Argument
# Time: 160330 17:50:35
# User@Host: root[root] @ localhost [127.0.0.1]
# Query_time: 136.500000  Lock_time: 0.000000 Rows_sent: 1  Rows_examined: 0
SET timestamp=1314697835;
SELECT BENCHMARK(100000000, PASSWORD('newpwd'));
```

可以看到，这里记录了一条慢查询日志。执行该条查询语句的账户是 root@localhost，查询时间是 136.500000 秒，查询语句是 "SELECT BENCHMARK(100000000, PASSWORD('newpwd'));"，该语句的查询时间大大超过了默认值 10 秒钟，因此被记录在慢查询日志文件中。

> 借助慢查询日志分析工具，可以更加方便地分析慢查询语句。比较著名的慢查询工具有 MySQL Dump Slow、MySQL SLA、MySQL Log Filter、MyProfi。关于这些慢查询分析工具的用法，可以参考相关软件的帮助文档。

15.5.3　删除慢查询日志

和通用查询日志一样，慢查询日志也可以直接删除。删除后在不重启服务器的情况下，需要执行 mysqladmin -u root-p flush-logs 重新生成日志文件，或者在客户端登录到服务器执行 flush logs 语句重建日志文件。

15.6　实战演练——MySQL 日志的综合管理

本章详细介绍了 MySQL 日志的管理。MySQL 日志包括二进制日志、错误日志、通用查询日志和慢查询日志等类型。通过本章的学习，读者将学会如何启动、查看和删除各类日志，以及如何使用二进制日志恢复数据库。下面的实战演练将帮助读者建立执行这些操作的能力。

1. 案例目的

掌握各种日志的设置、查看、删除的方法；掌握使用二进制日志恢复数据的方法。

2. 案例操作过程

步骤 01　设置启动二进制日志，并指定二进制日志文件名为 binlog.000001。

打开 my.ini（或者 my.cnf），在[mysqld]组下添加如下内容：

```
[mysqld]
log-bin=binlog.log
```

执行如下命令，重新启动 MySQL 服务：

```
net stop mysql
net start mysql
```

执行完上面的命令，MySQL 服务重新启动，打开 MySQL 数据目录，可以看到日志文件 binlog.000001。二进制日志配置成功。

步骤 02 将二进制日志文件存储路径改为 D:\log。

打开 my.ini（或者 my.cnf），在[mysqld]组下修改如下内容：

```
[mysqld]
log-bin=D:\log\binlog.log
```

重新启动 MySQL 服务之前，先创建 D:\log 文件夹，然后输入启动命令：

```
net stop mysql
net start mysql
```

执行完上面的命令，MySQL 服务重新启动，可以看到在 D:\log 目录下创建了两个文件：binlog.000001、binlog.index。修改二进制日志文件存储路径成功。

步骤 03 查看 flush logs 对二进制日志的影响。

【方法一】执行如下命令：

```
mysqladmin -u root -p flush-logs
```

执行完该命令后，可以看到二进制日志文件增加了一个。

【方法二】登录 MySQL 服务器，执行如下语句：

```
mysql>FLUSH LOGS;
```

执行完该语句后，可以看到二进制日志文件增加了一个。

步骤 04 查看二进制日志。

执行下面的命令打开并查看 MySQL 二进制日志：

```
C:\>mysqlbinlog D:\log\binlog.000001
/*!40019 SET @@session.max_insert_delayed_threads=0*/;
/*!50003 SET @OLD_COMPLETION_TYPE=@@COMPLETION_TYPE,COMPLETION_TYPE=0*/;
DELIMITER /*!*/;
# at 4
#110822 17:20:09 server id 1  end_log_pos 107  Start: binlog v 4, server v
5.7.18-log created 110822
17:20:09 at startu
p
ROLLBACK/*!*/;
```

```
BINLOG '
SR9STg8BAAAAZwAAAGsAAAAAAAQANS41LjE1LWxvZwAAAAAAAAAAAAAAAAAAAAAA
AAAAAAAAAA
AAAAAAAAAAAAAAAAAABJH1JOEzgNAAgAEgAEBAQEEgAAVAAEGggAAAAICAgCAA==
'/*!*/;
# at 107
#110822 17:37:13 server id 1  end_log_pos 147   Rotate to binlog.000002  pos:
4
DELIMITER ;
# End of log file
ROLLBACK /* added by mysqlbinlog */;
/*!50003 SET COMPLETION_TYPE=@OLD_COMPLETION_TYPE*/;
```

步骤 05　使用二进制日志恢复数据。

　　首先，登录 MySQL，向 test 数据库 worker 表中插入两条记录，输入语句如下：

```
MySQL>USE test
Database changed
MySQL>CREATE TABLE member(id INT AUTO_INCREMENT PRIMARY KEY,  name VARCHAR(50));
Query OK, 0 rows affected (0.03 sec)
```

　　向表中插入两条记录：

```
MySQL> INSERT INTO member VALUES(NULL, 'Playboy1');
Query OK, 1 row affected (0.03 sec)
MySQL> INSERT INTO member VALUES(NULL, 'Playboy2');
Query OK, 1 row affected (0.03 sec)
```

　　然后使用 mysqlbinlog 查看二进制日志，在 D:\log\ binlog.000001 中找到下面几行：

```
# at 107
#160330 21:13:17 server id 1  end_log_pos 243   Query   thread_id=1
exec_time=0
error_code=0

use test/*!*/;
…
省略部分内容
…
CREATE TABLE member(id INT AUTO_INCREMENT PRIMARY KEY,  name VARCHAR(50))
/*!*/;
# at 243
#160330 21:13:26 server id 1  end_log_pos 311   Query   thread_id=1
exec_time=0
…
省略部分内容
…
```

```
INSERT INTO member VALUES(NULL, 'Playboy1')
/*!*/;
# at 472
#160330 21:13:29 server id 1  end_log_pos 540   Query   thread_id=1
exec_time=0    error_
...
省略部分内容
...
INSERT INTO member VALUES(NULL, 'Playboy2')
/*!*/;
# at 674
#160330 21:13:29 server id 1  end_log_pos 701   Xid = 6
COMMIT/*!*/;
DELIMITER ;
# End of log file
ROLLBACK /* added by mysqlbinlog */;
```

可以看到，二进制日志文件中记录了 member 表的创建和插入记录的信息。

160330 21:13:17 执行了"CREATE TABLE member(id INT AUTO_INCREMENT PRIMARY KEY, name VARCHAR(50));"语句；160330 21:13:26 执行了"INSERT INTO member VALUES(NULL, 'Playboy1');"语句；160330 21:13:29 执行了"INSERT INTO member VALUES(NULL, 'Playboy2');"语句。日志中的这些语句正好用来恢复对数据库的操作。

接下来，暂停 MySQL 的二进制日志功能，并删除 member 表，输入语句如下：

```
mysql> SET SQL_LOG_BIN=0;
Query OK, 0 rows affected (0.00 sec)
mysql> DROP TABLE member;
Query OK, 0 rows affected (0.00 sec)
```

执行完该命令后，查询 member 表：

```
mysql> SELECT * FROM member;
ERROR 1146 (42S02): Table 'test.member' doesn't exist
```

可以看到，member 表已经被删除。

最后，使用 mysqlbinlog 工具恢复 member 表以及表中的记录，输入语句如下：

```
mysql> SET SQL_LOG_BIN=1;
Query OK, 0 rows affected (0.00 sec)
```

在 Windows 命令行下输入如下恢复语句：

```
C:\ mysqlbinlog D:\log\binlog.0000001 | mysql-u root-p
Enter password: **
```

密码输入正确之后，member 数据表将被恢复到 test 数据库中，登录 MySQL 可以再次查看 member 表：

```
mysql> SELECT * FROM member;
+----+----------+
| id | name     |
+----+----------+
|  1 | Playboy1 |
|  2 | Playboy2 |
+----+----------+
2 rows in set (0.00 sec)
```

由上面的代码可知，恢复操作成功。

步骤 06 删除二进制日志。

删除日志文件，执行如下语句：

```
mysql> RESET MASTER;
Query OK, 0 rows affected (0.05 sec)
```

执行成功后，查看 D:\log 目录，日志文件虽然还存在，但文件内容已经发生了变化，所有前面的 member 表的创建和插入操作语句已经没有了。

> 如果日志目录下面有多个日志文件，例如 binlog.000002、binlog.000003 等，则执行 RESET MASTER 命令之后，除了 binlog.000001 文件之外，其他所有文件都将被删除。

步骤 07 暂停和重新启动二进制日志。

暂停二进制日志，执行的语句及结果如下：

```
mysql> SET sql_log_bin = 0;
Query OK, 0 rows affected (0.00 sec)
```

执行完成后，MySQL 服务器暂停记录二进制日志。

重新启动二进制日志：

```
mysql> SET sql_log_bin =1;
Query OK, 0 rows affected (0.00 sec)
```

执行完成后，MySQL 服务器重新开始记录二进制日志。

步骤 08 设置启动错误日志。

在 my.ini 中[mysqld]组下添加如下配置项：

```
log-error
```

重新启动 MySQL 服务，可以看到 MySQL 数据目录里出现了名字为 Kevin.err 的日志文件。（Kevin 是笔者实验机器的主机名。）

步骤 09 设置错误日志的文件为 D:\log\error_log.err。

在 my.ini 中[mysqld]组下修改 log-error 配置项，修改成如下形式：

```
log-error=D:\log\error_log.err
```

重新启动 MySQL 服务，可以看到 D:\log\目录下出现日志文件 error_log.err。错误日志配置成功。

步骤 10 查看错误日志。

用记事本打开错误日志文件 D:\log\error_log.err，可以看到错误日志的文件内容：

```
110823 21:41:45 [Note] Plugin 'FEDERATED' is disabled.
110823 21:41:45 InnoDB: The InnoDB memory heap is disabled
110823 21:41:45 InnoDB: Mutexes and rw_locks use Windows interlocked functions
110823 21:41:45 InnoDB: Compressed tables use zlib 1.2.3
110823 21:41:45 InnoDB: Initializing buffer pool, size = 47.0M
110823 21:41:45 InnoDB: Completed initialization of buffer pool
110823 21:41:45 InnoDB: highest supported file format is Barracuda.
110823 21:41:46 InnoDB: Waiting for the background threads to start
110823 21:41:47 InnoDB: 1.1.8 started; log sequence number 308459211
110823 21:41:47 [Note] Event Scheduler: Loaded 0 events
110823 21:41:47 [Note] C:\Program Files\MySQL\MySQL Server 5.7\bin\mysqld: ready
for connections.
Version: '5.5.15-log'  socket: ''  port: 3306  MySQL Community Server (GPL)
```

步骤 11 设置启动通用查询日志，并且设置通用查询日志文件为 D:\log\general_query.log。

在 my.ini 中[mysqld]组下添加如下配置项：

```
log =D:\log\general_query.log
```

重新启动MySQL 服务器，可以看到 D:\log\目录下生成了日志文件 general_query.log。设置通用查询日志成功。

步骤 12 查看通用查询日志。

用记事本打开错误日志文件 D:\log\general_query.log，可以看到通用查询日志的文件内容：

```
C:\Program Files\MySQL\MySQL Server 5.7\bin\mysqld, Version: 5.7.18-log (MySQL
Community Server
 (GPL)). started with:
TCP Port: 3306, Named Pipe: (null)
Time                Id Command    Argument
160330 21:38:44      1 Connect     root@localhost on
   1 Query      select @@version_comment limit 1
160330 21:38:47      1 Query       SELECT DATABASE()
   1 Init        DB test
160330 21:38:55      1 Query       SELECT * FROM fruits
```

步骤 **13**　设置启动慢查询日志，慢查询日志的文件路径为 D:\log\slow_query.log，并设置记录
查询时间超过 3 秒的语句。

在 my.ini 中[mysqld]组下添加如下配置项：

```
[mysqld]
log-slow-queries=D:\log\slow_query.log
long_query_time=3
```

重新启动 MySQL 服务，可以看到 D:\log\目录下出现日志文件 slow_query.log。慢查询日
志配置成功。

步骤 **14**　查看慢查询日志。

用记事本打开 D:\log\slow_query.log 日志文件，可以看到如下内容：

```
C:\Program Files\MySQL\MySQL Server 5.7\bin\mysqld, Version: 5.7.18-log (MySQL
Community Server
(GPL)). started with:
TCP Port: 3306, Named Pipe: (null)
Time Id Command Argument
```

此时慢查询日志中内容为空，还没有添加日志记录。

15.7　疑难解惑

疑问 1：平时应该打开哪些日志？

日志既会影响 MySQL 的性能，又会占用大量磁盘空间。因此，如果不必要，应尽可能少
地开启日志。根据不同的使用环境，可以考虑开启不同的日志。例如，在开发环境中优化查询
效率低的语句，可以开启慢查询日志；如果需要记录用户的所有查询操作，可以开启通用查询
日志；如果需要记录数据的变更，可以开启二进制日志；错误日志是默认开启的。

疑问 2：如何使用二进制日志？

二进制日志主要用来记录数据变更。如果需要记录数据库的变化，可以开启二进制日志。
基于二进制日志的特性，不仅可以用来进行数据恢复，还可用于数据复制。在数据库定期备份
的情况下，如果出现数据丢失，可以先用备份恢复大部分数据，然后使用二进制日志恢复最近
备份后变更的数据。在双机热备情况下，可以使用 MySQL 的二进制日志记录数据的变更，然
后将变更部分复制到备份服务器上。

疑问 3：如何使用慢查询日志？

慢查询日志主要用来记录查询时间较长的日志。在开发环境下，可以开启慢查询日志来记录查询时间较长的查询语句，然后对这些语句进行优化。通过配置 long_query_time 的值，可以灵活地掌握不同程度的慢查询语句。

15.8　上机练练手

（1）练习开启和设置二进制日志、查看、暂停和恢复二进制日志等操作。

（2）练习使用二进制日志恢复数据。

（3）练习使用 3 种方法删除二进制日志。

（4）练习设置错误日志、查看错误日志、删除错误日志。

（5）练习开启和设置通用查询日志、查看通用查询日志、删除通用查询日志。

（6）练习开启和设置慢查询日志、查看慢查询日志、删除慢查询日志。

第 16 章

◀ 性能优化 ▶

MySQL 性能优化就是通过合理安排资源，调整系统参数使 MySQL 运行更快、更节省资源。MySQL 性能优化包括查询速度优化、数据库结构优化、MySQL 服务器优化等。本章将为读者讲解性能优化、查询优化、数据库结构优化、MySQL 服务器优化。

本章学习技能
- 了解什么是优化
- 掌握优化查询的方法
- 掌握优化数据库结构的方法
- 掌握优化 MySQL 服务器的方法
- 熟练掌握实战演练中性能优化的方法和技巧

16.1 优化简介

优化 MySQL 数据库是数据库管理员和数据库开发人员的必备技能。MySQL 优化，一方面是找出系统的瓶颈，提高 MySQL 数据库整体的性能；另一方面需要合理的结构设计和参数调整，以提高用户操作响应的速度；同时还要尽可能节省系统资源，以便系统可以提供更大负荷的服务。本节将为读者介绍优化的基本知识。

MySQL 数据库优化是多方面的，原则是减少系统的瓶颈，减少资源的占用，增加系统的反应速度。例如，通过优化文件系统，提高磁盘 I/O 的读写速度；通过优化操作系统调度策略，提高 MySQL 在高负荷情况下的负载能力；优化表结构、索引、查询语句等使查询响应更快。

在 MySQL 中，可以使用 SHOW STATUS 语句查询一些 MySQL 数据库的性能参数。SHOW STATUS 语句语法如下：

```
SHOW STATUS LIKE 'value';
```

其中，value 是要查询的参数值，一些常用的性能参数如下：

- Connections：连接 MySQL 服务器的次数。

- Uptime：MySQL 服务器的上线时间。
- Slow_queries：慢查询的次数。
- Com_select：查询操作的次数。
- Com_insert：插入操作的次数。
- Com_update：更新操作的次数。
- Com_delete：删除操作的次数。

如果查询 MySQL 服务器的连接次数，可以执行如下语句：

```
SHOW STATUS LIKE 'Connections';
```

如果查询 MySQL 服务器的慢查询次数，可以执行如下语句：

```
SHOW STATUS LIKE 'Slow_queries';
```

查询其他参数的方法和两个参数的查询方法相同。慢查询次数参数可以结合慢查询日志，找出慢查询语句，然后针对慢查询语句进行表结构优化或者查询语句优化。

16.2 优化查询

查询是数据库中最频繁的操作，提高查询速度可以有效地提高 MySQL 数据库的性能。本节将为读者介绍优化查询的方法。

16.2.1 分析查询语句

通过对查询语句的分析，可以了解查询语句执行情况，找出查询语句执行的瓶颈，从而优化查询语句。MySQL 中提供了 EXPLAIN 语句和 DESCRIBE 语句，用来分析查询语句。本小节将为读者介绍使用 EXPLAIN 语句和 DESCRIBE 语句分析查询语句的方法。

EXPLAIN 语句的基本语法如下：

```
EXPLAIN [EXTENDED] SELECT select_options
```

使用 EXTENED 关键字，EXPLAIN 语句将产生附加信息。select_options 是 SELECT 语句的查询选项，包括 FROM WHERE 子句等。

执行该语句，可以分析 EXPLAIN 后面的 SELECT 语句的执行情况，并且能够分析出所查询的表的一些特征。

【例 16.1】使用 EXPLAIN 语句来分析一个查询语句，执行如下语句：

```
mysql> EXPLAIN SELECT * FROM fruits;
+----+-------------+--------+------+---------------+--------+---------+---------------+-------+-------+
| id | select_type | table  | type | possible_keys | key    | key_len | ref   |
```

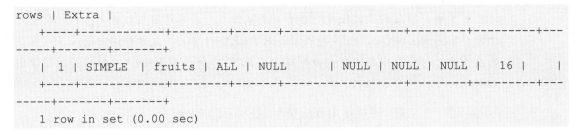

```
rows | Extra |
   +----+------------+--------+------+------------------+--------+---------+---
-----+-------+-------+
   | 1 | SIMPLE   | fruits | ALL | NULL         | NULL | NULL | NULL |  16 |    |
   +----+------------+--------+------+------------------+--------+---------+---
-----+-------+-------+
   1 row in set (0.00 sec)
```

下面对查询结果进行解释。

- id: SELECT 识别符。这是 SELECT 的查询序列号。
- select_type: 表示 SELECT 语句的类型。它可以是以下几种取值: SIMPLE 表示简单查询，其中不包括连接查询和子查询; PRIMARY 表示主查询，或者是最外层的查询语句; UNION 表示连接查询的第 2 个或后面的查询语句; DEPENDENT UNION，连接查询中的第 2 个或后面的 SELECT 语句，取决于外面的查询; UNION RESULT，连接查询的结果; SUBQUERY，子查询中的第 1 个 SELECT 语句; DEPENDENT SUBQUERY，子查询中的第 1 个 SELECT，取决于外面的查询; DERIVED，导出表的 SELECT（FROM 子句的子查询）。
- table: 表示查询的表。
- type: 表示表的连接类型。下面按照从最佳类型到最差类型的顺序给出各种连接类型:
  - system: 该表是仅有一行的系统表。这是 const 连接类型的一个特例。
  - const: 数据表最多只有一个匹配行，它将在查询开始时被读取，并在余下的查询优化中作为常量对待。const 表查询速度很快，因为它们只读取一次。const 用于使用常数值比较 PRIMARY KEY 或 UNIQUE 索引的所有部分的场合。

在下面的查询中，tbl_name 可用于 const 表:

```
SELECT * from tbl_name WHERE primary_key=1;
SELECT * from tbl_name
WHERE primary_key_part1=1AND primary_key_part2=2;
```

  - eq_ref: 对于每个来自前面的表的行组合，从该表中读取一行。当一个索引的所有部分都在查询中使用并且索引是 UNIQUE 或 PRIMARY KEY 时，即可使用这种类型。

eq_ref 可以用于使用 "=" 操作符比较带索引的列。比较值可以为常量或一个在该表前面所读取的表的列的表达式。

在下面的例子中，MySQL 可以使用 eq_ref 连接来处理 ref_tables:

```
SELECT * FROM ref_table,other_table
WHERE ref_table.key_column=other_table.column;
SELECT * FROM ref_table,other_table
WHERE ref_table.key_column_part1=other_table.column
AND ref_table.key_column_part2=1;
```

> ➤ ref：对于来自前面的表的任意行组合，将从该表中读取所有匹配的行。这种类型用
> 于索引既不是 UNIQUE 也不是 PRIMARY KEY 的情况，或者查询中使用了索引列
> 的左子集，即索引中左边的部分列组合。ref 可以用于使用=或<=>操作符的带索引
> 的列。

在下面的例子中，MySQL 可以使用 ref 连接来处理 ref_tables：

```
SELECT * FROM ref_table WHERE key_column=expr;

SELECT * FROM ref_table,other_table
WHERE ref_table.key_column=other_table.column;

SELECT * FROM ref_table,other_table
WHERE ref_table.key_column_part1=other_table.column
AND ref_table.key_column_part2=1;
```

> ➤ ref_or_null：该连接类型如同 ref，但是添加了 MySQL 可以专门搜索包含 NULL 值
> 的行。在解决子查询中经常使用该连接类型的优化。

在下面的例子中，MySQL 可以使用 ref_or_null 连接来处理 ref_tables：

```
SELECT * FROM ref_table
WHERE key_column=expr OR key_column IS NULL;
```

> ➤ index_merge：该连接类型表示使用了索引合并优化方法。在这种情况下，key 列包
> 含了使用索引的清单，key_len 包含了使用索引的最长关键元素。
> ➤ unique_subquery：该类型替换了下面形式的 IN 子查询的 ref：

```
value IN (SELECT primary_key FROM single_table WHERE some_expr)
```

unique_subquery 是一个索引查找函数，可以完全替换子查询，效率更高。

> ➤ index_subquery：该连接类型类似于 unique_subquery，可以替换 IN 子查询，但只适
> 合下列形式的子查询中的非唯一索引：

```
value IN (SELECT key_column FROM single_table WHERE some_expr)
```

> ➤ range：只检索给定范围的行，使用一个索引来选择行。key 列显示使用了哪个索引。
> key_len 包含所使用索引的最长关键元素。

当使用=、<>、>、>=、<、<=、IS NULL、<=>、BETWEEN 或者 IN 操作符，用常量比
较关键字列时，类型为 range。

下面介绍几种检索指定行情况：

```
SELECT * FROM tbl_name
WHERE key_column = 10;

SELECT * FROM tbl_name
```

```
WHERE key_column BETWEEN 10 and 20;
SELECT * FROM tbl_name
WHERE key_column IN (10,20,30);

SELECT * FROM tbl_name
WHERE key_part1= 10 AND key_part2 IN (10,20,30);
```

> ➢ index: 该连接类型与 ALL 相同，除了只扫描索引树。这通常比 ALL 快，因为索引文件通常比数据文件小。
>
> ➢ ALL: 对于前面表的任意行组合，进行完整的表扫描。如果表是第一个没标记 const 的表，这样不好，并且在其他情况下很差。通常可以增加更多的索引来避免使用 ALL 连接。

- possible_keys: 指出 MySQL 能使用哪个索引在该表中找到行。如果该列是 NULL，则没有相关的索引。在这种情况下，可以通过检查 WHERE 子句看它是否引用某些列或适合索引的列来提高查询性能。如果是这样，可以创建适合的索引来提高查询的性能。
- key: 表示查询实际使用到的索引，如果没有选择索引，该列的值是 NULL 要想强制 MySQL 使用或忽视 possible_keys 列中的索引，在查询中使用 FORCE INDEX、USE INDEX 或者 IGNORE INDEX，参见 SELECT 语法。
- key_len: 表示 MySQL 选择的索引字段按字节计算的长度，如果键是 NULL，则长度为 NULL。注意，通过 key_len 值可以确定 MySQL 将实际使用一个多列索引中的几个字段。
- ref: 表示使用哪个列或常数与索引一起来查询记录。
- rows: 显示 MySQL 在表中进行查询时必须检查的行数。
- Extra: 表示 MySQL 在处理查询时的详细信息。

DESCRIBE 语句的使用方法与 EXPLAIN 语句是一样的，并且分析结果也是一样的。DESCRIBE 语句的语法形式如下：

```
DESCRIBE SELECT select_options
```

DESCRIBE 可以缩写成 DESC。

16.2.2　索引对查询速度的影响

MySQL 中提高性能的一个最有效的方式就是对数据表设计合理的索引。索引提供了高效访问数据的方法，并且加快查询的速度，因此，索引对查询的速度有着至关重要的影响。使用索引可以快速定位表中的某条记录，从而提高数据库查询的速度，提高数据库的性能。本小节将为读者介绍索引对查询速度的影响。

如果查询时没有使用索引，查询语句将扫描表中的所有记录。在数据量大的情况下，这样查询的速度会很慢。如果使用索引进行查询，查询语句可以根据索引快速定位到待查询记录，从而减少查询的记录数，达到提高查询速度的目的。

【例 16.2】下面是查询语句中不使用索引和使用索引的对比。首先，分析未使用索引时的查询情况，EXPLAIN 语句执行如下：

```
mysql> EXPLAIN SELECT * FROM fruits WHERE f_name='apple';
+----+-------------+--------+------+---------------+------+---------+------+------+-------------+
| id | select_type | table  | type | possible_keys | key  | key_len | ref  | rows | Extra       |
+----+-------------+--------+------+---------------+------+---------+------+------+-------------+
| 1  | SIMPLE      | fruits | ALL  | NULL          | NULL | NULL    | NULL | 15   | Using where |
+----+-------------+--------+------+---------------+------+---------+------+------+-------------+
1 row in set (0.00 sec)
```

可以看到，rows 列的值是 15，说明 "SELECT * FROM fruits WHERE f_name='apple';" 这个查询语句扫描了表中的 15 条记录。

然后，在 fruits 表的 f_name 字段上加上索引。执行添加索引的语句及结果如下：

```
mysql> CREATE INDEX index_name ON fruits(f_name);
Query OK, 0 rows affected (0. 04 sec)
Records: 0  Duplicates: 0  Warnings: 0
```

现在，再分析上面的查询语句。执行的 EXPLAIN 语句及结果如下：

```
mysql> EXPLAIN SELECT * FROM fruits WHERE f_name='apple';
+----+-------------+--------+------+---------------+------------+---------+-------+------+-------------+
| id | select_type | table  | type | possible_keys | key        | key_len | ref   | rows | Extra       |
+----+-------------+--------+------+---------------+------------+---------+-------+------+-------------+
| 1  | SIMPLE      | fruits | ref  | index_name    | index_name | 255     | const | 1    | Using where |
+----+-------------+--------+------+---------------+------------+---------+-------+------+-------------+
1 row in set (0.00 sec)
```

结果显示，rows 列的值为 1，表示这个查询语句只扫描了表中的一条记录，其查询速度自然比扫描 15 条记录快；而且 possible_keys 和 key 的值都是 index_name，说明查询时使用了 index_name 索引。

16.2.3　使用索引查询

索引可以提高查询的速度，但不是使用带有索引的字段查询时索引都会起作用。本小节将向读者介绍索引的使用。

使用索引有几种特殊情况，在这些情况下，有可能使用带有索引的字段查询时，索引并没有起作用，下面重点介绍这几种特殊情况。

1. 使用 LIKE 关键字的查询语句

在使用 LIKE 关键字进行查询的查询语句中，如果匹配字符串的第一个字符为 "%"，索引不会起作用。只有 "%" 不在第一个位置，索引才会起作用。下面将举例说明。

【例 16.3】查询语句中使用 LIKE 关键字，并且匹配的字符串中含有 "%" 字符，EXPLAIN 语句执行如下：

```
mysql> EXPLAIN SELECT * FROM fruits WHERE f_name like '%x';
+----+-------------+--------+-------+---------------+---------+---------+------+------+-------------+
| id | select_type | table  | type  | possible_keys | key     | key_len | ref  | rows | Extra       |
+----+-------------+--------+-------+---------------+---------+---------+------+------+-------------+
| 1  | SIMPLE      | fruits | ALL   | NULL          | NULL    | NULL    | NULL | 16   | Using where |
+----+-------------+--------+-------+---------------+---------+---------+------+------+-------------+
1 row in set (0.00 sec)

mysql> EXPLAIN SELECT * FROM fruits WHERE f_name like 'x%';
+----+-------------+--------+-------+---------------+------------+---------+------+------+-------------+
| id | select_type | table  | type  | possible_keys | key        | key_len | ref  | rows | Extra       |
+----+-------------+--------+-------+---------------+------------+---------+------+------+-------------+
| 1  | SIMPLE      | fruits | range | index_name    | index_name | 150     | NULL | 4    | Using where |
+----+-------------+--------+-------+---------------+------------+---------+------+------+-------------+
1 row in set (0.00 sec)
```

已知 f_name 字段上有索引 index_name。第 1 个查询语句执行后，rows 列的值为 16，表示这次查询过程中扫描了表中所有的 16 条记录；第 2 个查询语句执行后，rows 列的值为 4，表示这次查询过程扫描了 4 条记录。第 1 个查询语句索引没有起作用，因为第 1 个查询语句的 LIKE 关键字后的字符串以 "%" 开头，而第 2 个查询语句使用了索引 index_name。

2. 使用多列索引的查询语句

MySQL 可以为多个字段创建索引。一个索引可以包括 16 个字段。对于多列索引，只有查询条件中使用了这些字段中第 1 个字段时，索引才会被使用。

【例 16.4】本例在表 fruits 中 f_id、f_price 字段创建多列索引，验证多列索引的使用情况。

```
mysql> CREATE INDEX index_id_price ON fruits(f_id, f_price);
Query OK, 0 rows affected (0.39 sec)
Records: 0  Duplicates: 0  Warnings: 0
mysql> EXPLAIN SELECT * FROM fruits WHERE f_id='l2';
+----+-------------+--------+-------+----------------------------+---------
--------+---------+-------+------+-------+
| id | select_type | table  | type  | possible_keys              | key     | key_len
| ref   | rows | Extra |
+----+-------------+--------+-------+----------------------------+---------
--------+---------+-------+------+-------+
|  1 | SIMPLE      | fruits | const | PRIMARY,index_id_price      | PRIMARY | 20
| const |  1 |       |
+----+-------------+--------+-------+----------------------------+---------
--------+---------+-------+------+-------+
1 row in set (0.00 sec)

mysql> EXPLAIN SELECT * FROM fruits WHERE f_price=5.2;
+----+-------------+--------+------+---------------+------+---------+------+----
----+-------------+
| id | select_type | table  | type | possible_keys | key  | key_len | ref  | rows
| Extra       |
+----+-------------+--------+------+---------------+------+---------+------+----
----+-------------+
|  1 | SIMPLE      | fruits | ALL  | NULL          | NULL | NULL    | NULL |   16 | Using where|
+----+-------------+--------+------+---------------+------+---------+------+----
----+-------------+
1 row in set (0.00 sec)
```

从第 1 条语句查询结果可以看出，"f_id= 'l2'"的记录有 1 条。第 1 条语句共扫描了 1 条记录，并且使用了索引 index_id_price。从第 2 条语句查询结果可以看出，rows 列的值是 16，说明查询语句共扫描了 16 条记录，并且 key 列值为 NULL，说明"SELECT * FROM fruits WHERE f_price=5.2;"语句并没有使用索引。因为 f_price 字段是多列索引的第 2 个字段，只有查询条件中使用了 f_id 字段才会使 index_id_price 索引起作用。

3. 使用 OR 关键字的查询语句

查询语句的查询条件中只有 OR 关键字，且 OR 前后的两个条件中的列都是索引时，查询中才使用索引。否则，查询将不使用索引。

【例 16.5】查询语句使用 OR 关键字的情况：

```
mysql> EXPLAIN SELECT * FROM fruits WHERE f_name='apple' or s_id=101 \G
```

```
*** 1. row ***
         id: 1
 select_type: SIMPLE
       table: fruits
        type: ALL
possible_keys: index_name
         key: NULL
     key_len: NULL
         ref: NULL
        rows: 16
       Extra: Using where
1 row in set (0.00 sec)

mysql> EXPLAIN SELECT * FROM fruits WHERE f_name='apple' or f_id='l2' \G
*** 1. row ***
         id: 1
 select_type: SIMPLE
       table: fruits
        type: index_merge
possible_keys: PRIMARY,index_name,index_id_price
         key: index_name,PRIMARY
     key_len: 510,20
         ref: NULL
        rows: 2
       Extra: Using union(index_name,PRIMARY); Using where
1 row in set (0.00 sec)
```

因为 s_id 字段上没有索引，所以第 1 条查询语句没有使用索引，总共查询了 16 条记录；第 2 条查询语句使用了 f_name 和 f_id 这两个索引，因为 id 字段和 name 字段上都有索引，查询的记录数为 2 条。

16.2.4　优化子查询

MySQL 从 4.1 版本开始支持子查询，使用子查询可以进行 SELECT 语句的嵌套查询，即一个 SELECT 查询的结果作为另一个 SELECT 语句的条件。子查询可以一次性完成很多逻辑上需要多个步骤才能完成的 SQL 操作。子查询虽然可以使查询语句很灵活，但执行效率不高。执行子查询时，MySQL 需要为内层查询语句的查询结果建立一个临时表。然后外层查询语句从临时表中查询记录。查询完毕后，再撤销这些临时表。因此，子查询的速度会受到一定的影响。如果查询的数据量比较大，这种影响就会随之增大。

在 MySQL 中，可以使用连接（JOIN）查询来替代子查询。连接查询不需要建立临时表，其速度比子查询要快，如果查询中使用索引的话，性能会更好。连接之所以更有效率，是因为 MySQL 不需要在内存中创建临时表来完成查询工作。

16.3 优化数据库结构

一个好的数据库设计方案对于数据库的性能常常会起到事半功倍的效果。合理的数据库结构不仅可以使数据库占用更小的磁盘空间，而且能够使查询速度更快。数据库结构的设计，需要考虑数据冗余、查询和更新的速度、字段的数据类型是否合理等多方面的内容。本节将为读者介绍优化数据库结构的方法。

16.3.1 将字段很多的表分解成多个表

对于字段较多的表，如果有些字段的使用频率很低，可以将这些字段分离出来形成新表。因为当一个表的数据量很大时，会由于使用频率低的字段的存在而变慢。本小节将为读者介绍这种优化表的方法。

【例 16.6】假设会员表存储会员登录认证信息，该表中有很多字段，如 id、姓名、密码、地址、电话、个人描述字段。其中地址、电话、个人描述等字段并不常用。可以将这些不常用字段分解为另外一个表。将这个表取名为 members_detail。表中有 member_id、address、telephone、description 等字段。其中，member_id 是会员编号，address 字段存储地址信息，telephone 字段存储电话信息，description 字段存储会员个人描述信息。这样就把会员表分成两个表，分别为 members 表和 members_detail 表。

创建这两个表的 SQL 语句如下：

```
CREATE TABLE members (
  Id int(11) NOT NULL AUTO_INCREMENT,
  username varchar(255) DEFAULT NULL ,
  password varchar(255) DEFAULT NULL ,
  last_login_time datetime DEFAULT NULL ,
  last_login_ip varchar(255) DEFAULT NULL ,
  PRIMARY KEY (Id)
) ;
CREATE TABLE members_detail (
  member_id int(11) NOT NULL DEFAULT 0,
  address varchar(255) DEFAULT NULL ,
  telephone varchar(16) DEFAULT NULL ,
  description text
) ;
```

这两个表的结构如下：

```
mysql> desc members;
  +------------------+----------------+-------+------+---------+-------------
--+
```

```
| Field           | Type         | Null | Key | Default | Extra          |
+-----------------+--------------+------+-----+---------+----------------+
| Id              | int(11)      | NO   | PRI | NULL    | auto_increment |
| username        | varchar(255) | YES  |     | NULL    |                |
| password        | varchar(255) | YES  |     | NULL    |                |
| last_login_time | datetime     | YES  |     | NULL    |                |
| last_login_ip   | varchar(255) | YES  |     | NULL    |                |
+-----------------+--------------+------+-----+---------+----------------+
5 rows in set (0.00 sec)

mysql> DESC members_detail;
+-------------+--------------+------+-----+---------+-------+
| Field       | Type         | Null | Key | Default | Extra |
+-------------+--------------+------+-----+---------+-------+
| member_id   | int(11)      | NO   | PRI | 0       |       |
| address     | varchar(255) | YES  |     | NULL    |       |
| telephone   | varchar(16)  | YES  |     | NULL    |       |
| description | text         | YES  |     | NULL    |       |
+-------------+--------------+------+-----+---------+-------+
4 rows in set (0.00 sec)
```

如果需要查询会员的详细信息，可以用会员的 id 来查询。如果需要将会员的基本信息和详细信息同时显示，可以将 members 表和 members_detail 表进行联合查询，查询语句如下：

```
SELECT * FROM members LEFT JOIN members_detail ON members.id=members_detail.
member_id;
```

通过这种分解，可以提高表的查询效率。对于字段很多且有些字段使用不频繁的表，可以通过这种分解的方式来优化数据库的性能。

16.3.2　增加中间表

对于需要经常联合查询的表，可以建立中间表以提高查询效率。通过建立中间表，把需要经常联合查询的数据插入中间表中，然后将原来的联合查询改为对中间表的查询，以此来提高查询效率。本小节将为读者介绍增加中间表优化查询的方法。

首先，分析经常联合查询表中的字段。然后，使用这些字段建立一个中间表，并将原来联合查询的表的数据插入中间表中。最后，可以使用中间表来进行查询。

【例 16.7】会员信息表和会员组信息表的 SQL 语句如下：

```
CREATE TABLE vip(
  Id int(11) NOT NULL AUTO_INCREMENT,
  username varchar(255) DEFAULT NULL,
  password varchar(255) DEFAULT NULL,
```

```
   groupId INT(11) DEFAULT 0,
   PRIMARY KEY (Id)
) ;
CREATE TABLE vip_group (
   Id int(11) NOT NULL AUTO_INCREMENT,
   name varchar(255) DEFAULT NULL,
   remark varchar(255) DEFAULT NULL,
   PRIMARY KEY (Id)
) ;
```

查询会员信息表和会员组信息表。

```
mysql> DESC vip;
+-----------+--------------+------+-----+---------+--------------------
-+
| Field     | Type         | Null | Key | Default | Extra              |
+-----------+--------------+------+-----+---------+--------------------
---+
| Id        | int(11)      | NO   | PRI | NULL    | auto_increment     |
| username  | varchar(255) | YES  |     | NULL    |                    |
| password  | varchar(255) | YES  |     | NULL    |                    |
| groupId   | int(11)      | YES  |     | NULL    |                    |
+-----------+--------------+------+-----+---------+--------------------
----+
4 rows in set (0.01 sec)

mysql> DESC vip_group;
+--------+--------------+------+-----+---------+--------------------+
| Field  | Type         | Null | Key | Default | Extra              |
+--------+--------------+------+-----+---------+--------------------+
| Id     | int(11)      | NO   | PRI | NULL    | auto_increment     |
| name   | varchar(255) | YES  |     | NULL    |                    |
| remark | varchar(255) | YES  |     | NULL    |                    |
+--------+--------------+------+-----+---------+--------------------+
3 rows in set (0.01 sec)
```

　　已知现在有一个模块需要经常查询带有会员组名称、会员组备注（remark）、会员用户名信息的会员信息。根据这种情况可以创建一个 temp_vip 表。temp_vip 表中存储用户名（user_name）、会员组名称（group_name）和会员组备注（group_remark）信息。创建表的语句如下：

```
CREATE TABLE temp_vip (
   Id int(11) NOT NULL AUTO_INCREMENT,
   user_name varchar(255) DEFAULT NULL,
   group_name varchar(255) DEFAULT NULL,
   group_remark varchar(255) DEFAULT NULL,
```

```
  PRIMARY KEY (Id)
);
```

接下来，从会员信息表和会员组表中查询相关信息存储到临时表中：

```
mysql> INSERT INTO temp_vip(user_name, group_name, group_remark)
    -> SELECT v.username,g.name,g.remark
    -> FROM vip as v ,vip_group as g
    -> WHERE v.groupId =g.Id;
Query OK, 0 rows affected (0.95 sec)
Records: 0  Duplicates: 0  Warnings: 0
```

以后，可以直接从 temp_vip 表中查询会员名、会员组名称和会员组备注，而不用每次都进行联合查询。这样可以提高数据库的查询速度。

16.3.3　增加冗余字段

设计数据库表时应尽量遵循范式理论的规约，尽可能减少冗余字段，让数据库设计看起来精致、优雅。但是，合理地加入冗余字段可以提高查询速度。本小节将为读者介绍通过增加冗余字段来优化查询速度的方法。

表的规范化程度越高，表与表之间的关系就越多，需要连接查询的情况也就越多。例如，员工的信息存储在 staff 表中，部门信息存储在 department 表中。通过 staff 表中的 department_id 字段与 department 表建立关联关系。如果要查询一个员工所在部门的名称，就必须从 staff 表中查找员工所在部门的编号（department_id），然后根据这个编号去 department 表查找部门的名称。如果经常需要进行这个操作，连接查询会浪费很多时间。可以在 staff 表中增加一个冗余字段 department_name，该字段用来存储员工所在部门的名称，这样就不用每次都进行连接操作了。

> 冗余字段会导致一些问题。比如，冗余字段的值在一个表中被修改了，就要想办法在其他表中更新该字段，否则就会使原本一致的数据变得不一致。分解表、增加中间表和增加冗余字段都浪费了一定的磁盘空间。从数据库性能来看，为了提高查询速度而增加少量的冗余大部分时候是可以接受的。是否通过增加冗余来提高数据库性能要根据实际需求综合分析。

16.3.4　优化插入记录的速度

插入记录时，影响插入速度的主要是索引、唯一性校验、一次插入记录条数等。根据这些情况，可以分别进行优化。本小节将为读者介绍优化插入记录速度的几种方法。

对于 MyISAM 引擎的表，常见的优化方法如下：

1. 禁用索引

对于非空表，插入记录时，MySQL 会根据表的索引对插入的记录建立索引。如果插入大量数据，建立索引会降低插入记录的速度。为了解决这种情况，可以在插入记录之前禁用索引，数据插入完毕后再开启索引。禁用索引的语句如下：

```
ALTER TABLE table_name DISABLE KEYS;
```

其中，table_name 是禁用索引的表的表名。

重新开启索引的语句如下：

```
ALTER TABLE table_name ENABLE KEYS;
```

对于空表批量导入数据，则不需要进行此操作，因为 MyISAM 引擎的表是在导入数据之后才建立索引的。

2. 禁用唯一性检查

插入数据时，MySQL 会对插入的记录进行唯一性检验。这种唯一性校验也会降低插入记录的速度。为了降低这种情况对查询速度的影响，可以在插入记录之前禁用唯一性检查，等到记录插入完毕后再开启。禁用唯一性检查的语句如下：

```
SET UNIQUE_CHECKS=0;
```

开启唯一性检查的语句如下：

```
SET UNIQUE_CHECKS=1;
```

3. 使用批量插入

插入多条记录时，可以使用一条 INSERT 语句插入一条记录；也可以使用一条 INSERT 语句插入多条记录。插入一条记录的 INSERT 语句情形如下：

```
INSERT INTO fruits VALUES('x1', '101', 'mongo2', '5.7');
INSERT INTO fruits VALUES('x2', '101', 'mongo3', '5.7')
INSERT INTO fruits VALUES('x3', '101', 'mongo4', '5.7')
```

使用一条 INSERT 语句插入多条记录的情形如下：

```
INSERT INTO fruits VALUES
('x1', '101', 'mongo2', '5.7'),
('x2', '101', 'mongo3', '5.7'),
('x3', '101', 'mongo4', '5.7');
```

第 2 种情形的插入速度要比第 1 种情形快。

4. 使用 LOAD DATA INFILE 批量导入

当需要批量导入数据时，如果能用 LOAD DATA INFILE 语句，就尽量使用该语句。因为 LOAD DATA INFILE 语句导入数据的速度比 INSERT 语句快。

对于 InnoDB 引擎的表，常见的优化方法如下：

（1）禁用唯一性检查

插入数据之前执行 set unique_checks=0 来禁止对唯一索引的检查，数据导入完成之后再运行 set unique_checks=1。这个和 MyISAM 引擎的使用方法一样。

（2）禁用外键检查

插入数据之前执行禁止对外键的检查，数据插入完成之后再恢复对外键的检查。禁用外键检查的语句如下：

```
SET foreign_key_checks=0;
```

恢复对外键的检查语句如下：

```
SET foreign_key_checks=1;
```

（3）禁止自动提交

插入数据之前禁止事务的自动提交，数据导入完成之后，执行恢复自动提交操作。禁止自动提交的语句如下：

```
set autocommit=0;
```

恢复自动提交的语句如下：

```
set autocommit=1;
```

16.3.5　分析表、检查表和优化表

MySQL 提供了分析表、检查表和优化表的语句。分析表主要是分析关键字的分布；检查表主要是检查表是否存在错误；优化表主要是消除删除或者更新造成的空间浪费。本小节将为读者介绍分析表、检查表和优化表的方法。

1. 分析表

MySQL 中提供了 ANALYZE TABLE 语句分析表，ANALYZE TABLE 语句的基本语法如下：

```
ANALYZE [LOCAL | NO_WRITE_TO_BINLOG] TABLE tbl_name[,tbl_name]…
```

LOCAL 关键字是 NO_WRITE_TO_BINLOG 关键字的别名，二者都是执行过程不写入二进制日志，tbl_name 为分析的表的表名，可以有一个或多个。

使用 ANALYZE TABLE 分析表的过程中，数据库系统会自动对表加一个只读锁。在分析期间，只能读取表中的记录，不能更新和插入记录。ANALYZE TABLE 语句能够分析 InnoDB、BDB 和 MyISAM 类型的表。

【例 16.8】使用 ANALYZE TABLE 来分析 message 表，执行的语句及结果如下：

```
mysql> ANALYZE TABLE message;
```

```
+-------------+----------+----------+-------------+
| Table       | Op       | Msg_type | Msg_text    |
+-------------+----------+----------+-------------+
| test.fruits | analyze  | status   | OK          |
+-------------+----------+----------+-------------+
1 row in set (0.18 sec)
```

上面结果显示的信息说明如下：

- Table：表示分析的表的名称。
- Op：表示执行的操作。analyze 表示进行分析操作。
- Msg_type：表示信息类型，其值通常是状态（status）、信息（info）、注意（note）、警告（warning）和错误（error）之一。
- Msg_text：显示信息。

2. 检查表

MySQL 中可以使用 CHECK TABLE 语句来检查表。CHECK TABLE 语句能够检查 InnoDB 和 MyISAM 类型的表是否存在错误。对于 MyISAM 类型的表，CHECK TABLE 语句还会更新关键字统计数据。而且，CHECK TABLE 也可以检查视图是否有错误，比如在视图定义中被引用的表已不存在。该语句的基本语法如下：

```
CHECK TABLE tbl_name [, tbl_name] ... [option] ...
option = {QUICK | FAST | MEDIUM | EXTENDED | CHANGED}
```

其中，tbl_name 是表名；option 参数有 5 个取值，分别是 QUICK、FAST、MEDIUM、EXTENDED 和 CHANGED。各个选项的意义分别是：

- QUICK：不扫描行，不检查错误的连接。
- FAST：只检查没有被正确关闭的表。
- CHANGED：只检查上次检查后被更改的表和没有被正确关闭的表。
- MEDIUM：扫描行，以验证被删除的连接是有效的。也可以计算各行的关键字校验和，并使用计算出的校验和验证这一点。
- EXTENDED：对每行的所有关键字进行一个全面的关键字查找。这可以确保表是百分之百一致的，但是花的时间较长。

option 只对 MyISAM 类型的表有效，对 InnoDB 类型的表无效。CHECK TABLE 语句在执行过程中也会给表加上只读锁。

3. 优化表

MySQL 中使用 OPTIMIZE TABLE 语句来优化表。该语句对 InnoDB 和 MyISAM 类型的表都有效。但是，OPTILMIZE TABLE 语句只能优化表中的 VARCHAR、BLOB 或 TEXT 类

型的字段。OPTILMIZE TABLE 语句的基本语法如下：

```
OPTIMIZE [LOCAL | NO_WRITE_TO_BINLOG] TABLE tbl_name [, tbl_name] ...
```

LOCAL | NO_WRITE_TO_BINLOG 关键字的意义和分析表相同，都是指定不写入二进制日志；tbl_name 是表名。

通过 OPTIMIZE TABLE 语句可以消除删除和更新造成的文件碎片。OPTIMIZE TABLE 语句在执行过程中也会给表加上只读锁。

> 一个表使用了 TEXT 或者 BLOB 这样的数据类型，如果已经删除了表的一大部分，或者已经对含有可变长度行的表（含有 VARCHAR、BLOB 或 TEXT 列的表）进行了很多更新，则应使用 OPTIMIZE TABLE 来重新利用未使用的空间，并整理数据文件的碎片。在多数的设置中，根本不需要运行 OPTIMIZE TABLE。即使对可变长度的行进行了大量的更新，也不需要经常运行，每周一次或每月一次即可，并且只需要对特定的表运行。

16.4　优化 MySQL 服务器

MySQL 服务器主要从两方面来优化：一方面是对硬件进行优化；另一方面是对 MySQL 服务的参数进行优化。这部分的内容需要较全面的知识，一般只有专业的数据库管理员才能进行这一类的优化。对于可以定制参数的操作系统，也可以针对 MySQL 进行操作系统优化。本节将为读者介绍优化 MySQL 服务器的方法。

16.4.1　优化服务器硬件

服务器的硬件性能直接决定着 MySQL 数据库的性能。硬件的性能瓶颈直接决定 MySQL 数据库的运行速度和效率。针对性能瓶颈，提高硬件配置，可以提高 MySQL 数据库的查询、更新的速度。本小节将为读者介绍以下优化服务器硬件的方法。

（1）配置较大的内存。足够大的内存是提高 MySQL 数据库性能的方法之一。内存的速度比磁盘 I/O 快得多，可以通过增加系统的缓冲区容量，使数据在内存停留的时间更长，以减少磁盘 I/O。

（2）配置高速磁盘系统，以减少读盘的等待时间，提高响应速度。

（3）合理分布磁盘 I/O，把磁盘 I/O 分散在多个设备上，以减少资源竞争，提高并行操作能力。

（4）配置多处理器。MySQL 是多线程的数据库，多处理器可同时执行多个线程。

16.4.2 优化 MySQL 的参数

通过优化 MySQL 的参数可以提高资源利用率，从而达到提高 MySQL 服务器性能的目的。本小节将为读者介绍这些配置参数。

MySQL 服务的配置参数都在 my.cnf 或者 my.ini 文件的[mysqld]组中。下面对几个对性能影响比较大的参数进行详细介绍。

- key_buffer_size：表示索引缓冲区的大小。索引缓冲区所有的线程共享。增加索引缓冲区可以得到更好处理的索引（对所有读和多重写）。当然，这个值也不是越大越好，它的大小取决于内存的大小。如果这个值太大，导致操作系统频繁换页，也会降低系统性能。

- table_cache：表示同时打开的表的个数。这个值越大，能够同时打开的表的个数越多。这个值不是越大越好，因为同时打开的表太多会影响操作系统的性能。

- query_cache_size：表示查询缓冲区的大小。该参数需要和 query_cache_type 配合使用。当 query_cache_type 值是 0 时，所有的查询都不使用查询缓冲区。但是 query_cache_type=0 并不会导致 MySQL 释放 query_cache_size 所配置的缓冲区内存。当 query_cache_type=1 时，所有的查询都将使用查询缓冲区，除非在查询语句中指定 SQL_NO_CACHE，如 SELECT SQL_NO_CACHE * FROM tbl_name。当 query_cache_type=2 时，只有在查询语句中使用 SQL_CACHE 关键字，查询才会使用查询缓冲区。使用查询缓冲区可以提高查询的速度，这种方式只适用于修改操作少且经常执行相同查询操作的情况。

- sort_buffer_size：表示排序缓存区的大小。这个值越大，进行排序的速度越快。

- read_buffer_size：表示每个线程连续扫描时为扫描的每个表分配的缓冲区的大小（字节）。当线程从表中连续读取记录时需要用到这个缓冲区。SET SESSION read_buffer_size=n 可以临时设置该参数的值。

- read_rnd_buffer_size：表示为每个线程保留的缓冲区的大小，与 read_buffer_size 相似，但主要用于存储按特定顺序读取出来的记录。也可以用 SET SESSION read_rnd_buffer_size=n 来临时设置该参数的值。如果频繁进行多次连续扫描，可以增加该值。

- innodb_buffer_pool_size：表示 InnoDB 类型的表和索引的最大缓存。这个值越大，查询的速度就会越快，但是太大会影响操作系统的性能。

- max_connections：表示数据库的最大连接数。这个连接数不是越大越好，因为这些连接会浪费内存的资源。过多的连接可能会导致 MySQL 服务器僵死。

- innodb_flush_log_at_trx_commit：表示何时将缓冲区的数据写入日志文件，并且将日志文件写入磁盘中。该参数对于 innoDB 引擎非常重要。该参数有 3 个值，分别为 0、1 和 2。值为 0 时表示每隔 1 秒将数据写入日志文件并将日志文件写入磁盘；值为 1 时表示每次提交事务时将数据写入日志文件并将日志文件写入磁盘；值为 2 时表示每次提交事务时将数据写入日志文件，每隔 1 秒将日志文件写入磁盘。该参数的默认值为 1。默认值 1 的安全性最高，但是每次事务提交或事务外的指令都需要把日志写入（flush）硬盘，是比较费时的；0 值更快一点，但安全方面比较差；2 值日志仍然会每秒写入到硬盘，所以即使出现故障，一般也不会丢失超过 1~2 秒的更新。

- back_log：表示在 MySQL 暂时停止回答新请求之前的短时间内多少个请求可以被存在堆栈中。换句话说，该值表示对到来的 TCP/IP 连接的侦听队列的大小。只有期望在一个短时间内有很多连接，才需要增加该参数的值。操作系统在这个队列大小上也有限制。设定 back_log 高于操作系统的限制将是无效的。
- interactive_timeout：表示服务器在关闭连接前等待行动的秒数。
- sort_buffer_size：表示每个需要进行排序的线程分配的缓冲区的大小。增加这个参数的值可以提高 ORDER BY 或 GROUP BY 操作的速度。默认数值是 2 097 144（2MB）。
- thread_cache_size：表示可以复用的线程的数量。如果有很多新的线程，为了提高性能可以增大该参数的值。
- wait_timeout：表示服务器在关闭一个连接时等待行动的秒数。默认数值是 28 800。

合理地配置这些参数可以提高 MySQL 服务器的性能。除上述参数以外，还有 innodb_log_buffer_size、innodb_log_file_size 等参数。配置完参数以后，需要重新启动 MySQL 服务才会生效。

16.5 实战演练——全面优化 MySQL 服务器

本章详细介绍了 MySQL 性能优化的各个方面，主要包括查询语句优化、数据结构优化和 MySQL 服务器优化。查询语句优化的主要方法有分析查询语句、使用索引优化查询、优化子查询等。数据结构优化的主要方法有分解表、增加中间表、增加冗余字段等。优化 MySQL 服务器主要包括优化服务器硬件、优化 MySQL 服务的参数。本章的实战演练将帮助读者加深理解 MySQL 优化的方法，以及建立执行这些优化操作的能力。

1. 案例目的

掌握 MySQL 查询语句优化、数据结构优化、MySQL 服务器优化等性能优化的方法。

2. 案例操作过程

步骤 01 分析查询语句，理解索引对查询速度的影响。

① 使用 EXPLAIN 分析查询语句 "SELECT * FROM fruits WHERE f_name='banana';"，执行的语句及执行结果如下：

```
mysql> EXPLAIN SELECT * FROM fruits WHERE f_name='banana';
+----+-------------+-------+------+---------------+------+---------+------+
| id | select_type | table | type | possible_keys | key  | key_len | ref  |
```

```
rows | Extra    |
    +----+--------+-----+------+---------+-------+--------+-------+------+-----+
    | 1 | SIMPLE | fruits | ref | title    | title | 7    | const | 1   | Using
where  |
    +----+--------+-----+------+---------+-------+--------+-------+------+-----+
    1 row in set (0.07 sec)
```

由上面的分析结果可以看到，该语句使用了名称为 "title" 的索引，只扫描了 1 条记录。

② 使用 EXPLAIN 分析查询语句 "SELECT * FROM fruits WHERE f_name like '%na'"，执行的语句及执行结果如下：

```
mysql> EXPLAIN SELECT * FROM fruits WHERE f_name like '%na';
    +----+-------------+-------+------+---------------+-------+---------+--
----+----------+---------------+
    | id | select_type | table | type | possible_keys | key  | key_len | ref |
rows | Extra    |
    +----+-------------+-------+------+---------------+-------+---------+--
----+----------+---------------+
    | 1 | SIMPLE | fruits | ALL | NULL     | NULL | NULL | NULL | 16    | Using
where  |
    +----+-------------+-------+------+---------------+-------+---------+--
----+----------+---------------+
    1 row in set (0.00 sec)
```

从上面的分析结果可以看出，该查询语句没有使用索引，扫描了表中 16 条记录。

③ 使用 EXPLAIN 分析查询语句 "SELECT * FROM fruits WHERE f_name like 'ba%';"，执行的语句及执行结果如下：

```
mysql> EXPLAIN SELECT * FROM message WHERE title like ' ba%';
    +----+-------------+--------+-------+---------------+------------+----
--------+--------+------+---------------+
    | id | select_type | table | type | possible_keys | key      | key_len | ref
| rows | Extra    |
    +----+-------------+--------+-------+---------------+------------+----
--------+--------+------+---------------+
    | 1 | SIMPLE | fruits | range | index_name | index_name | 510   | NULL |
1 | Using where |
    +----+-------------+--------+-------+---------------+------------+----
--------+--------+------+---------------+
    1 row in set (0.00 sec)
```

可以看到，使用索引只扫描了表中 1 条记录。

步骤 02 练习分析表、检查表、优化表。

① 使用 ANALYZE TABLE 语句分析 message 表，执行的语句及结果如下：

```
mysql> ANALYZE TABLE message;
+-------------+---------+----------+----------+
| Table       | Op      | Msg_type | Msg_text |
+-------------+---------+----------+----------+
| test.fruits | analyze | status   | OK       |
+-------------+---------+----------+----------+
1 row in set (0.40 sec)
```

可以看出，message 表的分析状态是"OK"，没有错误状态和警告状态。

② 使用 CHECK TABLE 语句检查表 message，执行的语句及结果如下：

```
mysql> CHECK TABLE message;
+-------------+-------+----------+----------+
| Table       | Op    | Msg_type | Msg_text |
+-------------+-------+----------+----------+
| test.fruits | check | status   | OK       |
+-------------+-------+----------+----------+
1 row in set (23.43 sec)
```

可以看出，message 表的检查状态是"OK"，没有错误状态和警告状态。

③ 使用 OPTIMIZE TABLE 语句优化表 message，执行的语句及结果如下：

```
mysql> OPTIMIZE TABLE message;
+--------------+----------+----------+----------+
| Table        | Op       | Msg_type | Msg_text |
+--------------+----------+----------+----------+
| test.message | optimize | status   | OK       |
+--------------+----------+----------+----------+
1 row in set (0.47 sec)
```

可以看出，message 表的优化状态是"OK"，没有错误状态和警告状态。

16.6　疑难解惑

疑问 1：是不是索引建立得越多越好？

合理的索引可以提高查询的速度，但不是索引越多越好，在执行插入语句的时候，MySQL 要为新插入的记录建立索引。所以过多的索引会导致插入操作变慢。原则上是只有查询用的字段才建立索引。

疑问 2：为什么查询语句中的索引没有起作用？

在一些情况下，查询语句中使用了带有索引的字段，但索引并没有起作用。例如，在

WHERE 条件的 LIKE 关键字匹配的字符串以 "%" 开头，这种情况下索引不会起作用。又如，WHERE 条件中使用 OR 关键字连接查询条件，如果有 1 个字段没有使用索引，那么其他的索引也不会起作用。如果使用多列索引，但没有使用多列索引中的第 1 个字段，那么多列索引也不会起作用。

疑问 3：如何使用查询缓冲区？

查询缓冲区可以提高查询的速度，但是这种方式只适合查询语句比较多、更新语句比较少的情况。默认情况下查询缓冲区的大小为 0，也就是不可用。可以修改 query_cache_size 以调整查询缓冲区大小；修改 query_cache_type 以调整查询缓冲区的类型。在 my.ini 中修改 query_cache_size 和 query_cache_type 的值：

```
[mysqld]
query_cache_size=512M
query_cache_type=1
```

query_cache_type=1 表示开启查询缓冲区。只有在查询语句中包含 SQL_NO_CACHE 关键字时才不会使用查询缓冲区。可以使用 FLUSH QUERY CACHE 语句来刷新缓冲区，清理查询缓冲区中的碎片。

16.7 上机练练手

（1）练习查询连接 MySQL 服务器的次数，Uptime：MySQL 服务器的上线时间，慢查询的次数，查询操作的次数，插入操作的次数，更新操作的次数，删除操作的次数等 MySQL 数据库的性能参数。

（2）练习优化子查询。

（3）练习分析查询语句中是否使用了索引，以及索引对查询的影响。

（4）练习将很大的表分解成多个表，并观察分解表对性能的影响。

（5）练习使用中间表优化查询。

（6）练习分析表、检查表、优化表。

（7）练习优化 MySQL 服务器的配置参数。

第 17 章

◄ 设计新闻发布系统的数据库 ►

MySQL 数据库的使用非常广泛，很多网站和管理系统使用 MySQL 数据库存储数据。本章主要讲述新闻发布系统的数据库设计过程。通过本章，读者可以在新闻发布系统的设计过程中学会如何使用 MySQL 数据库做数据库设计。

本章学习技能

- 了解新闻发布系统的概述
- 熟悉新闻发布系统的功能
- 掌握如何设计新闻发布系统的表
- 掌握如何设计新闻发布系统的索引
- 掌握如何设计新闻发布系统的视图
- 掌握如何设计新闻发布系统的触发器

17.1 系统概述

本章介绍的是一个小型新闻发布系统，管理员可以通过该系统发布新闻信息，管理新闻信息。一个典型的新闻发布系统网站至少应该包含新闻信息管理、新闻信息显示和新闻信息查询三种功能。

新闻发布系统所要实现的功能具体包括新闻信息添加、新闻信息修改、新闻信息删除、显示全部新闻信息、按类别显示新闻信息、按关键字查询新闻信息、按关键字进行站内查询。

本站为一个简单的新闻信息发布系统，该系统具有以下特点。

- **实用**：系统实现了一个完整的信息查询过程。
- **简单易用**：为使用户尽快掌握和使用整个系统，系统结构简单但功能齐全，简洁的页面设计使操作非常简便。
- **代码规范**：作为一个实例，文中的代码规范简洁、清晰易懂。

本系统主要用于发布新闻信息、管理用户、管理权限、管理评论等功能。这些信息的录入、查询、修改和删除等操作都是该系统重点解决的问题。

本系统的主要功能包括以下几点：

（1）具有用户注册及个人信息管理功能。

（2）管理员可以发布新闻、删除新闻。

（3）用户注册后可以对新闻进行评论、发表留言。

（4）管理员可以管理留言以及对用户进行管理。

17.2 系统功能

新闻发布系统分为 5 个管理部分，即用户管理、管理员管理、权限管理、新闻管理和评论管理。本系统的功能模块如图 17.1 所示。

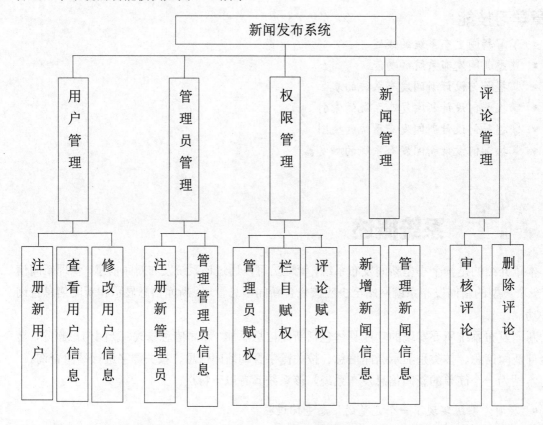

图 17.1 系统功能模块图

（1）用户管理模块：实现新增用户，查看和修改用户信息功能。

（2）管理员管理模块：实现新增管理员，查看、修改和删除管理员信息功能。

（3）权限管理模块：实现对管理员、对管理的模块和管理的评论赋权功能。

（4）新闻管理模块：实现有相关权限的管理员对新闻的增加、查看、修改和删除功能。

（5）评论管理模块：实现有相关权限的管理员对评论的审核和删除功能。

通过本节的介绍，读者对这个新闻发布系统的主要功能有一定的了解，下一节将向读者介绍本系统所需要的数据库和表。

17.3　数据库设计和实现

数据库设计是开发管理系统最重要的一个步骤。如果数据库设计得不够合理，就将会为后续的开发工作带来很大的麻烦。本节为读者介绍新闻发布系统的数据库开发过程。

数据库设计时要确定设计哪些表、表中包含哪些字段、字段的数据类型和长度。通过本章的学习，读者可以对 MySQL 数据库的知识有个全面的了解。

17.3.1　设计表

本系统所有的表都放在 webnews 数据库下。创建和选择 webnews 数据库的 SQL 代码如下：

```
CREATE DATABASE webnews;

USE webnews;
```

在这个数据库下总共存放 9 张表，分别是 user、admin、roles、news、category、comment、admin_Roles、news_Comment 和 users_Comment。

1. user 表

user 表中存储用户 ID、用户名、密码和用户 Email 地址，所以 user 表设计了 4 个字段。user 表中每个字段的信息如表 17.1 所示。

表 17.1　user 表

列名	数据类型	允许 NULL 值	说明
userID	INT	否	用户编号
userName	VARCHAR(20)	否	用户名称
userPassword	VARCHAR(20)	否	用户密码
sex	VARCHAP(10)	否	用户性别
userEmail	VARCHAR(20)	否	用户 Email

根据表 17.1 的内容创建 user 表。创建 user 表的 SQL 语句如下：

```
CREATE TABLE user(
userID INT PRIMARY KEY UNIQUE NOT NULL,
userName VARCHAR(20) NOT NULL,
userPassword VARCHAR(20) NOT NULL,
```

```
sex varchar(10) NOT NULL,
userEmail VARCHAR(20) NOT NULL
);
```

创建完成后，可以使用 DESC 语句查看 user 表的基本结构，也可以通过 SHOW CREATE TABLE 语句查看 user 表的详细信息。

2. admin 表

管理员信息（admin）表主要用来存放用户账号信息，如表 17.2 所示。

表 17.2　admin 表

列名	数据类型	允许 NULL 值	说明
adminID	INT	否	管理员编号
adminName	VARCHAR(20)	否	管理员名称
adminPassword	VARCHAR(20)	否	管理员密码

根据表 17.2 的内容创建 admin 表。创建 admin 表的 SQL 语句如下：

```
CREATE TABLE admin(
adminID INT PRIMARY KEY UNIQUE NOT NULL,
adminName VARCHAR(20) NOT NULL,
adminPassword VARCHAR(20) NOT NULL
);
```

创建完成后，可以使用 DESC 语句查看 admin 表的基本结构，也可以通过 SHOW CREATE TABLE 语句查看 admin 表的详细信息。

3. roles 表

权限信息（roles）表主要用来存放权限信息，如表 17.3 所示。

表 17.3　roles 权限信息表

列名	数据类型	允许 NULL 值	说明
roleID	INT	否	权限编号
roleName	VARCHAR(20)	否	权限名称

根据表 17.3 的内容创建 roles 表。创建 roles 表的 SQL 语句如下：

```
CREATE TABLE roles(
roleID INT PRIMARY KEY UNIQUE NOT NULL,
roleName VARCHAR(20) NOT NULL
);
```

创建完成后，可以使用 DESC 语句查看 roles 表的基本结构，也可以通过 SHOW CREATE TABLE 语句查看 roles 表的详细信息。

4. news 表

新闻信息（news）表主要用来存放新闻信息，如表 17.4 所示。

表 17.4　news 新闻信息表

列名	数据类型	允许 NULL 值	说明
newsID	INT	否	新闻编号
newsTitle	VARCHAR(50)	否	新闻标题
newsContent	TEXT	否	新闻内容
newsDate	TIMESTAMP	是	发布时间
newsDesc	VARCHAR(50)	否	新闻描述
newsImagePath	VARCHAR(50)	是	新闻图片路径
newsRate	INT	否	新闻级别
newsIsCheck	BIT	否	新闻是否检验
newsIsTop	BIT	否	新闻是否置顶

根据表 17.4 的内容创建 news 表。创建 news 表的 SQL 语句如下：

```
CREATE TABLE news(
newsID INT PRIMARY KEY UNIQUE NOT NULL,
newsTitle VARCHAR(50) NOT NULL,
newsContent TEXT NOT NULL,
newsDate TIMESTAMP,
newsDesc VARCHAR(50) NOT NULL,
newsImagePath VARCHAR(50),
newsRate INT,
newsIsCheck BIT,
newsIsTop BIT
);
```

创建完成后，可以使用 DESC 语句查看 news 表的基本结构，也可以通过 SHOW CREATE TABLE 语句查看 news 表的详细信息。

5. category 表

栏目信息（categroy）表主要用来存放新闻栏目信息，如表 17.5 所示。

表 17.5　category 栏目信息表

列名	数据类型	允许 NULL 值	说明
categroyID	INT	否	栏目编号
categroyName	VARCHAR(50)	否	栏目名称
categroyDesc	VARCHAR(50)	否	栏目描述

根据表 17.5 的内容创建 categroy 表。创建 categroy 表的 SQL 语句如下：

```
CREATE TABLE categroy (
```

```
categoryID INT PRIMARY KEY UNIQUE NOT NULL,
categoryName VARCHAR(50) NOT NULL,
categoryDesc VARCHAR(50) NOT NULL
);
```

创建完成后，可以使用 DESC 语句查看 categroy 表的基本结构，也可以通过 SHOW CREATE TABLE 语句查看 categroy 表的详细信息。

6. comment 表

评论信息（comment）表主要用来存放新闻评论信息，如表 17.6 所示。

表 17.6 comment 评论信息表

列名	数据类型	允许 NULL 值	说明
commentID	INT	否	栏目编号
commentName	VARCHAR(50)	否	栏目名称
commentDesc	VARCHAR(50)	否	栏目描述

根据表 17.6 的内容创建 comment 表。创建 comment 表的 SQL 语句如下：

```
CREATE TABLE comment (
commentID INT PRIMARY KEY UNIQUE NOT NULL,
commentTitle VARCHAR(50) NOT NULL,
commentContent TEXT NOT NULL,
commentDate DATETIME
);
```

创建完成后，可以使用 DESC 语句查看 comment 表的基本结构，也可以通过 SHOW CREATE TABLE 语句查看 comment 表的详细信息。

7. admin_Roles 表

管理员_权限（admin_Roles）表主要用来存放管理员和权限的关系，如表 17.7 所示。

表 17.7 admin_Roles 管理员_权限表

列名	数据类型	允许 NULL 值	说明
aRID	INT	否	管理员_权限编号
adminID	INT	否	管理员编号
roleID	INT	否	权限编号

根据表 17.7 的内容创建 admin_Roles 表。创建 admin_Roles 表的 SQL 语句如下：

```
CREATE TABLE admin_Roles (
aRID INT PRIMARY KEY UNIQUE NOT NULL,
adminID INT NOT NULL,
roleID INT NOT NULL
);
```

创建完成后，可以使用 DESC 语句查看 admin_Roles 表的基本结构，也可以通过 SHOW CREATE TABLE 语句查看 admin_Roles 表的详细信息。

8. news_Comment 表

新闻_评论（news_Comment）表主要用来存放新闻和评论的关系，如表 17.8 所示。

表 17.8　新闻_评论表

列名	数据类型	允许 NULL 值	说明
nCommentID	INT	否	新闻_评论编号
newsID	INT	否	新闻编号
commentID	INT	否	评论编号

根据表 17.8 的内容创建 news_Comment 表。创建 news_Comment 表的 SQL 语句如下：

```
CREATE TABLE news_Comment (
nCommentID INT PRIMARY KEY UNIQUE NOT NULL,
newsID INT NOT NULL,
commentID INT NOT NULL
);
```

创建完成后，可以使用 DESC 语句查看 news_Comment 表的基本结构，也可以通过 SHOW CREATE TABLE 语句查看 news_Comment 表的详细信息。

9. users_Comment 表

用户_评论（users_Comment）表主要用来存放用户和评论的关系，如表 17.9 所示。

表 17.9　用户_评论表

列名	数据类型	允许 NULL 值	说明
uCID	INT	否	用户_评论编号
userID	INT	否	用户编号
commentID	INT	否	评论编号

根据表 17.9 的内容创建 users_Comment 表。创建 users_Comment 表的 SQL 语句如下：

```
CREATE TABLE news_Comment (
uCID  INT PRIMARY KEY UNIQUE NOT NULL,
userID  INT NOT NULL,
commentID  INT NOT NULL
);
```

创建完成后，可以使用 DESC 语句查看 users_Comment 表的基本结构，也可以通过 SHOW CREATE TABLE 语句查看 users_Comment 表的详细信息。

17.3.2　设计索引

索引是创建在表上的，是对数据库中一列或者多列的值进行排序的一种结构。索引可以提高查询的速度。新闻发布系统需要查询新闻的信息，这需要在某些特定字段上建立索引，以便提高查询速度。

1. 在 news 表上建立索引

新闻发布系统中需要按照 newsTitle 字段、newsDate 字段和 newsRate 字段查询新闻信息。在本书的前面的章节中介绍了几种创建索引的方法。本小节将使用 CREATE INDEX 语句和 ALTER TABLE 语句创建索引。

下面使用 CREATE INDEX 语句在 newsTitle 字段上创建名为 index_new_title 的索引。SQL 语句如下：

```
CREATE INDEX index_new_title ON news(newsTitle);
```

然后，使用 CREATE INDEX 语句在 newsDate 字段上创建名为 index_new_date 的索引。SQL 语句如下：

```
CREATE INDEX index_new_date  ON news(newsDate);
```

最后，使用 ALTER TABLE 语句在 newsRate 字段上创建名为 index_new_rate 的索引。SQL 语句如下：

```
ALTER TABLE news  ADD INDEX index_new_rate (newsRate);
```

2. 在 categroy 表上建立索引

新闻发布系统中需要通过栏目名称查询该栏目下的新闻，因此需要在这个字段上创建索引。创建索引的语句如下：

```
CREATE INDEX index_categroy_name ON categroy (categroyName);
```

代码执行完成后，读者可以使用 SHOW CREATE TABLE 语句查看 categroy 表的详细信息。

3. 在 comment 表上建立索引

新闻发布系统需要通过 commentTitle 字段和 commentDate 字段查询评论内容。因此可以在这两个字段上创建索引。创建索引的语句如下：

```
CREATE INDEX index_ comment _title  ON comment (commentTitle);
CREATE INDEX index_ comment _date  ON comment (commentDate);
```

代码执行完成后，读者可以通过 SHOW CREATE TABLE 语句查看 comment 表的结构。

17.3.3 设计视图

视图是由数据库中一个表或者多个表导出的虚拟表。其作用是方便用户对数据的操作。在这个新闻发布系统中，也设计了一个视图改善查询操作。

在新闻发布系统中，如果直接查询 news_Comment 表，显示信息时会显示新闻编号和评论编号。这种显示不直观，为了以后查询方便，可以建立一个视图 news_view，用于显示评论编号、新闻编号、新闻级别、新闻标题、新闻内容和新闻发布时间。创建视图 news_view 的 SQL 代码如下：

```
CREATE VIEW news_view
AS SELECT
c.commentID,n.newsID,n.newsRate,n.newsTitle,n.newsContent,n.newsDate
FROM news_Comment c,news n
WHERE news_Comment.newsID=news.newsID;
```

news_Comment 表的别名为 c，news 表的别名为 n，new_view 视图从这两个表中取出相应的字段。news_view 视图创建完成后，可以使用 SHOW CREATE VIEW 语句查看详细信息。

17.3.4　设计触发器

触发器是由 INSERT、UPDATE 和 DELETE 等事件来触发某种特定操作的。满足触发器的触发条件时，数据库系统就会执行触发器中定义的程序语句。这样做可以保证某些操作之间的一致性。为了使新闻发布系统的数据更新更加快速和合理，可以在数据库中设计几个触发器。

1. 设计 UPDATE 触发器

在设计表时，news 表和 news_Comment 表的 newsID 字段的值是一样的。如果 news 表中的 newsID 字段的值更新了，那么 news_Comment 表中的 newsID 字段的值也必须同时更新。这可以通过一个 UPDATE 触发器来实现。创建 UPDATE 触发器 update_newsID 的 SQL 代码如下：

```
DELIMITER &&
CREATE TRIGGER update_newsID AFTER UPDATE
ON news FOR EACH ROW
BEGIN
  UPDATE news_Comment SET newsID=NEW. newsID;
END
&&
DELIMITER ;
```

其中，NEW.newsID 表示 news 表中更新的记录的 newsID 值。

2. 设计 DELETE 触发器

如果要从 user 表中删除一个用户的信息，那么这个用户在 users_Comment 表中的信息也必须同时删除。这可以通过触发器来实现。在 user 表上创建 delete_user 触发器，只要执行 DELETE 操作，就删除 users_Comment 表中相应的记录。创建 delete_user 触发器的 SQL 语句如下：

```
DELIMITER &&
CREATE TRIGGER delete_user AFTER DELETE
```

```
ON user FOR EACH ROW
BEGIN
  DELETE FROM users_Comment WHERE userID=OLD.userID;
END
&&
DELIMITER ;
```

其中，OLD.userID 表示新删除的记录的 userID 值。

17.4 案例总结

本章介绍了新闻发布系统的数据库设计方法，重点是 MySQL 数据库的设计部分。在数据库设计方面，不仅设计了表和字段，还设计了索引、视图和触发器等内容。其中，为了提高表的查询速度，有意识地在表中增加了冗余字段，这是数据库性能优化的一个技巧。通过本章的学习，读者可以对 MySQL 数据库设计有一个全新的认识。